EDWARD O. WILSON

DIVERSIDADE DA VIDA

Tradução
Carlos Afonso Malferrari

COMPANHIA DE BOLSO

Publicado por acordo com a Harvard University Press

Grafia atualizada segundo o Acordo Ortográfico da Língua Portuguesa de 1990, que entrou em vigor no Brasil em 2009.

Título original
The Diversity of Life

Capa
Jeff Fisher

Preparação
Márcia Copola

Revisão
Larissa Lino Barbosa
Juliane Kaori

Índice remissivo
Gabriela Morandini

Atualização ortográfica
Verba Editorial

Dados Internacionais de Catalogação na Publicação (CIP)
(Câmara Brasileira do Livro, SP, Brasil)

Wilson, Edward O.
Diversidade da vida / Edward O. Wilson ; tradução Carlos Afonso Malferrari. — 1ª ed. — São Paulo : Companhia de Bolso, 2012.

Título original: The Diversity of Life.
ISBN 978-85-359-2199-1

1. Biodiversidade 2. Biodiversidade — Conservação I. Título.

12-12789 CDD-333.9516

Índice para catálogo sistemático:
1. Biodiversidade : Conservação : Recursos naturais 333.9516

EDITORA SCHWARCZ S.A.
Rua Bandeira Paulista, 702, cj. 32
04532-002 — São Paulo — SP
Telefone: (11) 3707-3500
www.companhiadasletras.com.br
www.blogdacompanhia.com.br

DIVERSIDADE DA VIDA

Para minha mãe,
Inez Linnette Huddleston,
com amor e gratidão

SUMÁRIO

NATUREZA VIOLENTA, VIDA RESISTENTE

1. TEMPESTADE SOBRE A AMAZÔNIA

NA BACIA AMAZÔNICA, a maior violência às vezes começa como uma luz vacilante além do horizonte. Lá, na redoma perfeita do céu noturno, sem o menor vestígio de luz produzida por fonte humana, uma tempestade lança seus sinais premonitórios e inicia uma lenta jornada até o observador, que pensa: o mundo está prestes a mudar. Assim foi certa noite na orla da floresta pluvial tropical ao norte de Manaus, onde, sentado no escuro, agitando a mente pelos labirintos da biologia de campo e da ambição, exausto, entediado, eu me sentia pronto para qualquer distração que se apresentasse.

Todas as noites após o jantar eu levava uma cadeira até uma clareira próxima para fugir do barulho e do mau cheiro do acampamento que dividia com trabalhadores florestais brasileiros num lugar chamado Fazenda Dimona. Ao sul, a maior parte da floresta havia sido derrubada e queimada para criar pastos. Durante o dia, o gado era apascentado no calor inclemente que rebatia da argila amarela; à noite, animais e espíritos espalhavam-se pela terra arruinada. Mais ao norte começavam as florestas úmidas virgens, um dos grandes espaços selvagens remanescentes do mundo, estendendo-se por quinhentos quilômetros antes de ir minguando em matas ripícolas nas savanas de Roraima.

Envolto numa escuridão tão completa que não conseguiria enxergar a minha própria mão se estendesse os braços, fui forçado a pensar sobre a floresta pluvial tropical como se estivesse sentado na biblioteca de casa com as luzes apagadas. A floresta à noite é uma experiência de privação sensorial a maior parte do tempo, negra e silenciosa como os salões mais recônditos de uma caverna. Lá fora há vida em previsível abundância. Toda a selva fervilha, mas de uma maneira que está, basicamente, além do alcance dos sentidos humanos. Noventa e nove por cento dos animais se orientam pelas trilhas químicas deixadas sobre a superfície, lufadas de cheiro lançadas no ar ou na água, e odores espargidos por pequenas glândulas ocultas e lançados contra o vento. Os animais são mestres desse canal químico, ao passo que nós somos idiotas. Porém, somos gênios do canal audiovisual, igualados nessa modalidade apenas por alguns poucos grupos (baleias, macacos, aves). E é por isso que aguardamos o amanhecer, enquanto eles esperam a noite cair. Mas, como visão e audição são os pré-requisitos evolutivos da inteligência, somente nós chegamos a refletir sobre coisas como as noites na selva amazônica e as modalidades sensoriais.

Vasculhei o chão com o facho da minha lanterna em busca de sinais de vida, e encontrei — diamantes! A intervalos regulares, distantes alguns metros uns dos outros, pontos intensos de luz branca faiscavam a cada volta da lâmpada. Eram reflexos dos olhos de aranhas da família Lycosidae, à caça de insetos. Quando as aranhas se petrificavam ao ser iluminadas, permitindo que eu me aproximasse delas de joelhos e as estudasse quase no mesmo plano, podia discernir uma ampla variedade de espécies por tamanho, cor e penugem. Percebi como sabemos pouco sobre essas criaturas da floresta pluvial tropical, e como me daria satisfação passar meses, anos, o resto da minha vida neste lugar até conhecer todas as espécies pelo nome e todos os detalhes de suas vidas. Espécimens magnificamente bem preservados em âmbar revelam que os licosídeos têm vivido na Terra pelo menos desde o início do Oligoceno, há 40 milhões de anos, e provavelmente muito antes. Hoje uma profusão de formas diversas espalha-se por todo o mundo: as aranhas à minha frente eram apenas uma diminuta amostra. Mas mesmo essas espécies que agora se viravam na argila amarela para me observar bastariam para dar sentido à vida de muitos naturalistas.

A Lua desaparecera, e apenas a luz das estrelas se discernia por entre as copas das árvores. Estávamos em agosto, na estação seca. O ar esfriara o suficiente para tornar a umidade agradável — o que, à maneira tropical, era tanto um estado mental quanto uma sensação física. Calculei que a tempestade estaria talvez a uma hora de distância. Pensei em entrar de novo na floresta com a lanterna para procurar novos tesouros, mas estava cansado demais com o trabalho do dia. Ancorei-me então na cadeira e, forçado a mergulhar em mim mesmo, acolhi com prazer o rastro luminoso de um meteoro no céu e os lampejos nupciais de besouros luminescentes emitindo sons metálicos em arbustos próximos porém invisíveis. Mesmo a passagem de um avião a jato, a 10 mil metros de altura, um evento regular todas as noites por volta das dez horas, eu aguardava com prazer. Uma semana na floresta pluvial tropical transformara o seu barulho distante de um irritante urbano em um sinal reconfortante da continuação da minha própria espécie.

Mas eu estava contente por me encontrar sozinho. A disciplina daquele envoltório escuro fazia brotar da floresta novas imagens de como os organismos de verdade são e agem. Precisei me concentrar apenas por um segundo, e eles adquiriram vida como imagens eidéticas, por trás das minhas pálpebras fechadas, movendo-se por entre folhas caídas e húmus em decomposição. Fui selecionando assim minhas lembranças, querendo talvez encontrar algum padrão que não obedecesse à teoria abstrata dos livros didáticos. Teria me contentado com *qualquer* padrão. Ao contrário do que pretendem os livros didáticos, a melhor parte da ciência não está nos modelos matemáticos nem nos experimentos. Isso vem depois. O melhor da ciência emerge de um modo mais primitivo de pensar através do qual a mente do caçador vai tecendo ideias a partir de fatos velhos, metáforas novas e imagens confusas e semiensandecidas de coisas vistas recentemente. Avançar na ciência é elaborar novos padrões de pensar, que definirão por sua vez os modelos e os experimentos. Fácil de dizer, difícil de fazer.

A questão com a qual eu me debatia nessa noite, o motivo da minha viagem de pesquisas à Amazônia brasileira, tornara-se na realidade uma obsessão. E, como todas as obsessões, muito provavelmente um beco sem saída. Era como uma charada favorita que continua a nos premir pois a sua própria intratabilidade torna-a perversamente agradável, como uma melodia conhecida e amada que toma conta da mente desguardada e não quer nos deixar. Eu esperava que alguma nova imagem me impelisse para além dessa charada estafante, para o outro lado, para ideias estranhas e fascinantes.

Peço que me aturem por um instante para eu explicar um pouco desse esoterismo pessoal; estou chegando à questão fundamental. Alguns tipos de plantas e animais são dominantes, proliferando novas espécies e disseminando-se por extensas regiões do mundo. Outros acabam acuados até se tornarem raros e ameaçados de extinção. Existiria uma única fórmula para essas diferenças biogeográficas entre os vários tipos de organismos? Esse processo, devidamente expresso, seria uma lei — ou pelo menos um princípio — de sucessão dinástica na evolução. Fiquei intrigado pelo fato de os insetos sociais, o grupo com o qual passei a maior parte da minha vida, estarem entre os organismos mais abundantes. E, dentre os insetos sociais, o subgrupo dominante é o das formigas. Há mais de 20 mil espécies de formigas, que se espalham desde o Círculo Ártico até o extremo meridional da América do Sul. Na floresta pluvial amazônica, elas constituem mais de 10% da biomassa animal. Isso significa que se fôssemos coletar e secar todos os animais de uma área da floresta, de macacos e aves até ácaros e nematoides, pelo menos 10% do peso seria de formigas. As formigas constituem quase metade da biomassa total dos insetos e 70% da biomassa dos insetos encontrados nas copas das árvores. São apenas ligeiramente menos abundantes nas pradarias, desertos e florestas temperadas do resto do mundo.

Pareceu-me nessa noite, como já parecera a muitos outros com maior ou menor grau de convicção, que a prevalência das formigas deve ter algo a ver com a sua avançada organização colonial. Uma colônia é um superorganismo, um conjunto de operárias tão estreitamente entretecidas em torno da rainha, que age como uma única entidade bem coordenada. Uma vespa ou outro inseto solitário, ao encontrar uma formiga operária em seu ninho, enfrenta mais do que apenas um outro inseto. Ela enfrenta a operária e todas as suas irmãs, unidas por instinto para proteger a rainha, assumir o controle do território e promover o crescimento da colônia. As operárias são pequenas camicazes, preparadas — ansiosas — para morrer em defesa do ninho ou obter o controle de alguma fonte de alimento. Suas mortes importam tanto para a colônia quanto a perda de um fio de cabelo ou a ponta de uma unha para um animal solitário.

Há uma outra maneira de encarar uma colônia de formigas. As operárias que forrageiam perto do seu ninho não são apenas insetos em busca de comida. São uma teia viva lançada por um superorganismo, uma teia pronta para se solidificar sobre algum estoque abundante de alimento ou recuar diante de inimigos mais formidáveis. Um superorganismo pode controlar e dominar o solo e o alto das árvores ao competir com organismos solitários comuns, e é certamente por isso que as formigas vivem em todos os lugares em tão grande número.

Ouvi ao meu redor o coro grego do treinamento e da cautela: *como você pode provar que esta é a razão de serem dominantes? Fazer tal associação não é mais uma vez concluir precariamente que se dois eventos ocorrem juntos um tem de causar o outro? Algo inteiramente diferente pode ter causado ambos. Pense nisso. Que tal uma maior capacidade individual de luta? Ou sentidos mais aguçados? Ou o quê?*

Esse é o dilema da biologia evolucionista. Temos problemas a resolver e temos respostas claras — um excesso de respostas claras. O difícil é escolher a resposta certa. A mente isolada move-se em círculos lentos, e os avanços são raros. A solidão é melhor para eliminar ideias do que para criá-las. Gênio é apenas a produção de muitos vinculada aos nomes de poucos para facilitar a lembrança, uma injustiça para tantos cientistas. Minha mente vagou nessa noite fora do tempo, sem nenhum porto de escala ainda escolhido.

A tempestade foi aumentando, enchendo de relâmpagos o céu a oeste. As nuvens de trovoadas foram criando um gigantesco monstro em câmera lenta que ia se espalhando pelo céu obscurecendo as estrelas. A floresta irrompeu numa simulação de vida violenta. Os raios começaram a cair à distância, e depois cada vez mais próximos, à esquerda e à direita, 10 mil volts percorrendo uma trilha ionizante a oitocentos quilômetros por hora, provocando um contrassurto para cima dez vezes mais rápido, do céu à Terra em uma fração de segundo, o todo percebido como um único clarão e um único estampido. O vento refrescou, e a chuva penetrou sorrateiramente a floresta.

No meio do caos, algo ao meu lado chamou-me a atenção. Os raios pareciam luzes estroboscópicas iluminando a orla da floresta tropical. A cada intervalo eu podia vislumbrar a sua estrutura estratificada: a abóbada superior a trinta metros do solo, árvores médias espalhadas irregularmente um pouco abaixo e, mais embaixo ainda, uma profusão de arbustos e pequenas árvores. A floresta permaneceu emoldurada por alguns instantes nessa ambiência teatral. Sua imagem se tornou surrealista, projetada na selva ilimitada da imaginação humana, lançada de volta no tempo cerca de 10 mil anos. Ali nas proximidades eu sabia que morcegos-de-ferradura estavam voando em meio à coroa das árvores em busca de frutos, víboras arborícolas enrolavam-se nas raízes de orquídeas, prontas para dar o bote, jaguares caminhavam pelas margens do rio. Em torno deles, oitocentas espécies de árvores, mais do que todas as nativas da América do Norte, e mil espécies de borboletas, 6% de toda a fauna do mundo, aguardavam o amanhecer.

A respeito das orquídeas desse lugar sabíamos muito pouco. Sobre as moscas e besouros, praticamente nada. Acerca dos fungos, nada. Nada a respeito da maior parte dos organismos. Cinco mil tipos de bactérias podiam ser encontrados numa pitada de solo, e a respeito delas não sabíamos absolutamente nada. O mesmo estado selvagem do século XVI, o mesmo mundo bravio e agreste que deve ter inflamado a mente dos exploradores portugueses, com seu interior ainda basicamente não explorado e cheio de plantas e animais estranhos e inspiradores de mitos. De lugares assim, naturalistas piedosos enviavam longas epístolas respeitosas aos patronos reais falando das maravilhas do Novo Mundo como um testamento da glória de

Deus. E pensei: ainda há tempo de vermos essa terra dessa maneira.

Os mistérios ainda insolúveis da floresta pluvial tropical são informes e sedutores. São como ilhas sem nome escondidas nos espaços vazios dos mapas antigos, como formas obscuras vislumbradas ao se descer a parede extrema de um recife até as profundezas abissais. Eles nos instigam e provocam estranhas apreensões. O desconhecido e o prodigioso são drogas para a imaginação científica, despertando uma fome insaciável depois de um único bocado. Esperamos de coração que nunca venhamos a descobrir tudo. Rezamos para que haja sempre um mundo como esse, em cuja fronteira eu estava sentado na escuridão. A floresta pluvial tropical, com sua riqueza, é um dos últimos repositórios na Terra desse sonho imemorial.

É por isso que continuo voltando para a floresta, desde a primeira vez que voei para Cuba, há quarenta anos, um pós-graduando seduzido pela ideia dos "grandes" trópicos e livre enfim para buscar algo recôndito, como Kipling havia insistido, algo perdido por trás das cordilheiras. As chances são altas, na realidade certas, de encontrarmos uma nova espécie ou fenômeno poucos dias ou, se trabalharmos muito, poucas horas após desembarcarmos. A busca envolve também espécies raras já descobertas mas ainda efetivamente desconhecidas — representadas por um ou dois espécimens colocados numa gaveta de museu há cinquenta ou cem anos, com nada mais que uma nota escrita à mão sobre o local e o hábitat ("Santarém, Brasil, ninho no lado de árvore em igapó"). Desdobramos o papel duro e amarelado pelo tempo, e um biólogo falecido há muito nos fala: eu estive lá, eu encontrei isso, agora você sabe, vá em frente.

O estudo da riqueza biológica envolve mais. Trata-se de um microcosmo da investigação científica como um todo, refratando a experiência prática para um plano mais elevado de abstração. Buscamos um conceito, um padrão, um tema que imponha ordem. Buscamos uma maneira de falar sobre lugares bravios e desconhecidos, mesmo que seja um nome ou uma frase que chame a atenção para nosso objeto de estudo. Esperamos ser os primeiros a estabelecer uma ligação. Nossa meta é compreender e classificar um processo, uma reação química ou padrão de comportamento que provoque mudanças ecológicas, talvez, ou uma nova maneira de catalogar os fluxos de energia, ou uma relação entre presa e predador que sirva para preservar ambos — pode ser praticamente qualquer coisa. Ficaríamos satisfeitos com uma única pergunta que fizesse as pessoas começarem a pensar e indagar: por que há tantas espécies? Por que os mamíferos evoluíram mais depressa que os répteis? Por que os pássaros cantam ao amanhecer?

Esses moradores murmurantes da nossa mente são pressentidos, mas raramente vistos. Farfalham na folhagem, deixam pegadas atrás de si que se enchem de água e de cheiros, excitam-nos por um instante e depois desaparecem. A maioria das ideias são meros devaneios que acabam cedendo lugar a um resíduo emocional. Um cientista de primeiro calibre pode esperar apreender e expressar apenas algumas durante a sua vida. Ninguém ainda aprendeu como inventar, com um mínimo de êxito consistente, equações e frases científicas. Ninguém descobriu ainda a metafórmula da pesquisa científica. A conversão é uma arte, e um golpe de sorte, nas mentes preparadas para recebê-las. Buscamos fora de nós, e dentro de nós, e o valor do que apreendemos de um lado dessa barreira mental é proporcional ao valor do que apreendemos do outro. Foi a respeito dessa qualidade dual que o grande químico Berzelius escreveu em 1818 e para todos os tempos:

> Toda a nossa teoria é apenas um meio de conceituar de maneira consistente os processos internos dos fenômenos, e é presumível e apropriada quando todos os fatos conhecidos cientificamente puderem ser deduzidos dela. Este modo de conceituação pode igualmente ser falso e, infelizmente, é de se presumir que o seja com frequência. Mesmo assim, num determinado momento do desenvolvimento da ciência, pode se coadunar tão bem com propósitos quanto uma teoria verdadeira. Amplia-se a experiência, surgem fa-

tos que não condizem com ela, e somos forçados a sair em busca de um novo modo de conceituação que possa acomodar também esses fatos. Dessa maneira, sem dúvida, os modos de conceituação serão alterados de época para época, com o alargamento da experiência, e a verdade completa talvez jamais venha a ser atingida.

A tempestade chegou cobrindo a orla da floresta. De um borrifo de algumas gotas dispersas transformou-se em torrentes de água impelidas por rajadas de vento, obrigando-me a ir buscar refúgio no telhado de zinco dos dormitórios sem paredes. Lá fiquei sentado, esperando, junto com os mateiros. Os homens tiraram a roupa e saíram para debaixo da chuva, ensaboando-se e lavando-se naquele jorro de água, dando risadas e cantando. Num contraponto bizarro, rãs leptodactilídeas começaram uma alta e monótona cantoria no chão da floresta ali perto. Estavam em todo lugar à nossa volta. Mas onde teriam ficado durante o dia? Jamais encontrei uma única rã ao caminhar pela mata nos dias de sol, abrindo caminho pela vegetação e pelos detritos em decomposição, hábitats que seriam supostamente os preferidos delas.

A um ou dois quilômetros dali, um bando de macacos uivadores vermelhos integrou-se ao coro, criando um dos sons mais estranhos da natureza, tão cativante à sua maneira quanto o canto das baleias-de-bossas. Um macho abriu a cantoria com uma série de grunhidos cada vez mais rápidos que foram se expandindo em uivos prolongados, aos quais se juntaram depois os guinchos mais agudos das fêmeas. Da distância que eu estava, abafado pela densa folhagem, o coro completo tinha algo de maquinal: penetrante, monótono, metálico.

Esses cantos de chuva são geralmente avisos de posse territorial, o meio pelo qual os animais ocupam seu espaço e controlam terra suficiente para procurar alimento e procriar. Para mim eram uma celebração da vitalidade da floresta: *alegria! As forças da natureza não estão fora do nosso alcance; a tempestade é parte da nossa biologia!*

Assim é o modo de ser do mundo não humano. As forças colossais do ambiente físico colidem com as resistentes forças da vida, e pouco acontece. Durante um tempo muito longo, 150 milhões de anos, as espécies da floresta pluvial tropical evoluíram de modo a absorver exatamente essa forma e magnitude de violência. Codificaram a ocorrência previsível das tempestades da natureza nas letras de seus genes. Animais e plantas aprenderam a usar rotineiramente as chuvas torrenciais e as inundações para pontear seus ciclos de vida. Ameaçam seus rivais, acasalam-se, buscam presas, põem ovos nas poças de água recém-criadas e constroem abrigos na terra amolecida pela chuva.

Numa escala maior, as tempestades provocam mudanças em toda a estrutura da floresta. O dinamismo natural aumenta a diversidade da vida por meio de destruição e regeneração localizadas.

Em algum lugar da floresta, um grande galho horizontal de árvore está raquítico e vulnerável, coberto por um denso manto de orquídeas, bromeliáceas e outros tipos de plantas que crescem em árvores. A chuva enche as cavidades nas bainhas axilares das epífitas, encharcando o húmus e a terra grumada em torno de suas raízes. Tendo o galho crescido ali durante anos, seu peso tornou-se quase insuportável. Uma rajada de vento sopra, então, ou um raio atinge o tronco da árvore, e o galho quebra e despenca, abrindo um caminho pela vegetação até chocar-se com o solo. Em outro lugar, a coroa de uma árvore gigante que avança sobre as demais chacoalha com o vento. A árvore toda oscila no chão encharcado de chuva. As raízes superficiais não conseguem sustentá-la e a árvore inteira vira de cabeça para baixo. Seu tronco e abóbada caem como um machado sem fio, decepando árvores menores e soterrando os arbustos e ervas dos estratos inferiores. Grossas lianas enroladas nos seus galhos despencam juntas. Aquelas que se estendiam para outras árvores atuam como espias, arrastando ainda mais vegetação para baixo. As enormes raízes, ao serem arrancadas para o alto, criam um monte instantâneo de terra sem vegetação. E em um terceiro lugar, perto do rio, a água vai subindo e esculpindo uma bancada saliente que parece desafiar a gravidade até que um trecho de vinte metros desaba. Com a queda da ribanceira, é arrastada junto uma pequena seção do solo da floresta, pondo abaixo árvores e soterrando a vegetação rasteira.

Fenômenos assim de violência menor vão abrindo clareiras na floresta. Quando o céu limpa outra vez, a luz do Sol pode chegar até o chão. A temperatura da superfície aumenta, e a umidade diminui. O solo e a manta secam, e vão se aquecendo ainda mais para criar um novo ambiente para animais, fungos e micro-organismos diferentes daqueles da floresta escura anterior. Nos meses subsequentes, espécies pioneiras de plantas começam a se firmar. São muito diferentes dos rebentos amantes da sombra e dos arbustos que haviam prevalecido na antiga floresta. De crescimento rápido, estatura pequena e vida curta, formam uma só abóbada que atinge a maturidade muito abaixo das coroas superiores das árvores mais antigas ao redor. Seu tecido é macio e vulnerável a herbívoros. As árvores palmatifoliadas do gênero *Cecropia*, especialistas em preencher essas clareiras nas florestas da América Central e do Sul, abrigam formigas ferozes nos entrenós ocos dos seus troncos. Esses insetos, que têm o apropriado nome científico de *Azteca*, vivem em simbiose com seus hospedeiros, protegendo-os de todos os predadores, com exceção das preguiças e de alguns outros herbívoros especializados em se alimentar de *Cecropia*. Esses simbiontes vivem em meio a uma nova constelação de espécies que não eram encontradas na floresta madura.

Por toda parte, a vegetação secundária de árvores e galhos caídos vai apodrecendo e se desfazendo, oferecendo refúgio e alimento para um vasto sortimento de fungos basidiomicetos, bolores limosos, formigas poneríneas, besouros escolitídeos, piolhos-da-casca, lacrainhas, embiópteros fiandeiros, zorápteros, poduras entomobriomorfas, diplurâneos japigídeos, aracnídeos esquizomídeos, pseudoescorpiões, escorpiões de verdade e outras formas que vivem principal ou exclusivamente nesse hábitat, acrescentando milhares de espécies à diversidade da floresta primária.

Basta entrar nos emaranhados de uma vegetação caída, arrancando pedaços apodrecidos de casca de árvore e revirando as toras de madeira, para ver essas criaturas fervilhando em toda parte. À medida que a vegetação pioneira vai ficando mais densa, o aumento das sombras e da umidade volta a favorecer as espécies da floresta antiga, e seus rebentos voltam a brotar e crescer. Em cem anos, as espécies especialistas da clareira aberta pela tempestade na mata terão sido eliminadas na competição pela luz, e o estrato arbóreo superior da floresta se fechará completamente outra vez.

Nessa sucessão, as espécies pioneiras são como os atletas que disputam os cem metros rasos, e as espécies da antiga floresta, como os corredores de longa distância. As mudanças violentas e a abertura de espaços na mata colocam temporariamente todas as espécies na mesma linha de partida. Os corredores de alta velocidade saem em disparada na frente, mas a raça que permanece é a dos corredores de maratonas. Juntas, essas duas classes de especialistas criam um complexo mosaico de tipos de vegetação pela floresta que, graças às quedas regulares de árvores e desmoronamentos de terra, está constantemente mudando. Se acompanharmos alguns quilômetros quadrados da mata durante décadas, o mosaico se torna um caleidoscópio luxuriante com desenhos que nunca se repetem. Uma nova maratona está sempre começando em algum lugar da floresta. Assim, em termos percentuais, os tipos de vegetação que vão se sucedendo permanecem num estado mais ou menos constante — desde as primeiras espécies pioneiras, passando por diversas combinações de árvores pioneiras e floresta cerrada, até trechos da fisionomia mais madura. Se caminharmos aleatoriamente um ou dois quilômetros pela floresta num dia qualquer, cruzaremos muitos desses estágios sucessivos e sentiremos a diversidade que a passagem de tempestades e a queda de árvores gigantes ajudam a sustentar.

Uma diversidade pela qual a vida cria e satura a floresta úmida tropical, uma diversidade que tem levado a vida sempre além, aos ambientes mais inóspitos da Terra. Riquíssimas constelações de animais vivem nas rasas baías da Antártica, os hábitats marinhos mais frios da Terra. Peixes nototenoides semelhantes à perca nadam lá em temperaturas pouco acima do ponto de congelamento da água salgada, mas frias o bastante para transformar o sangue comum em gelo, pois eles são capazes de gerar glicopeptídeos que atuam como anticongelantes em seus tecidos, vingando, assim, onde nenhum outro peixe pode chegar. Em volta deles pululam densas populações de ofiuroides, *krill* e outros invertebrados, cada um com dispositivos próprios de proteção.

Num cenário radicalmente diferente, os salões sem iluminação das cavernas de todo o mundo, poduras, ácaros brancos e cegos e besouros se alimentam de fungos e bactérias que crescem do material vegetal em decomposição que escorre pelos lençóis freáticos. Esses insetos, por sua vez, são comidos por aranhas e besouros igualmente brancos e cegos, e igualmente especializados para viver em perpétua escuridão.

Alguns dos desertos mais inclementes do mundo são lar de muitos agrupamentos singulares de insetos, lagartos e plantas floríferas. Na Namíbia, no Sudoeste da África, há besouros que têm as extremidades das patas semelhantes a remos, permitindo que deslizem pelas dunas em busca de material vegetal ressecado. Outros, os corredores mais rápidos do mundo dos insetos, saem em disparada pela superfície fervente sobre bizarras pernas palafíticas.

Arqueobactérias, micro-organismos unicelulares tão diferentes das bactérias comuns que poderiam se candidatar a um reino de vida separado, ocupam fontes de água mineral fervente e condutos vulcânicos em alto-mar. A espécie que constitui o gênero recém-descoberto *Methanopyrus* cresce em condutos ferventes no fundo do mar Mediterrâneo com temperaturas de até 110°C.

A vida é bem adaptada demais a esses lugares, aproximando-se do limiar do tegumento físico onde a bioquímica parece titubear, e diversificada demais para ser alquebrada por tempestades ou outras extravagâncias comuns da natureza. Mas a diversidade, a propriedade que torna possível a sua resiliência, é vulnerável a golpes que são mais violentos do que as perturbações naturais. Ela pode ir sendo destruída fragmento por fragmento, irreversivelmente, caso a tensão anormal não seja aliviada. Essa vulnerabilidade provém da própria composição da vida, a saber, multidões de espécies de distribuição geográfica limitada. Cada hábitat, da floresta pluvial tropical brasileira à baía Antártica e às fontes termais oceânicas, abriga uma combinação única de plantas e animais. Cada tipo de planta e de animal que lá vive está ligado na teia alimentar a apenas uma pequena parcela das demais espécies. Se eliminarmos uma espécie, outra acaba proliferando para substituí-la. Se eliminarmos muitas espécies, o ecossistema local começa a se deteriorar visivelmente. A produtividade cai à medida que os canais do ciclo de nutrientes vão sendo obstruídos. Cada vez mais a biomassa vai sendo desperdiçada sob a forma de vegetação morta e de lama desoxigenada de metabolização lenta, ou é simplesmente levada embora. Polinizadores menos competentes vão surgindo à medida que abelhas, mariposas, pássaros, morcegos e outros especialistas mais bem adaptados são expulsos. Menos sementes caem, menos mudas brotam. O número de herbívoros declina, e seus predadores vão morrendo.

Mesmo num sistema em declínio a vida continua, e pode parecer superficialmente a mesma. Sempre há espécies capazes de recolonizar uma área depauperada e aproveitar recursos estagnados, por mais canhestramente que isso seja feito. Dado tempo suficiente, uma nova combinação de espécies — fauna e flora reconstituídas — irá retomar o hábitat de uma maneira que transporte energia e materiais de forma um pouco mais eficiente. A atmosfera gerada por essas espécies e a composição do solo que enriquecem serão semelhantes àquelas encontradas em hábitats comparáveis em outras partes do mundo, uma vez que as espécies estarão adaptadas para penetrar e revigorar justamente tais sistemas degenerados — e o fazem porque obtêm mais energia e materiais, e porque deixam uma prole maior. Mas o poder restaurativo da fauna e da flora do mundo como um todo depende da existência de espécies suficientes para desempenhar esse papel especial. E também elas podem cair nas "zonas de perigo" das espécies ameaçadas de extinção.

A diversidade biológica — "biodiversidade", como se diz hoje em dia — é a chave da preservação do mundo como o conhecemos. A vida num local assolado por uma tempestade passageira logo se recupera porque ainda existe bastante diversidade. Espécies oportunistas que evoluíram justamente para tais ocasiões correm para preencher os espaços vazios, dando início a uma sucessão que acabará por retornar a algo semelhante ao estado original do meio ambiente.

Essa é a congregação de vida que levou 1 bilhão de anos para evoluir. Absorveu em si as tempestades — incorporou-as em seus genes — e criou o mundo que nos criou. É ela que mantém o mundo estável. Quando me levantei, na madrugada da manhã seguinte, a Fazenda Dimona não havia se transformado de nenhuma maneira óbvia em relação à véspera. As mesmas árvores altas pareciam uma fortaleza na orla da floresta; a mesma profusão de aves e insetos procurava alimento na abóbada e nos estratos inferiores da mata de acordo com um estrito cronograma individual. Tudo aparentava ser eterno, imutável, e o próprio vigor da vida parecia indagar: qual força seria capaz de romper o crisol da evolução?

2. KRAKATAU

KRAKATAU, antes chamada equivocadamente Krakatoa, uma ilha do tamanho de Manhattan localizada no meio do estreito de Sonda entre Java e Sumatra, desapareceu no fim da manhã de segunda-feira 27 de agosto de 1883. Foi despedaçada por uma série de poderosas erupções vulcânicas. A mais violenta ocorreu às 10h02, irrompendo para o alto com a forma da explosão de uma grande bomba nuclear e uma força estimada em cem ou 150 megatons de TNT. Disso resultaram ondas de ar que percorreram o globo à velocidade do som, atingindo o outro lado da Terra, perto de Bogotá, Colômbia, dezenove horas depois, de onde rebateram de volta para Krakatau, e de lá outra vez atravessaram o mundo, totalizando sete passagens registradas sobre a superfície terrestre. Os estrondos, semelhantes ao canhoneio distante de um navio em perigo, avançaram para o Norte até Cingapura, para o Sul atravessando toda a Austrália até Perth, e 4,6 mil quilômetros para o Oeste, até a ilha Rodriguez, no oceano Indico, a maior distância percorrida por qualquer som aerotransportado em toda a história registrada.

Quando a ilha ruiu na câmara subterrânea aberta pela erupção, o mar correu para preencher a caldeira recém-formada. Uma coluna de magma, rocha e cinzas ascendeu cinco quilômetros no ar, depois caiu de volta à Terra, empurrando o mar para longe em *tsunamis* [ondas gigantes] de quarenta metros de altura. Esses terríveis maremotos, que pareciam montanhas negras quando avistados pela primeira vez no horizonte, açoitaram as praias de Java e Sumatra, destruindo cidades inteiras e matando 40 mil pessoas. Os segmentos que atravessaram os canais e alcançaram o alto-mar dispersaram-se pelo mundo inteiro: as ondas ainda tinham um metro de altura quando atingiram a costa do Ceilão, hoje Sri Lanka, onde morreu afogada uma pessoa, a sua última vítima. Trinta e duas horas depois da explosão, chegaram a Havre, França, reduzidas enfim a ondulações de um centímetro de altura.

As erupções levantaram mais de dezoito quilômetros cúbicos de rocha e outros materiais. A maior parte dessa tefra, como é chamada pelos geólogos, logo caiu de volta sobre a superfície, mas um resíduo de aerossol de ácido sulfúrico e poeira candente subiu cerca de cinquenta quilômetros, dispersando-se então pela estratosfera de todo o mundo, onde durante vários anos provocou pores do sol de um vermelho brilhante e "anéis de Bishop", halos opalescentes em torno do Sol.

Em Krakatau a cena era apocalíptica. Durante todo o dia, o mundo parecia estar chegando ao fim àqueles próximos o suficiente para testemunhar as explosões. No clímax, às 10h02, o barco americano *W. H. Besse* dirigia-se para os estreitos, 84 quilômetros a leste-nordeste de Krakatau. O imediato anotou em seu diário de bordo que "estampidos terríveis" foram ouvidos, seguidos de

> uma pesada nuvem preta que se erguia na direção da ilha de Krakatoa, o barômetro caiu uma polegada de um pulo só, e subia e descia aos saltos uma polegada por vez, convoquei a tripulação, colhi firmemente todas as velas, mal havíamos acabado de fazer isso quando a borrasca atingiu o navio com uma força terrível; baixamos a âncora e todas as correntes do paiol, o vento aumentando e se tornando um furacão; baixamos a âncora de estibordo, vinha escurecendo pouco a pouco desde as nove da manhã e quando a borrasca nos atingiu estava mais escuro do que qualquer noite que eu já vira; era meia-noite ao meio-dia, uma chuva pesada de cinzas caiu da borrasca, o ar tão espesso que era difícil respirar, senti também um forte cheiro de enxofre, a tripulação toda achando que ia morrer sufocada; o barulho terrível do vulcão, o céu cheio de raios forquilhados caindo de todas as direções, tornando a escuridão mais intensa que nunca, o

uivo dos ventos passando pelo cordame formaram uma das cenas mais pavorosas e selvagens imagináveis, uma que jamais será esquecida por nós a bordo, todos acreditando que os últimos dias da Terra haviam chegado; a água vinha sobre nós da direção do vulcão a doze milhas por hora, às quatro da tarde o vento começou a amainar, as explosões haviam quase cessado, a chuva de cinzas já não era tão pesada; pudemos então enxergar o convés; o navio estava coberto com toneladas de cinza fina semelhante a pedra-pomes que grudava nas velas, cordame e mastros como cola.

Nas semanas subsequentes, o estreito de Sonda retornou a uma normalidade externa, embora com uma geografia alterada. O centro de Krakatau fora substituído por uma cratera submarina de sete quilômetros de comprimento e 270 metros de profundidade. Somente um resquício da extremidade sul ainda estava acima do nível da água, coberto por uma camada de pedra-pomes e obsidiana de quarenta metros ou mais de espessura e com uma temperatura entre 300° e 850°C, suficiente na faixa superior para derreter chumbo. Todo e qualquer sinal de vida havia, é claro, sido extinto.

Rakata, a montanha coberta de cinzas da antiga Krakatau, sobreviveu como uma ilha estéril. Mas a vida logo começou a surgir novamente. Em certo sentido, o rolo de filme da história biológica havia parado, e depois começado a andar para trás, como se estivesse sendo projetado do fim para o começo, à medida que organismos vivos começaram a retornar. Os biólogos logo perceberam a oportunidade única que Rakata oferecia: observar a formação de um ecossistema tropical desde o princípio. Seriam os organismos diferentes daqueles que existiam antes? Uma floresta pluvial tropical voltaria um dia a cobrir a ilha?

A primeira busca de vida em Rakata foi realizada por uma expedição francesa em maio de 1884, nove meses após as explosões. O rochedo principal estava sofrendo uma acelerada erosão, com pedras rolando sem parar pelas escarpas abaixo, levantando nuvens de poeira e emitindo um barulho constante

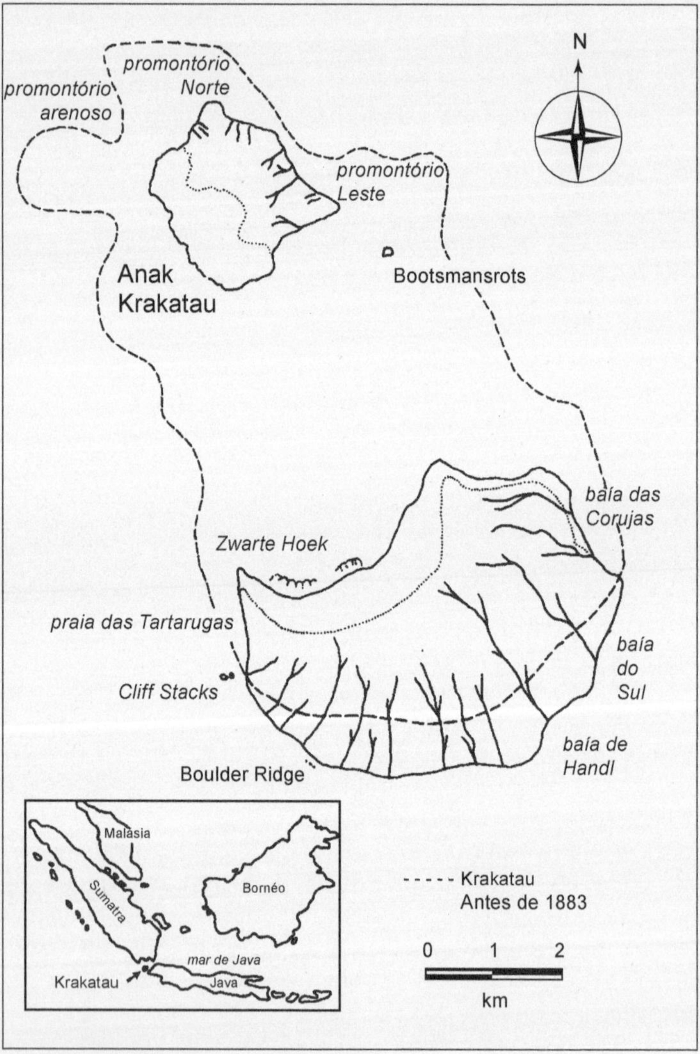

A antiga Krakatau foi destruída por uma erupção vulcânica em 1883, deixando apenas Rakata, uma pequena ilha sem vida no Extremo Sul. Anak Krakatau emergiu do mar como um cone vulcânico em 1930.

"como o estampido de mosquetes à distância". Algumas das pedras rodopiavam no ar, ricocheteando pelas encostas das ravinas e caindo no mar com estrépito. O que à distância parecia ser uma névoa revelava-se de perto como nuvens de poeira levantadas pelo entulho que despencava. A tripulação e os membros da expedição acabaram encontrando um lugar seguro para atracar e logo se espalharam pela ilha. Tendo saído especificamente à cata de organismos, o naturalista do navio escreveu que, "apesar de todas as minhas buscas, não fui capaz de observar qualquer indício de vida animal. Descobri apenas uma aranha microscópica — uma apenas; essa estranha pioneira da renovação estava ocupada tecendo sua teia".

Um filhote de aranha? Como uma pequenina criatura sem asas poderia chegar tão rapidamente à ilha deserta? Os aracnólogos sabem que a maioria das espécies empreende "viagens de balão" em algum ponto do seu ciclo de vida. A aranha se coloca na borda de uma folha ou em algum outro local exposto e lança um fio de seda das fiandeiras na extremidade posterior do abdômen. O fio acaba sendo colhido por uma corrente de ar e vai se esticando, puxado pelo vento, como a linha de uma pipa. A aranha vai tecendo mais e mais seda até que o fio exerce um forte puxão sobre seu corpo. Ela então se solta da folha ou da relva e sai voando. Não apenas os filhotes minúsculos, mas também aranhas grandes, que por vezes atingem milhares de metros de altitude e viajam centenas de quilômetros antes de voltar ao chão para começar uma vida nova. Ou então caem na água e morrem. As viajantes não têm controle algum sobre a sua descida.

As aranhas que empreendem essas viagens de balão são membros do que os ecologistas, numa dessas raras expressões felizes derivadas do grego e do latim, chamaram deliciosamente de plâncton eólico. Em linguagem comum, plâncton é a vasta multidão de algas e pequenos animais arrastada passivamente pelas correntes de água; eólico refere-se ao vento. As criaturas que compõem o plâncton eólico são dedicadas quase inteiramente à dispersão em longa distância. Podemos ver o plâncton eólico se formando em nossos jardins e arbustos numa tarde tranquila de verão, quando os pulgões abrem suas asas delicadas e se erguem apenas o suficiente para serem levados pelo vento. Uma chuva de bactérias planctônicas, esporos fúngicos, pequenas sementes, insetos, aranhas e outras minúsculas criaturas cai incessantemente sobre a maior parte da superfície terrestre. É uma chuva rala e difícil de detectar momento a momento, mas vai se acumulando perceptivelmente ao longo de semanas ou meses. Foi assim que a maioria das espécies colonizou o resquício carbonizado e cauterizado de Krakatau.

O potencial da invasão planctônica foi documentado por Ian Thornton e uma equipe de biólogos australianos e indonésios que visitou a região de Krakatau na década de 1980. Enquanto estudavam Rakata, aproveitaram para visitar também Anak Krakatau ("Filha de Krakatau"), uma pequena ilha que em 1930 emergiu de atividades vulcânicas ao longo da borda submersa setentrional da velha caldeira de Krakatau. Nos cursos de lava cobertos por cinzas, eles colocaram armadilhas feitas de plástico branco cheias de água do mar. Essa parte da superfície de Anak Krakatau surgira a partir de atividades vulcânicas locais entre 1960 e 1981, e era praticamente estéril, lembrando a condição de Rakata logo após a sua formação violenta. Durante dez dias, as armadilhas capturaram uma variedade surpreendente de artrópodes transportados pelo vento. Os espécimens coletados, separados e identificados abrangiam um total de 72 espécies de aranhas, poduras, grilos, lacrainhas, piolhos-da-casca, insetos hemípteros, mariposas, moscas, besouros e vespas.

Há outras maneiras de atravessar os trechos de água que separam Rakata das ilhas próximas e das costas de Java e Sumatra. O grande varano-malaio semiaquático *Varanus salvator* provavelmente nadou até lá. Estava presente já em 1899, deliciando-se com os caranguejos que se arrastavam pela praia. Outro nadador de longa distância foi o pitão reticulado [*Python reticulatus*], uma serpente gigante que chega a atingir oito metros de comprimento. Todos os pássaros provavelmente chegaram lá voando por conta própria. Todavia, somente uma pequena porcentagem das espécies de Java e Sumatra estava representada, pois ocorre um fato curioso: muitas espécies de florestas se recusam a atravessar trechos de água mesmo quando a ilha mais próxima está perto o suficiente para ser avistada. Morcegos, desviando do seu curso, também aterrissaram em Rakata. É provável que insetos alados maiores, especialmente borboletas e libélulas, também tenham viajado até lá por conta própria. Nas Florida Keys, ilhas coralígenas que se estendem ao sul da Flórida, pude observar que, sob condições similares, esses insetos voam facilmente de uma pequena ilha para outra, como se estivessem movendo-se sobre o campo, e não sobre água salgada.

Um meio de transporte menos comum, mas ainda importante, são os galhos, troncos e até árvores inteiras que caem nos rios e baías e são levados para o mar. Essas verdadeiras jangadas carregam consigo micro-organismos, insetos, cobras, rãs e, às vezes, até roedores e outros pequenos mamíferos que viviam nelas no momento da partida. Blocos de pedra-pomes de antigas ilhas vulcânicas — por serem permeados por bolhas de ar presas em seu interior e, portanto, capazes de flutuar — também podem servir de jangada.

Muito raramente, uma tempestade violenta transforma animais maiores (como lagartos ou rãs) em passageiros eólicos, arrastando-os para praias distantes. Trombas-d'água podem pegar peixes e transportá-los vivos para lagos e rios das proximidades.

Intensificando ainda mais a migração, os organismos carregam consigo outros organismos. A maioria dos animais é uma arca em miniatura carregada de parasitas. Também transportam vários caronas acidentais na terra que gruda em sua pele, incluindo uma imensa variedade de bactérias e protozoários, esporos fúngicos, vermes nematoides, tardígrados, ácaros e piolhos-de-galinha. Sementes de algumas espécies de ervas e árvores atravessam vivas as entranhas das aves que as comeram, sendo mais tarde depositadas através das fezes e servindo como um fertilizante instantâneo. Alguns artrópodes praticam o que os biólogos chamam forésia, o hábito de um animal deliberadamente fazer-se transportar por outro maior. Pseudoescorpiões, pequenas réplicas dos escorpiões verdadeiros mas destituídos de ferrão, usam quelas semelhantes às das lagostas para se prender nos pelos das libélulas e outros grandes insetos alados, viajando grandes distâncias montados nesses tapetes mágicos.

Os colonizadores continuaram chegando torrencialmente a Rakata, vindos de todas as direções. Uma cerca eletrificada de cem metros de altura não os teria impedido: organismos aerotransportados ainda assim teriam caído de cima para gerar um rico ecossistema. Mas o caráter fundamentalmente aleatório da colonização significou que a flora e a fauna não retornaram a Rakata da maneira suave descrita nos livros didáticos, em que primeiro as plantas se desenvolvem até adquirir a espessidão das selvas, depois os herbívoros proliferam e finalmente os carnívoros saem em busca de presas. Os estudos realizados em Rakata e depois em Anak Krakatau revelaram uma acumulação muito mais acidental, com algumas espécies sendo inexplicavelmente extintas e outras florescendo quando tudo levava a crer que deveriam desaparecer rapidamente. Aranhas e grilos carnívoros não voadores persistiram quase miraculosamente nos campos estéreis de pedra-pomes, alimentando-se de uma dieta escassa de insetos que caíam com os detritos eólicos. Lagartos grandes e algumas aves viviam de caranguejos, que por sua vez subsistiam de plantas e animais marinhos mortos e levados para a praia pelas ondas. (O nome original de Krakatau era Karkata, que em sânscrito significa "caranguejo"; Rakata também significa caranguejo na antiga língua javanesa.) Assim, a diversidade animal não estava inteiramente dependente da vegetação. E, de sua parte, a vegetação foi crescendo em terrenos alternados, espalhando-se e recuando pela ilha até criar um mosaico irregular.

A fauna e a flora retornaram de maneira caótica, e retornaram depressa. No outono de 1884, pouco mais de um ano após a erupção, biólogos encontraram alguns brotos de gramínea, provavelmente *Impe-rata* e *Saccharum*. Em 1886 havia quinze espécies de gramíneas e arbustos; em 1897, 49; e, em 1928, quase trezentas. Uma vegetação dominada pela *Ipomoea* espalhou-se ao longo da costa. Ao mesmo tempo, pradarias pontilhadas com *Casuarina* cederam lugar aqui e ali a grupos pioneiros mais ricos em árvores e arbustos. Em 1919, W. M. Docters van Leeuwen, do Jardim Botânico de Buitenzorg, encontrou trechos de floresta cercados por uma pradaria quase contínua. Dez anos depois, encontrou o inverso: florestas agora cobriam toda a ilha e estavam sufocando os últimos trechos de pradarias. Hoje Rakata é completamente coberta por uma floresta pluvial tropical asiática, típica da região em sua aparência externa. No entanto, o processo de colonização está longe de se completar. Nem uma única espécie das árvores características das florestas primárias de Java e Sumatra retornou à ilha. Outros cem anos de investimento, talvez mais, serão necessários para que haja uma floresta inteiramente comparável às das ilhas indonésias não perturbadas do mesmo tamanho.

Excetuando-se alguns insetos, aranhas e vertebrados, os primeiros colonizadores da maioria dos tipos de animais morreram em Rakata logo após lá chegar. Mas, à medida que se expandia a vegetação e a floresta amadurecia, um número crescente de espécies pôde se firmar. Na época das expedições de Thornton, em 1984-5, os habitantes incluíam trinta espécies de aves terrestres, nove de morcegos, o rato-do-campo indonésio, o ubíquo rato-preto e nove répteis, incluindo duas espécies de lagartixas e o *Varanus salvator*, o varano-malaio. O pitão reticulado, cuja presença fora registrada em 1933, não foi encontrado em 1984-5. Uma grande hoste de espécies de invertebrados, mais de seiscentas no total, vivia na ilha. Incluía um platelminto terrestre, vermes nematoides, caracóis, escorpiões, aranhas, pseudoescorpiões, centípedes, baratas, cupins, piolhos-da-casca, cigarras, formigas, besouros, mariposas e borboletas. Estavam também presentes rotíferos e tardígrados microscópicos, e uma rica variedade de bactérias.

Um primeiro exame da flora e da fauna reconstituídas de Rakata (ou seja, Krakatau um século após o apocalipse) nos dá uma impressão de vida típica de qualquer ilhota da Indonésia. Mas a biocenose permanece num estado altamente volátil. O número de espécies residentes de aves talvez esteja agora se aproximando de um equilíbrio, tendo claramente deixado de aumentar a partir de 1919, estabilizando-se em cerca de trinta. Trinta é também o número aproximado em outras ilhas indonésias de tamanho similar. Ao mesmo tempo, a *composição* das espécies de aves é menos estável. Novas espécies continuam chegando, e espécies anteriores vão minguando até se extinguir. Corujas e papa-moscas chegaram depois de 1919, por exemplo, enquanto diversos residentes antigos, como o bulbul (*Pycnonotus aurigaster*) e o picanço de costas cinzentas (*Lanius schach*), desapareceram. Os répteis também parecem se encontrar no mesmo tipo de equilíbrio dinâmico, ou próximos dele. O mesmo acontece com as baratas, as borboletas ninfalídeas e as libélulas. Os mamíferos não voadores, representados exclusivamente por dois tipos de ratos, claramente estão longe disso. Igualmente distantes de qualquer tipo de equilíbrio estão as plantas, as formigas e os caracóis. A maioria dos demais invertebrados foi muito pouco estudada em Rakata ao longo de períodos suficientemente longos de tempo para avaliarmos a sua situação, mas no geral o número total de espécies ainda parece estar aumentando.

Rakata, juntamente com Panjang e Sertung, e outras ilhas do arquipélago de Krakatau arrasadas e cobertas de pedra-pomes pela explosão de 1883 conseguiram no espaço de um século reaver a aparência das comunidades que lá existiam antes, e a diversidade da vida foi em grande parte recuperada. Permanece a questão sobre se as espécies endêmicas, aquelas encontradas somente no arquipélago antes de 1883, foram destruídas pela explosão. Jamais poderemos ter certeza, pois as ilhas haviam sido muito pouco exploradas pelos naturalistas antes de Krakatau chamar tão dramaticamente a atenção do mundo, em 1883. Parece improvável que espécies endêmicas tenham algum dia existido. As ilhas são tão pequenas que a rotatividade natural de espécies talvez tenha sido rápida demais para permitir que a evolução chegasse à criação de novas espécies, mesmo sem os episódios vulcânicos.

Na realidade, o arquipélago já sofrera outras turbulências que destruíram ou danificaram gravemente sua fauna e sua flora ao longo dos séculos. De acordo com uma lenda javanesa, o vulcão Kapi entrou violentamente em erupção no estreito de Sonda no ano de 416: "Por fim, a montanha Kapi, com um ruído tremendo, explodiu em pedaços e afundou nas profundezas da Terra. A água do mar subiu e tudo inundou". Uma série de erupções menores, que queimaram pelo menos partes da floresta, ocorreu em 1680 e 1681.

Hoje podemos navegar perto das ilhas sem desconfiar da sua história violenta, a menos que Anak Krakatau esteja lançando fumaça nesse dia em particular. A espessa floresta verde oferece testemunho da inventividade e capacidade de resistência da vida. Erupções vulcânicas comuns não são suficientes, portanto, para romper o crisol da vida.

3. AS GRANDES EXTINÇÕES

QUAL O MAIOR GOLPE SOFRIDO pela vida em todos os tempos? Não foram as explosões de 1883 em Krakatau, que nem sequer foram as piores registradas pela história. A erupção de Tambora, em 1815, na ilha indonésia de Sumbawa, 1400 quilômetros a leste de Krakatau, levantou cinco vezes mais rochas e cinzas do que Krakatau, provocou maior destruição ambiental e matou dezenas de milhares de pessoas. Cerca de 75 mil anos atrás, uma erupção ainda maior ocorreu no centro da Sumatra setentrional. Levantou ao céu inacreditáveis mil quilômetros cúbicos de material sólido, criando uma depressão oval de 65 quilômetros de comprimento que acabou sendo preenchida por água doce e persiste até hoje como o lago Toba. Povos paleolíticos viviam então na ilha. Só podemos imaginar o que devem ter sentido diante de uma erupção cuja magnitude foi cem vezes maior que a de Krakatau, e quais histórias de deuses e apocalipse devem ter proliferado subsequentemente em sua cultura.

É provável que grandes erupções tenham ocorrido repetidamente ao longo de extensos períodos de tempo geológico. Um raciocínio estatístico elementar nos leva a essa conclusão. A curva de frequência da intensidade de erupções vulcânicas em todo o mundo, como tantos outros fenômenos aleatórios, atinge o pico no limite inferior e vai se atilando gradualmente à medida que se aproxima do limite superior. Isso significa que a maioria das erupções são perturbações relativamente pequenas, consistindo em uma nuvem de vapor saindo de uma fumarola ou em um pequeno fluxo de lava. O derrame de lava, a etapa seguinte, é menos comum, mas ainda acontece todos os anos em alguma parte do mundo. Um evento da dimensão da explosão de Krakatau ocorre uma ou duas vezes por século. Uma erupção da intensidade da explosão de Toba é muito mais rara, mas, ao longo de milhões de anos, praticamente inevitável.

O mesmo raciocínio estatístico se aplica à queda de meteoritos. Um grande número deles, com tamanhos variando de alguns grãos de poeira a pedregulhos, cai sobre a superfície da Terra todos os anos a uma velocidade de quinze a 75 quilômetros por segundo. Um número muito menor, com tamanhos variando de uma bola de beisebol a uma bola de futebol, representa a maioria dos trinta e poucos meteoritos que podem ser vistos atingindo o solo (e que podem ser achados por quem os estiver procurando). Alguns pouquíssimos são muito maiores. O maior meteorito já observado nos Estados Unidos tinha 5 toneladas e caiu no condado Norton, Kansas, em 18 de fevereiro de 1948. Ao longo de milhões de anos, somente alguns poucos meteoritos verdadeiramente gigantescos atingem a superfície terrestre. Um deles, com um diâmetro de 1250 metros, abriu o cânion Diablo no Arizona. Um outro monstro, de 3,2 quilômetros de diâmetro, criou a depressão Chubb em Ungava, Quebec.

Extrapolando nessa escala de violência, vemos que é concebível e até provável que uma erupção vulcânica ou a queda de um meteorito capaz de literalmente sacudir a Terra ocorra a cada 10 milhões ou 100 milhões de anos, alterando drasticamente a atmosfera do planeta e, como resultado, extinguindo uma parcela substancial das espécies vivas no momento. Algo desse tipo pode ter ocorrido no final da era mesozoica, há 66 milhões de anos, quando os dinossauros e alguns outros grupos prevalecentes de animais foram dizimados ou completamente extintos. Foi isso que concluíram Luis Alvarez e três outros físicos de Berkeley em 1979. Eles encontraram concentrações anormalmente elevadas de irídio, um elemento do grupo da platina, num fino depósito geológico que separa a era mesozoica mais antiga da era cenozoica mais recente. Mais precisamente, a camada separa rochas do período Cretáceo, o período mais recente do Mesozoico, e do período Terciário, o mais antigo do Cenozoico. Quando avançamos por essa fronteira estreita, a chamada transição Cretáceo-Terciário, os fósseis deixam de apresentar uma prevalência de dinossauros e alguns poucos mamíferos pequenos, e passam a apresentar *nenhum* dinossauro e uma prevalência de mamíferos. O irídio possui uma forte afinidade com o ferro; como resultado, durante a formação do planeta, ele foi quase todo atraído para o núcleo ferroso da Terra. A sua presença na transição Cretáceo-Terciário, tão próxima da superfície, era um mistério.

A equipe de Berkeley reparou que o irídio também é abundante em alguns meteoritos. Essa anomalia, e alguns modelos matemáticos, levou-nos ao seguinte cenário: há 66 milhões de anos, um meteorito de dez quilômetros de diâmetro chocou-se com a Terra a 72 mil quilômetros por hora. O impacto transmitiu uma força maior do que a detonação de todos os armamentos nucleares do mundo. Fez a Terra soar como um sino, iniciou incêndios em toda a parte e varreu as costas dos continentes com *tsunamis* gigantescos. Levantou uma imensa nuvem de poeira que envolveu o planeta e, em seguida, ou esfriou a atmosfera por bloquear a luz do Sol ou então aqueceu-a prendendo o calor como numa estufa. Essa nuvem de poeira, ao se assentar, formou uma camada de sedimentos de meio centímetro de espessura, carregada de irídio. Uma chuva ácida lavou depois esse resíduo superficial durante meses ou anos. De acordo com o cenário concebido por Alvarez, todos esses efeitos contribuíram para matar os dinossauros e uma ampla gama de outros animais e plantas.

Se houve de fato um impacto dessa intensidade, deve ter deixado outros sinais claros além do aumento de irídio na superfície da Terra. Durante as acaloradas discussões e pesquisas que se seguiram à proposta de Alvarez, uma peça-chave veio à luz. Os geoquímicos sabem que quando o quartzo é submetido a pressões extremas, como as do local do impacto, ele leva um "choque": o arranjo da distribuição dos átomos do cristal é de tal forma perturbado que surgem planos irregulares quando seções finas do mineral são examinadas ao microscópio entre filtros polarizadores cruzados. Esses planos irregulares foram de fato encontrados em grãos de quartzo de algumas partes da transição Cretáceo-Terciário. A partir daí a hipótese do meteorito começou a parecer muito plausível.

Primeira regra da história da ciência: quando uma ideia nova, grandiosa e convincente é proposta, um exército de críticos logo se reúne para tentar derrubá-la. Tal reação é inevitável, pois é simplesmente assim que os cientistas trabalham: agressivos ainda que respeitadores das regras do discurso civilizado. É também verdade que, quando deparam com adversidades, os proponentes da ideia tornam-se ainda mais determinados e se esforçam para torná-la mais convincente. Sendo humana, a maioria dos cientistas se conforma psicologicamente ao Princípio da Certeza, que afirma que, quando há evidências favoráveis e contrárias a uma crença, o resultado não é uma diminuição, mas um aumento da convicção de ambos os lados. Durante a década de 1980, centenas de especialistas escreveram mais de 2 mil artigos a favor e contra a hipótese do meteorito A tensão era palpável nos simpósios e colóquios científicos, argumentos e contra-argumentos permeavam as páginas da revista *Science*, e uma pequena indústria foi surgindo nos laboratórios e auditórios das universidades de pesquisa.

Regra número dois: a ideia nova, como a própria Mãe Terra, receberá alguns golpes sérios. Se for boa, sobreviverá, provavelmente de forma modificada. Se for ruim, sucumbirá, em geral por ocasião da morte ou aposentadoria do último dos proponentes originais. Como Paul Samuelson disse certa vez sobre a ciência econômica, "funeral a funeral, a teoria avança". Neste caso, os críticos antimeteorito tinham uma poderosa hipótese concorrente. Eles diziam que de milhares em milhares de anos ocorrem enormes erupções vulcânicas que, sejam elas Krakataus colossais ou saraivadas contínuas de Krakataus comuns, são capazes de produzir os efeitos observados na transição Cretáceo-Terciário. Alguns vulcões atuais de fato contêm níveis elevados de irídio em suas cinzas; e também poderiam gerar pressão suficiente para provocar choques no quartzo, embora testes de campo que estão sendo realizados (no momento em que escrevo) ainda não tenham resolvido a questão de um jeito ou de outro.

Os vulcanistas e outros críticos levantaram uma evidência ainda mais perturbadora para debilitar a hipótese do meteorito: muitas extinções ocorreram no final do período Cretáceo, não resta dúvida, mas não ao mesmo tempo. As extinções dos diversos grupos ocorreram ao longo de milhões de anos de um e outro lado da transição Cretáceo-Terciário. Os dinossauros, por exemplo, declinaram perceptivelmente durante os últimos 10 milhões de anos do Cretáceo. No estado americano de Montana e no Sul da província de Alberta, no Canadá, cerca de trinta espécies estavam presentes 10 milhões de anos antes do fim. O número foi diminuindo gradualmente até chegar a treze logo antes do fim, sendo o dinossauro com chifre *Triceratops* o mais abundante no grupo final. Um modelo similar foi seguido pelos amonoides, moluscos de conchas multicâmeras como a do náutilo moderno. Foi seguido também por pelecípodes, moluscos bivalves que incluíam espécies gigantes com conchas de um metro de largura, e por rudistas, outros bivalves que construíam recifes com a massa de suas conchas. Muitos grupos de foraminíferos, criaturas marinhas semelhantes a amebas que secretam elaborados esqueletos siliciosos com desenhos requintados, foram desaparecendo por etapas ao longo de 1 milhão de anos. Alguns desapareceram antes do fim do Cretáceo, outros em diferentes momentos posteriores, todos sendo substituídos por novos tipos de foraminíferos que foram surgindo ao longo de várias centenas de milhares de anos. Os insetos atravessaram a transição Cretáceo-Terciário relativamente intactos. Todas as ordens (o grupo taxionômico mais elevado) sobreviveram, incluindo os coleópteros (besouros), dípteros (moscas), himenópteros (abelhas, vespas e formigas) e lepidópteros (mariposas e borboletas). A maioria das famílias (o grupo taxionômico seguinte), possivelmente todas, também sobreviveu, incluindo os formicídeos (formigas), curculionídeos (carunchos) e *Stratiomyidae* (*soldier flies*). O registro fóssil do Cretáceo ainda é pobre demais para estimarmos as extinções, no nível das espécies, de tipos específicos como a mosca caseira moderna (*Musca domestica*) ou a borboleta-branca *Pieris rapae* [cujas larvas se alimentam das folhas do repolho e de plantas similares].

A fim de acomodar essa confusa sequência de extinções durante a transição Cretáceo-Terciário trazida à tona pela controvérsia, alguns paleontólogos conceberam uma série de erupções violentas ao longo de milhões de anos perto do fim do Cretáceo, criando periodicamente nuvens de poeira globais, incêndios, chuva ácida e esfriamento climático. Esses eventos nefastos conspiraram para diminuir o nível populacional de todos os tipos de organismos e para reduzir a distribuição geográfica de seus hábitats a regiões limitadas do mundo. Alguns tipos de animais, como os dinossauros, os amonoides e os foraminíferos, foram duramente atingidos. Insetos e plantas persistiram mais ou menos intactos, talvez por sua capacidade de funcionar em níveis fisiológicos reduzidos durante meses ou até anos.

Alguns dos cientistas favoráveis à hipótese do meteorito, impressionados com as novas evidências de extinção, adaptaram seu modelo abandonando a hipótese de um único evento cataclísmico. Eles postularam uma série de impactos de meteoritos menores ao longo da transição de 1 milhão de anos. Muitos desses eventos, afirmam, poderiam ter prolongado bastante a fase de extinções ao longo de toda a transição Cretáceo-Terciário.

Nem todos os paleontólogos estavam tão dispostos a abandonar as hipóteses de uma mega-Krakatau ou de um único grande impacto. Eles redobraram seus esforços para localizar fósseis próximos da transição Cretáceo-Terciário a fim de determinar mais precisamente o momento das extinções em massa. Hoje a balança parece estar pendendo mais para a hipótese de um evento único. Com mais fósseis disponíveis, de fato parece mais plausível que os dinossauros e os amonoides tenham sido eliminados subitamente por ocasião do impacto do suposto meteorito ou da mega-Krakatau. Os dados sobre os foraminíferos permanecem ambíguos e contestados. As plantas fornecem evidência mais clara de uma catástrofe única. Seus fósseis são mais abundantes e mais facilmente interpretáveis, especialmente os grãos de pólen incorporados no assoreamento dos lagos ano após ano. O Oeste da América do Norte sofreu uma súbita e severa redução dos grãos de pólen de plantas floríferas durante a transição Cretáceo-Terciário, seguida por um aumento igualmente abrupto de esporos de fetos — o chamado "espigão de fetos" do registro fóssil —, imediatamente seguido por um retorno do pólen de plantas floríferas, dessa vez representando um conjunto diferente de espécies. O declínio temporário das plantas floríferas e o aumento dos fetos são compatíveis com um grande inverno de transição, isto é, com o escurecimento e o esfriamento do clima causados por nuvens de poeira e fumaça, durando um ou dois anos. Algumas espécies de plantas extinguiram-se, especialmente as perenes de folhas largas da categoria geral representada hoje pelas magnólias e azaleias. Outras retornaram após um tempo, descendentes de sobreviventes dispersas, mas constituindo uma mistura diferente da existente na era pós-mesozoica. No hemisfério sul, o efeito sobre a vegetação foi menos severo.

Hoje a maioria dos paleontólogos tende cautelosamente para a hipótese de um encerramento súbito e catastrófico da era mesozoica. Enquanto isso, a busca pelo tipo de evidência mais cobiçado em todas as odisseias científicas continua: uma descoberta que seja fácil de compreender e que implique definitivamente uma única grande causa que descarte as outras alternativas. A candidata mais óbvia é um grande meteorito: bastaria achar uma cratera gigantesca em algum lugar da Terra que pudesse ser datada precisamente no momento da transição Cretáceo-Terciário. Como dois terços da Terra são cobertos por água, esse resquício da grande colisão pode estar escondido no fundo do oceano. Em 1990, propuseram-se duas crateras como candidatas com base no arranjo perturbado da distribuição dos seus átomos de quartzo e em formações geológicas características em estratos acessíveis: uma no Caribe, a sudoeste do Haiti; a outra a sudoeste de Cuba, a 1350 quilômetros da primeira. As evidências ainda não são suficientemente fortes para que essas crateras sejam aceitas. As conformações geológicas estão sendo estudadas, e a busca continua em outras bacias oceânicas.

Um acordo talvez viesse a calhar. Ambas as explicações, a do meteorito e a do vulcão, podem estar corretas. Os dois eventos podem ter ocorrido ao mesmo tempo. Um meteorito de dez quilômetros de diâmetro que atingisse a superfície a milhares de quilômetros por hora não só sacudiria a superfície da Terra como também provocaria erupções vulcânicas por todo o planeta. Alternativamente, atividades vulcânicas espontâneas poderiam ser a chave, com o impacto de um meteorito dando o golpe de misericórdia nos dinossauros e nos animais marinhos mais sensíveis da época que passamos a designar como transição Cretáceo-Terciário.

Assim voltamos a um fato importante: a extinção do Cretáceo foi apenas uma de cinco catástrofes desse tipo que ocorreram nos últimos 500 milhões de anos, não sendo sequer a mais severa. Ademais, os espasmos anteriores não parecem ter sido associados a meteoritos nem a um vulcanismo particularmente intenso. As cinco extinções em massa ocorreram na seguinte ordem, conforme o período geológico: Ordoviciano, 440 milhões de anos atrás; Devoniano, 365 milhões; Permiano, 245 milhões; Triássico, 210 milhões; e Cretáceo, 66 milhões. Houve muitos outros altos e baixos secundários, mas estes cinco estão no limite superior da curva da violência e destacam-se dos demais. Estão para os outros episódios como uma catástrofe está para um infortúnio, um furacão para uma rajada de vento no verão.

Os organismos que mais claramente revelam os índices de extinção são os animais que viviam no mar, de moluscos e artrópodes até peixes, pela simples razão protoplásmica de que seus restos se assentaram rapidamente no fundo, foram cobertos por sedimentos e se transformaram em fósseis antes de ter se decomposto inteiramente. É também verdade que as unidades taxionômicas são as famílias de espécies aparentadas porque, se quaisquer espécies do grupo estivessem vivas na época do depósito, seriam boas as chances de pelo menos uma vir à luz agora em forma fóssil. Depender de espécies individuais, muitas das quais eram provavelmente raras ou parcamente distribuídas, é introduzir um enorme erro estatístico.

Consideremos a grande quantidade de dados sobre animais marinhos coletados e analisados por John Sepkoski e David Raup, da Universidade de Chicago, e outros. O desaparecimento de famílias sobre as quais há dados confiáveis disponíveis foi aproximadamente o mesmo, cerca de 12%, em cada um dos espasmos, exceto o do Permiano, quando ocorreu o desaparecimento chocante de 54% delas. Existem métodos estatísticos pelos quais é possível contar o número de famílias extintas e chegar a uma estimativa razoável do desaparecimento das espécies que compunham as famílias. Calcula-se que o grande cataclismo permiano tenha resultado no desaparecimento de 77% a 96% de todas as espécies de animais marinhos. Raup comentou que, "se essas estimativas forem razoavelmente precisas, a biologia global (no que tange aos organismos superiores, pelo menos) teve um encontro extremamente próximo com a destruição total". Os trilobites e os peixes da ordem placodermes, dois grupos altamente característicos e dominantes em períodos anteriores, de fato chegaram ao fim. Na terra, répteis semelhantes a mamíferos, ancestrais distantes da humanidade, foram devastados, com apenas alguns sobreviventes completando, a custo, a travessia. Insetos e plantas foram menos afetados; eles de algum modo adquiriram o escudo invisível que os protegeria em todos os episódios posteriores.

Não foi encontrado irídio em depósitos das épocas dos quatro primeiros espasmos. Assim, evidentemente não houve colisão de meteorito com magnitude suficiente para causar espasmos de extinção de primeira grandeza. Ocorreram tremendas erupções vulcânicas no Centro-Norte da Sibéria por volta da época das extinções permianas, suficientes talvez para alterar o clima global, mas a sua ligação com o declínio da vida está longe de ser provada. Então o que aconteceu? Na concepção de Steven Stanley e alguns outros paleobiólogos, o principal agente de destruição foram mudanças climáticas de longo prazo. As evidências são circunstanciais mas convincentes. Incluem um recuo geral de organismos tropicais em direção ao equador, que atingiu um pico na época das crises. Organismos formadores de recifes, incluindo algas e esponjas calcárias, eram especialmente vulneráveis e desapareceram de grandes regiões do planeta. Os esqueletos, as partes não vivas dos recifes, sofreram então erosão das ondas ou foram cobertos por sedimentos. (Um recife fóssil, formado na Austrália ocidental há 350 milhões de anos, conseguiu de algum modo resistir à erosão e é ainda hoje uma característica proeminente da paisagem.) A distribuição geográfica dos organismos tropicais sobreviventes foi comprimida em direção ao equador durante as crises. A glaciação foi mais extensa.

Portanto, a Terra parece ter esfriado dramaticamente durante as quatro primeiras crises, eliminando muitas espécies e forçando outras a uma distribuição geográfica menor, o que as tornou mais vulneráveis à extinção por outras causas.

Evitei até aqui a questão da causa derradeira. Se o esfriamento global foi o evento aniquilador, o que causou o esfriamento? A resposta mais provável deduzida pelos geólogos é o movimento de massas terrestres e dos mares limítrofes durante a deriva dos continentes. Na época dos primeiros grandes espasmos de extinção — Ordoviciano, Devoniano e Permiano —, as partes terrestres de nosso planeta estavam unidas num único supercontinente chamado Pangeia. Quando seu bloco meridional, Gondwana, foi avançando para o Polo Sul, no final do Ordoviciano e durante o Devoniano, sofreu extensas glaciações e, mais ou menos concomitantemente, grandes crises biológicas. Durante o Permiano, Pangeia deslocou-se mais para o norte, e foi coberto ao norte e ao sul por geleiras. À medida que o gelo se formava, o nível do mar ia baixando, reduzindo drasticamente a extensão dos mares internos mais quentes, nos quais a maior parte da vida marinha vivia então.

A deriva continental não parece ter sido a causa do esfriamento global no final do Mesozoico, de modo que nossa atenção justificadamente se fixa nos meteoritos e nos vulcões. Hoje em dia as massas terrestres do mundo estão dispostas numa configuração que favorece altos níveis de diversidade: continentes muito separados uns dos outros, com extensas costas e trechos de água tropical rasa pontilhados por muitas ilhas. Não há nos últimos 66 milhões de anos nenhuma evidência de chuva de meteoritos ou explosões vulcânicas de proporções capazes de alterar o mundo, pelo menos nenhuma forte o suficiente para pôr abaixo o castelo de cartas que chamamos biodiversidade.

Resumindo: a vida foi depauperada em cinco grandes eventos e, em menor grau, aqui e ali em todo o mundo em incontáveis outros episódios. Depois de cada declínio, voltou a recuperar pelo menos o seu nível original de diversidade. Quanto tempo a evolução levou para restaurar as perdas após os espasmos de primeira grandeza? O número de famílias de animais marinhos é a medida mais confiável que conseguimos obter das evidências fósseis existentes. No geral, 5 milhões de anos foram suficientes apenas para um bom recomeço. A recuperação completa de cada uma das cinco grandes extinções exigiu dezenas de milhões de anos. Em particular, o declínio ordoviciano precisou de 25 milhões de anos; o devoniano, 30 milhões; o permiano e o triássico (combinados, pois ocorreram perto um do outro), 100 milhões; e o cretáceo, 20 milhões. Esses números deveriam fazer pensar melhor aqueles que acreditam que aquilo que o *Homo sapiens* destrói a Natureza há de redimir. Talvez, mas não num intervalo de tempo que tenha algum significado para a humanidade atual.

Nos capítulos que se seguem, descreverei a formação da diversidade da vida tal como é compreendida — com movimentos transversais — pela maioria dos biólogos. Apresentarei provas de que a humanidade iniciou o sexto grande espasmo de extinção, lançando para a eternidade em uma única geração uma grande parcela de nossas espécies contemporâneas. Finalmente, argumentarei que qualquer pequena migalha de diversidade biológica é inestimável, e deve ser conhecida e acalentada. Não podemos renunciar a ela sem luta.

O AUMENTO DA BIODIVERSIDADE

4. A UNIDADE FUNDAMENTAL

O MISTÉRIO MAIS MARAVILHOSO DA VIDA talvez seja o meio pelo qual ela criou tanta diversidade a partir de tão pouca matéria física. A biosfera, todos os organismos juntos, constitui apenas cerca de uma parte em 10 bilhões da massa da Terra. Está esparsamente distribuída numa camada de um quilômetro de espessura de terra, água e ar que se estende por uma superfície de meio bilhão de quilômetros quadrados. Se o mundo fosse do tamanho de um globo comum de mesa e a sua superfície fosse observada lateralmente à distância de um braço, nenhum traço da biosfera seria visível a olho nu. A vida, no entanto, dividiu-se em milhões de espécies — as unidades fundamentais —, cada uma desempenhando um papel único em relação ao todo.

Para visualizarmos de outra maneira a tenuidade da vida, imaginemos que estamos partindo do centro da Terra e caminhando para cima, em direção à superfície, num passo normal de passeio. Durante as doze primeiras semanas, atravessamos rochas e magma incandescentes, destituídos de vida. A três minutos da superfície, faltando quinhentos metros para percorrer, encontramos os primeiros organismos, bactérias que se alimentam de nutrientes infiltrados nos estratos profundos onde se detecta a presença de água. Chegamos então à superfície e, durante dez segundos, a vida irrompe de maneira deslumbrante aos nossos olhos: dezenas de milhares de espécies de micro-organismos, plantas e animais podem ser vislumbrados na linha horizontal de visão. Meio minuto depois quase todas as criaturas já desapareceram. Duas horas depois, somente os mais tênues resquícios de vida ainda permanecem, consistindo basicamente em pessoas a bordo de aviões que, por sua vez, estão cheias de bactérias do cólon.

A marca característica da vida é esta: a luta de uma imensa variedade de organismos de peso praticamente desprezível por uma quantidade infinitesimal de energia. A vida opera em apenas 10% da energia do Sol que chega à superfície da Terra, sendo essa parcela fixada pela fotossíntese das plantas verdes. A energia disponível é então drasticamente atenuada ao percorrer as teias alimentares de um organismo a outro: muito grosso modo, 10% dela passa para as lagartas e outros herbívoros que comem plantas e bactérias; 10% disso (ou 1% da energia original) vai para as aranhas e outros carnívoros inferiores que comem os herbívoros; 10% do restante para as aves insetívoras e outros carnívoros médios que comem os carnívoros inferiores; e assim por diante até os carnívoros superiores, que são consumidos apenas por parasitas e necrófagos. Os carnívoros superiores, incluindo águias, tigres e os grandes tubarões-brancos, devido à posição que ocupam no ápice da teia alimentar, estão predestinados a ser grandes em tamanho e escassos em número. Eles vivem com uma parcela tão diminuta da energia disponível para a vida que estão sempre costeando o limiar da extinção, sendo os primeiros a sofrer quando o ecossistema ao seu redor começa a se deteriorar.

Podemos rapidamente aprender muito sobre a diversidade biológica se observarmos que as espécies na teia alimentar estão dispostas em duas hierarquias. A primeira é a pirâmide de energia, uma consequência direta da lei da diminuição do fluxo de energia: uma parcela relativamente elevada da energia do Sol que incide sobre a Terra vai para as plantas embaixo, sendo gradualmente reduzida até a quantidade diminuta que chega aos grandes carnívoros no alto. A segunda pirâmide é composta pela biomassa, o peso dos organismos. De longe, a maior parte do volume físico do mundo vivo está contida nas plantas. A segunda maior quantia pertence aos necrófagos e outros decompositores — bactérias, fungos, térmitas — que juntos extraem as últimas migalhas da energia presa em tecidos mortos e resíduos de todos os níveis da teia alimentar, e em troca devolvem elementos químicos nutrientes degradados para as plantas. Cada nível acima das plantas vai diminuindo em biomassa, até chegarmos aos carnívoros superiores, tão escassos que o simples fato de avistar um em estado selvagem já é algo memorável. Quero salientar este ponto. Ninguém olha duas vezes para um pardal ou um esquilo, e nem uma única vez para um dente-de-leão; mas um falcão-peregrino ou um leão-de-montanha são experiências marcantes na vida. E não apenas por causa do seu tamanho (pensemos numa vaca) ou de sua ferocidade (pensemos no gato doméstico), mas por sua raridade.

A pirâmide da biomassa marinha parece enigmática à primeira vista: está virada de ponta-cabeça. Os organismos fotossintéticos ainda capturam quase toda a energia, que vai sendo reduzida gradualmente a cada etapa obedecendo à mesma regra dos 10%; mas o seu volume físico total é menor que o dos animais que os comem. Como essa inversão é possível? A resposta é que os organismos fotossintéticos do mar não são plantas no sentido terrestre tradicional. São fitoplânctons, algas unicelulares microscópicas arrastadas passivamente por correntes de água. Célula por célula, as algas planctônicas fixam mais energia solar e produzem mais protoplasma do que as plantas terrestres, e crescem, se dividem e morrem numa velocidade imensamente maior. Animais pequenos, particularmente copépodes e outros pequenos crustáceos levados pelas correntes marinhas (e, portanto, denominados zooplâncton), consomem as algas. Consomem-nas em enormes quantidades sem todavia exaurir a safra fotossintética da água. O zooplâncton, por sua vez, é comido por animais invertebrados maiores e por peixes — que então são comidos por peixes ainda maiores e mamíferos marinhos, como as focas e as toninhas, que são caçadas pelas baleias assassinas e pelos grandes tubarões-brancos, os carnívoros superiores. A inversão da pirâmide da biomassa explica por que as águas do oceano são tão cristalinas, por que podemos olhar para elas e vislumbrar ocasionalmente um peixe mas não as plantas verdes — algas — das quais todos os animais derradeiramente dependem.

Chegamos à questão de interesse fundamental. Os organismos maiores da Terra, que compõem as superestruturas visíveis das pirâmides de energia e de biomassa, devem sua existência à diversidade biológica. Do que, então, é composta a biodiversidade? Desde a Antiguidade, os biólogos sentem uma necessidade imperiosa de postular uma unidade atômica através da qual a diversidade possa ser desmembrada, e depois descrita, medida e remontada. Quero expor a questão com a veemência que a sua importância merece. A ciência ocidental foi construída sobre a busca obsessiva, e até hoje bem-sucedida, de unidades atômicas a partir das quais leis e princípios abstratos podem ser derivados. O conhecimento científico está escrito no vocabulário de átomos, partículas subatômicas, moléculas, organismos, ecossistemas e muitas outras unidades, incluindo espécies. O metaconceito que mantém coesas todas essas unidades é a hierarquia, que pressupõe níveis de organização. Os átomos se unem em moléculas, que se juntam em núcleos, mitocôndrias e outras organelas, que se agregam em células, que se associam em tecidos. Os níveis continuam progredindo até os órgãos, organismos, sociedades, espécies e ecossistemas. O procedimento inverso é a decomposição, o desmembramento de ecossistemas em espécies, de espécies em sociedades e organismos, e assim por diante. Na ciência, tanto a teoria quanto a análise experimental estão baseadas no pressuposto — na confiança, na fé — de que sistemas complexos podem ser divididos em sistemas mais simples. Assim, há uma busca incessante de unidades naturais até que, como o verdadeiro graal, sejam encontradas e todos se rejubilem. A fama científica aguarda aqueles que descobrem as linhas de fratura e os processos pelos quais unidades naturais menores se unem para criar unidades naturais maiores.

Desse modo, o conceito de espécie é crucial para o estudo da biodiversidade. É o graal da biologia sistemática. Não ter uma tal unidade natural seria lançar uma grande parte da biologia em queda livre, passando do ecossistema direto para o organismo. Seria aceitar a ideia de variação amorfa e limites arbitrários para entidades intuitivamente óbvias como os olmos-americanos (espécie: *Ulmus americana*), as borboletas-brancas (*Pieris rapae*) e os seres humanos (*Homo sapiens*). Sem as espécies naturais, os ecossistemas só poderiam ser analisados nos termos mais amplos, usando-se descrições grosseiras e mutáveis dos organismos que os constituem. Os biólogos encontrariam dificuldades em comparar os resultados de um estudo com os de outros. Como poderíamos avaliar, por exemplo, os milhares de monografias sobre a *Drosophila*, que formam boa parte do alicerce da genética moderna, se ninguém pudesse distinguir um tipo de *Drosophila* de outro?

Tentarei chegar ao cerne da questão com o "conceito de espécie biológica": *uma espécie é uma população cujos membros são capazes de se cruzar livremente em condições naturais*. Essa definição é uma ideia fácil de expressar mas cheia de exceções e dificuldades, todas elas interessantes, todas elas refletindo a extensão da complexidade da biologia evolucionista em si. Minha opinião é que, embora com falhas e desdouros, nós possuímos o graal. O cálice repousa na prateleira. Devo acrescentar imediatamente que nem todos os biólogos consideram razoável o conceito de espécie biológica e que nem todos o aceitam como a unidade básica sobre a qual se deve fundamentar a descrição da diversidade biológica. Alguns querem que o gene ou o ecossistema representem esse papel, outros se dão por satisfeitos vivendo em anarquia conceitual. Penso que estão errados, mas, de qualquer maneira, retornarei em breve às dificuldades da espécie biológica para dar voz às suas apreensões.

Por ora, quero expandir a definição, que é aceita ao menos provisoriamente pela maioria dos biólogos evolucionistas. Vale reparar a restrição que ela contém, "em condições naturais". Isso significa que híbridos produzidos a partir de dois tipos de animais em cativeiro, ou de dois tipos de plantas cultivadas em um jardim, não são suficientes para classificá-los como membros de uma única espécie. Para tomarmos o exemplo mais célebre, os zoológicos há anos vêm cruzando tigres com leões. Os filhotes são chamados *tiglons* quando o pai é tigre e *ligers* quando o pai é leão. Mas a existência dessas criaturas nada prova, exceto talvez que leões e tigres estão geneticamente mais próximos uns dos outros do que de outros tipos de felinos de grande porte. A pergunta que permanece ainda sem resposta é: leões e tigres se cruzam livremente quando se encontram em condições naturais?

Hoje essas duas espécies não se encontram em estado natural, tendo sido acuadas pela expansão das populações humanas nos diferentes cantos do Velho Mundo. Os leões vivem na África, ao sul do Saara, e em uma pequena população na floresta Gir, no Noroeste da Índia. Os tigres vivem em populações pequenas, geralmente ameaçadas de extinção, do Norte da Sumatra, por toda a Índia até o Sudeste da Sibéria. Na Índia, porém, não há tigres perto da floresta Gir. Pareceria inicialmente que o teste do conceito de espécie biológica, livre cruzamento na natureza, não pode ser aplicado. Mas não é o caso: ao longo da história, os dois grandes felinos viveram simultaneamente em grandes regiões do Oriente Médio e da Índia. Descobrir o que aconteceu nesses tempos é encontrar a resposta.

No apogeu do Império Romano, quando o Norte da África era coberto por férteis savanas — e era possível viajar de Cartago para Alexandria à sombra de árvores —, expedições de soldados armados de rede e lança capturavam leões para serem exibidos em zoológicos e nos espetáculos dos coliseus. Alguns séculos depois, os leões ainda eram abundantes no Sudeste da Europa e no Oriente Médio. Atacavam seres humanos nas florestas da Ática e eram eles próprios caçados por esporte pelos reis assírios. Dali se estendiam para o Leste até a Índia, onde ainda eram abundantes durante o domínio britânico no século XIX. Os tigres, por sua vez, habitavam desde o Norte do Irã, estendendo-se a leste pela Índia e daí para o Norte até a Coreia e a Sibéria, e para o Sul até Bali. Pelo que sabemos, nenhum *tiglon* ou *liger* foi registrado nessa região em que as duas espécies conviviam. Essa ausência é particularmente notável no caso da Índia, pois durante o *Raj* britânico os troféus de caça eram avidamente cobiçados, e registros de animais de caça foram mantidos por mais de um século.

Mas temos uma boa ideia do motivo pelo qual as duas espécies de grandes felinos não chegaram a se cruzar na natureza, a despeito de sua proximidade histórica. Primeiro, elas gostavam de hábitats diferentes. Os leões ficavam principalmente nas savanas abertas e nas pradarias; os tigres, nas florestas, embora a segregação estivesse longe de ser perfeita. Segundo, seu comportamento na escolha de parceiros de acasalamento era e é radicalmente diferente em pontos importantes. Os leões são os únicos felinos sociais. Vivem em bandos, as fêmeas mantendo elos fortes com seus filhotes. Ao atingir a idade adulta, os machos deixam o bando de nascença e se juntam a outros grupos, frequentemente em pares de irmãos. Machos e fêmeas adultos caçam juntos, cabendo às fêmeas a liderança. Os tigres, como todas as outras espécies de felinos à exceção dos leões, são solitários. A urina dos machos tem um cheiro diferente da dos leões, e é assim que demarcam seus territórios; além disso, só se aproximam uns dos outros e das fêmeas brevemente durante a temporada de acasalamento. Em resumo, parece ter havido pouca oportunidade para que membros adultos das duas espécies se encontrassem e ficassem juntos tempo suficiente para dar cria.

Cada espécie biológica é um conjunto gênico [*gene pool*] fechado, um agrupamento de organismos que não troca genes com outras espécies. Assim isolada, desenvolve traços hereditários diagnosticáveis e passa a ocupar uma distribuição geográfica exclusiva. Dentro de uma espécie, os indivíduos e seus descendentes não podem se desviar muito dos demais porque precisam se reproduzir sexualmente, misturando seus genes com os das outras famílias. Ao longo de muitas gerações, todas as famílias pertencentes à mesma espécie biológica estão por definição ligadas umas às outras pelas correntes da genealogia e das linhagens futuras, todas evoluindo na mesma direção geral.

O conceito de espécie biológica funciona melhor quando usado numa única localidade, como um estado, ou condado, ou pequena ilha, ao longo de um curto período de tempo. Consideremos qualquer grupo de organismos num local e tempo tais. Selecionemos um ao acaso, digamos, os falcões do condado

Harris, no Texas. Caminhemos pelos hábitats naturais que ainda restam em torno da cidade de Houston à procura de acipitrídeos, bútios, *harriers* [gaviões do gênero *Circus*], águias-pesqueiras e gaviões, e acabaremos encontrando dezesseis espécies. Algumas, como o falcão-de-costas-vermelhas (*Buteo lineatus*) e o peneireiro-americano (*Falco sparverius*), são relativamente comuns. Outras, como o falcão de Harlan ou guerreiro negro (*Buteo harlani*) e o falcão-da-pradaria (*Falco mexicanus*), são raras. No final, depois de um número suficiente de visitas aos campos, pinheirais e pântanos lenhosos, teremos compilado a mesma lista que outros observadores de pássaros veteranos, e nossa caracterização coincidirá com aquelas do *Field guide to the birds of Texas and adjacent states*, de Roger Tory Peterson. Cada espécie de gavião possui uma combinação diagnosticável de traços anatômicos, pios, presas favoritas, padrões de voo e distribuição geográfica. Podemos ver que algumas dessas características, como o comportamento de acasalamento, contribuem para o isolamento reprodutivo das dezesseis espécies. Não há na natureza praticamente nenhum híbrido.

Poderíamos imediatamente imaginar que essa concordância geral acerca das espécies de gaviões é apenas um artefato cultural, uma convenção de anatomia e nomes científicos que teria surgido da mesma maneira que a evolução autônoma do direito comum, ou seja, da intuição e de acidentes históricos — dependendo de quem primeiro usou a cor da plumagem para classificar os tipos, quem primeiro aplicou um nome latino a uma ou outra forma reconhecível, e assim por diante, até se obter uma classificação com a qual um número suficiente de pessoas se sentiu satisfeito e à qual Roger Tory Peterson finalmente deu o seu imprimátur. Mas estaríamos enganados. Há um teste para distinguir artefatos culturais de unidades naturais: a comparação de classificações feitas por sociedades humanas que nunca tiveram contato entre si. Em 1928, ainda jovem, o grande ornitólogo Ernst Mayr viajou para as remotas montanhas Arfak, na Nova Guiné, a fim de iniciar a primeira compilação completa de aves, incluindo gaviões. Antes de partir, ele visitou as principais coleções de aves existentes nos museus da Europa. Ao estudar os espécimens recolhidos no Oeste da Nova Guiné, estimou que provavelmente ocorreriam pouco mais de uma centena de espécies de aves nas montanhas Arfak. Sua concepção de espécie era a de um cientista europeu examinando pássaros mortos, alguém que seleciona espécimens de acordo com a sua anatomia, como um caixa de banco que separa notas e moedas. Uma vez instalado em seu acampamento na Nova Guiné, após uma longa e aventurosa jornada, Mayr contratou caçadores nativos para ajudá-lo a coletar todos os pássaros da região. À medida que os caçadores iam trazendo cada espécimen, Mayr anotava o nome que eles usavam em sua própria classificação. No final, constatou que o povo das montanhas Arfak reconhecia 136 espécies de pássaros, não mais, não menos, e que suas espécies coincidiam quase perfeitamente com as distinguidas pelos biólogos dos museus europeus. A única exceção foi um par de espécies extremamente semelhantes, que Mayr, um cientista treinado, foi capaz de separar, mas que o povo das montanhas Arfak, embora caçadores tarimbados, agrupava numa só.

Muito tempo depois, quando eu estava com 25 anos, aproximadamente a idade de Mayr na época de sua aventura nas montanhas Arfak, fiz uma longa viagem pelas montanhas Saruwaget, no Nordeste da Nova Guiné, para coletar formigas. Repeti o teste transcultural e verifiquei que o povo dessas montanhas não distinguia uma formiga da outra. Uma formiga era uma formiga. Mas isso não deveria surpreender. Não significava que as formigas e os nativos de Saruwaget não tivessem passado no teste, mas apenas que os papuásios não têm necessidade prática de classificar formigas. O povo das montanhas Arfak é composto de caçadores que usam seu conhecimento da diversidade dos pássaros para ganhar a vida, assim como os ornitólogos europeus. Na época de Mayr, pelo menos, as aves selvagens eram a sua principal fonte de carne.

Pelo mesmo motivo, as tribos ameríndias das bacias do Amazonas e do Orinoco possuem um conhecimento íntimo das

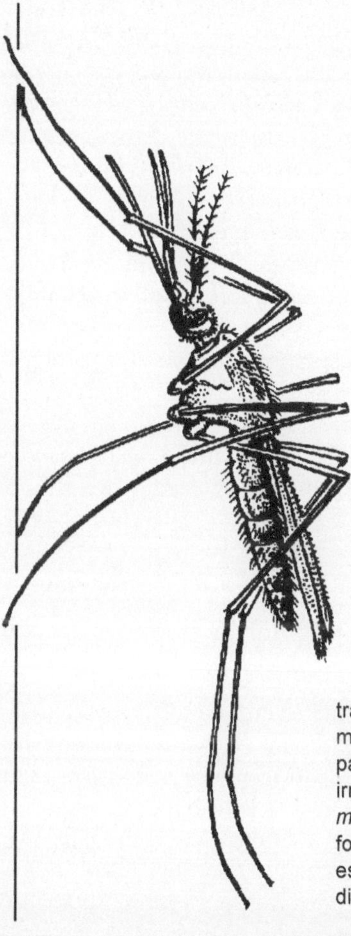

Um mosquito da Europa transmissor da malária. A fêmea, mostrada aqui repousando numa parede, pertence a uma espécie irmã do grupo *Anopheles maculipennis* — uma das diversas formas tão similares que até especialistas têm dificuldade para distingui-las.

plantas da floresta tropical. Alguns xamãs e anciãos são capazes de dar o nome de mil ou mais espécies de plantas. Os botânicos da Europa e da América do Norte não só concordam no geral com essas distinções de espécies como aprenderam muito com seus colegas ameríndios sobre as preferências de hábitat, épocas de floração e usos práticos das diferentes plantas. É um fato notável que o único produto agrícola usado amplamente pelos países desenvolvidos que ainda não era conhecido dos povos nativos seja a noz-macadâmia, originária da Austrália. Infelizmente, grande parte do conhecimento dos povos indígenas está se perdendo, pois a cultura europeia continua a se impor à força, e as últimas culturas nativas sem escrita dos países tropicais vão se debilitando e desaparecendo. Estamos perdendo irrecuperavelmente o que é, num sentido bastante real, conhecimento científico.

Em todas as culturas, classificação taxionômica significa sobrevivência. O princípio da sabedoria, como dizem os chineses, é chamar as coisas pelo seu nome correto. Após a descoberta, em 1895, de que a malária é transmitida pelos mosquitos *Anopheles*, governos de todo o mundo puseram-se a erradicar esses insetos-vetores drenando pântanos e pulverizando as áreas infestadas com inseticida. Na Europa, a relação entre o agente da malária, os protozoários parasitas dos tecidos sanguíneos do gênero *Plasmodium*, e o mosquito-vetor, *Anopheles maculipennis*, pareceu a princípio inconsistente, e os esforços de controle careceram de uma precisão maior. Pois em alguns lugares o mosquito era abundante mas a malária rara ou inexistente, ao passo que em outros o inverso era verdade. Em 1934, o problema foi solucionado. Entomólogos descobriram que *A. maculipennis* não é uma única espécie, mas um grupo de pelo menos sete. Em sua aparência externa, os mosquitos adultos parecem quase idênticos, mas na realidade são marcados por uma hoste de traços biológicos distintivos, alguns dos quais impedem a hibridação. Os primeiros "caracteres" detectados foram o tamanho e o formato dos abundantes ovos que as fêmeas põem na superfície da água. Verificou-se que os ovos de duas espécies não chegavam a formar cachos: eram postos separadamente. Os entomólogos foram alertados, e outras partes do quebra-cabeça logo começaram a se encaixar. Outros caracteres foram acrescentados: cor dos ovos, estrutura geral dos cromossomos, hibernação versus cruzamento ininterrupto no inverno e distribuição geográfica. Mais importante que tudo, descobriu-se que algumas das espécies distinguidas por esses traços alimentavam-se de sangue humano e, portanto, transmitiam os parasitas da malária. Uma vez identificados, os membros perigosos do complexo *A. maculipennis* puderam ser identificados e erradicados. A malária virtualmente desapareceu da Europa.

Os taxionomistas são frequentemente capazes de resolver problemas biológicos dessa maneira, desmembrando as espécies em caracteres de espécies irmãs. Na direção inversa, eles também costumam agrupar em espécies maiores e variáveis formas anteriormente consideradas espécies à parte, demonstrando a existência de apenas uma população de indivíduos que se cruzam livremente. Quando feito corretamente, desmembrar e agrupar é algo que abre as portas para uma interpretação segura dos organismos analisados.

Ainda assim, o conceito de espécie biológica apresenta graves problemas crônicos. Desde que foi formulado claramente, no início do século XX, ele tem sido desgastado por exceções e ambiguidades. A razão fundamental é que toda espécie definida como uma população ou um conjunto de populações que se reproduz isoladamente encontra-se em um ou outro estágio de evolução quc a torna diferente de todas as demais espécies. Além disso, ela é um indivíduo singular, não uma mera unidade numa classe de unidades idênticas como um átomo de hidrogênio ou uma molécula de benzeno. Essa qualificação torna-o diferente de um conceito da física ou da química, em que um conceito é um termo sumário para um conjunto de quantidades mensuráveis. Um elétron, por exemplo, é uma unidade postulada com $4{,}8 \times 10^{-10}$ de carga elétrica negativa e $9{,}1 \times 10^{-28}$ gramas de massa. É claro que ninguém nunca viu um elétron, mas os físicos acreditam neles porque as propriedades que lhes são atribuídas permitem uma explicação precisa dos raios catódicos, dos eletroímãs, do efeito fotoelétrico, da eletricidade e das ligações químicas. Uma grande parte da física e da química depende de uma visualização precisa da maneira como os elétrons são arrancados de átomos e moléculas para criar íons e elétrons livres. Na linguagem da física, eles são virtuais; têm uma existência corpórea indubitável. Na Universidade de Cambridge, na década de 1930, por ocasião dos jantares Cavendish anuais, lorde Rutherford e seu grupo de pesquisa cantarolavam sobre esses corpos invisíveis usando a melodia da canção popular "My darling Clementine":

Lá os átomos em sua glória,
Ionizam-se e recombinam-se.
Ó queridos, ó queridos,
*Ó queridos, íons meus.**

Porém, todos os membros de uma determinada classe são idênticos, e a classe é absoluta e para sempre inalterável.

Se um elétron é verdadeiramente um elétron, e um íon é um íon, e todos os membros de uma classe são intercambiáveis, uma espécie é uma coisa em si mesma que simplesmente partilha algumas propriedades com a maioria das outras espécies a maior parte do tempo. Pois as espécies estão sempre evoluindo, o que significa que cada uma está perpetuamente mudando em relação às demais. Em alguns casos, espécies irmãs são tão similares que somente testes bioquímicos ou experimentos de acasalamento podem distingui-las, para o desespero de biólogos profissionais que precisam separar organismos rapidamente. Nos Estados Unidos, os paramécios, os conhecidos pequenos protozoários ciliados tão usados nas aulas de biologia das escolas de segundo grau, costumavam ser comumente separados em três "espécies" — *P. aurelia*, *P. bursaria* e *P. caudatum* —, com base em diferenças anatômicas que podem ser facilmente

* There the atoms in their glory,/ Ionize and recombine./ Oh my darlings, oh my darlings,/ Oh my darlings, ions mine.

vistas ao microscópio. Contudo, um estudo mais aprofundado revelou que existem nada menos do que vinte espécies, distinguidas no mínimo por seu comportamento de acasalamento e, portanto, constituindo populações de evolução independente. A tentação de simplesmente ignorar a complexidade biológica e ficar com as velhas três espécies é forte, mas o exemplo da malária nos aconselha justamente o oposto. No fundo, os biólogos sabem que não pode haver concessão em questões tão importantes, que eles precisam perseverar até que todos os verdadeiros conjuntos gênicos fechados tenham sido definidos. Cada uma das unidades atômicas precisa receber um nome.

Espécies irmãs apresentam apenas problemas técnicos: não ameaçam de nenhuma crise a teoria biológica. Problemas conceituais mais sérios são criados pelas "semiespécies", populações que se cruzam parcialmente — não o suficiente para constituir um grande conjunto gênico que procrie livremente, mas suficiente para produzir inúmeros híbridos sob condições normais. O problema é grave no caso de diversas plantas, especialmente aquelas que são polinizadas pelo vento de maneira que o pólen é disseminado a esmo e frequentemente cai sobre flores da espécie errada. Ao longo da costa do Pacífico na América do Norte, cerca de um terço das espécies de carvalhos e pinheiros são na realidade semiespécies. No entanto, de algum modo as semiespécies permanecem à parte enquanto sistemas de reprodução. São reconhecíveis como entidades distintas no campo, mesmo quando trocam genes por meio de uma hibridação ocasional. Podem ser distinguidas pela anatomia de suas folhas e flores, e pelos hábitats onde crescem preferencialmente. Alan Whittemore e Barbara Schaal, após completarem um estudo das diferenças de DNA entre os carvalhos-brancos nativos do Leste dos Estados Unidos, concluíram:

> O gênero *Quercus* (os carvalhos) destaca-se pelo desenvolvimento fraquíssimo das barreiras de esterilidade entre as espécies. Diversas combinações de espécies de carvalhos revelam-se interférteis, e híbridos naturais podem ser for-

mados entre pares de espécies bastante diferentes uma da outra morfológica e fisiologicamente. Embora alguns pares de espécies interférteis apresentem uma forte separação ecológica, muitos pares de espécies interférteis apresentam uma extensa sobreposição ecológica.

No entanto, de algum modo os carvalhos-brancos permanecem distintos. A hibridação entre espécies é muito menos frequente do que os cruzamentos dentro de cada uma e, como resultado, os conjuntos gênicos mantêm-se parcialmente fechados. É também verdade que uma abundância de híbridos — e, com ela, a manutenção das semiespécies em um estado de tensão ambígua — pode não ser um fenômeno global nas plantas. As espécies tropicais parecem intercambiar genes menos extensivamente do que as das zonas temperadas. Em outras palavras, elas se "comportam" mais como os animais ao manter um padrão mais rígido de diversidade de espécies. Como a grande maioria de espécies de plantas ocorre nos trópicos, esse conservadorismo evolutivo pode se revelar um traço botânico mais generalizado do que a intensidade de hibridação presente nos carvalhos. Uma exceção que salta aos olhos é o grande gênero de árvores *Erythrina*, cujas espécies se cruzam com frequência. Mas o estudo genético da hibridação e da formação de espécies nas plantas tropicais mal começou, e é recomendável que se proceda com cautela.

É da natureza da formação das espécies (a ser explicada no capítulo seguinte) que por um tempo após a divisão de uma única espécie em duas — vamos chamá-las A e B — alguns membros da espécie A possam estar mais aparentados com alguns membros da espécie B do que com outros A, e vice-versa. Esses parentes em A e B têm uma linhagem comum próxima, mas adquiriram uma ou mais diferenças cruciais que os impedem de intercambiar genes. São como irmãs que vivem em países diferentes e não podem atravessar a fronteira. Alguns biólogos argumentaram que tais indivíduos deveriam ser incluídos numa mesma espécie, em uma única "espécie filogenética", apesar da incapacidade de procriar. Outros, entre os quais eu me incluo, discordam firmemente. A ideia de espécie filogenética é uma contestação interessante e útil, mas não fatal, à ideia de espécie biológica. Buscar informações genealógicas em uma população, ou entre populações, não exige a derrocada do isolamento reprodutivo como o processo-chave de diversificação no nível da população. As irmandades são importantes, mas as nacionalidades o são ainda mais.

Temos agora que deparar com uma dificuldade conceitual ainda mais séria para o conceito de espécie biológica. A ideia de conjunto gênico fechado não tem o menor sentido para a minoria de organismos que são forçosamente hermafroditas (aqueles que possuem ovários e testículos e se autofertilizam) ou partenogenéticos, produzindo suas crias de ovos não fertilizados. Por um ou outro desses mecanismos, vários micro-organismos, fungos, plantas, ácaros, tardígrados, crustáceos, insetos e até lagartos simplesmente abdicam da inconveniência, dos perigos e dos riscos da reprodução sexual.

Como resolver o dilema? As formas assexuadas e autofertilizantes tendem a manter uma notável integridade. A vasta maioria, apesar de livre das restrições evolutivas de compatibilidade sexual, não varia em todas as direções, não se dispersa criando grandes variações contínuas e confusão taxionômica. As combinações de genes dos organismos tendem a ocorrer em feixes, permitindo que os taxionomistas classifiquem a maioria dos espécimens com facilidade. De um modo geral, acredita-se que a formação de feixes se deve à menor taxa de sobrevivência e reprodução das formas errantes intermediárias. Somente aqueles organismos com anatomia e comportamento próximos da norma são capazes de se sair bem. Além disso, muitas das espécies assexuadas são uma evolução recente de antepassados que se reproduziam sexualmente e, portanto, não tiveram tempo suficiente para divergir ou expandir-se. No final, contudo, as linhas traçadas pelos biólogos em torno de tais espécies só podem ser arbitrárias.

O conceito de conjunto gênico fechado também perde seu significado no caso das cronoespécies, estágios na evolução de uma mesma espécie ao longo do tempo. Consideremos a nossa própria espécie, *Homo sapiens*, que evoluiu em linha reta do *Homo erectus*, habitante da África e da Eurásia há cerca de 1 milhão de anos. Obviamente, não podemos saber se *H. sapiens* e *H. erectus* teriam se entrecruzado livremente se reunidos em estado natural. A questão é ociosa quando apresentada fora de contexto; é um *koan* para cientistas, o equivalente dos *koans* zen-budistas do som de uma só mão batendo palmas ou do comprimento de um barbante. Entretanto, os paleontólogos, impelidos por necessidade prática, prosseguem distinguindo e nomeando cronoespécies. E estão certos. Seria irresponsável chamar *H. sapiens* e *H. erectus* de uma mesma espécie, e mais ainda incluir aí seu antecessor imediato, *H. habilis*, e — recuando no tempo — os homens-macacos australopitecíneos primitivos.

Buscando uma âncora, dispostos a fazer concessões para encontrar algum processo partilhado por uma grande parcela dos organismos, os biólogos continuam voltando ao conceito de espécie biológica. Apesar das dificuldades implícitas, apesar do fato de que jamais poderá ser usado da mesma forma que uma entidade abstrata como o elétron em cálculos quantitativos precisos, o conceito provavelmente continuará sendo o centro das atenções pelo simples motivo de que na maior parte do tempo ele funciona suficientemente bem em um número suficientemente grande de estudos acerca da maioria dos tipos de organismos.

A vasta maioria das espécies é de fato sexuada; elas realmente existem como conjuntos gênicos fechados. O conceito de espécie biológica funciona muito bem no estudo de faunas e floras locais, como os falcões do Texas, os mosquitos da Europa e os primatas do Velho Mundo, incluindo o *Homo sapiens*; e funciona de maneira notável em comunidades bem demarcadas em ilhas e em hábitats isolados — circunstâncias que, em suma, existem em uma grande parte do mundo real.

Durante anos tenho suportado seminários e discussões de corredor sobre o conceito de espécie biológica. Li bibliotecas inteiras de opiniões e acompanhei os altos e baixos do conceito no pensamento dos biólogos evolucionistas. O problema central parece ser o processo democrático da ciência, no sentido de que o conceito tem partidários e defensores sem grande força: na realidade, as pessoas não precisam dele a maior parte do tempo. Os taxionomistas realizam suas classificações basicamente a partir das diferenças que encontram entre espécimens de museus. Quando indagados se as diferenças são mantidas por isolamento reprodutivo, respondem: provavelmente. Mas não se importam o suficiente para ir combater nas trincheiras. Estão satisfeitos que os hiatos anatômicos existam e deixam para os biólogos populacionais a tarefa de descobrir por que as coisas são assim. Os biólogos populacionais, por sua vez, ficam encantados com o dinamismo do processo de especiação e com os muitos problemas que surgem para embaraçar o conceito de espécie biológica nos primeiros estágios da separação das espécies. Muitos perguntam: o que há de errado com a desordem, ou mesmo com o caos, por um certo tempo? Por que não utilizar diversos conceitos de espécie, cada um concebido para se enquadrar ad hoc às circunstâncias? Contentes com as emoções da corrida que disputam, e com os esparsos aplausos que recebem ao longo do caminho, poucos veem vantagem em sair em disparada até a linha de chegada.

Ao contrário dos taxionomistas, os biólogos populacionais não precisam classificar 1 milhão de espécies. E se esquecem de que o isolamento reprodutivo entre populações que procriam é o ponto sem retorno na criação da diversidade biológica. Durante os primeiros estágios de divergência, pode haver menos diferença entre duas espécies do que entre variações de uma mesma espécie. Podem ainda ocorrer ondas híbridas para romper a barreira e confundir o quadro ainda mais. Mas na maioria dos casos as duas espécies embarcaram numa viagem sem fim que as levará cada vez mais uma para longe da outra. Com o tempo, as diferenças entre elas excederão o que é possível entre membros procriadores de suas próprias populações. No mundo real, a grande amplitude de diversidade biológica proveio da divergência de espécies que, por sua vez, foram criadas na etapa de definição expressa no conceito de espécie biológica.

Talvez algum dia os biólogos encontrem um conceito único que unifique as espécies sexuadas, as assexuadas e as cronoespécies numa única e poderosa unidade natural teórica. Mas duvido. O dinamismo do processo evolutivo e a individualidade das espécies tornam improvável que uma definição de espécie completamente universal possa vir a ser concebida. Dois ou mais conceitos continuarão sendo reconhecidos como ideais em diferentes circunstâncias, como as ondas e as partículas da física. Desses, o de espécie biológica provavelmente continuará sendo fundamental para explicar a diversidade global. Mas, aconteça o que acontecer, as imperfeições do conceito — e, portanto, do nosso sistema de classificação — refletem a essência idiossincrática da diversidade biológica. São mais um motivo para acalentarmos cada espécie como um mundo em si mesmo, merecedor de várias vidas de estudo.

5. NOVAS ESPÉCIES

QUAL É A ORIGEM DA DIVERSIDADE BIOLÓGICA? Esse problema profundamente importante poderá ser resolvido mais rapidamente se reconhecermos que a evolução cria dois padrões ao longo do tempo e do espaço. Imaginemos uma espécie de borboleta de asas azuis evoluindo para uma outra espécie de asas roxas. Houve evolução, mas restou apenas um tipo de borboleta. Agora imaginemos outra espécie de borboleta, também de asas azuis. No curso de sua evolução, ela se divide em três espécies, de asas roxas, vermelhas e amarelas, respectivamente. Os dois modelos de evolução são, portanto, a mudança vertical na população original e a especiação, que é a mudança vertical mais o desmembramento da população original em múltiplas raças ou espécies. A primeira borboleta azul sofreu uma mudança vertical pura, sem especiação. A segunda borboleta azul sofreu mudança vertical pura mais especiação. Especiação exige evolução vertical, mas evolução vertical não requer especiação. A origem da maior parte da diversidade biológica é, em suma, um subproduto da evolução.

A mudança vertical é basicamente o que Darwin tinha em mente quando publicou sua obra-mestra, em 1859. O título completo do livro conta toda a história: *On the origin of species by means of natural selection, or the preservation of favoured races in the struggle for life* [Da origem das espécies por meio da seleção natural, ou a preservação de raças favorecidas na luta pela vida]. Em essência, Darwin afirmou que certos tipos hereditários de uma espécie (as "raças favorecidas") sobrevivem à custa de outros e, ao fazê-lo, vão transformando a constituição de toda a espécie ao longo de gerações. Uma espécie pode ser alterada tão extensamente pela seleção natural que se torna uma espécie diferente, disse Darwin.

No entanto, por mais tempo que transcorra, por mais mudanças que ocorram, continua a haver somente uma espécie. Para criar uma diversidade que vá além da simples variação entre organismos concorrentes, a espécie precisa desmembrar-se em duas ou mais durante o curso da evolução vertical.

Darwin compreendeu de uma maneira geral a diferença entre evolução vertical e o desmembramento das espécies, mas carecia do conceito de espécie biológica fundamentado no isolamento reprodutivo. Como resultado, não descobriu o processo pelo qual ocorre a multiplicação. Suas ideias sobre diversidade permaneceram obscuras. Nesse sentido, o título abreviado *Da origem das espécies* é ilusório.

A distinção entre os dois modelos de evolução é ilustrada em detalhes concretos pela evolução humana. O mais antigo hominídeo conhecido no registro fóssil é o homem-macaco *Australopithecus afarensis*. Um hominídeo, para ser tecnicamente explícito, é um membro da família Hominidae, que inclui o *Homo sapiens* moderno e espécies humanas e humanoides mais antigas. Quando *A. afarensis* vivia nas savanas e matas da África, 5 a 3 milhões de anos atrás, era, de acordo com as evidências disponíveis, a única espécie desse tipo. Os escassos fósseis de que dispomos revelam que os adultos caminhavam de uma maneira bípede vagamente similar à do *Homo sapiens*. Essa postura era, e é, única entre todos os mamíferos. Permitiu aos homens-macacos carregar coisas em seus braços e mãos. Eles ou seus descendentes tornaram-se capazes de transportar crianças, ferramentas e alimentos por longas distâncias. Talvez tenham estabelecido acampamentos (embora não disponhamos de evidências de épocas tão remotas) e, desse hábito, estabeleceram uma divisão de trabalho entre aqueles que permaneciam em casa para cuidar do acampamento e aqueles que buscavam alimentos fora. Em termos de cérebro, *A. afarensis* não chegava a ser conspicuamente bem-dotado. Sua capacidade craniana não era maior que a dos chimpanzés modernos, cerca de quatrocentos centímetros cúbicos. Mas o cenário estava pronto para o avanço evolutivo rumo à humanidade.

Com o passar do tempo, não mais do que 2 milhões de anos atrás, as primeiras populações de homens-macacos já tinham evoluído e se desmembrado em pelo menos três espécies distintas. Duas delas, os homens-macacos avançados *Australopithecus boisei* e *Australopithecus robustus*, tinham cerca de um metro e meio de altura, com uma crista óssea semelhante à dos gorilas no meio do crânio e que sustentava enormes músculos mandibulares. Eram provavelmente vegetarianos, usando dentes molares de até dois centímetros para esmagar sementes e dilacerar vegetais duros, como fazem os gorilas hoje. A terceira espécie que derivou dos homens-macacos primitivos, *Homo habilis*, aproximava-se mais do verdadeiro ser humano no sentido contemporâneo, o suficiente para que os antropólogos o retirassem do gênero *Australopithecus* e o incluíssem no *Homo*. Tinha pouco menos de um metro e meio e pesava cerca de 45 quilos. Sua forma era essencialmente a do *H. sapiens* moderno, com uma notável exceção: o volume do cérebro variava entre seiscentos e oitocentos centímetros cúbicos, ainda somente metade do volume cerebral do *H. sapiens* moderno, mas consideravelmente maior que o dos chimpanzés.

No milhão de anos que se seguiu os homens-macacos desapareceram, e com eles a maior parte da diversidade de hominídeos. *H. habilis* sobreviveu e continuou a evoluir em tamanho e capacidade craniana, lentamente a princípio e depois cada vez mais depressa. Metamorfoseou-se na espécie intermediária *Homo erectus*, chegando a esse nível, ou "grau evolutivo", como os biólogos gostam de chamá-lo, há cerca de 1,5 milhão de anos. Em algum momento de sua história primeva, *H. erectus* expandiu a sua distribuição geográfica da África para a Europa e a Ásia.

Fósseis encontrados em Zhoukoudian, perto de Pequim, China, confirmam a evolução nos 250 mil anos subsequentes. O tamanho do cérebro aumentou constantemente, de 915 para 1140 centímetros cúbicos, enquanto as ferramentas de pedra concebidas por esses "homens de Pequim" foram se tornando cada vez mais sofisticadas. Nas populações de *H. erectus* que se espalharam pelo Velho Mundo, o tamanho do cérebro e a dentição progrediram até atingir níveis essencialmente modernos, há cerca de meio milhão de anos. A cronoespécie *H. sapiens* — a espécie moderna derivada de espécies arcaicas por evolução vertical — havia chegado. Seu diagnóstico taxionômico é extraordinário: cérebro 3,2 vezes maior que o de um macaco do tamanho humano abrigado num crânio esférico; mandíbula e dentes frágeis; corpo mantido ereto sobre pernas traseiras alongadas; a pele quase sem pelo, exceto para aquecer a cabeça e exibir a genitália; órgãos internos sustentados por uma pelve em forma de bacia; polegar descomunalmente comprido para um primata, transformando a mão num instrumento capaz de manipular ferramentas; mente adaptada à linguagem simbólica e à memória semântica com a ajuda de requintados centros de controle da fala localizados no córtex parietal.

A evolução humana pode ser recapitulada através dos dois modelos de evolução: os hominídeos sofreram uma modesta especiação durante o período inicial em que eram homens-macacos, seguida pela extinção de todas as linhas exceto a única espécie de evolução rápida *Homo*. O *Australopithecus afarensis* ancestral provavelmente tinha uma dieta generalizada. Os hominídeos que o sucederam combinaram evolução vertical e a formação completa de espécie reforçada pelo isolamento reprodutivo. A espécie se distribuiu em diferentes nichos à maneira típica dos grupos bem-sucedidos de animais em expansão. Os homens-macacos *Australopithecus boisei* e *A. robustus* foram se tornando cada vez mais vegetarianos. *Homo habilis*, que já divergira o suficiente para ser colocado num gênero próprio, acrescentou carne à sua dieta por meio da caça e da necrofagia. Ao mesmo tempo, ele evidentemente consumia suficiente matéria vegetal para manter o que seria hoje chamado de uma dieta balanceada. Então os homens-macacos desapareceram, possivelmente levados à extinção pelo *H. habilis* ou seu descendente, *H. erectus*. O que se seguiu foi basicamente a evolução de uma única espécie percorrendo a série de *H. habilis* para *H. erectus* para *H. sapiens*.

A maioria das espécies de animais e de plantas, incluindo *H. sapiens*, preserva sua identidade simplesmente não se cruzando com outras espécies. Mas como ocorre essa segregação? O processo, como nós o compreendemos, é surpreendentemente simples. Toda mudança evolutiva que reduz as chances de produzir híbridos férteis é capaz de produzir uma nova espécie. O motivo é que o surgimento de híbridos férteis é um procedimento complicado e delicado, mais ou menos como pôr em órbita um veículo espacial. Um imenso número de partes precisa funcionar corretamente, e a sincronia de operação dessas partes precisa ser quase perfeita ou a missão fracassará. Consideremos um macho da espécie A e uma fêmea da espécie B tentando criar uma progênie híbrida fértil. Como são geneticamente diferentes um do outro, as coisas podem dar errado. Os dois indivíduos talvez queiram acasalar-se em lugares diferentes. Poderão tentar se cruzar em diferentes estações do ano ou horas do dia. Seus sinais nupciais podem ser mutuamente incompreensíveis. E, mesmo se os representantes das duas espécies chegarem a se acasalar, a progênie talvez não consiga chegar à maturidade — ou, chegando à maturidade, poderá revelar-se estéril. O surpreendente não é que a hibridação possa falhar, mas que chegue a ocorrer. *A origem das espécies é, portanto, simplesmente a evolução de alguma diferença — qualquer diferença — que, sob condições naturais, impeça a produção de híbridos férteis entre populações.*

Os biólogos referem-se circunspectamente a todas as coisas que fracassam como sendo "mecanismos intrínsecos de isolamento". Por intrínsecos eles querem dizer hereditários, ou, em outras palavras, diferenças prescritas pelos genes das populações opostas. Não estão se referindo a algo extrínseco, como um rio ou uma cordilheira de montanhas, que mantém as populações A e B afastadas. Nenhum mecanismo intrínseco de isolamento pode interferir em nenhum dos passos do processo reprodutivo se for para as duas populações permanecerem como a mesma espécie. Se surgir um desses mecanismos em alguma das etapas, ele irá dividir as populações em duas espécies distintas. Distintas, isto é, se aceitarmos o conceito de espécie biológica — que temos de aceitar para evitar o caos em discussões gerais sobre evolução.

É preciso evitar o caos por todos os meios. Tomemos qualquer grupo de espécies que se reproduzam sexualmente e que vivam juntas numa mesma região geográfica. Elas estão isoladas umas das outras em termos de reprodução por seus próprios mecanismos distintivos de isolamento. Essa é apenas uma maneira formal de dizer que alguma diferença hereditária entre as espécies, examinadas duas a duas, impede-as de produzir grandes números de híbridos férteis.

Consideremos os papa-moscas do gênero *Empidonax*, pequenos pássaros que se empoleiram nos galhos das árvores ou em fios elétricos e saem em disparada de vez em quando para apanhar insetos voadores. Cinco espécies ocorrem juntas no Norte dos Estados Unidos. Elas permanecem geneticamente distintas em parte porque preferem hábitats diferentes. Por exemplo:

- Papa-moscas mínimo (*E. minimus*): matas abertas e terras cultivadas
- Papa-moscas dos amieiros (*E. alnorum*): pântanos de amieiros e moitedos úmidos
- Papa-moscas de barriga amarela (*E. flaviventris*): matas de coníferas e brejos frios

Além disso, cada espécie tem seu próprio pio identificador durante a época de acasalamento, o que, acrescido da escolha do hábitat, deixa pouco espaço para enganos e para a criação de híbridos.

A possibilidade de erro não tem limites, de modo que é infindável a variedade de mecanismos intrínsecos de isolamento. Exemplos encontrados por pesquisadores de campo não são apenas a substância da biologia acadêmica; também explicam em boa parte uma história natural cheia de maravilhas e de outra forma indecifrável. Alguns exemplos:

• As mariposas gigantes de bichos-da-seda da América do Norte (família Saturniidae) voam e acasalam-se no final da tarde e durante a noite. As fêmeas atraem os machos a distâncias de até vários quilômetros liberando um poderoso aroma. Para tanto, soltam um saco eversivo que fica dobrado na extremidade traseira do corpo e lançam no ar o perfume de atração, deixando que evapore e se disperse com o vento. Os machos são extremamente suscetíveis a esse estimulante sexual. Se detectam apenas algumas moléculas, voam contra o vento à procura das fêmeas. Cada espécie dessas mariposas gigantes de bichos-da-seda é sexualmente ativa apenas durante um intervalo limitado de tempo em cada ciclo diário, conforme abaixo:

- Fêmeas de mariposas promethea (*Callosamia promethea*): chamam das dezesseis às dezoito horas aproximadamente
- Fêmeas de mariposas polyphemus (*Antheraea polyphemus*): chamam das 22 às quatro horas aproximadamente
- Fêmeas de mariposas cecropia (*Hyalaphora cecropia*): chamam das três às quatro horas aproximadamente

E assim por diante para todas as 69 espécies da família Saturniidae da América do Norte; cada uma das quais, pelo que sabemos, tem a sua própria *heure d'amour*. Estimulados durante o voo, os machos selecionam fêmeas de sua própria espécie não apenas pela hora dos chamados mas também pela composição química dos estimulantes sexuais. Poucos enganos são cometidos — possivelmente nenhum — graças à combinação de hora e cheiro, e assim poucos híbridos chegam a existir — possivelmente nenhum.

• Entre as aranhas da família Salticidae [chamadas vagabundas ou saltadoras por não construírem teias e pularem sobre suas presas], os machos reconhecem as fêmeas de sua própria espécie pela visão. Ao fazer a corte diante da fêmea, seu aspecto visual, que pode ser notavelmente colorido dependendo da espécie, é instantaneamente reconhecido, seja pelos olhos perspicazes da aranha-fêmea, seja por observadores humanos. Nas matas e campos da Nova Inglaterra, vive uma espécie com fronte vermelha, cara branca e quelíceras pretas. Há uma outra com fronte cinzenta, cara vermelha e quelíceras brancas. Ainda outra com fronte e cara pretas e uma penugem branca envolvendo as quelíceras como regalos de arminho. E ainda outra com tufos de pelos elevados atrás da cabeça. Os machos se postam e dançam diante das fêmeas. Os de uma espécie suplementam as listras verticais amarelas e pretas de suas quelíceras levantando sobre a cabeça patas amarelas de pontas pretas, num gesto que lembra rendição. Os de outras espécies balançam para cima e para baixo, meneiam-se de um lado para outro, dobram o abdômen sobre a cabeça ou viram-no para o lado, ou levantam as patas dianteiras e sacodem-nas de lá para cá como bandeirolas semafóricas. Quando os biólogos oferecem às fêmeas uma escolha entre machos, as aranhas usam as cores e os movimentos para selecionar parceiros de sua própria espécie.

• As helicônias (família Heliconiaceae) são em sua maioria plantas tropicais americanas polinizadas por beija-flores, que são atraídos por enormes inflorescências chamadas brácteas e abundantes quantidades de néctar. Os beija-flores reagem a essa extravagante generosidade carregando o pólen das helicônias com rapidez e eficiência. Prestam bons serviços às plantas, mas há um problema: os pássaros gostam de visitar mais de uma espécie de helicônia, criando o risco de hibridação. As helicônias resolvem o problema desenvolvendo partes de flores de tamanhos diferentes. Cada espécie fixa seu pólen numa zona específica do corpo dos beija-flores. Os beija-flores, por sua vez, depositam o pólen somente nos estigmas das flores de mesmo comprimento, ou seja, somente em flores que pertencem à mesma espécie.

Podemos vasculhar todo o catálogo dos biólogos sobre os procedimentos evolutivos pelos quais as espécies evitam hibridação e dificilmente encontraremos dois repetidos nos mesmos detalhes. Desde cores brilhantes até cheiros sedutores e cantos melodiosos, muitos dos mais elaborados e mais belos aparatos da natureza funcionam como mecanismos intrínsecos de isolamento.

Mas devemos ir com calma: tenho falado sobre a origem das espécies em uma linguagem paradoxal. Na linguagem tradicional da biologia, os "mecanismos" têm "funções". Todavia, eles representam tudo o que pode dar errado, não o que pode dar certo. Em outras palavras, a beleza emerge do erro. Como essas percepções aparentemente contraditórias podem ser ambas verdadeiras? A resposta, baseada em estudos de muitas populações em estado selvagem, é esta: *as diferenças entre as espécies costumam se originar como traços que as adaptam ao meio ambiente, não como dispositivos de isolamento reprodutivo.* As adaptações também podem servir como mecanismos intrínsecos de isolamento, mas isso é acidental. A especiação é um subproduto da evolução vertical.

Para compreendermos o porquê desse estranho relacionamento, devemos considerar um modo especial mas extremamente difundido de diversificação chamado *especiação geográfica*. Tomemos uma população imaginária de aves — digamos, papa-moscas — que tenha se desmembrado durante a última glaciação na América do Norte. Ao longo de vários milhares de anos, a população que vivia no que seria hoje o Sudoeste dos Estados Unidos adaptou-se a uma vida em matas abertas, ao passo que uma outra população, no Sudeste dos Estados Unidos, adaptou-se a uma vida em florestas pantanosas. Essas diferenças, estritamente funcionais, foram adquiridas independentemente. Permitiram às aves sobreviver e se reproduzir melhor nos hábitats mais acessíveis ao sul do front glacial. Com o recuo do gelo, as duas populações expandiram sua distribuição geográfica até se encontrarem e se misturarem no que seria hoje o Norte dos Estados Unidos. Hoje, uma delas procria em matas abertas, e a outra, em pântanos. Dadas as diferenças de seus hábitats preferidos, que se baseiam nas diferenças hereditárias adquiridas durante um período de separação geográfica forçada, é improvável que as duas populações recém-evoluídas se associem durante a temporada de acasalamento e produzam híbridos. Assim, as diferenças adaptativas quanto ao hábitat passaram acidentalmente a servir como um mecanismo de isolamento.

Poderia haver também outros traços divergentes entre essas

duas populações de aves durante o seu período de separação geográfica, incluindo os cantos usados pelos machos para atrair as fêmeas e os lugares na floresta preferidos para a construção de ninhos. Qualquer uma dessas diferenças hereditárias poderia diminuir as chances de acasalamento entre os adultos das matas e os adultos dos brejos. E, caso cheguem a se acasalar, os traços recém-desenvolvidos dos híbridos serão intermediários: não serão bem apropriados nem para as matas abertas nem para os pântanos. Consequentemente, os híbridos terão menos chances de sobreviver. Qualquer tipo de barreira, de diferenças de hábitat a híbridos inadaptados, atuará como uma barreira intrínseca se for suficientemente forte. As duas populações terão se tornado espécies distintas porque estarão reprodutivamente isoladas quando se encontrarem sob condições naturais. Uma única espécie ancestral, de épocas pré-glaciais, desmembrou-se em duas espécies como um resultado inteiramente incidental da evolução vertical de suas populações separadas por uma barreira geográfica.

A fissão dessa espécie de papa-moscas é uma síntese simplificada de eventos reais de especiação ocorridos na América do Norte durante a última glaciação. Coisas semelhantes se repetiram em muitas partes do mundo, entre inúmeros tipos de plantas e animais, ao longo de centenas ou milhares de anos. O processo inicia-se com barreiras geográficas que surgem e desaparecem, promovendo a origem de um conjunto aleatório de mecanismos de isolamento hereditário que se prova suficiente para impedir que espécies recém-formadas se entrecruzem quando efetivamente entram em contato. Os biólogos evolucionistas descobriram uma variedade imensa dessas barreiras, como se pode ver nos exemplos abaixo:

• Na bacia amazônica, as secas às vezes subdividem a mata em trechos descontínuos de floresta. Algumas das populações animais e vegetais assim isoladas começam a divergir. Outras populações são fragmentadas por mudanças nos cursos dos rios que repetidamente abrem e fecham os corredores de floresta pluvial que unem os diversos trechos descontínuos.

• Ao longo da costa da Nova Guiné, trechos da plataforma continental são parcialmente submersos quando o nível do mar sobe. As partes mais elevadas permanecem como ilhas acima da água, e as populações restritas a elas começam a divergir.

• As ilhas do Havaí são colonizadas por aves, grilos, vespas, zigópteros, besouros, caracóis, plantas floríferas e outros tipos de organismos errantes que chegam soprados pelo vento. Quando os primeiros colonizadores se multiplicam e se espalham, eles vão evoluindo conforme cada um dos ambientes distintos das ilhas e, portanto, vão divergindo das populações ancestrais que deixaram para trás nos continentes da América do Norte e da Ásia. Além disso, vão também se espalhando de ilha para ilha do arquipélago havaiano, e de vale em vale, e ao longo das cumeeiras do interior montanhoso de cada ilha, gerando novas populações isoladas e divergentes. Uma única espécie que tenha colonizado o Havaí há 100 mil anos pode facilmente ter gerado centenas de espécies, todas atualmente endêmicas a uma determinada ilha, vale ou cumeeira.

Ressaltei as imperfeições de uma espécie como uma unidade natural. As suas jaças são consequência inevitável das particularidades da história. Todas as populações de animais existem num estado altamente dinâmico, aumentando de tamanho se puderem, avançando sobre novos territórios quando permitido, evoluindo em novas direções quando a oportunidade surge. O mero acaso tem um grande peso para orientá-las em sua trajetória evolutiva.

Consideremos um ambiente biologicamente diverso como um vale florestal em Kauai, uma plataforma de água rasa ao longo da costa do lago Vitória, ou um brejo de ciprestes no Norte da Flórida. Algumas das espécies residentes são individualmente especializadas para nichos restritos e estão limitadas a distribuições geográficas pequenas. Sua capacidade de dispersão é fraca, seus parentes próximos, poucos ou inexistentes. A sua evolução vertical vai se arrastando, e a especiação é interrompida. Elas não apresentam raças geográficas e têm poucas perspectivas de se multiplicar. No extremo oposto temos outras

Uma espécie se multiplica em duas ou mais espécies filhas quando suas populações são isoladas tempo suficiente umas das outras por barreiras geográficas. Neste exemplo, que é um amálgama de casos reais, a espécie-mãe está inicialmente distribuída por uma paisagem quase só de pradarias (*acima*). Mas o clima local vai ficando mais úmido, e um rio acaba por dividir a espécie em duas. Agora uma população vive nas pradarias, e a outra, em matas (*abaixo*).

Com o tempo, as duas populações vão evoluindo separadamente, até atingir o nível de uma nova espécie (*acima*). Quando a barreira do rio desaparece, as duas formas são capazes de viver juntas sem se cruzar (*abaixo*).

espécies que possuem hábitos alimentares flexíveis e são excelentes dispersadoras. Formam novas populações com facilidade e ocupam rapidamente novos nichos, sejam de dieta, hábitat ou época de atividade. Seu potencial de diversificação é elevado, e vão se acumulando espécies nos mesmos lugares através de ciclos repetidos de dispersão e reinvasão.

Se atentarmos para este último grupo de populações que se desenvolvem ativamente, é provável que encontremos todos os estágios de especiação geográfica conforme interpretada pela teoria prevalecente. No primeiro estágio, a população se dispersa continuamente por toda a sua distribuição geográfica, e todos os seus organismos se cruzam livremente. Há pouca ou nenhuma diferença entre um extremo da sua distribuição e outro. No estágio seguinte, a população ainda está distribuída continuamente, mas se dividiu em subespécies. Quando as subespécies se encontram, elas se entrecruzam livremente. Imaginemos uma raça de borboletas no Texas com grandes manchas nas asas, e outra no Mississippi sem as manchas. Quando as duas subespécies se encontram na Louisiana e se entrecruzam, as borboletas resultantes têm manchas de tamanho médio. Aquelas próximas ao Texas têm manchas maiores, tendendo ao tamanho máximo que prevalece naquele estado; aquelas próximas ao Mississippi têm manchas muito pequenas, tendendo à condição sem adornos do Mississippi.

O tempo passa e, num estágio mais avançado, as subespécies ainda são capazes de se entrecruzar livremente quando se encontram. Mas agora elas passaram a divergir em muitas qualidades genéticas. Borboletas de uma mesma população podem diferir não apenas quanto ao desenho das asas mas também quanto ao tamanho, à planta alimentar preferida, à taxa de crescimento das lagartas, e assim por diante em quaisquer combinações das centenas de traços sujeitos a variação genética. A divergência das subespécies será acelerada se alguma barreira física, como um rio largo ou um corredor de pradaria árida, separar as duas populações e restringir o fluxo de genes entre elas.

Por fim, as duas populações divergiram tanto que não se cruzam mais quando se encontram: transformaram-se em espécies biológicas distintas. Nossas duas espécies de borboletas agora coexistem na Louisiana, mantidas separadas por diferenças na época de acasalamento, no comportamento de escolha dos parceiros ou em algum outro mecanismo intrínseco de isolamento concomitante ou não — em outras palavras, uma incapacidade herdada de misturar suas atividades reprodutoras. Poucos híbridos ocorrem na zona de sobreposição, ou nenhum.

Esse modelo clássico de especiação geográfica apresenta um retrato bem claro e ordenado. Possui um cerne de verdade, mas a evolução real é muito mais confusa. Na realidade, a evolução é tão confusa que uma descrição fiel de casos reais converte a ciência em história natural, em que detalhes singulares são tão importantes quanto os princípios pelos quais são explicados.

Consideremos as subespécies. Essa categoria parece ser um passo intermediário inevitável de uma progressão aristotélica que vai de subespécie nenhuma para subespécie para espécie. Mas o que é exatamente uma subespécie? Os livros didáticos definem-na como uma raça geográfica, uma população com traços distintivos que ocupa uma parte da distribuição geográfica da espécie.

Mas o que é então uma população? E aqui nos enrascamos. É fácil afirmar que uma população claramente definida, reconhecível por qualquer um à primeira vista, ocupa uma parte exclusiva da distribuição geográfica de uma espécie. E os geneticistas gostam de acrescentar, para fins de clareza matemática (embora não seja algo absolutamente imprescindível), que a população é um "deme": seus membros se cruzam aleatoriamente e qualquer membro tem a mesma probabilidade de se acasalar com qualquer outro membro independentemente da sua localização.

Poucas populações tão objetivamente definíveis existem na natureza, porém. A maioria daquelas que se parecem com os exemplos dos livros didáticos são espécies ameaçadas, com tão poucos organismos restantes que não há dúvidas quanto aos limites da população que constituem. Os últimos pica-paus-de--bico-de-marfim remanescentes, encontrados numa floresta de montanha no Leste de Cuba, pertencem a essa categoria em risco. O mesmo acontece com o ciprinídeo *pupfish* do Devil's Hole [Buraco do Diabo], que mal e mal sobrevive numa minúscula fonte de deserto em Ash Meadows, Nevada. Se ficarmos em pé na entrada do Devil's Hole e olharmos quinze metros para baixo, onde a água se projeta sobre um veio iluminado pelo Sol, estaremos observando a totalidade da espécie nadando como peixinhos dourados num aquário.

A maioria das espécies não é confinada assim tão rigidamente — felizmente para a conservação e infelizmente para a teoria dos livros didáticos. Tomemos a salamandra-de-costas--vermelhas (*Plethodon cinereus*), uma das salamandras mais abundantes na América do Norte. A distribuição geográfica da espécie vai de Nova Scotia e Ontário no Canadá até a Geórgia e Louisiana nos Estados Unidos. Essas salamandras ocorrem quase continuamente nos três quartos setentrionais dessa distribuição, de modo que é tentador classificar todo esse bando setentrional como uma única e imensa população. Os taxionomistas das salamandras fazem exatamente isso e designam-na como uma subespécie, *Plethodon cinereus cinereus* (uma regra formal de nomenclatura: para denominar uma subespécie, acrescenta-se um terceiro nome). Mas a distribuição das salamandras está longe de ser contínua. Elas estão basicamente confinadas às florestas úmidas de planície, o que não é um hábitat contínuo, mas uma filigrana irregular ao longo dessa área. Mesmo nas florestas habitáveis, a população de salamandras divide-se em grupos locais que se expandem lentamente, contraem-se e adquirem novas configurações geração após geração. Não se estudou e não se sabe qual é a taxa de cruzamento dos demes locais em matas e vales florestais. Em resumo, com mais dados, os bióло-

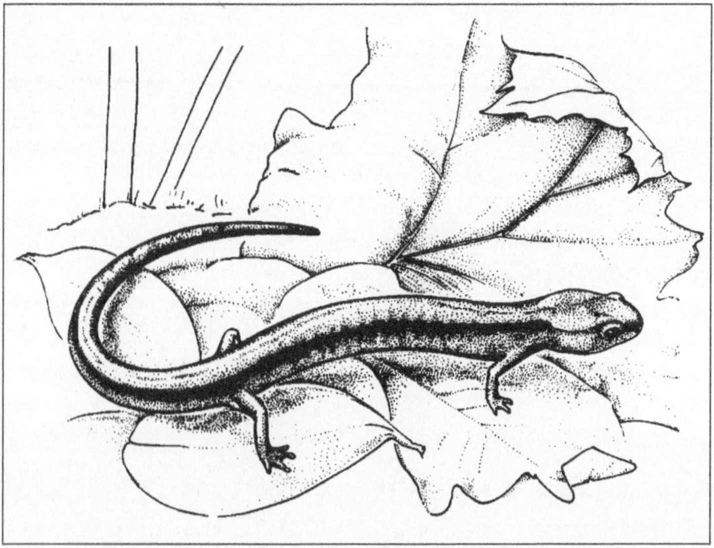

A salamandra-de-costas-vermelhas (*Plethodon cinereus*) do Leste da América do Norte, uma espécie muito disseminada mas com um padrão de variação racial tipicamente ambíguo, de tal modo que as subespécies só podem ser definidas por critérios subjetivos.

gos talvez fossem capazes de distinguir milhares de populações ao longo da vasta distribuição geográfica da *P. cinereus cinereus*. Um taxionomista diligente poderia legitimamente dividir a única subespécie formalmente reconhecida em um grande número de subespécies com distribuições menores.

Ao sul, nas montanhas do Norte da Geórgia e do Alabama, costuma-se reconhecer uma outra subespécie, *Plethodon cinereus polycentratus*, separada da *P. cinereus cinereus* por oitenta quilômetros de terreno sem nenhuma salamandra-de-costas-vermelhas. Uma terceira subespécie, *P. cinereus serratus*, ocorre em diversos lugares bastante separados uns dos outros no interior montanhoso de Arkansas, Oklahoma e Louisiana. Essas duas raças adicionais apresentam as mesmas dificuldades que a subespécie principal do Norte. Seus nomes triplos são uma notação conveniente, a afirmação de uma verdade aproximada. A classificação funciona desde que reconheçamos que retalhar geograficamente a espécie toda é algo impreciso e, em grande medida, arbitrário. Dependendo do critério utilizado, pode haver uma subespécie de *P. cinereus* ou centenas delas.

Um problema ainda mais fundamental das subespécies é o desacordo quanto aos traços pelos quais uma subespécie é definida. Ignoremos por um momento a questão populacional. Imaginemos que existam populações facilmente definíveis de uma espécie idealizada (que continuarei chamando de salamandra-de-costas-vermelhas, para maior clareza). Uma espécie abrange milhares de pequenas populações espalhadas pela América do Norte. Os indivíduos da metade *sul*, de Geórgia a Virgínia, têm listras sobre a maior parte do corpo; os da metade *norte*, de Maryland até o Canadá, não têm listras. Com base apenas nesse traço, existem duas subespécies, duas raças geográficas: as salamandras listradas do Sul e as salamandras lisas do Norte. Todavia, reparamos também que os indivíduos do *Oeste* são maiores. Esses dois traços, listras e tamanho, são obviamente discordantes, pois sua descontinuidade se dá em linhas geográficas diferentes. Poderiam ser usados para definir quatro subespécies: grandes e listradas no *Sudoeste*, pequenas e listradas no *Sudeste*, pequenas e sem listras no *Nordeste*, e grandes e sem listras no *Noroeste*. Em seguida, verificamos que os olhos dos indivíduos jovens são cor de âmbar a sudoeste de uma linha que se estende dos Grandes Lagos à Geórgia, e amarelos a nordeste dessa linha. Mais duas subespécies são acrescentadas, produzindo um total de seis. Analisando ainda mais de perto, encontramos...

O sentido deste exercício em geometria é o seguinte: a maioria dos traços que variam geograficamente em uma dada espécie é discordante. São descontínuos em diferentes lugares e em diferentes direções. Segue-se que uma subespécie é reconhecida simplesmente de acordo com o que quer que os taxionomistas decidam estudar. Segue-se também que, quanto maior o número de traços, maior o número de subespécies que devem ser reconhecidas.

A incerteza quanto aos limites das populações, combinada com a discordância dos traços, significa que a subespécie é uma unidade arbitrária de classificação. Essa incerteza se reflete na confusão em torno das raças humanas. No passado, os antropólogos se esforçaram inutilmente tentando defini-las. Estimativas do número de raças feitas por pesquisadores durante a década de 1950 variavam de seis a mais de sessenta. A variação dos números se deve precisamente ao fato de que *Homo sapiens* é uma típica espécie em evolução.

Os antropólogos, como os biólogos, no geral já abandonaram o conceito formal de subespécie. Eles preferem uma notação conveniente para designar uma determinada parte de uma população referindo-se a um ou dois traços e dizem, por exemplo, "os norte-asiáticos tendem a ter os cantos dos olhos mais proeminentes", sabendo perfeitamente bem que os cantos dos olhos não coadunam geograficamente com os tipos sanguíneos, que por sua vez divergem quanto à altura média, intolerância à lactose, síndrome de Tay-Sachs, cor dos olhos, estrutura do cabelo, passividade infantil e centenas de outros traços mais ou menos discordantes que são determinados, ou pelo menos influenciados, pelos cerca de 200 mil genes humanos distribuídos nos 46 cromossomos. Em antropologia e em biologia, a ênfase das pesquisas deslocou-se da descrição de subespécies para a análise da geografia de traços distintos e suas respectivas contribuições, isoladamente ou em combinação uns com os outros, para a sobrevivência e a reprodução.

Todavia, a derrocada das subespécies deve ser acompanhada por uma palavra de cautela, em prol da moderação. Populações reais existem, por mais difícil que seja defini-las. Os traços genéticos continuam variando. Pode ser artificial dividir as salamandras-de-costas-vermelhas do Sul dos Estados Unidos em subespécies ou mesmo rotulá-las como tal; porém, não obstante, elas diferem em muitos traços genéticos e constituem um repositório de genes singulares. É igualmente verdade que algumas populações muito espalhadas de animais e plantas são suficientemente isoladas e geneticamente distintas para constituir subespécies objetivas, mesmo no sentido abstrato dos livros didáticos. Faz sentido rotular formalmente tais populações de subespécies. Stephen O'Brien e Ernst Mayr, por exemplo, propuseram nesse sentido algumas linhas mestras para serem usadas por biólogos conservacionistas e legisladores. Sugerem que uma subespécie seja definida como os indivíduos que ocupam uma parte determinada da distribuição geográfica da espécie, e cujos genes e história natural são distintos dos genes e história natural das demais subespécies. Os membros de diferentes subespécies podem se entrecruzar livremente, surgindo ou como populações adaptadas às condições locais ou como híbridos entre subespécies.

A delimitação das subespécies, uma necessidade burocrática que surge quando se evoca o Endangered Species Act [Lei das Espécies Ameaçadas] ou outra lei equivalente, será geralmente difícil e até controvertida. A evolução, repetindo, é confusa. A pantera da Flórida é um caso pertinente. No passado, a pantera, também conhecida como leão-de-montanha, puma ou suçuarana, ocorria em todo o Sul dos Estados Unidos. Hoje está reduzida a cerca de cinquenta indivíduos no Sul da Flórida, a subespécie *Felis concolor coryi*. Testes bioquímicos revelaram que essa minúscula população proveio de duas linhagens: os últimos sobreviventes das panteras norte-americanas originais que outrora vagavam pela Flórida, e sete animais de origem mista norte-americana e sul-americana liberados do cativeiro nos Everglades entre 1957 e 1967. A população atual é, portanto, de origem híbrida, ainda que dotada de um conjunto singular de genes de origem parcialmente norte-americana, e merecedora de proteção como um mamífero nativo.

A ambiguidade da subespécie como unidade taxionômica cria um dilema interessante para o pensamento evolucionista. Temos diante de nós uma sequência idealizada que começa com uma população geograficamente isolada e ainda idêntica às demais populações da mesma espécie. Essa população então evolve para uma subespécie. Ela ainda seria capaz de se cruzar com as outras populações se pudesse de algum modo ultrapassar a barreira geográfica e se encontrar com elas nos limites da sua distribuição geográfica. A subespécie por fim evolve para uma espécie propriamente dita, o que significa que se encontrar as outras populações não irá mais se entrecruzar livremente com elas. O dilema é o seguinte: se as subespécies são geralmente amorfas e não podem ser definidas por um critério objetivo único, como uma unidade tão arbitrária pode gerar uma espécie, que é tão bem definida e objetiva?

A resposta a esse enigma nos revela muito sobre a origem da diversidade. Para despontar como uma espécie, um grupo de indivíduos cruzando-se entre si precisa apenas adquirir uma diferença em um traço da sua biologia. Essa diferença, o mecanismo congênito de isolamento, impede-os de se entrecruzar livremente com outros grupos. Não importa que os limites das populações como um todo sejam fracamente demarcados. Nem importa que todos os outros traços variem como uma colcha de retalhos nas populações que estão se desmembrando como espécies. O que importa é que, de algum modo, um grupo de indivíduos que ocupa alguma parte da distribuição geográfica total desenvolve um atrativo sexual diferente, uma dança nupcial diferente, uma temporada de acasalamento diferente ou algum outro traço hereditário que o impede de se cruzar livremente com outras populações. Quando isso acontece, nasce uma nova espécie. A unidade verdadeiramente objetiva, o conjunto gênico fechado de gerações futuras, é o grupo de organismos individuais que adquire esse traço isolante. Essa nova espécie pode ser definida por um único fator de isolamento. Outros caracteres que variam geograficamente — pelos, cor, resistência ao frio, seja lá o que for — podem apresentar qualquer padrão de variação geográfica, concordante ou não com o traço isolante, sem modificar o resultado. Uma vez segregada dessa maneira, a espécie inevitavelmente se afastará das demais, tornando-se com o passar do tempo cada vez mais diferente em uma série cada vez mais ampla de traços.

A mudança isoladora decisiva também pode basear-se em apenas uma ligeira alteração nos genes ou nos cromossomos. Algumas espécies de mariposas filófagas na família Tortricidae, por exemplo, são segregadas por diferenças relativamente secundárias na química dos odores sexuais das fêmeas. A variação que manifestam de uma espécie para outra é do tipo geralmente baseado em mutações de apenas um gene. Mas a segregação pode ser ainda mais elementar. Algumas espécies de mariposas filófagas são separadas das demais por algo que estaria perto do mínimo absoluto concebível: uma diferença não na estrutura orgânica das substâncias que compõem os odores sexuais, mas no percentual das substâncias (nesse caso, diversos acetatos) que os constituem. As fêmeas de cada espécie de mariposa têm o seu próprio cheiro delicado, que os machos experimentam e, a partir desse único sinal, decidem se aproximar ou se afastar. Em teoria ao menos, é possível fazer surgir rapidamente um grande número de espécies de mariposas tortricídeas através de pequenas mudanças em seus genes que alterem ou a química ou as proporções dos odores sexuais.

A especiação geográfica é suplementada na natureza por uma rica miscelânea de outros modos de especiação. De longe, a mais bem documentada é a poliploidia, um aumento no número de cromossomos. Mais precisamente, um indivíduo poliploide possui duas vezes mais cromossomos em cada célula que um indivíduo normal — ou três vezes, ou quatro vezes, ou qualquer outro múltiplo exato. A poliploidia é virtualmente instantânea em seus efeitos, isolando potencialmente um grupo de indivíduos de seus ancestrais em uma só geração. Esse isolamento imediato é causado pela incapacidade dos híbridos de indivíduos poliploides e não poliploides de se desenvolver de maneira normal ou, atingindo a maturidade, se reproduzir. A poliploidia é responsável pela origem de quase metade das espécies vivas de plantas floríferas e de um número menor de espécies animais.

O palco para a especiação poliploide é preparado pelo fato de todas as espécies de reprodução sexuada passarem por um ciclo de vida de duas partes. Na fase haploide do ciclo, há um único lote de cromossomos em cada célula. Esta é seguida pela fase diploide, em que há dois lotes de cromossomos em cada célula. A fase diploide termina com a redução dos cromossomos a um único lote, retornando o organismo à fase haploide, e assim por diante. A fase haploide inclui o esperma e o óvulo, cada um dos quais é um pequeno organismo com um único lote de cromossomos. Nas plantas e animais superiores, a fase haploide consiste exclusivamente nesse período efêmero. Quando um espermatozoide e um óvulo se unem, o número de cromossomos duplica e tem início a fase diploide. Dois pequenos organismos se tornam um pequeno organismo, que é então capaz de se transformar num organismo muito grande composto de bilhões de células diploides. O número haploide de cromossomos nos seres humanos (a quantidade em cada célula sexual) é 23; o número diploide, encontrado nos demais tecidos após a fertilização, é 46. Se o número base for de algum modo triplicado, criando assim um organismo triploide (um ser humano triploide, por exemplo, teria 69 cromossomos), esse organismo estará fadado a ter problemas. Os problemas provavelmente surgirão já a partir do desenvolvimento do embrião e prosseguirão até a vida adulta. A síndrome de Down é uma das muitas deficiências causadas por números triplos — nesse caso, três cópias do cromossomo número 21 (assim chamado porque os biólogos atribuem a cada um dos 23 cromossomos um número próprio de identificação).

Quando um organismo triploide começa a fabricar células sexuais, ele encontra dificuldades. Os dois cromossomos de uma planta ou animal diploide normal podem sofrer meiose — redução a um cromossomo por célula — com relativa facilidade. Na primeira divisão celular por meiose, quando ocorre a redução, os dois cromossomos homólogos se emparelham (nos seres humanos, por exemplo, todos os cromossomos juntos criam 23 pares) e em seguida se separam e vão para as diferentes células, cada uma com o número haploide de cromossomos. Os três cromossomos de um triploide se confundem durante a formação dos pares e a separação (e, nesse sentido último, três *é* demais), abortando o processo ou produzindo grandes quantidades de células sexuais anormais.

Os triploides desempenham um papel-chave no isolamento das espécies por poliploidia, pelo simples fato de serem produtos inviáveis criados quando organismos poliploides tentam se cruzar com seus parentes diploides. O processo de especiação por poliploidia em sua totalidade é o seguinte:

• Comecemos com uma planta poliploide que acabou de se originar de uma população diploide. Ela será geralmente tetraploide, isto é, o número diploide usual terá sido acidentalmente duplicado no desenvolvimento inicial do embrião. Cada célula comum tem, portanto, quatro cromossomos de cada tipo, em vez dos dois usuais. Como resultado, a planta tetraploide — a nova espécie — coloca dois cromossomos homólogos em cada célula sexual, em vez do cromossomo único costumeiro.

• Suponhamos que as plantas da espécie ancestral tenham dez cromossomos em cada célula comum e cinco em cada célula sexual. As plantas poliploides terão vinte e dez, respectivamente, nos dois tipos de célula. As plantas diploides da espécie ancestral podem se cruzar entre si, e as plantas poliploides podem se cruzar com outras plantas poliploides.

• Algumas das plantas diploides e poliploides se entrecruzam para produzir híbridos. Quando uma célula sexual comum (cinco cromossomos) se funde com uma célula poliploide (dez cromossomos), o híbrido é uma célula triploide (quinze cromossomos). Como resultado, a planta híbrida poderá enfrentar dificuldades durante o crescimento. No entanto, mesmo que seja capaz de atingir a maturidade sexual, não poderá produzir células sexuais normais e será estéril. O ancestral diploide e o derivativo poliploide estão isolados em termos de reprodução e, portanto, o derivativo poliploide é uma nova espécie, criada em uma única geração.

Há uma outra maneira, ainda mais inovadora, pela qual a poliploidia pode criar novas espécies: fazendo o número de cromossomos multiplicar-se em híbridos de duas espécies já existentes. Os híbridos comuns de muitas espécies de plantas são estéreis, mesmo quando têm o mesmo número de cromossomos e crescem sem problemas até o momento da floração. O motivo da esterilidade é a incompatibilidade dos cromossomos parentais durante o período em que as células sexuais se formam. Chamemos de A e B as duas espécies formadoras de híbridos. Quando um cromossomo da espécie A tenta se alinhar com seu correspondente da espécie B, um procedimento normal para a troca de blocos de genes durante a produção de células sexuais, os cromossomos de A e B diferem demais uns dos outros para completar a operação.

A saída para o impasse é duplicar o número de cromossomos no híbrido. Então, durante a produção de suas células sexuais, cada cromossomo A pode ser emparelhado com um outro cromossomo A idêntico. Agora o híbrido poliploide é fértil. Pode se cruzar com outros híbridos poliploides de mesmo tipo — mas não com os pais diploides dos quais surgiu. Uma hibridação assim, seguida de duplicação, ocorre espontaneamente na natureza de vez em quando.

Novas espécies podem ser criadas em laboratório e no jardim juntando-se espécies existentes dessa maneira frankensteiniana. O exemplo mais célebre é o híbrido poliploide do rabanete (*Raphanus sativus*) e do repolho (*Brassica oleracea*), que são membros geneticamente similares mas reprodutivamente isolados da família da mostarda (Brassicaceae). Rabanetes e repolhos têm ambos nove cromossomos em suas células sexuais e dezoito cromossomos em seus tecidos diploides. Plantas híbridas de rabanete-repolho podem ser facilmente produzidas por fecundação cruzada. Elas também terão dezoito cromossomos em seus tecidos diploides, nove de cada genitor. Mas os dois lotes de nove não podem emparelhar um com o outro e completar a formação das células sexuais durante a redução, um defeito que torna os híbridos estéreis. Quando o número de cromossomos dos híbridos é duplicado, elevando o número diploide para 36, as plantas são férteis. Agora cada cromossomo de rabanete e cada cromossomo de repolho tem um equivalente exato com o qual emparelhar, e a produção de células sexuais pode proceder normalmente. O rabapolho ou reponete — podemos escolher o nome que quisermos — é autossustentável enquanto espécie. Não pode ser "descruzado" e retornar para qualquer uma das espécies genitoras.

Apesar da sua evidente importância na origem da diversidade vegetal, a poliploidia talvez não seja o processo abrupto prevalecente entre os organismos como um todo. Um outro modo, possivelmente ainda mais difundido, é a especiação simpátrica não poliploide. A expressão *especiação simpátrica* refere-se à origem de uma nova espécie no mesmo local que a espécie genitora (literalmente, "do mesmo país"). Distingue-se da especiação geográfica ou, mais formalmente, *especiação alopátrica* ("de países diferentes") em que a nova espécie se origina num lugar diferente estando isolada por uma barreira física.

A especiação por poliploidia é simpátrica porque a nova forma poliploide surge diretamente de plantas diploides em uma geração. A especiação simpátrica não poliploide é simplesmente o surgimento simpátrico por algum outro meio. O processo melhor explicitado e documentado dessa categoria se dá através de raças hospedeiras intermediárias de insetos que se alimentam de plantas. Aqui estão as principais etapas sugeridas por Guy Bush e outros que desenvolveram e testaram a teoria nos últimos anos:

• Membros da espécie parental de insetos vivem e se acasalam em um tipo de planta. Esse grau de especificidade é muito comum entre insetos, caracterizando talvez milhões de espécies de insetos e outras pequenas criaturas comedoras ou parasitárias de plantas que passam a maior parte da vida ou a vida inteira em um único tipo de planta.

• Alguns indivíduos de uma espécie se mudam então para um segundo tipo de planta, na qual passam a se alimentar e se acasalar. A nova planta hospedeira cresce na vizinhança imediata da antiga, tão perto que os pés de cada espécie podem até se misturar. O deslocamento dos insetos é acompanhado por uma mudança genética suficiente para alterar a preferência pela nova espécie de planta e aumentar as chances de sobrevivência nela. Mais tarde, os insetos assim evoluídos buscarão a nova espécie hospedeira sempre que se dispersarem de planta em planta.

• Quando a evolução da nova linhagem de insetos avançar o suficiente para firmá-la na hospedeira adotada mas não o suficiente para isolá-la reprodutivamente da linhagem antiga, ela se torna por definição uma raça hospedeira. Quando a raça hospedeira diverge ainda mais, adquirindo diferenças em número suficiente para impedir até mesmo o potencial de cruzamento, ela se torna por definição uma espécie plena.

Uma raça hospedeira pode se originar e evoluir até tornar-se uma espécie em algumas poucas gerações. Certas moscas-das-frutas do gênero *Rhagoletis* parecem completar essa transição nessa velocidade. Na América do Norte, espécies que infestam os pilriteiros ocasionalmente se espalham para as árvores frutíferas domésticas. As moscas colonizadoras tendem a se tornar raças hospedeiras porque só se cruzam quando a fruta hospedeira está disponível, e diferentes espécies de árvores frutificam em diferentes épocas da temporada de cultivo. Em 1864, as *Rhagoletis pomonella*, que vivem em pilriteiros nativos, invadiram as macieiras do vale do rio Hudson e se espalharam subsequentemente pela maior parte das regiões produtoras de maçãs da América do Norte. Uma segunda raça hospedeira de *R. pomonella* colonizou as cerejeiras do condado de Door, em Wisconsin, em meados da década de 1960. As três raças são parcialmente separadas pela época em que a fruta hospedeira amadurece, na seguinte ordem entre a primavera e o verão: cereja, maçã, pilrito.

A especiação em modo simpátrico, que demora não mais que um piscar de olhos de tempo geológico, pode facilmente ter criado vastos números de insetos e outros invertebrados que se especializam em determinadas espécies de plantas. Pode também ter estado subjacente à proliferação de espécies parasitas que passam a vida inteira, ou a maior parte dela, em um só tipo de animal hospedeiro. A teoria soa bem, mas só podemos fazer conjecturas quanto à sua veracidade. É difícil detectar os primeiros estágios, e poucos estudos foram iniciados sobre os invertebrados nos quais esses estágios mais provavelmente estariam presentes. As moscas-das-frutas *Rhagoletis* são excepcionais pela atenção que recebem, mas isso se deve aos estragos econômicos que provocam.

Concluindo, as espécies podem ser criadas rapidamente. E, portanto, a diversidade pode se expandir explosivamente. Nosso conhecimento da evolução, embora imperfeito, revela-nos no mínimo por que a vida tem esse potencial. Dadas as circunstâncias apropriadas, uma nova espécie pode surgir em uma ou em algumas poucas gerações.

Essa concepção da origem da diversidade levanta uma questão perturbadora com conotações éticas: se a evolução pode ocorrer assim tão depressa e se o número de espécies pode ser assim tão rapidamente restaurado, por que deveríamos nos preocupar com a extinção de alguma espécie? A resposta é que novas espécies são geralmente espécies ordinárias. Elas podem ser muito diferentes quanto às características externas, mas continuam geneticamente similares às formas ancestrais e às espécies irmãs ao seu redor. Se forem preencher um novo nicho, provavelmente o farão com relativa ineficiência. Ainda não foram devidamente ajustadas e corrigidas pelo número imenso de mutações e episódios de seleção natural necessários para inseri-las solidamente na comunidade dos organismos em que nasceram. Pares de espécies irmãs recém-criadas costumam ser tão parecidos quanto à dieta, às preferências de ninho, à suscetibilidade a doenças específicas e a outros traços biológicos que não podem coexistir. Cada uma tende a expulsar a outra por competição. E passam então a ocupar distribuições geográficas diferentes, de tal modo que as comunidades locais não são enriquecidas pela presença das duas.

Uma farta diversidade biológica exige longos períodos de tempo geológico e a acumulação de grandes repositórios de genes não repetidos. Os ecossistemas mais ricos se formam lentamente, ao longo de milhões de anos. É também verdade que, apenas pelo acaso, somente algumas novas espécies terão se firmado o bastante para ingressar em novas zonas de adaptação, criar algo espetacular e ampliar os limites da diversidade. Um panda ou uma sequoia representam um grau de evolução que só surge muito raramente. É preciso um golpe de sorte e um demorado período de sondagem, experimentação e fracassos. Uma tal criação é parte da história profunda. E o planeta não tem os meios, nem nós o tempo, para vê-la repetir-se.

6. AS FORÇAS DA EVOLUÇÃO

O QUE IMPELE A EVOLUÇÃO? Essa é uma pergunta que Darwin respondeu em essência e os biólogos do século XIX refinaram produzindo a síntese, conhecida como neodarwinismo, com a qual hoje convivemos em instável consenso. Respondê-la em linguagem moderna é descer além das espécies e subespécies, até os genes e cromossomos — às origens derradeiras da diversidade biológica, portanto.

O evento evolutivo fundamental é uma mudança na frequência das configurações de genes e cromossomos de uma população. Se, com o tempo, uma população de borboletas passa de 40% de indivíduos azuis para 60%, e se a cor azul for hereditária, terá ocorrido uma evolução simples. Transformações maiores são realizadas quando um grande número de tais mudanças estatísticas se combina. As mutações podem ocorrer apenas nos genes, sem efeito algum sobre a cor das asas ou qualquer outro traço externo, mas, qualquer que seja sua natureza ou magnitude, são sempre expressas em porcentagens de indivíduos de uma população ou entre populações. A evolução é absolutamente um fenômeno de populações. Os indivíduos e seus descendentes imediatos não evoluem: as populações evoluem — no sentido de que a proporção de portadores de diferentes genes muda ao longo do tempo. Essa concepção de evolução em nível populacional é uma decorrência inelutável da ideia de seleção natural, que é o cerne do darwinismo. Há outras causas de evolução, mas a seleção natural é, esmagadoramente, a dominante.

A evolução por seleção natural como nós a entendemos hoje é um ciclo contínuo que só pode ser interrompido pela morte da população inteira. O ponto de partida é a origem de variação por mutações, que são mudanças aleatórias na constituição química dos genes, na posição dos genes nos cromossomos e nos números de cromossomos. Genes são as partes do DNA que determinam em última análise os traços externos, sejam simples como a cor de uma asa ou complexos como a capacidade de voo. Cada gene é constituído por até vários milhares de pares de nucleotídeos, ou "letras" genéticas. Três pares de nucleotídeos enfileirados determinam um aminoácido. Os aminoácidos, por sua vez, se agregam em proteínas; as proteínas são os blocos de construção das células, e as células, os blocos de construção dos organismos.

O número de genes em um grande organismo típico, como um ser humano, é da ordem de 100 mil. Pelo menos cinco genes em diferentes posições nos cromossomos afetam a variação de traços quantitativos como a época de floração das plantas, o tamanho dos frutos, o diâmetro dos olhos dos peixes, a cor da pele dos seres humanos. Até cem genes atuam em conjunto para estabelecer traços complexos como a estrutura do ouvido ou a textura da pele.

Através de um grande número de etapas moleculares o código do nucleotídeo é traduzido no conjunto de qualidades distintivas de uma espécie. A ordem precisa dessa marcha leva-nos das trincas de letras do DNA para o RNA mensageiro e em seguida para o RNA transportador e os aminoácidos; os aminoácidos se agregam em proteínas; algumas das proteínas se agregam em estruturas celulares, algumas em enzimas que catalisam a própria construção; outras enzimas aceleram o metabolismo; e, finalmente, todo esse conjunto auto-organizante projeta para o mundo aquelas propriedades de anatomia, fisiologia e comportamento pelas quais o organismo vive ou morre, se reproduz ou não.

O tipo mais comum e mais elementar de mutação é uma alteração na química de um gene — especificamente, a substituição aleatória de um par de nucleotídeos por outro. A anemia falciforme (siclemia) em seres humanos é um dos exemplos de evolução mais cabalmente pesquisados nesse derradeiro nível molecular. A siclemia ocorre talvez em uma em cada 100 mil

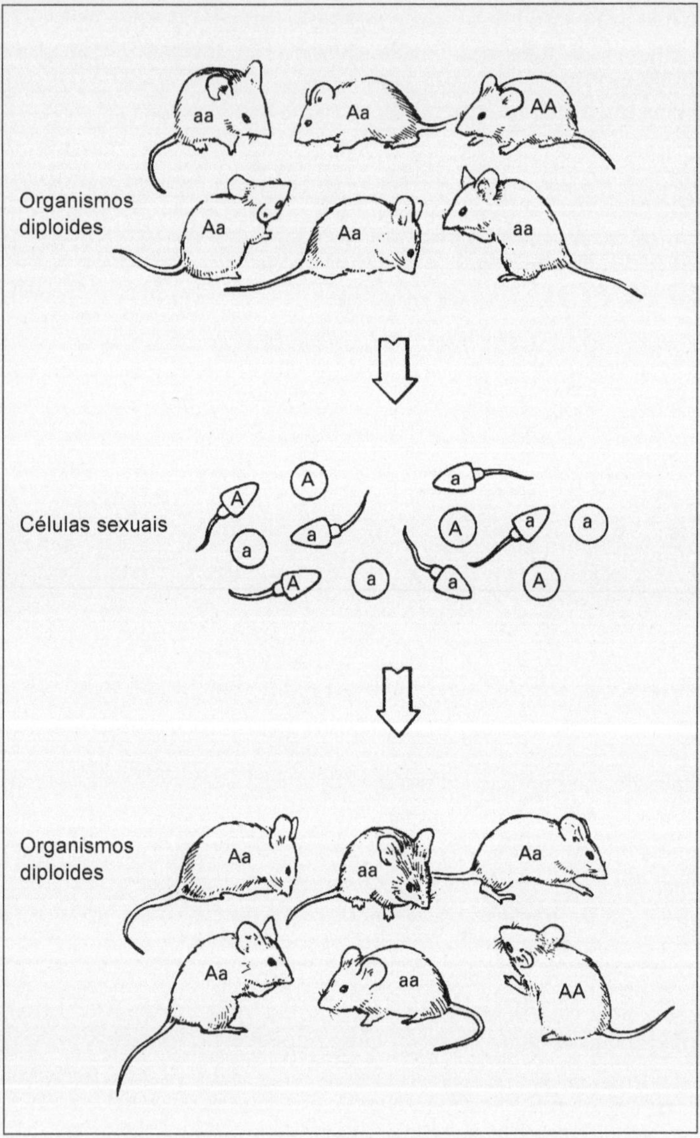

aa
Aa
AA
Organismos
diploides
Aa
Aa
aa
Células sexuais
A
A
a
a
a
A
a
A
a
a
a
A
Organismos
diploides
Aa
aa
Aa
Aa
aa
AA

pessoas por geração, e é causada pela alteração de um único gene. Quando presente em dose dupla (isto é, quando não é compensado por um gene normal em cada célula), o gene mutante causa anemia total. Vale lembrar que cada célula contém dois cromossomos de cada tipo e, portanto, duas posições em que ou um gene normal ou um gene para siclemia pode estar localizado. O gene para siclemia determina uma mudança na química das moléculas de hemoglobina que as cristaliza numa forma alongada quando o nível de oxigênio diminui no sangue à sua volta. A hemoglobina é transportada nas células vermelhas [hemácias], que normalmente têm um formato de disco com um centro fino. Nos indivíduos com siclemia, as moléculas modificadas de hemoglobina se alongam e deformam as hemácias, que adquirem o formato de uma foice. A mudança de formato faz com que as células bloqueiem por todo o corpo os vasos sanguíneos mais estreitos, diminuindo a circulação descendente e favorecendo assim a isquemia, ou anemia localizada. Apesar do seu efeito debilitante, o gene mutante para a siclemia está bem difundido em algumas populações humanas. Os biólogos conseguiram montar a sequência completa desse pequeno trecho da evolução humana, da química dos genes à ecologia, e têm a seguinte história para contar.

A mutação para siclemia foi a substituição aleatória e acidental de um par de nucleotídeos por outro em uma dos bilhões de posições que os nucleotídeos podem ocupar nos 46 cromossomos humanos.

Essa mudança de uma letra genética implica a substituição

O ciclo de vida e o conjunto gênico [*gene pool*]. Os organismos diploides, cada um com dois genes de um tipo por célula, produzem células sexuais que individualmente trazem apenas um gene de um tipo. As células sexuais, compostas de espermas e óvulos, são a geração haploide do ciclo. O esperma se junta ao óvulo para criar a geração seguinte de organismos diploides. Assim, os genes de uma população — o seu conjunto gênico — separam-se e recombinam-se repetidamente para criar novas variações que sofrerão a ação da seleção natural. (Os animais mostrados aqui são arganazes de brejos salinos, uma espécie ameaçada dos alagadiços da Califórnia.)

de um aminoácido (ácido glutâmico) por outro (valina) em duas das posições da molécula de hemoglobina. Como há 574 posições possíveis, 574 aminoácidos constituem cada molécula de hemoglobina.

A substituição do ácido glutâmico pela valina faz com que as moléculas de hemoglobina se alinhem em fusos alongados ao ceder seu oxigênio para os tecidos próximos. O realinhamento distorce as hemácias dando-lhes a forma de uma foice.

Uma dose dupla do gene faz com que mais de um terço das células adquira a forma de foice, provocando uma grave anemia; com uma dose simples do gene para siclemia, menos de 1% das células se deforma, e a anemia resultante é bastante branda. Porém, e esta é a parte mais importante, o portador de um ou dois genes para siclemia também está protegido contra a malária. Essa outra doença mortal é causada pelo parasita ameboide *Plasmodium falciparum*, que invade e consome os glóbulos vermelhos. A hemoglobina em forma de foice é menos vulnerável aos invasores *Plasmodium*.

Por causa da resistência que confere, meia dose de genes para siclemia, um por célula, é vantajosa naquelas partes do mundo onde a malária é comum. Até tempos históricos recentes, essa zona de perigo incluía a África tropical, a região leste do Mediterrâneo, a península Arábica e a Índia. Na maior parte dessa área, a seleção natural favorecia os genes para siclemia. A sua frequência costumava pairar acima dos 5%, chegando a 20% em algumas regiões de Moçambique, Tanzânia e Uganda. Mas a seleção natural se autocompensa. Quando o gene se torna comum, mais pessoas adquirem a dose dupla e morrem de anemia hereditária. Quando se torna raro, mais pessoas morrem de malária, uma anemia provocada por parasitas. Ao longo dos séculos, as proporções do gene na África e em outros lugares aumentam ou diminuem conforme a frequência com que deparam com a malária.

Da legião de mutações gênicas e rearranjos cromossômicos que surgem numa população a cada geração, muitos são tão ínfimos que têm um efeito neutro, não chegando a favorecer nem prejudicar a sobrevivência e a reprodução. Ou então afetam traços quantitativos como altura e longevidade, aumentando-os ou reduzindo-os de maneiras difíceis de detectar. A vasta maioria das mutações genéticas cujos efeitos são intensos o bastante para ser facilmente detectáveis é também nociva. Por definição, elas se opõem à seleção natural e, portanto, são raras. Nos seres humanos, essas anomalias gênicas são chamadas doenças genéticas. Elas incluem a síndrome de Down, o mal de Tay-Sachs, a fibrose cística, a hemofilia e a anemia falciforme, além de milhares de outras anormalidades. Por outro lado, quando um novo alelo mutante (alelo é uma forma diferente do mesmo gene) ou uma nova combinação rara de alelos preexistentes for superior ao alelo "normal" ou comum, ele tende a se espalhar pela população por muitas gerações. Com o tempo, torna-se a nova norma genética. Se os seres humanos passassem a viver em um novo ambiente que conferisse à hemoglobina falciforme uma vantagem darwiniana total (e não apenas parcial) sobre a hemoglobina comum, o traço falciforme acabaria com o tempo predominando e sendo considerado a norma.

O traço para siclemia provoca uma reviravolta no raciocínio moral que merece um momento de reflexão. Ele nos relembra que a seleção natural é eticamente neutra. A anemia malárica é contrabalançada pela anemia hereditária através da atuação indiferente da sobrevivência diferencial. Aqueles que morrem de malária são vítimas de um ambiente inóspito; os que morrem de uma dose dupla de genes para siclemia são destroços darwinianos, lançados fora como um subproduto acidental de uma mutação aleatória. A tragédia dos males hereditários é repetida implacavelmente, e em números elevados, simplesmente porque aconteceu de a seleção natural ser equilibrante, não direcional. Nenhum deus a decretou, nenhum princípio moral emerge dela. O gene para siclemia é comum em algumas partes do mundo apenas porque a molécula de hemoglobina derrota um parasita graças à atuação de uma forma mutante convenientemente disponível, mas o faz de maneira canhestra.

O processo de evolução por seleção natural pode ser resumido dessa maneira. Substituições aleatórias de nucleotídeos nos genes provocam mudanças correspondentes de anatomia, fisiologia ou comportamento. O processo dissemina pela população múltiplas formas do gene que foi assim criado. A mutação genética também começa a ocorrer quando os genes mudam de posição nos cromossomos, ou quando o número de cromossomos (e, portanto, de genes) aumenta ou diminui. No linguajar da biologia, o genótipo é alterado por uma ou outra dessas formas de mutação e, como resultado, passa a haver um fenótipo diferente. Novos fenótipos — traços alterados de anatomia, fisiologia ou comportamento — geralmente têm algum efeito na sobrevivência e na reprodução. Se o efeito for favorável, se levar a índices mais elevados de sobrevivência e reprodução, os genes mutantes que o provocaram começam a se espalhar pela população. Se o efeito for desfavorável, os genes que o provocaram vão diminuindo e podem desaparecer por completo.

É fácil ver por que o darwinismo é ao mesmo tempo a maior ideia da ciência do século XIX e a mais simples. Sua força provém do fato de a seleção natural poder assumir infinitas formas. Em alguns casos, a seleção é letal, mediada por predação, doença e inanição. Em outros, é benigna, surgindo de diferenças no tamanho das famílias, sem aumentar em nada a mortalidade. Seus produtos variam em magnitude desde a determinação do número de pelos na asa de uma mosca à criação do cérebro humano. Como o antigo deus Proteu, não têm fim as formas que pode assumir — sendo, portanto, repleta das informações da Natureza realizada. A seleção natural possui essas propriedades quase mágicas porque, em certo sentido, é uma criação da linguagem. Nada mais é do que uma metáfora na voz ativa de todas as diferenças de sobrevivência e reprodução entre os genótipos que surgem dos efeitos dos genótipos sobre os organismos. Mas o que ela representa é bastante real, e muito poderoso.

O meio ambiente é o palco, como observou certa vez o ecologista G. Evelyn Hutchinson, e a evolução é a peça nele representada. E mais: as prescrições genéticas do processo de desenvolvimento são a língua, enquanto a mutação inventa as palavras — mas como um idiota falando parlapatices. Finalmente, a seleção natural é o editor e a principal força propulsora e criadora. Sem ser norteada por visão alguma, sem estar comprometida com qualquer finalidade distante, a evolução vai se compondo palavra por palavra para atender aos requisitos de apenas uma ou duas gerações por vez.

A evolução é obscurecida ainda mais pelo fato de a frequência dos genes e cromossomos poder ser alterada pura e simplesmente pelo acaso. Esse processo, uma alternativa à seleção natural chamada *deriva genética*, pode ocorrer rapidamente em populações muito pequenas, tanto mais depressa quanto mais os genes forem neutros, isto é, com pouco ou nenhum efeito na sobrevivência e na reprodução. A deriva genética é uma questão de sorte ou azar. Suponhamos que uma população de organismos contenha 50% de genes A e 50% de genes B num determinado sítio cromossômico, e que a cada geração ela se reproduza transmitindo aleatoriamente os genes A e B. Imaginemos que a população seja constituída de apenas cinco indivíduos e, portanto, dez genes em cada sítio cromossômico. Examinemos os dez genes que constituirão a próxima geração. Podem provir todos de um par de adultos ou de até cinco pares de adultos. A nova população pode acabar com exatamente cinco genes A e cinco genes B, duplicando a população parental. Mas há uma alta probabilidade de que em um exemplo tão minúsculo o resultado seja, ao contrário, seis genes A e quatro B, ou três A e sete B, ou alguma outra combinação. Assim, em populações muito pequenas, a porcentagem de alelos pode mudar significativamente de uma geração para outra apenas ao acaso. Isso, em suma, é a deriva genética, sobre a qual os matemáticos já publicaram volumes e volumes de cálculos sofisticados e geralmente incompreensíveis.

Prossigamos. O tamanho da população é crítico na deriva genética. Se a população fosse de 500 mil indivíduos, com 500 mil genes A e 500 mil genes B, o quadro poderia ser inteiramente diferente. Com um número assim elevado, mesmo que uma porcentagem mínima de adultos se reproduzisse — digamos 1% —, a amostra de genes permaneceria muito próxima de 50% A e 50% B a cada geração. Portanto, em populações grandes, a deriva genética é um fator relativamente secundário de evolução (o que equivale a dizer que é fraca em comparação com a seleção natural). Quanto mais forte a seleção, mais rapidamente a perturbação causada pela deriva será corrigida. Se a deriva provocar uma porcentagem elevada de genes B mas os genes A revelarem-se superiores na natureza, a seleção tenderá a diminuir novamente a frequência dos genes B.

Uma versão importante da deriva genética é o "efeito fundador", que segundo alguns biólogos evolucionistas aceleraria a formação de novas espécies. Vamos partir novamente da mesma grande população contendo uma mistura de alelos A e B (para simplificar, determinemos que seja 50% de cada). Um pequeno grupo de indivíduos se desgarra e acaba numa ilha longe da costa ou em algum outro local nunca antes habitado pela espécie. Digamos que um par acasalado de aves voe para um novo local, carregando consigo quatro genes em cada posição cromossômica, incluindo a que traga consigo as formas A e B do gene. Por mero acidente, a população fundadora poderá conter novamente dois genes A e dois B, preservando a proporção ancestral. Mas há também uma excelente chance de haver três genes A e um B, ou um A e três B, ou todos A ou todos B. Em outras palavras, como as populações fundadoras tendem a ser pequenas, elas também tendem a diferir geneticamente da população parental por simples obra da sorte. Essa diferença inicial, combinada com o isolamento geográfico e as exigências de um ambiente novo e diferente, pode levar uma população a novos modos de vida, a novas zonas de adaptação. Pode também levá-la mais rapidamente à formação de barreiras reprodutivas, fazendo com que se torne uma espécie à parte.

Três características da evolução contribuem para conferir a ela um enorme potencial criativo. A primeira é a vastíssima gama de mutações, incluindo substituições de pares de nucleotídeos, deslocamento das posições dos genes nos cromossomos, mudanças no número de cromossomos e transferências de pedaços de cromossomos. Todas as populações estão sujeitas a uma abundância desses novos tipos genéticos que põem à prova os antigos.

Uma segunda fonte de criatividade evolutiva é a velocidade com que a seleção natural pode agir. A seleção não precisa do tempo geológico, abrangendo milhares ou milhões de anos, para transformar uma espécie. Podemos esclarecer a questão com exemplos explícitos da teoria da genética populacional. Tomemos um gene dominante, um gene cuja expressão anule os genes recessivos na mesma posição cromossômica. Por exemplo, o gene dominante da coagulação normal do sangue anula o da hemofilia, e o gene dominante da capacidade de curvar as bordas da língua anula o da falta dessa habilidade. Quando um gene dominante ocorre nas mesmas células que o gene recessivo, uma combinação chamada *condição heterozigótica*, ele é expresso no fenótipo. Somente quando há apenas o gene recessivo — ou seja, na condição de dose dupla ou homozigótica — é que seu fenótipo pode se expressar. Um gene dominante cujo fenótipo tenha uma vantagem de sobrevivência ou reprodução de 40% sobre o fenótipo recessivo poderá substituí-lo numa população em vinte gerações, passando de uma frequência de 5% para 80% nesse intervalo. Vinte gerações representam não mais do que quatrocentos ou quinhentos anos para os seres humanos, quarenta anos no máximo para os cachorros e um ano para as moscas-das-frutas. Um gene recessivo com a mesma vantagem precisa de sessenta gerações para percorrer a mesma gama de frequência, um período ainda curtíssimo em termos geológicos. Se a dominância for incompleta — isto é, ambos os genes se expressam quando estão juntos — e se a vantagem do gene vencedor for total, a mutação pode ocorrer em uma única geração, ao menos em teoria e em populações de laboratório.

Uma última característica criativa da seleção natural é a capacidade de montar novas estruturas e processos fisiológicos de alta complexidade, incluindo novos padrões de comportamento, sem nenhum plano mestre ou força subjacente que não a própria seleção natural atuando ao acaso sobre as mutações. Esse é um ponto-chave de que os criacionistas e outros críticos da teoria evolucionista não se dão conta, preferindo argumentar que a probabilidade de se formar um olho, uma mão ou a própria vida por mutações genéticas é infinitesimalmente pequena — impossível, na realidade. O seguinte experimento teórico mostra que o oposto é verdade. Suponhamos que um novo traço surja quando duas novas mutações, C e D, ocorrerem simultaneamente em dois sítios cromossômicos. A probabilidade de C ocorrer é, em cada organismo, uma em 1 milhão, uma taxa típica de mutação no mundo real. A chance de D ocorrer também é uma em 1 milhão. A chance de C e D ocorrerem no mesmo indivíduo é, portanto, uma em 1 milhão vezes 1 milhão, ou uma em 1 trilhão, quase uma impossibilidade — como os críticos costumam insistir. Mas a seleção natural subverte o processo. Se, por si só, C conferir ainda que uma vantagem mínima, ele se tornará o gene predominante em sua posição cromossômica em toda a população. Agora a chance de aparecer o gene CD é uma em 1 milhão. Em populações médias e grandes de plantas ou animais, que frequentemente contêm mais de 1 milhão de indivíduos, o surgimento de CD é virtualmente uma certeza.

O quadro que vai se formando da evolução no nível gênico tem alterado nossa concepção da natureza da vida e do lugar do ser humano na natureza. Antes de Darwin, costumava-se usar a vasta complexidade dos organismos vivos como prova da existência de Deus. A mais famosa exposição desse "argumento de tenção" veio do reverendo William Paley, que em sua obra *Natural theology*, de 1802, introduziu a analogia do relojoeiro: a existência de um relógio implica a existência de um relojoeiro. Em outras palavras, grandes efeitos implicam grandes causas. O bom senso parece confirmar a veracidade dessa dedução. Bom senso, todavia, é meramente intuição desembaraçada, e intuição desembaraçada são raciocínios elaborados na ausência de instrumentos e de conhecimentos já comprovados pela ciência. O bom senso nos diz que satélites enormes não podem permanecer suspensos a 36 mil quilômetros de altura sobre um ponto da superfície da Terra, embora haja satélites assim em órbitas equatoriais sincrônicas.

A evolução fenotípica, baseada na ação dos genes mas expressa nos traços externos dos organismos, pode ser igualmente rápida. Se um único gene é facilmente substituído em menos de cem gerações mediante uma pressão moderada de seleção, um único gene assim inserido pode também exercer profundos efeitos sobre a biologia de uma espécie. Um gene pode modificar o formato de um crânio. Pode estender a duração da vida, reestruturar a coloração de uma asa ou criar uma raça de gigantes.

Isso é demonstrado de maneira incisiva pela alometria, o crescimento diferencial de partes de um corpo. Um exemplo bem conhecido em crianças é o crescimento mais lento do crânio humano em comparação com o restante do corpo, fazendo com que os adultos acabem com cabeças não muito maiores que a de um bebê sobre grandes corpos massudos. Se a alometria de uma espécie for forte, adultos pequenos podem ser notavelmente diferentes de adultos grandes em muitos traços biológicos, mesmo que sejam todos idênticos geneticamente quanto ao traço sob consideração. Entre os animais, o processo pode ser levado a extremos bizarros. Em algumas espécies de besouros lamelicórneos, como o *Lucanus cervus* europeu, os machos pequenos têm mandíbulas relativamente curtas e simples, ao passo que machos grandes têm mandíbulas mais intimidadoras, da metade do tamanho do restante do corpo, um armamento que lhes confere superioridade em combate. Os machos não herdam um corpo dentre uma série possível de corpos; nem herdam necessariamente um determinado tamanho de corpo. O que herdam é o padrão de crescimento alométrico comum a todos os machos. Os machos que obtêm menos alimento ou param de crescer cedo acabam pequenos e feminizados; os que atingem o ta-

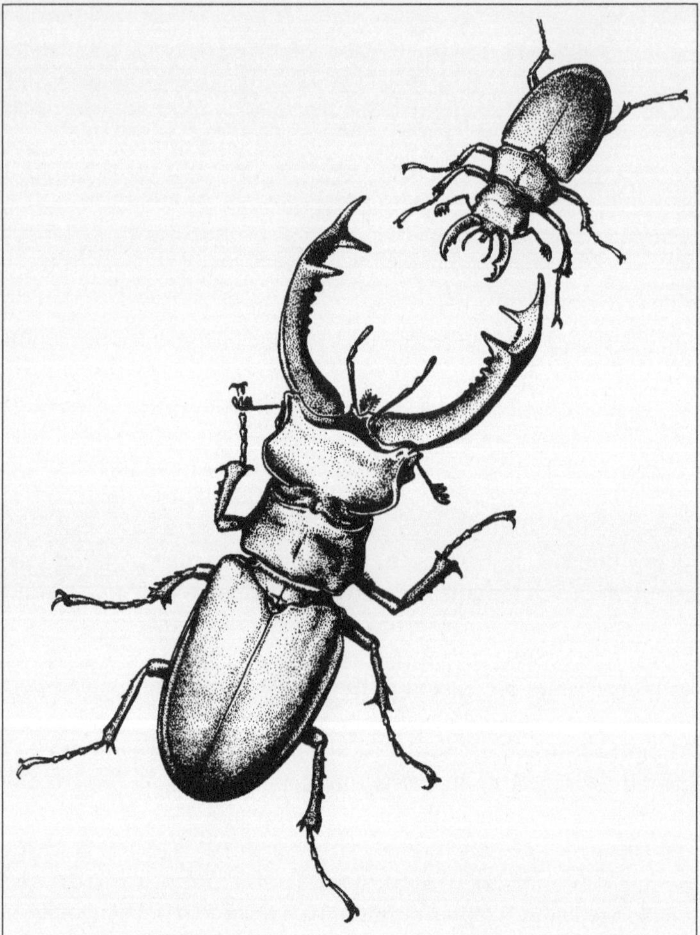

Dois besouros lamelicórneos machos da Europa se preparam para a luta. O formato diferente de seus corpos se deve à alometria, o crescimento mais rápido de determinadas partes do corpo em relação às demais. Nessa espécie, a cabeça e as mandíbulas crescem mais depressa, de modo que o macho maior tem uma carapaça muito mais forte do que o seu oponente menor.

manho grande tornam-se supermachos volumosos e pesadões. A alometria em si é relativamente simples, dependendo apenas das diferentes taxas de crescimento de determinados pedaços de tecido. É fácil imaginar que essa mudança rápida de tamanho esteja associada à origem das espécies, quando, na realidade, baseia-se em simples mutações hereditárias. Mutações secundárias em um ou vários genes podem facilmente alterar o padrão alométrico, de tal modo que todos os machos podem vir a ficar mais parecidos com as fêmeas. Alternativamente, as mutações podem alterar o padrão de maneira inversa, podendo todos os lamelicórneos passar a desenvolver mandíbulas enormes.

Os sistemas sociais das formigas ilustram o poder da alometria de maneira ainda mais dramática. O sistema de castas de cada colônia de formigas, das rainhas aos soldados de cabeça grande às operárias de cabeça pequena, é baseado num único padrão alométrico comum a todas as fêmeas da colônia. Dependendo dos alimentos e estímulos químicos que receber enquanto larva, uma formiga fêmea torna-se rainha, ou soldado, ou operária. Todas se enquadram no mesmo arcabouço alométrico. Os genes nada têm a ver com a determinação da casta da fêmea. Mas determinam a alometria da colônia e, portanto, as características do sistema de castas como um todo. Se a alometria modificar-se um pouco que seja por mutações dos genes, surge um novo sistema de castas.

A seleção natural é, portanto, a fonte da diversidade biológica. As diferenças entre os alelos de indivíduos da mesma espécie, englobando todos os seus cromossomos e genes, associadas às diferenças no número e na estrutura dos próprios cromossomos, constituem a variação genética. Além disso, a variação genética é o material do qual novas espécies se originam, gerando barreiras reprodutivas hereditárias que desmembram as espécies antigas. Assim, há dois níveis básicos de diversidade da vida: variações genéticas em uma mesma espécie e diferenças entre espécies.

Os dois níveis de diversidade biológica encontram paralelo na microevolução, as pequenas mutações que podem ser traçadas até o nível dos genes e cromossomos, e na macroevolução, as mutações mais complexas e profundas e menos suscetíveis à análise genética imediata. A origem dos olhos azuis é um caso de microevolução; a origem da visão colorida é um caso de macroevolução. O surgimento e a disseminação da anemia falciforme é microevolução; a formação do sistema circulatório no qual ela se expressa é macroevolução. O desmembramento de uma espécie de ave em duas espécies filhas similares é microevolução; o desmembramento de uma única espécie de ave em uma grande variedade de espécies, de fringilídeos a silviídeos e compsotlipídeos, é macroevolução.

Alguns paleontólogos, impressionados com as espantosas mutações evolutivas reveladas nos fósseis, sugerem de vez em quando que a macroevolução é complexa demais ou ocorre rapidamente demais, ou às vezes devagar demais, para ser explicada pela teoria evolucionista convencional. A versão mais recente dessa expostulação, o equilíbrio pontuado, foi apresentada por Niles Eldredge e Stephen Jay Gould em 1972, e desenvolvida por eles e outros em publicações posteriores. Segundo essa teoria, a evolução não só dá periodicamente saltos para a frente como, em outras ocasiões, tende a desacelerar e quase estancar. Espécies surgem depressa e inteiramente formadas após um repente de evolução, depois persistem quase sem alteração por milhões de anos. Inversamente, a evolução rápida efetiva-se principal ou exclusivamente durante a formação das espécies. A alternância entre saltos e pausas cria uma configuração espasmódica, um equilíbrio pontuado, tão extremo que aponta para processos inéditos de evolução além da seleção natural dos genes e cromossomos. Esse raciocínio, em sua forma mais radical, acaba por concluir que a macroevolução é de alguma maneira única e singular, e que difere da microevolução.

A tese do equilíbrio pontuado recebeu muita atenção porque foi inicialmente promovida como uma contestação da teoria neodarwiniana de evolução. Como uma nova teoria da evolução em suma. Tal asserção foi abandonada pela maioria de seus proponentes. As evidências fósseis de uma ampla disseminação de padrões espasmódicos mostraram-se fracas, e a maioria dos exemplos apresentados no começo foi desacreditada.

Mais pertinente, a possibilidade de evolução acelerada já era uma pedra angular da teoria evolucionista tradicional e, portanto, não representava de maneira alguma um desafio a ela. Os modelos da genética populacional, o alicerce da teoria quantitativa, preveem que a evolução por seleção natural pode ser tão rápida a ponto de parecer quase instantânea em termos do tempo geológico. O modelo também leva em consideração a estase, ou longos períodos com pouca ou nenhuma evolução do tipo detectável em fósseis. Essas previsões da genética populacional foram confirmadas por décadas de meticulosos estudos laboratoriais e de campo, abrangendo uma ampla gama de animais, plantas e micro-organismos, que encontraram transições graduais entre espécies intimamente relacionadas — de um único carrapato na microevolução até grandes avanços na macroevolução, dos primórdios da variação geográfica até a origem das espécies e as expansões panorâmicas das espécies em múltiplas zonas de adaptação.

De um modo geral, a continuidade entre microevolução e macroevolução não foi abalada. A teoria neodarwiniana não foi contestada em substância, apenas semanticamente — uma renomeação, por assim dizer, não a reinvenção da roda. O equilíbrio pontuado é hoje usado basicamente como um termo descritivo de um padrão alternado de evoluções rápidas e lentas, em especial quando a fase rápida é acompanhada pela formação de espécies. Seu destino ilustra um velho princípio da ciência, o de que ideias frustradas sobrevivem como fantasmas nos glossários das sobreviventes. O valor do desafio representado pelo equilíbrio pontuado não estava em suas afirmações, e sim na pesquisa que estimulou sobre taxas de evolução e na atenção favorável de público que trouxe para os estudos evolucionistas como um todo.

Todavia, afirmar que a microevolução se transforma em

macroevolução por graus, e não por tipos, não significa que tudo o que sabemos sobre evolução esteja escrito no roteiro estreito da genética moderna. Confirma apenas que nada do que foi descoberto até agora é incompatível com tal cânone, no mesmo sentido em que nada do que foi descoberto até hoje sobre os processos moleculares é incompatível com a física e a química contemporâneas. Há muito mais na evolução do que somente os seus mecanismos genéticos.

Um caso relevante é a seleção de espécies, um processo que começou a ser proveitosamente explorado tanto pelos paleontólogos, que estudam fósseis, como pelos neontólogos, que trabalham com organismos modernos. A questão acabou ficando um tanto obscurecida porque cada um dos grupos prefere um vocabulário diferente, mas o processo em si é fácil explicar. Uma espécie recém-evoluída, como um organismo recém-nascido, vem ao mundo trazendo seu próprio conjunto de traços característicos. Dependendo deles, a espécie pode sobreviver muito ou pouco tempo antes de se extinguir. Pode também desmembrar-se numa hoste de espécies ou permanecer intacta como uma única espécie durante toda a sua duração. Esses poderosos traços hereditários das espécies são as suas propriedades que vão surgindo. Mas não estão investidas de algum misterioso processo macroevolutivo; são propriedades desenvolvidas pelos organismos que compõem a espécie. Originam-se por microevolução, ou, em outras palavras, por mudanças nas frequências das configurações de genes e cromossomos. São então transladadas para cima, para padrões do nível das espécies, e a isso chamamos macroevolução.

Essa translação apresenta duas propriedades fundamentais. Ela é cega e repercute de volta para acelerar ou retardar a evolução dos organismos. Os organismos, no curso de sua luta pela sobrevivência e reprodução, não se preocupam no sentido darwiniano com a persistência da espécie como um todo. Também não são afetados pela velocidade com que a espécie se multiplica. Assim, é por suas próprias ações idiossincráticas que seus genes perecem ou são inseridos nas gerações futuras, não importando se a espécie está se proliferando ou se está minguando rumo à extinção. Não obstante, os traços que possuem fazem com que a espécie perdure muito ou pouco tempo, e que permaneça como uma única espécie ou se multiplique. É essa influência que foi identificada como a translação ascendente da microevolução para a macroevolução. Inversamente — e aqui está a essência da seleção de espécies — a longevidade de uma espécie, associada à sua tendência de formar novas espécies, afeta a rapidez com que traços cruciais são disseminados pela fauna ou flora como um todo. Essa é a repercussão descendente que torna a teoria da seleção de espécies mais do que uma afirmação estafante do óbvio.

Consideremos um conjunto de espécies que poderiam estar sujeitas à seleção no nível mais elevado. *Conjunto* significa aí múltiplas espécies com uma linhagem comum, como os peixes ciclídeos do lago Vitória ou as borboletas licenídeas da América tropical. A seleção natural entre espécies pode reforçar a seleção no nível dos organismos que ocorre a cada espécie. Por isso a evolução de um determinado traço avança mais rapidamente dentro do conjunto de espécies como um todo. O caráter da fauna e da flora muda de acordo com isso. Ou, inversamente, a seleção de espécies pode se opor à seleção no nível dos organismos, diminuindo a taxa de disseminação.

Qual a importância da seleção de espécies? Se o grupo for definido de maneira suficientemente ampla (por exemplo, todas as plantas vasculares ou todos os vertebrados terrestres), é de importância extraordinária. No final da era mesozoica, as cicadáceas e as coníferas abriram espaço para as fanerógamas. Depois do catastrófico final do Mesozoico, os mamíferos tomaram o lugar dos dinossauros e dos crocodilianos. Mas nós já sabemos tudo isso; os fatos em si pouco esclarecem o processo biológico da seleção de espécies. Para unir a seleção de espécies à seleção natural no nível dos indivíduos e das populações, precisamos de grupos menores de espécies e percepções mais penetrantes dos detalhes recônditos da ecologia e da adaptação. É fácil imaginar a existência de tais grupos, mas difícil encontrá-los na natureza. Continuamos limitados a um grupo esparso de casos, dos quais os seguintes parecem ser os mais promissores.

• Entre os insetos, a passagem de um comportamento predatório ou necrófilo para a ingestão de plantas aumenta a taxa de formação de espécies. O motivo é que mais espécies podem se especializar em determinados tipos de plantas, ou mesmo em diferentes partes da mesma planta. Podem se irradiar para esses nichos ainda mais depressa se formarem raças hospedeiras (que se acredita sejam precursoras de espécies plenas). Para simplificarmos ao máximo a questão, em tais insetos a seleção individual e a seleção de espécies tramam para aumentar a velocidade de evolução.

• Durante a segunda metade da era mesozoica, 100 a 66 milhões de anos atrás, ostras, amêijoas e outros moluscos variavam de um conjunto de espécies para outro em capacidade de dispersão e, consequentemente, na sua distribuição geográfica. Além disso, as espécies com grandes distribuições geográficas sobreviveram por períodos maiores de tempo geológico. O estudo das espécies atuais de moluscos mostra que a capacidade de dispersão é provavelmente resultado de seleção natural no nível dos organismos. Se isso for verdade, segue-se que a seleção individual e a seleção de espécies atuaram juntas para aumentar a distribuição geográfica média e a longevidade dos moluscos.

• Formigas, besouros, lagartos e aves apresentam o que foi chamado *ciclo de taxis*. Algumas das espécies se adaptam — ou, mais precisamente, os organismos que pertencem a elas se adaptam — a hábitats de onde é fácil dispersar-se. Esses lugares incluem a costa litorânea, as margens de rios e as pradarias varridas por ventos. Coincidentemente, esses hábitats são também as melhores áreas de preparação para dispersão a longa distância. As espécies que neles se concentram são as que mais se espalham geograficamente e que apresentam o maior potencial de especiação. Quando algumas dessas populações extensas penetram hábitats mais protegidos nas proximidades, elas se "assentam" — perdem força de dispersão e, portanto, ficam mais propensas à formação de espécies. Com o tempo, declinam até a extinção. E surge a dúvida: será que declinam até se extinguir mais rapidamente, como aconteceu com os moluscos do Mesozoico? Em caso afirmativo, podemos dizer que os organismos que se adaptam para a vida em hábitats restritos melhoram sua adequação darwiniana à custa da longevidade de suas espécies. Em resumo, os dois níveis de seleção, individual e o de espécies, se contrabalançam.

• Um processo similar ao ciclo de taxis vem ocorrendo há milhões de anos na rica fauna de antílopes, búfalos e outros mamíferos bovídeos da África. Espécies generalizadas, capazes de ocupar mais de um hábitat — capazes de, digamos, passar da floresta para a pradaria e voltar para a floresta —, sobrevivem por períodos maiores. Aquelas especializadas em viver em hábitats específicos tendem a ficar presas ali e declinar até a extinção à medida que o clima se altera e as florestas alternadamente avançam e recuam. Com suas populações propensas à fragmentação, as especialistas bovídeas são também mais propensas a gerar novas espécies e, assim, ganham ou perdem espécies mais rapidamente do que as generalistas bovídeas. A seleção natural de animais individuais leva, de um modo geral, à seleção natural de espécies, seja aumentando a sua longevidade, seja diminuindo-a de acordo com as circunstâncias.

• Plantas do deserto como a *Dedeckera eurekensis* do deserto Mojave podem sofrer uma outra categoria de seleção natural no nível individual que conflita com a seleção de espécies. Em épocas de seca, poucas sementes têm chance de germinar. A seleção natural poderia facilmente levar a uma estratégia em que cada planta cessasse a produção de sementes e concentrasse seus recursos na sobrevivência. (A estratégia alternativa, não usada pela *Dedeckera*, é produzir muitas sementes, que então ficam aguardando a chegada das chuvas.) Se a seca se prolongar, a longevidade se torna mais importante que a capacidade de reprodução. As espécies cujos membros são forçados pela seleção natural a adotar a estratégia da longevidade acabarão limitadas a um pequeno número de indivíduos de longa vida mas praticamente estéreis. As plantas individuais que sobreviverem sairão vencedoras no jogo da seleção de indivíduos, mas sua vitória levará a espécie ao limiar da extinção.

O quadro que vai assim surgindo de seleção natural no nível do indivíduo, seja ou não acentuado pela seleção de espécies, é um quadro de exuberância, poder e potencial de rapidez. Se houver suficiente material hereditário bruto para começar, e se as pressões de seleção (diferenças em sobrevivência e reprodução) forem fortes, um tipo de gene ou cromossomo pode ser substituído por outro em menos de cem gerações. A possibilidade existe para uma microevolução rápida e até para os primeiros estágios da macroevolução.

Essa capacidade é bem compreendida em teoria e foi comprovada em experimentos de laboratório. Também existe em populações selvagens quando as espécies são submetidas a novas pressões de seleção — por exemplo, a ameaça de um novo parasita ou o acesso a uma nova fonte de alimentos. Houve mais do que tempo suficiente para a seleção natural, por si só, criar tipos radicalmente novos de organismos. É só considerarmos que a Idade dos Répteis durou 100 milhões de gerações reptilianas, e que a Idade dos Mamíferos, que a sucedeu, percorreu mais de 10 milhões de gerações mamíferas antes de surgir a espécie humana. A Terra levou centenas de milhões de anos até produzir os primeiros organismos unicelulares, que foram formados a partir de um número astronômico de moléculas potentes.

O que nós melhor compreendemos sobre evolução é principalmente genético, e o que nós menos compreendemos é principalmente ecológico. Eu diria até que as principais questões ainda por resolver na biologia evolutiva são de conteúdo ecológico, e não genético. Têm a ver com as pressões de seleção do meio ambiente reveladas nas histórias de linhagens específicas, não com os mecanismos genéticos de natureza mais geral. Posso estar completamente errado. A biologia molecular é tão vigorosa e se expande tão depressa que novos mecanismos talvez sejam descobertos impelindo a evolução em uma ou outra direção. Temos muitíssimo a aprender sobre a maneira como surgiram os genes funcionais, os exons do DNA, e como foram misturados e elaborados para lançar a base do pleno florescimento da diversidade biológica. É também possível que restrições extragenéticas ao desenvolvimento embrionário, como os limites físicos fundamentais sobre o tamanho das células e a organização dos tecidos, desempenhem um papel norteador. Competição e interferência entre células e tecidos podem acarretar princípios totalmente inéditos ainda por descobrir. Muitas surpresas nos aguardam no estudo do desenvolvimento. Muito em breve descobertas em dois domínios fundamentais — código genético e desenvolvimento embrionário — poderão sacudir os próprios alicerces do neodarwinismo. Mas duvido. Acredito que os maiores avanços da biologia evolucionista serão feitos no âmbito da ecologia, que acabará explicando melhor por que a natureza da diversidade da vida é essa, e não uma outra.

7. IRRADIAÇÃO ADAPTATIVA

COMO A HISTÓRIA HUMANA, a evolução em grande escala desenrola-se em uma sucessão de dinastias. Organismos que possuem uma genealogia comum ascendem à dominação, expandem sua distribuição geográfica e desmembram-se em múltiplas espécies. Algumas dessas espécies adquirem novos ciclos de vida e novas maneiras de viver, enquanto os grupos que substituem vão recuando até adquirir a condição de relíquias, sendo desbaratados pela competição, doenças, mudanças climáticas ou qualquer outra alteração ambiental que sirva para abrir caminho aos novatos. Com o tempo, o próprio grupo que ascendeu estaca e começa a decair. Suas espécies desaparecem uma a uma até não restar mais nenhuma. De vez em quando, numa minoria de grupos, uma espécie de sorte adquire um novo traço biológico que lhe permite expandir-se e irradiar-se novamente, reativando o ciclo de dominação em prol de suas famílias filogenéticas.

Quando as consideramos sob o prisma da história geológica, todas as sucessões dinásticas contemporâneas juntas formam um padrão complexo e extraordinariamente belo sobre a superfície da Terra. A comparação agora é com um palimpsesto, um antigo pergaminho no qual os atuais grupos dominantes aparecem com intrepidez e os que dominaram no passado sobrevivem como pálidos vestígios nos espaços entre as linhas, em nichos minguados. Os mamíferos, os grandes vertebrados hoje preponderantes na superfície terrestre, aparecem acompanhados de tartarugas e crocodilianos, alguns dos últimos sobreviventes dos répteis outrora dominantes. Florestas de plantas floríferas abrigam fetos e cicadáceas esparsas, resquícios da vegetação que prevalecia na Idade dos Répteis. E, numa escala menor, o ar está cheio de moscas, vespas, mariposas e borboletas, relativas novatas na evolução dos insetos. São comidas por libélulas, relíquias paleozoicas que ainda possuem asas rígidas estendidas e outros arcaísmos que datam dos primórdios dos animais voadores. As libélulas são os Fokkers e os Sopwith Camels [aviões da Primeira Guerra] do mundo dos insetos que, de algum modo, lograram permanecer voando todos esses anos.

Irradiação adaptativa é o termo aplicado à disseminação de espécies de uma mesma linhagem em diferentes nichos. *Convergência evolutiva* é a ocupação de um mesmo nicho por produtos de diferentes irradiações adaptativas, especialmente em diferentes partes do mundo. O lobo-da-tasmânia australiano, um marsupial, assemelha-se externamente ao "verdadeiro" lobo da Eurásia e da América do Norte, um mamífero placentário. O primeiro é um produto de irradiação adaptativa na Austrália, o segundo, produto de uma irradiação adaptativa paralela no hemisfério norte. As duas espécies convergiram até ocupar nichos similares em irradiações adaptativas independentes em continentes distintos.

Irradiação adaptativa e convergência evolutiva aparecem do modo como rezam os livros didáticos em arquipélagos distantes do mundo inteiro, incluindo as ilhas Galápagos, o Havaí e as ilhas Mascarenhas. São também nitidamente definidas em lagos antigos, como o Baikal e os Grandes Lagos da Fossa Africana. Esses lugares são tão isolados que somente alguns tipos de plantas e animais conseguiram chegar lá. Os felizes colonizadores, pressionados por competição, predadores e doenças, e com hábitats e dietas restritas, originaram faunas e floras imensas e copiosas. Chegaram a um mundo novo e essencialmente vazio onde, ao menos de início, oportunidades abriam-se diante deles em abundância.

Arquipélagos e lagos são não apenas isolados mas também suficientemente pequenos e jovens, em comparação com os continentes e os oceanos, para manter simples — e, portanto, decifráveis — os padrões de irradiação adaptativa e convergência evolutiva. Por isso os biólogos consideram o Havaí um dos principais laboratórios da evolução. Trata-se de um arquipélago, não de uma única ilha, o que cria um cenário propício para o desmembramento de populações em espécies plenas. É em termos geográficos o mais remoto de todos os arquipélagos, de modo que relativamente poucos colonizadores lá desembarcaram. É grande o suficiente para oferecer nichos para a irradiação de grande número de novas espécies, e todavia pequeno o bastante para delimitar e mostrar claramente os padrões de especiação e irradiação adaptativa. Por fim, embora jovem se comparado aos continentes, o Havaí é suficientemente antigo, cerca de 5 milhões de anos no caso de Kauai, para que a irradiação adaptativa atinja um grau impressionante de maturidade.

Acredita-se que as 10 mil espécies endêmicas de insetos conhecidas no Havaí tenham evoluído a partir de cerca de apenas quatrocentas espécies imigrantes. Algumas fizeram mudanças singulares de hábitat e estilo de vida. No mundo inteiro, por exemplo, praticamente todas as larvas de zigópteros (parentes pequenos e delicados das libélulas) são aquáticas, alimentando-se dos insetos à sua volta em lagoas e de outros corpos de água doce. Mas no Havaí as ninfas de uma espécie, *Megalagrion oahuense*, abandonaram completamente a água e hoje caçam insetos no chão das florestas úmidas de montanha. Uma mudança ainda mais radical é a das lagartas do gênero de mariposas *Eupithecia*, que abandonaram o hábito de se alimentar de plantas para tornar-se predadoras de tocaia. Essas bizarras larvas, que lembram vagamente minhocas, ficam escondidas na vegetação à espreita de insetos e agarram suas vítimas com golpes súbitos de suas patas dianteiras. Um grilo do gênero *Caconemobius* passou de uma vida na terra para uma existência parcialmente marinha, vivendo hoje numa zona de matacões espargidos por ondas e alimentando-se dos despojos que chegam à praia. Uma outra espécie de *Caconemobius* vive em fluxos de lava a céu aberto, onde vasculha restos de vegetação trazidos pelo vento. Outros grilos do mesmo gênero, todos cegos, vivem em cavernas. Essas lagartas assassinas e grilos empreendedores foram todos descobertos nos últimos vinte anos. O Havaí, por mais familiar que possa parecer a um visitante, ainda é um paraíso cheio de surpresas para o naturalista explorador.

Irradiação e convergência em arquipélagos distantes são marcadas por desarmonia, que na biologia evolucionista é definida como a representação altamente desproporcional de alguns grupos principais e a ausência de outros. Quando algumas espécies se desmembram rapidamente e em grande escala diante de alguma oportunidade excepcional, elas e seus descendentes tomam conta de uma grande parte do ambiente e o mantêm subsequentemente abocanhando para si a parte do leão da diversidade total. Portanto, a fauna e a flora como um todo ficam desequilibradas em comparação com as dos continentes, cuja grande diversidade biológica originou-se de muitas estirpes durante longos períodos de tempo.

O Havaí abriga a fauna de aves mais desarmônica do mundo. Até tempos históricos recentes, mais de uma centena das espécies conhecidas eram endêmicas — o que significa que eram nativas do Havaí e não eram encontradas em nenhum outro lugar do mundo. Entre elas havia sessenta espécies extintas sucessivamente pelos polinésios e depois pelos colonizadores europeus, e quarenta que ainda sobrevivem. Mais da metade eram ou são óscines melífagos [*honeycreepers*], compondo uma tribo própria, a Drepanidini, que nas classificações formais é um ramo da subfamília Carduelinae [os tentilhões], que por sua vez é um ramo da família maior Fringillidae [que inclui, entre outros, tentilhões, pintassilgos, curiós e pardais]. Todos os drepanidídeos descendem de um único par ou pequeno bando de colonizadores que provavelmente voou para as ilhas junto com alguma tempestade há muitos milhares de anos. Essa espécie ancestral eram aves carduelíneas relativamente primitivas, pequenas, esguias e com um bico semelhante ao do pintassilgo. Sua dieta provavelmente consistia em sementes e insetos. As carduelíneas não havaianas incluem os pintassilgos, os canários e cruza-bicos, que ocorrem no hemisfério norte mas estão concentrados na Europa e Ásia temperadas. Parece, pois, provável que as primeiras colonizadoras havaianas voaram ou foram sopradas por uma tempestade ou da América do Norte ou do Leste da Ásia. Os drepanidídeos, com suas populações se expandindo, consumaram então uma explosiva irradiação adaptativa. Penetraram em muitos novos nichos e diversificaram ao mesmo tempo a sua anatomia e o seu comportamento. Como conquistadores ecológicos de primeiro escalão, oferecem-nos um quadro bem didático de irradiação e convergência em escala suficientemente pequena para ser dissecado e explicado com razoável certeza.

Devo dizer que a *lembrança* deles nos oferece esse quadro. Antes da chegada dos polinésios, há 2 mil anos, e antes da chegada dos mercadores e colonizadores europeus, dezoito séculos depois, as florestas do Havaí eram repletas de uma profusão de drepanidídeos do tamanho de pardais. As inúmeras espécies eram distinguidas pela plumagem alternadamente vermelha, amarela ou verde-oliva, marcadas em torno das asas por tiras pretas, cinzentas ou em diversos tons de branco. Mesmo hoje, o arapane escarlate (*Himatione sanguinea*) ocorre em alguns lugares em populações de mil por quilômetro quadrado. Se caminharmos entre eles num bosque de árvores *ohia lehua*, observando o cintilar de suas cores brilhantes e ouvindo seus silvos delicados, estaremos diante de um último retrato do velho Havaí, como era antes das primeiras canoas taitianas chegarem às suas praias.

Quase todos os drepanidídeos desapareceram, acuados e expulsos sob as pressões da caça excessiva, desflorestamento, ratos, formigas carnívoras, malária e hidropisia trazidas por aves exóticas introduzidas para "enriquecer" a paisagem havaiana. Desapareceram como as espécies geralmente somem, sem nenhum cataclismo dramático, totalmente despercebidos, após um prolongado declínio quando enfim aqueles que os conheceram admitiram que não viam nenhum fazia algum tempo, que talvez ainda houvesse um ou outro nesse ou naquele vale, quando na realidade um predador já havia caçado o último indivíduo vivo, um macho solitário, suponhamos, em seu poleiro noturno. Nos velhos tempos polinésios, várias gerações se passariam até que o último penacho já roto seria substituído num cocar cerimonial deixado de lado para sempre, e a espécie seria tão consignada e tão esquecida, nas palavras da liturgia católica, quanto os mortos que já saíram da lembrança.

Ainda assim o alcance da irradiação mesmo entre os drepanidídeos sobreviventes é maior que o de qualquer outro grupo aparentado de aves no mundo. O falso-kea de Mauí (*Pseudonestor xanthophrys*) tem uma anatomia que lembra um pouco a de um papagaio-verdadeiro, mas se alimenta de insetos, e não de frutas e sementes. Ele maneja seu bico gorducho para mascar e abrir ramos e galhos a fim de alcançar larvas de besouros e outros insetos que escavam a madeira. O ou (*Psittirostra psittacea*), uma ave semelhante ao tentilhão, possui um bico grosso com o qual se alimenta de sementes (primeiramente) e insetos (secundariamente), como fazem em geral os tentilhões. O akepa (*Loxops coccinea*) lembra parcialmente os cruza-bicos do hemisfério norte. As pontas de seu bico se estendem lateralmente uma além da outra, permitindo que ele o torça para abrir botões de folhas e vagens de leguminosas à cata de insetos. Outras espécies de *Loxops* e *Himatione* assemelham-se aos pássaros, com pequenos corpos delicados e bicos finos e curtos. Como pássaros típicos, que são as aves dominantes na maioria dos continentes, eles caçam insetos que voam a céu aberto e descansam expostos na vegetação. O iiwi (*Vestiaria coccinea*) e diversas espécies de *Hemignathus* são bastante próximos dos suimangas [família Nectariniidae] da África e Ásia tropicais. Usam seus bicos compridos, finos e curvados para baixo como sifões que extraem o néctar das flores.

As espécies de *Hemignathus* completaram uma irradiação adaptativa em miniatura dentro de uma irradiação maior, efetuando uma distribuição secundária em nichos importantes. Além das aves primárias nectaríferas com bicos cheios e curvados, elas incluem o nukupuu, *Hemignathus lucidus*, cujo comprimento do bico inferior é pouco mais da metade do bico superior. Essa forma curiosa evoluiu parcialmente até a condição de um pica-pau. Além de se alimentar de néctar, o que consegue graças ao bico superior, também usa o bico inferior para bater nos troncos e galhos de árvores, levantar pedaços de casca de árvore, remexer frinchas e extrair insetos apanhados desprevenidos.

Uma outra espécie ainda mais notável, o akiapolaau (*Hemignathus wilsoni*), quase completou o percurso até o nicho do pica-pau. Ele usa o seu bico inferior, que é curto e perfeitamente reto, para martelar e talhar cascas de árvore e madeira. Esse comportamento de pica-pau é uma extensão direta das pancadinhas mais delicadas do nukupuu. Walter Bock fez a seguinte descrição:

> Quando a ave está bicando, ela levanta a mandíbula superior recurvada a fim de abrir espaço para a maxila inferior. Depois que o buraco está aberto e o inseto exposto, a mandíbula curva superior, mais longa que a inferior, é usada para extrair insetos. A combinação de uma mandíbula inferior reta, semelhante a um cinzel, e uma mandíbula superior curva e comprida é um exemplo raro, talvez único, de duas mandíbulas em uma única espécie aviária adaptadas para duas ações totalmente distintas, ambas essenciais para o método de alimentação dessa espécie.

Os diversos graus de aproximação do modo de ser do pica-pau — desde o *Hemignathus*, semelhante ao suimanga, até o nukupuu e o akiapolaau — são um exemplo instrutivo de uma importante mudança evolutiva que surge como parte da formação de espécies. A coexistência de todas essas aves no Havaí contemporâneo é uma microevolução "congelada" que alcançou a escala de uma macroevolução. A macroevolução, presente nas duas etapas a partir do nível dos suimangas, é uma microevolução ampliada à qual foi acrescida a multiplicação de espécies.

Os espúrios pica-paus do Havaí merecem atenção também como exemplos de uma evolução convergente imperfeita que resultou de uma irradiação adaptativa intensa mas com pouco tempo para amadurecer. São bem distintos dos membros da família Picidae, que por diversos motivos temos o direito de considerar como os pica-paus verdadeiros. Os picídeos, um grupo bem coeso cujos ancestrais comuns são muito diferentes dos ancestrais dos drepanidídeos havaianos, representam cerca de duzentas espécies em todo o mundo. As dezenove espécies dos Estados Unidos incluem o conhecido pica-pau-do-campo (*Colaptes auratus*), o pica-pau penugento (*Picoides pubescens*) e os *sapsuckers* [sugadores de alburno] do gênero *Sphyrapicus*. Incluíam também duas espécies extintas recentemente, vítimas do desflorestamento na América do Norte, o pica-pau-de-bico-de-marfim (*Campephilus principalis*), o maior de todos os picídeos da região neártica, e o seu parente próximo, o pica-pau imperial do México (*Campephilus imperialis*), o maior pica-pau do mundo.

Os picídeos são chamados pica-paus verdadeiros pelo simples motivo de estarem suficientemente disseminados para serem os pássaros aos quais o nome vernáculo foi aplicado. Além disso, porém, também possuem algo que lhes autoriza ser os portadores autorizados do nome. Eles são os principais especialistas de sua classe ecológica. Muitos outros tipos de aves bicam e cutucam madeira para expor insetos, mas nenhum outro o faz com o *élan* e a precisão de um picídeo. Os detalhes das marteladas de caça de uma espécie típica, o pica-pau dos landes da Califórnia (*Melanerpes formicivorus*), podem ser vistos com o auxílio de filmes em câmara lenta. O bico em forma de sovela atinge a madeira a uma velocidade entre vinte e 25 quilômetros por hora, quando então desacelera instantaneamente a 1000 g (sendo 1 g a aceleração necessária para compensar a gravidade da Terra e 4 g a força a que um astronauta é submetido na decolagem). Um cérebro comum chacoalhado centenas de vezes por dia por golpes dessa magnitude na cabeça seria reduzido a uma polpa. O pica-pau sobrevive porque possui duas características incomuns. A caixa craniana é feita de material ósseo esponjoso excepcionalmente denso e está ligada a pares opostos de músculos que parecem agir como amortecedores. Além disso, o pica-pau levanta e abaixa a cabeça como um metrônomo em um único plano, evitando as forças rotacionais que sacudiriam o cérebro de um lado para outro e o arrancariam de sua amarração.

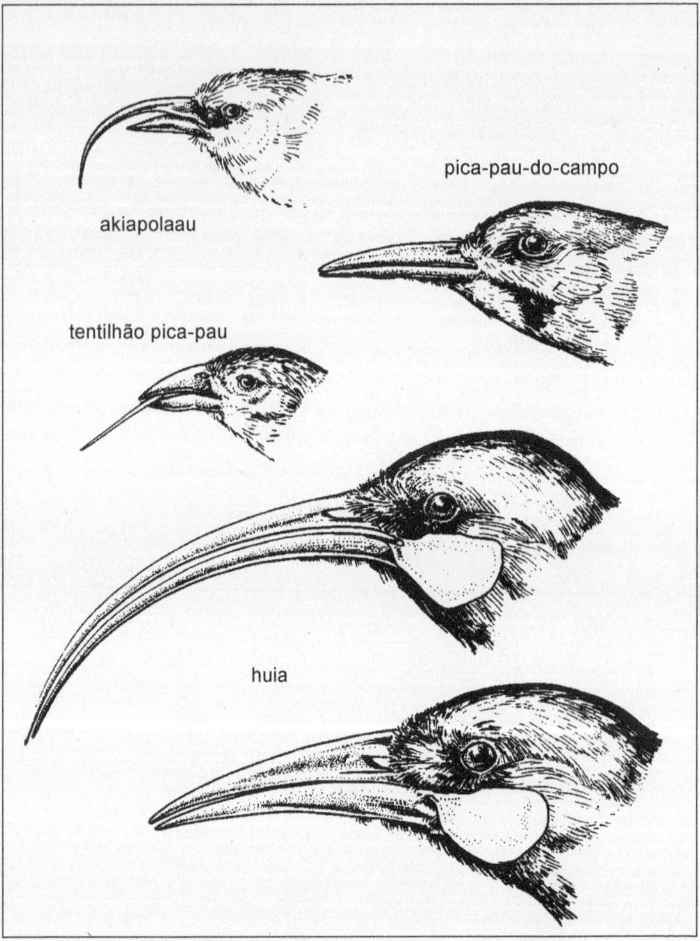

Os pica-paus e formas similares ilustram os dois modelos: irradiação adaptativa e convergência evolutiva. Durante as irradiações de aves em diferentes partes do mundo, linhagens separadas evoluíram para preencher o nicho dos pica-paus: o akiapolaau, um drepanidídeo do Havaí; o pica-pau-do-campo [*Colapteas auratus*], comum na América do Norte, um dos muitos pica-paus "verdadeiros"; o tentilhão pica-pau das ilhas Galápagos; e o huia (fêmea em cima, macho embaixo) da Nova Zelândia.

Alimentar-se como se fosse um martelo pneumático é apenas uma das adaptações dos pica-paus picídeos. Muitas das espécies têm uma cauda dura em forma de cunha que os prende nos troncos das árvores, e penas rijas e pontiagudas sobre as narinas que impedem a passagem do pó de serragem. Têm uma língua cilíndrica pegajosa que pode estender-se vinte centímetros além da ponta do bico, serpentear pelas tocas dos insetos e em seguida retrair-se e enrolar-se numa cavidade em torno da superfície interna do crânio.

Por outro lado, os pica-paus picídeos não conseguem viajar muito bem sobre grandes extensões de água, e aqui está o cerne da nossa narrativa. Eles jamais colonizaram o Havaí durante os milhões de anos em que a fauna havaiana de aves esteve evoluindo. Os drepanidídeos ficaram livres para preencher o nicho dos pica-paus, e o fizeram com a engenhosa inovação do akiapolaau. Essa espécie tem uma aparência atamancada quando vista lado a lado com um dos sofisticados picídeos pulverizadores de madeira. O akiapolaau nunca teria conseguido sobreviver em meio à competição, nem sequer se originado, se houvesse picídeos havaianos nativos martelando nas florestas quando os primeiros drepanidídeos voaram para lá. Para um pica-pau existir, levando em conta a sua dependência de árvores mortas ou moribundas como zona de caça, é preciso espaço: um par acasalado de pica-paus-de-bico-de-marfim necessita de cerca de oito quilômetros quadrados de florestas pantanosas antigas. No Sul dos Estados Unidos, quando o seu hábitat foi drasticamente reduzido pela indústria madeireira, a espécie estava fadada à extinção. A população de pica-paus-de-bicos-de-marfim nunca foi muito grande, e declinou precipitadamente. Os últimos espécimens foram avistados na década de 1970. Hoje uma minúscula população remanescente vive nas florestas montanhosas do Leste de Cuba. Os pica-paus, em suma, competem intensamente pelos recursos relativamente escassos dos quais dependem, e eles quase certamente teriam expulsado qualquer akiapolaau que encontrassem.

Os pica-paus picídeos também estão ausentes das Galápagos. Esse arquipélago vulcânico, situado em águas profundas a oitocentos quilômetros a oeste do Equador, é local de intensas irradiações adaptativas de inúmeros tipos de plantas e animais. Os produtos não são tão ricos quanto os do Havaí, mas são suficientemente notáveis para terem inspirado em Darwin a ideia de evolução. Entre os que ele achou mais interessantes estão os chamados tentilhões de Darwin, ou a subfamília Geospizinae na classificação técnica. Um único ancestral colonizador expandiu-se para um total de treze espécies contemporâneas, que ocupam alguns dos mesmos nichos alimentares que os drepanidídeos havaianos. Eles parecem clamar a veracidade da evolução, e um naturalista do calibre de Darwin não poderia ter deixado de notar isso. Em 1842 Darwin escreveu no seu *Diário de pesquisa* palavras que antecipavam a sua teoria:

> O fato mais curioso é a perfeita gradação no tamanho dos bicos das diferentes espécies de Geospiza. Observando essa gradação e a diversidade de estrutura em um pequeno grupo de aves aparentadas, podemos realmente imaginar que, de uma exiguidade original de aves neste arquipélago, uma espécie foi tomada e modificada para diferentes propósitos.

Algumas das espécies dos tentilhões de Darwin são semelhantes aos compsotlipídeos e silviídeos, usando seus bicos delgados para capturar insetos e beber néctar. Outras agem como tentilhões "verdadeiros", ostentando bicos relativamente grossos que rasgam frutas e quebram sementes. Quanto maior a ave e quanto mais grosso o seu bico, maior a variedade de alimentos consumidos. Em épocas difíceis, as aves de bico mais grosso são capazes de se especializar nos frutos e sementes maiores e mais duros.

A irradiação adaptativa, seja nos arquipélagos seja nos continentes, nunca está completa. Talvez por haver menos flores nas florestas áridas das Galápagos, os tentilhões de Darwin não entraram no nicho dos suimangas, tão peritamente preenchidos por diversas espécies de drepanidídeos havaianos. Nenhum possui bico curvo e longo, nem língua comprida do tipo necessário para coletar néctar dos recessos profundos das flores. Por outro lado, a irradiação das Galápagos produziu um tipo adaptativo único dentre todas as aves do mundo: vampiros. Nas pequenas e remotas ilhas de Darwin e Wolf, tentilhões terrestres pousam nas costas de mergulhões, grandes aves marinhas do gênero *Sula*, e bicam a raiz das penas das asas e da cauda, bebendo o sangue que escorre. Não satisfeitos com essa vilania, os tentilhões-vampiros também quebram os ovos das aves marinhas, lançando-as contra pedras, para beber seu conteúdo.

Dois membros da subfamília Geospizinae, o tentilhão pica-pau (*Cactospiza pallida*) e o tentilhão-do-mangue (*Cactospiza heliobates*), penetraram o nicho dos pica-paus, novamente de uma maneira inédita para uma ave. Seus bicos têm a forma dos bicos dos insetívoros tradicionais. Eles bicam a superfície de troncos e galhos, revirando pedaços soltos de casca, mas não batem na madeira com golpes verticais de martelo. Nesse aspecto, são tentilhões de Darwin comuns, próximos a algumas outras espécies de aspecto similar. Não extraem insetos com um longo bico curvo, como o akiapolaau havaiano, nem os pescam com uma língua retrátil à maneira dos pica-paus picídeos. Sua inovação está no comportamento apenas. Os tentilhões pica-paus tomam um espinho de cacto, um graveto ou um pecíolo, ajeitam-no de modo que fique saliente à frente da cabeça, como se fosse uma língua rija esticada para fora, e enfiam essa sonda improvisada em frinchas e rachaduras para espantar de lá os insetos a fim de capturá-los. Esse truque é um dos poucos usos de ferramentas que se conhece entre os animais. Vendo-os em ação, é difícil não conceber os tentilhões pica-paus como inteligentes. Já foram observados até mesmo corrigindo erros durante a caça. Um indivíduo estava tentando quebrar em dois um galhinho que se revelara comprido demais para ser usado como ferramenta. Um outro pegou uma forquilha, não conseguiu cutucar nenhum inseto com a extremidade forcada e então virou a forquilha ao contrário para tentar usar a ponta não forcada, dessa vez com sucesso.

Como essas aves conceberam tal inovação? Peter Grant, que observou os tentilhões de Darwin em estado selvagem mais longamente que qualquer outra pessoa, acredita que as aves aprenderam a usar ferramentas por acidente, não por raciocínio, e continuaram usando-as por condicionamento operacional. Escreveu ele:

> Posso imaginar um tentilhão pica-pau frustrado, que, ao invés de soltar um pedacinho de casca que acabara de retirar da entrada de uma frincha no galho, acidentalmente o empurra para dentro da frincha, onde encosta em sua presa, sendo recompensado quando a presa vai até a abertura da rachadela e ao alcance do seu bico.

A isso poderia se seguir evolução por assimilação genética. Aves com maior capacidade para esse tipo de aprendizado por ensaio e erro imitariam aquelas que inventaram a técnica, sobrevivendo melhor que as demais. Com o tempo, a população conteria não apenas aves mais espertas mas também aquelas com um instinto traquejado em pegar e manipular gravetos. Os biólogos evolucionistas acreditam que uma assimilação genética desse tipo, com a flexibilidade comportamental à frente, pode às vezes acelerar tremendamente a evolução.

Se a necessidade é a mãe da invenção, a oportunidade é o leite materno. O uso de ferramentas pelos tentilhões de Darwin, não menos do que o fantástico bico de dupla função do akiapolaau havaiano, surgiu em um lugar remoto na ausência de competição com os pica-paus picídeos dominantes. Mas há um toque ainda mais bizarro para ilustrar esse princípio, fornecido pelo huia (*Heteralocha acutirostris*), um estorninho da Nova Zelândia. Na ausência de competição com os picídeos nativos, essa estranha espécie parecida com o corvo desenvolveu uma divisão de trabalho entre machos e fêmeas que lhes permitia trabalhar juntos como se fossem um tipo de pica-pau composto. A espécie está hoje extinta, tendo sido avistada pela última vez na ilha Norte em 1907. Mas as observações feitas em seus últimos dias foram suficientes para termos um retrato de suas técnicas de forragem, mais uma vez únicas entre as aves. O macho era dotado de um bico reto e grosso, de formato similar ao de um picídeo. Ele abria talhos em madeira morta e em rebentos de árvores e catava as primeiras larvas de besouro e outros insetos que eram assim expostas. Sua companheira, por sua vez, tinha um bico longo e fino, como o de muitos drepanidídeos havaianos. Ela atuava de perto com o macho, cutucando as frinchas mais profundas e extraindo os insetos que estavam além do alcance dele.

Os arquivos da história natural estão repletos de outros casos de formação de espécies que se aproveitam de alguma oportunidade ecológica. Nas Galápagos, em Rarotonga, Juan Fernández e outras ilhas oceânicas remotas, membros da família de plantas Compositae [acarnáceas] têm irradiado repetidamente para preencher uma grande parcela dos nichos disponíveis à vegetação. As acarnáceas como um todo estão entre as plantas floríferas mais diversificadas e disseminadas do mundo, incluindo plantas conhecidas como ásteres, girassóis, cardos, malmequeres e alface. Suas flores são na realidade capítulos, pequenos grupos de inúmeras pequeninas flores sésseis rodeadas por estruturas semelhantes a folhas (brácteas). Além de adornarem jardins e canteiros de flores silvestres, são encontradas em toda parte como matinhos de aspecto agradável — dentes-de-leão e varas de ouro, por exemplo —, indômitas no verão, desaparecidas no frio do inverno.

Nas florestas das ilhas mais distantes, muitas espécies de acarnáceas também dominam os arbustos e árvores nativas, tendo evoluído a partir de pequenas plantas herbáceas e se tornado o que poderíamos chamar de áster arbóreo ou alface arbórea. Santa Helena é uma das ilhas mais isoladas do mundo, localizada no Atlântico Sul entre a África e a América do Sul. Antes de ser completamente colonizada, primeiro pelos holandeses e depois pelos ingleses, um processo completado no final do século XIX, as encostas vulcânicas de Santa Helena eram cobertas por florestas de acarnáceas lenhosas. Em meio a elas cresciam também outras espécies de acarnáceas e outras plantas de forma herbácea. A flora inteira consistia em 36 espécies endêmicas de plantas floríferas. Nas florestas viviam 157 ou mais espécies de besouros santa-helênicos, que evoluíram a partir de talvez não mais que vinte raças, alimentando-se da vegetação, madeira morta e fungos, e também comendo-se uns aos outros. Setenta por cento desses insetos eram carunchos, uma proporção totalmente destoante das faunas de coleópteros no resto do mundo. No entanto, esse estranho agrupamento funcionava. Santa Helena era um ecossistema quase fechado, uma biosfera que operava em grande isolamento, a um passo apenas de ser uma colônia em órbita no espaço.

As floras de cada uma dessas ilhas repletas de acarnáceas espalhadas pelo mundo acabam contendo todas as principais etapas da transição de erva para arbusto para árvore. Cada ilha é um laboratório contemporâneo de macroevolução e a sua flora é um experimento em andamento de evolução independente, esperando que os biólogos evolucionistas recolham as pistas e saibam narrar a história. Os experimentos são ainda mais persuasivos pelo fato de terem sido repetidos por outros grupos de plantas herbáceas, incluindo membros da família Lobeliaceae. Escreveu Sherman Carlquist em um relato de biologia insular:

> A metamorfose dessas alfaces em arbustos ou árvores pede comparação com o que ocorreu em outras ilhas com outras plantas. As lobélias havaianas oferecem-nos um paralelo quase exato [...] Cada forma de crescimento e cada tipo de folha encontra um equivalente aproximado, mostrando que ilhas com um determinado clima e um determinado grau de isolamento tendem a promover essas mesmas formas e tamanhos.

Que força seletiva leva as ervas a aumentarem de tamanho e a formarem florestas nas ilhas? Evidências de diversas fontes sugerem que é a oportunidade ecológica oferecida pela ausência de árvores convencionais. A vasta maioria das espécies de árvores tropicais e temperadas tem um poder de dispersão limitado. Os frutos da faia, as sementes diptero-carpáceas e as frutas cítricas não conseguem viajar para muito longe da árvore-mãe nem sobrevivem à imersão em água salgada. Mas as acarnáceas, que se incluem entre as ervas predominantes do mundo, são excelentes dispersadoras. Quando ilhas como Santa Helena e Oahu surgiram do mar feito cones vulcânicos, essas plantas, juntamente com as gramas e os capins, foram evidentemente das primeiras a chegar. Estiveram também entre as pioneiras de Krakatau após a explosão de 1883. Em todo o mundo, essas emigrantes de longa distância entraram em ambientes básica ou inteiramente destituídos de arbustos e árvores. Tiveram a chance de evolver para arbustos e árvores e tomar conta da ilha antes da chegada das tradicionais plantas lenhosas, supondo que esse evento posterior fosse possível. Darwin deduziu corretamente o processo em *A origem das espécies*, usando a nova linguagem da seleção natural:

> Seria bem pouco provável que as árvores alcançassem ilhas oceânicas distantes, ao passo que uma planta herbácea, embora possa sair-se vitoriosa ao competir em estatura com uma árvore plenamente desenvolvida, se conseguir estabelecer-se em uma ilha e tiver que competir apenas com plantas herbáceas, pode rapidamente obter vantagem sobre as demais crescendo cada vez mais alto e superando todas as outras. Nesse caso, a seleção natural tenderia frequentemente a aumentar a estatura das plantas herbáceas que crescem numa ilha, qualquer que seja a sua ordem, convertendo-as primeiro em arbustos e, por fim, em árvores.

A arborescência de ervas insulares levanta uma questão mais ampla: por que certos grupos de organismos sofrem irradiação e outros não? O exemplo das acarnáceas mostra que pelo menos alguns organismos apresentam pelo menos uma parte do tempo uma capacidade superior de dispersão. Uma espécie que for capaz de invadir uma nova ilha, lago ou outro ambiente vazio, de preenchê-lo e de desmembrar-se em múltiplas espécies especializadas, provavelmente controlará a terra por impedir assim a invasão e diversificação de outras espécies. Nas ilhas Galápagos, um pequeno grupo de papa-moscas, tordos-dos-remédios, compsotlipídeos e silviídeos coexistem com as treze espécies de tentilhões de Darwin, mas nenhum alcançou uma irradiação adaptativa comparável. Será possível que o tentilhão, ou mais precisamente o tentilhão ancestral, simplesmente chegou primeiro às Galápagos e fechou as portas para outros que chegaram depois? Sua preponderância pode ter sido recompensa por nada mais do que um poder de dispersão superior. Como não sabemos a data de chegada dessas aves, não podemos afirmar com certeza.

Alternativamente, talvez o tentilhão de Darwin ancestral possuísse qualidades que lhe permitiram evoluir e irradiar-se mais decisivamente que seus rivais, não importando quando tenha chegado. Talvez possuísse anatomia e comportamento generalizados que se adaptaram rapidamente a um ambiente parcialmente vazio. Se for assim, seria possível deduzir a natureza da espécie original nesse aspecto? Não com certeza. Mas podemos chegar a uma estimativa razoável porque, surpreendentemente, algo semelhante à espécie ancestral ainda existe. Um outro tentilhão de Darwin, o número catorze, habita a ilha dos Cocos, um pontinho de 47 quilômetros quadrados a 580 quilômetros a nordeste das Galápagos. A ilha, que pertence à Costa Rica, é montanhosa, desabitada por seres humanos e coberta por uma densa floresta tropical. O tentilhão da ilha dos Cocos, *Pinaroloxias inornata*, coexiste com apenas três outras espécies acasaladoras de aves terrestres: um cuco, um papa-moscas e uma toutinegra amarela. Essa escassez de concorrentes permitiu a ele o que os biólogos chamam de *liberação ecológica*, a expansão de uma única espécie para diversos hábitats.

A liberação ecológica é um fenômeno comum em ilhas remotas com faunas e floras pequenas — já o observei inúmeras vezes em formigas, por exemplo — que ocorreu de maneira espetacular com o tentilhão da ilha dos Cocos. Essas aves, todas pertencentes a uma única espécie capaz de se cruzar livremente, ocupam nichos que normalmente são divididos entre espécies, gêneros e até famílias inteiras de aves. Sua distribuição geográfica abrange desde o litoral até o cume das montanhas; na floresta elas procuram alimento desde o chão até a abóbada, capturando insetos, aranhas e outros artrópodes, moluscos, pequenos lagartos, sementes, frutos e néctar. Nesse aspecto, o tentilhão da ilha dos Cocos excede em muito qualquer das espécies de tentilhão de Darwin nas Galápagos. O mais notável é que cada ave se especializa individualmente num tipo específico de alimento e mantém o hábito no mínimo por várias semanas, talvez para o resto da vida. Essa irradiação adaptativa microcósmica parece basear-se no aprendizado por observação. Durante uma visita de dez meses à ilha dos Cocos, Tracey Werner e Thomas Sherry, os biólogos que descobriram o fenômeno da liberação ecológica, observaram tentilhões jovens aproximando-se e imitando o comportamento alimentar distintivo das toutinegras amarelas e dos maçaricos--das-rochas. Não resta dúvida de que as aves jovens também copiam as aves mais velhas de suas próprias espécies. Como aprendizes medievais selecionando mestres em corporações de ofício, as aves jovens parecem prosperar com a instrução personalizada.

Os tentilhões da ilha dos Cocos têm bicos de tamanho e formato intermediários entre os dos silviídeos e dos tentilhões. Com a tendência das aves diversificarem individualmente seus hábitos alimentares, o palco estaria preparado para uma rápida formação de espécies e uma irradiação adaptativa nos moldes ocorridos nas Galápagos — se as circunstâncias o permitissem. Mas as circunstâncias não permitiram. O lugar é pequeno demais e distante demais de outras ilhas para permitir a formação de novas espécies. Portanto, a irradiação do tentilhão da ilha dos Cocos permanece estacionada num estado embrionário, uma só espécie na ilha.

Certos tipos de plantas e animais, em virtude de traços biológicos distintivos que já possuem, parecem prontos a se expandir e dominar muitos nichos em ambientes escassamente povoados. Se o novo lar for suficientemente complexo para permitir a formação de espécies e a especialização ecológica, a irradiação prossegue até o fim. Um segundo exemplo de tendência à irradiação, tão ilustrativo quanto o dos tentilhões de Darwin, pode ser encontrado entre os ciclídeos de água doce. Essa prolífica família de peixes ocorre no Texas e na América do Sul no Novo Mundo, e do Egito à Província do Cabo no Velho. Diversas espécies primitivas também vivem em Madagáscar e três outras espécies são endêmicas ao sul da Índia e Sri Lanka.

Os Grandes Lagos do Leste da África, o colar de água doce que envolve a Fossa Africana de Uganda a Moçambique, estão repletos de ciclídeos. Esses peixes dominam a fauna aquática, tendo se irradiado até preencher quase todos os principais nichos disponíveis para peixes de água doce. Os ciclídeos são os equivalentes lacustres dos drepanidídeos havaianos. Entre as trezentas e poucas espécies existentes apenas no lago Vitória, por exemplo, estão os seguintes tipos adaptativos principais:

- *Astatotilapia elegans*: de formato semelhante às percas, alimenta-se de material sedimentar em geral
- *Paralabidochromis chilotes*: boca grande com lábios grossos; alimenta-se de insetos
- *Macropleurodus bicolor*: boca pequena; usa dentes faríngeos em forma de seixo para esmagar caracóis e outros moluscos
- *Lipochromis obesus*: possui um corpo mais pesado e uma boca um tanto aumentada; alimenta-se de filhotes de outros peixes
- *Prognathochromis macrognathus*: assemelha-se a um lúcio, com corpo delgado, cabeça e mandíbulas desproporcionalmente grandes, dentes afiados; alimenta-se de outros peixes
- *Pyxichromis parorthostoma*: cabeça contraída, boca levantada para cima com lábios grossos; é provavelmente um especialista alimentar mas seus hábitos ainda são desconhecidos
- *Haplochromis obliquidens*: dentes expandidos e chatos nas pontas; alimenta-se de algas

Essa coleção de peixes de um único grupo, limitados a um único corpo de água, o lago Vitória, é a maior do mundo. Igualmente notáveis são as etapas graduadas que unem as espécies em cada uma das classes adaptativas, desde os primeiros estágios de modificação anatômica até a mais extrema especialização no formato do corpo. Para ilustrar, entre os peixes que se alimentam de moluscos, há espécies com apenas alguns dentes faríngeos ligeiramente aumentados (usados para esmagar as conchas de suas presas). Outros, mais avançados, possuem um número maior desses dentes, vários deles na forma de seixos, que são rilhados nas conchas dos moluscos graças a músculos da garganta levemente hipertrofiados. Outros ainda, especialistas extremos em moluscos, usam ossos faríngeos cheios de dentes em forma de seixos que são movidos por músculos reforçados da garganta. Morfoclíneas comparáveis — séries de espécies, das mais generalizadas às mais especializadas —, ocorrem entre os ciclídeos que se alimentam de algas e entre os predadores de outros peixes.

Todos os ciclídeos do lago Vitória parecem ter descendido de uma única espécie ancestral que colonizou o lago a partir de outros lagos mais antigos da região. As evidências, apresentadas por Axel Meyer e seus colegas em 1990, baseiam-se no grau de similaridade nos códigos genéticos dos peixes. Mais especificamente, catorze das espécies, representando nove gêneros, apresentam pouquíssima variação nas sequências de nucleotídeos de DNA mitocondrial, uma diversidade menor do que a que existe em toda a espécie humana.

A maioria dos ciclídeos do lago Vitória pertence a um grupo maior chamado *haplocromíneos*, uma designação informal usada no passado para sugerir uma linhagem comum recente, uma hipótese hoje corroborada em nível molecular. Outros haplocromíneos ocorrem no lago Malawi e no lago Tanganica, e as suas sequências de DNA mitocondrial são semelhantes às das espécies do lago Vitória, mas não tão semelhantes quanto as das espécies do lago Vitória entre si.

Outra característica notável dos ciclídeos do lago Vitória é o fato de sua irradiação ser recente. Estima-se que o lago tenha entre 250 e 750 mil anos de idade. Usando sequências de DNA do gene do citocromo *b*, onde a evolução constante serve como um "relógio molecular" para animais em geral, Meyer e sua equipe de pesquisa calcularam que a evolução completa do ciclídeos realizou-se em não mais de 200 mil anos.

Os ciclídeos do lago Vitória se enquadram em uma categoria especial de irradiação adaptativa, os chamados *bandos de espécies*, que abrangem o número relativamente grande de espécies com linhagens comuns imediatas e que estão restritas a uma única área bem isolada, como um lago, a bacia de um rio, uma ilha ou uma cordilheira. O principal problema teórico criado pelos bandos de espécies é o processo pelo qual eles crescem. Como pode uma população desmembrar-se repetidamente em outras espécies num hábitat fechado que não tem barreiras geográficas? Se os haplocromíneos são comuns entre peixes e outros vertebrados, deveriam precisar de barreiras intervenientes, como um istmo de terra seca que surja e suma alternadamente, para dividir a população e dar aos fragmentos tempo para divergirem até alcançarem o nível de espécie. À primeira vista, o lago Vitória parece ter sofrido um número insuficiente desses ciclos em sua história para gerar trezentas espécies de um único ancestral. Somos forçados pelas evidências a concluir que os ciclídeos sofrem especiação por meios simpátricos — ou, em outras palavras, desmembrando-se em dois sem antes terem sido divididos por uma barreira física. Por outro lado, talvez não. Lembremos que um único traço, como uma mudança no comportamento nupcial ou na temporada de acasalamento, é suficiente para criar uma nova espécie. Consideremos também que o lago Vitória é um enorme corpo de água, de quase 70 mil quilômetros quadrados, maior que a área total de Ruanda e Burundi, dois países próximos, e lar de milhões de pequenos peixes. Sua orla tortuosa estende-se por mais de 24 mil quilômetros e é ocupada por numerosos hábitats locais de características as mais variadas, desde enseadas com ondas até bacias ao largo cujo fundo nunca recebe a luz do sol. Em diversas ocasiões dos cem ou mais milênios da história das populações de ciclídeos, a sua distribuição

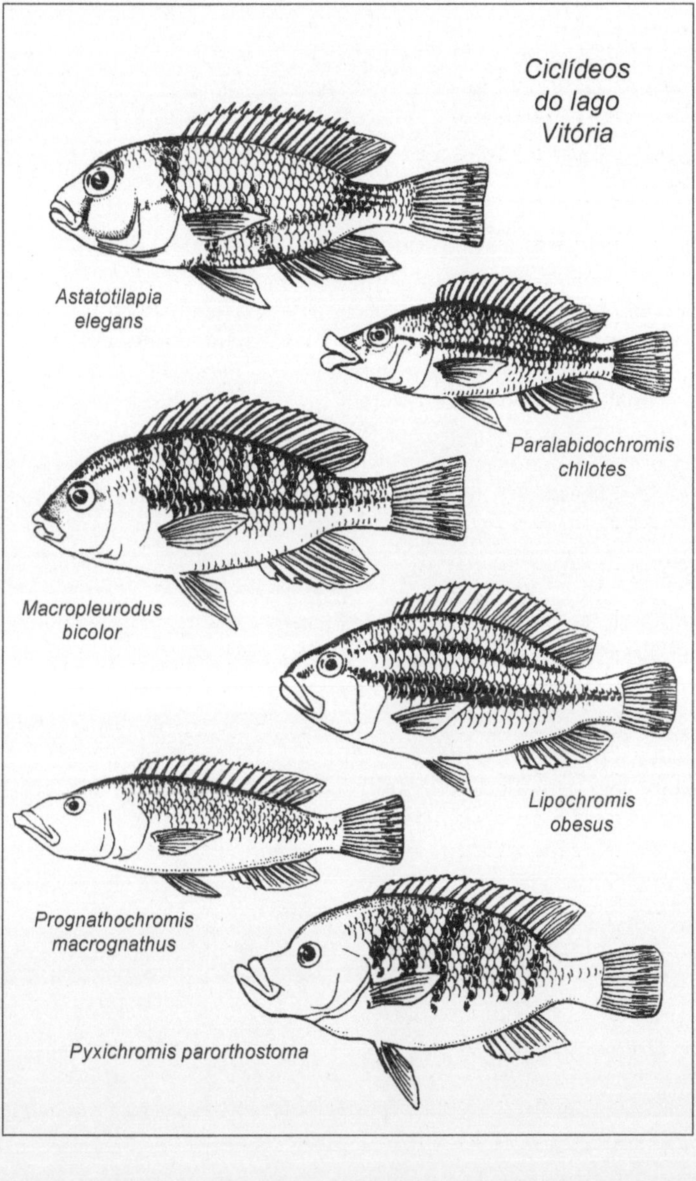
Ciclídeos
do lago
Vitória
Astatotilapia
elegans
Paralabidochromis
chilotes
Macropleurodus
bicolor
Lipochromis
obesus
Prognathochromis
macrognathus
Pyxichromis parorthostoma

geográfica deve ter aumentado e diminuído ao longo do litoral, desmembrando-se em populações locais temporariamente isoladas. Em teoria ao menos, diferenças de corte ou preferência de hábitat podem se fixar em dezenas ou centenas de gerações, um processo muitas vezes mais rápido do que seria necessário para gerar as trezentas espécies de ciclídeos durante o tempo de vida do lago Vitória.

A explosão evolutiva pode ter ocorrido mais facilmente se os peixes ciclídeos forem propensos a uma evolução rápida à maneira demonstrada pelos tentilhões de Darwin. A pista que devemos buscar é alguma espécie de ciclídeo que, em algum lugar, seja equivalente ao tentilhão da ilha dos Cocos, isto é, altamente variável, com poucos ou nenhum competidor e hábitos de vida de múltiplas finalidades. E, como se houvesse sido criado para deleite dos cientistas da vida e autores de livros didáticos, tal exemplo existe. Não ocorre nas águas superlotadas dos Grandes Lagos africanos, onde a competição e a especialização no bando de espécies atingiram um nível de quase saturação. Para encontrarmos as condições certas, precisamos viajar até as águas de Cuatro Ciénegas, no estado de Coahuila, no Norte do México. Lá, a espécie que buscamos, *Cichlasoma minckleyi*, vive em riachos, lagoas e canais. É um peixe pequeno, semelhante à perca, que coexiste com diversos outros peixes de tamanho similar, incluindo um outro ciclídeo. Suas populações contêm dois tipos alimentares radicalmente diferentes: os papiliformes, com mandíbulas e dentes mais delgados, e os molariformes, com mandíbulas mais grossas e dentes em forma de seixo. Parecem ser espécies inteiramente distintas, mas não são. Os dois tipos se cruzam livremente entre si, constituindo portanto uma única espécie. Ambos se alimentam nos mesmos lugares da mesma ampla variedade de pequenas presas, incluindo insetos, crustáceos e vermes. No entanto, quando a comida fica escassa, os cichlasomas molariformes — mas não seus colegas papiliformes — passam a comer caracóis, que somente eles conseguem esmagar com suas mandíbulas mais grossas e seus dentes grossos e chatos. Ao ampliarem sua dieta, os molariformes reduzem a competição com os papiliformes e persistem melhor durante épocas de escassez. É fácil imaginar uma espécie como *Cichlasoma minckleyi* invadindo um novo corpo de água da classe do lago Vitória e irradiando-se em inúmeros nichos num curto espaço de tempo. O primeiro passo seria quase com certeza a divisão em duas espécies plenas reprodutivamente isoladas, uma *Cichlasoma* papiliforme concentrada em insetos e outras presas de corpo mole, e uma *Cichlasoma* molariforme alimentando-se de caracóis e outros moluscos.

Os biólogos começaram a procurar mais sistematicamente essas espécies no limiar da irradiação adaptativa e, portanto, da macroevolução. Uma que talvez venha a se revelar o caso mais dramático de todos, superando até mesmo o tentilhão da ilha dos Cocos e o cichlasoma mexicano, é a truta ártica *Salvelinus alpinus*, um peixe semelhante ao salmão encontrado em lagos e rios da região polar norte. Pouquíssimas outras espécies de peixe ocorrem junto com ela, de modo que a truta ártica tem uma gama relativamente ampla de nichos de alimentação indiscutíveis para explorar. Muitas das populações locais contêm diversas formas anatomicamente distintas, com hábitos alimentares e taxas de crescimento diferentes. No Thingvallavatn (*vatn*, "lago") da Islândia, há quatro dessas formas: duas que se alimentam de material sedimentar, uma grande e uma pequena, uma predadora de outros peixes e uma vegetariana que se alimenta de algas. Skúli Skúlason e seus colegas de pesquisa da Universidade da Islândia verificaram que esses especialistas diferem geneticamente uns dos outros, mas ainda se cruzam livremente, formando uma única espécie altamente plástica. Como o tentilhão e o cichlasoma, a truta ártica parece ser uma irradiação adaptativa prestes a acontecer, precisando talvez somente de um pouco mais de tempo. Os lagos árticos em que a truta ártica vive foram criados pelo recuo das geleiras continentais há apenas alguns milhares de anos.

A história natural torna-se bem mais agradável e interessante quando a examinamos através das lentes da teoria evolucionista e buscamos as verdadeiras explosões estelares que são as irradiações adaptativas — e bem mais sinistra quando verificamos com que rapidez essas criações podem ser extintas. A vasta maioria dos grupos irradiados permanece de milhares a milhões de anos próxima do ápice da diversidade. Os peixes ciclídeos do lago Vitória, em contraste, estão desaparecendo quase instantaneamente por esse critério. Eles estão sendo extintos em massa pela perca gigante do Nilo, um predador voraz introduzido como peixe de pesca pelo governo de Uganda na década de 1920. Esse "elefante da água", que chega a ter dois metros de comprimento e 180 quilos, está literalmente abrindo caminho a dentadas por entre os ciclídeos enquanto avança para o Sul. Nos lugares onde se tornou dominante, mais da metade das espécies de ciclídeos desapareceu.

O confinamento de grupos a um único lago ou arquipélago — como acontece com os peixes ciclídeos africanos e os drepanidídeos havaianos — torna-os extremamente vulneráveis às mudanças ambientais, e eles podem ser obliterados por um só golpe da mão humana. Em sua companhia estão grupos de ordens taxionômicas mais elevadas e distribuição geográfica mais ampla que perduram como resíduos de um passado resplandecente: cicadáceas, crocodilianos, dipnoicos, rinocerontes e outros chamados fósseis vivos. Também esses estão sendo levados à beira da extinção pela atividade humana após permanecer sobre a Terra durante milhões de anos. No extremo oposto estão alguns grupos seletos que continuaram plenamente irradiados por um período de tempo equivalente. Essas espécies exibem uma variedade estonteante de formatos e seus ciclos de vida são radicalmente diferentes, estando abundantemente distribuídas em todo o mundo. Pertencem a essas dinastias imemoriais os protozoários ciliados, aranhas, crustáceos isópodes e besouros, além de um grupo que em minha opinião merece atenção especial em qualquer conversa séria sobre diversidade e história natural: os tubarões.

Os tubarões, peixes que compõem as três superordens Squatinomorphii, Squalomorphii e Galeomorphii da classe

Chondrichthyes [elasmobrânquios], sombras no mar de nossos pesadelos, predadores solitários de assustadora rapidez, contestadores da importância que Darwin atribuía à inteligência, existem na Terra há 350 milhões de anos. Começaram como pequenos cladodontes [família Cladodontidae, ordem Pleuropterygii] de corpo rijo no final do Devoniano; em seguida irradiaram-se e mantiveram alta diversidade nos mares de todo o mundo, até o início do Permiano. Naquela época, há 290 milhões de anos, declinaram para um baixo nível de diversidade que perdurou por 100 milhões de anos. Os sobreviventes se recuperaram, expandiram-se uma segunda vez e, de algum modo, atravessaram incólumes o grande espasmo de extinção no final da Idade dos Dinossauros. Hoje os tubarões são no mínimo tão diversos quanto foram outrora.

Vistos a distância (barbatana e costas vexando a superfície por um momento aterrador, depois a forma que lembra vagamente um torpedo desaparecendo em águas profundas), os tubarões não parecem diferir muito de uma espécie para outra exceto pelo tamanho. Na realidade, porém, as 350 espécies encontradas no mundo variam imensamente, a tal ponto que a própria definição da palavra *tubarão* precisa ser ampliada: temos de inferir uma linhagem comum a partir da anatomia interna para incluí-los todos no mesmo grupo. A irradiação arcaica dos tubarões foi marcada por diferenças entre as espécies muito maiores do que as irradiações mais recentes dos tentilhões de Darwin e dos ciclídeos do lago Vitória. É tentador imaginar que o tempo ajustou e corrigiu suas especializações, lançou-os contra mais competidores, extinguiu um número maior deles ao longo de períodos mais longos e, no geral, produziu um grupo mais forte e mais durável de espécies contemporâneas.

Se houver um tubarão prototípico na imaginação popular provavelmente é o tubarão-tigre (*Galeocerdo cuvier*), o grande peixe às vezes chamado de lata de lixo do mar. Atingindo até seis metros de comprimento e chegando a pesar uma tonelada, os tubarões-tigres são frequentemente atraídos para as enseadas, onde consomem tudo o que remotamente se aproxima de proteína animal. Dos estômagos dessa espécie já foram retirados peixes, botas, garrafas de cerveja, sacos de batatas, carvão, cachorros e pedaços de corpos humanos. Um desses gigantes, ao ser dissecado, continha três sobretudos, uma capa de chuva, uma carteira de motorista, um casco de vaca, os chifres de um cervo, doze lagostas não digeridas e uma gaiola com penas e ossos de galinha ainda dentro. Os tubarões-tigres só comem pessoas por acaso, isto é, não devoram nadadores intencionalmente; estes são apenas uma parte a mais da sua dieta católica.

O mesmo não acontece com o anequim, o grande tubarão-branco ou tubarão de São Tomé, *Carcharodon carcharias*, famoso assassino — e, junto com o crocodilo de água salgada e o tigre antropófago, os últimos predadores a preferir o homem que ainda vivem livres. Os grandes tubarões-brancos são, de longe, os animais mais assustadores da Terra: rápidos, implacáveis, misteriosos (ninguém sabe de onde vêm ou para onde vão) e imprevisíveis. São, em meu discernimento admitidamente emocional, plenamente dotados da *arete* dos tubarões, a própria essência da lubaronicidade. São mais cabalmente predadores, menos necrófagos, do que os tubarões-tigres, consumindo uma ampla variedade de peixes ósseos, outros tubarões, tartarugas marinhas e — este é o seu traço proeminente no que concerne aos seres humanos — mamíferos marinhos como toninhas, focas e leões-marinhos. O melhor lugar para encontrar o *Carcharodon carcharias* são as águas mais frias em torno dos viveiros de focas e leões-marinhos, como as ilhas Farallon da Califórnia e o recife Dangerous no Sul da Austrália. Os tubarões-brancos são perigosos simplesmente porque não fazem distinção clara entre mamíferos marinhos e nadadores humanos. Mergulhadores em roupas de borracha e nadadores em pranchas de surfe, deitados de bruços com os braços esticados, são imitações mais do que razoáveis de focas e leões-marinhos. O tubarão vê o que pensa ser a silhueta de uma presa familiar, fareja em torno um pouco, toma uma decisão e avança em direção ao nadador a uma velocidade superior a quarenta quilômetros por hora. No último instante, vira os olhos para trás a fim de protegê-los do impacto, escancara a sua boca enorme, levantando a cabeça para projetar a mandíbula cheia de dentes, e morde fundo por um segundo. Depois espera que a vítima sangre até a morte. Nesse ínterim, fica apenas circulando em volta, e as equipes de resgate geralmente podem levar as vítimas até um lugar seguro sem grande perigo para si.

Há anos que me encanto com a realidade e a imagem dos tubarões-brancos, desde a época em que a sua história natural era quase desconhecida e ele era um terror mítico na cultura popular. Há muito o que admirar nessa espécie. O tubarão-branco é o campeão do decatlo marítimo, magnificamente bem-dotado para a velocidade, com a força necessária para caçar presas grandes e a resistência para longas viagens em alto-mar. Os adultos crescem até ficarem enormes, alcançando um comprimento máximo comprovado de sete metros e um peso de 3,3 toneladas. Seus olhos são desproporcionalmente grandes, uma acomodação às águas escuras em que caça a maior parte do tempo. Os tubarões-brancos têm algo do formato clássico do atum que se vê nos peixes pelágicos mais rápidos: corpo em forma de fuso com músculos rijos e um nariz pontudo para cortar a água como a proa de um submarino. As linhas laterais guiam o fluxo da água uniformemente pelo corpo. A cauda poderosa se agita suavemente de um lado para outro. A boca, com fileiras paralelas de dentes triangulares serrilhados, mantém-se parcialmente aberta num sorriso permanente de palhaço, confirmando a impressão dos mergulhadores humanos de que o peixe parece estar contente em vê-los. Água escorre continuamente pela boca até as guelras, parte de um sistema de jato-êmbolo que fornece oxigênio com eficiência para o grande corpo ativo. O anequim tem sangue quente, o que lhe permite nadar nas águas mais frias de quase todos os oceanos da Terra e buscar alimentos a até 1,3 mil metros da superfície.

Em 1976, o naturalista Hugh Edwards, que fora observar os anequins de uma jaula de proteção submersa perto da estação baleeira de Albany, na Austrália Ocidental, virou-se para ver um enorme macho suspenso dois metros acima de si. Mais tarde ele escreveu:

> Em nossa vida há sempre grandes marcos, momentos importantes dos quais nos recordamos por muito, muito tempo. Este foi um deles. Durante o breve tempo em que esteve diante de mim, eu absorvi cada detalhe do tubarão — seus olhos, negros como a noite; o corpo magnífico; as longas fendas das brânquias fulgurando ligeiramente; os dentes brancos ferozes; as barbatanas peitorais como as asas de um grande avião; e sobretudo a sua postura e equilíbrio na água, e a sensação de força, poder e inteligência que transmitia. Ver o tubarão vivo foi uma revelação. Era um animal lindo, forte. Nenhum tubarão morto ou relato de segunda mão pode transmitir a vitalidade e a presença da criatura viva. Alguns segundos face a face valeram mais do que todos os anos de relatos, desenhos e cadáveres com mandíbulas frouxas.

Partindo da imagem desses tubarões clássicos, quero argumentar que, tendo tempo suficiente, a evolução pode ajustar, corrigir e solidificar os tipos adaptativos de modo a criar as mais extremas irradiações. O cação-bagre (*Isistius brasiliensis*), por exemplo, tem a anatomia e a biologia radicalmente diferentes das do tubarão-tigre e do anequim. Não é um predador, mas um parasita, de toninhas, baleias, atuns e até de outros tubarões. Mede apenas meio metro de comprimento e tem o formato de um charuto. No entanto, o cação-bagre possui uma fileira recurvada de dentes enormes na mandíbula inferior. Ele enfia as mandíbulas no corpo de suas vítimas e gira para arrancar pedaços cônicos de cinco centímetros de largura de carne e pele. Durante muitos anos, essas cicatrizes circulares das toninhas e baleias permaneceram um mistério, tendo sido atribuídas alternadamente a infecções bacterianas ou a algum parasita invertebrado desconhecido, até que os verdadeiros hábitos desses pequenos tubarões foram descobertos em 1971.

Os cações-bagres também atacam submarinos nucleares, arrancando nacos pouco nutritivos do revestimento de neoprene dos domos dos sonares e dos sistemas de hidrofone. O cação-bagre passaria no teste do que chamo irradiação adaptativa completa: a existência de uma espécie especializada em se alimentar de outros membros do seu próprio grupo, outros produtos da mesma irradiação adaptativa.

Igualmente especializados, mas numa direção totalmente diferente, são os tubarões filtradores, peixes gigantescos que cruzam placidamente o alto-mar perto da superfície, arrastando e engolindo quantidades enormes de crustáceos copépodes e outros pequenos animais planctônicos à maneira da baleia da Groenlândia [ou franca-boreal, *Balaena mysticetus*]. O tubarão-baleia (*Rhincodon typus*), que chega a alcançar treze metros de comprimento e várias toneladas de peso, talvez seja o maior peixe que jamais viveu. No extremo oposto está o tubarão *Etmopterus virens*, que, com 23 centímetros — o tamanho de um peixe dourado —, é o menor de todos os tubarões.

Outros importantes tipos adaptativos expandem o rol dos tubarões vivos:

- Tubarão *horn* (exemplo, *Heterodontus japonicus*): habitante do fundo, perto da costa, usa seus duríssimos dentes molariformes para se alimentar de moluscos
- Tubarão *frilled* (exemplo, *Chlamydoselachus anguineus*): habitante do alto-mar, com corpo e barbatanas alongadas, dentes em forma de anzol
- Cação-anjo (exemplo, *Squatina dumerili*): habitante do fundo, atarracado, externamente mais semelhante às raias do que aos tubarões, mas anatomicamente um tubarão
- Cação-raposa (exemplo, *Alopias vulpinus*): uma enorme forma pelágica que às vezes nada aos pares e atordoa peixes menores batendo neles com longas caudas semelhantes a chicotes

A irradiação adaptativa dos tubarões atingiu extremos, exemplificada pelo anequim, grande tubarão-branco (*Carcharodon carcharias*), poderoso caçador de focas e outros mamíferos marinhos. Uma outra forma, mais bizarra, é o cação-bagre (*Isistius brasiliensis*), um parasita que arranca nacos de carne do corpo de mamíferos marinhos e grandes peixes sem matá-los.

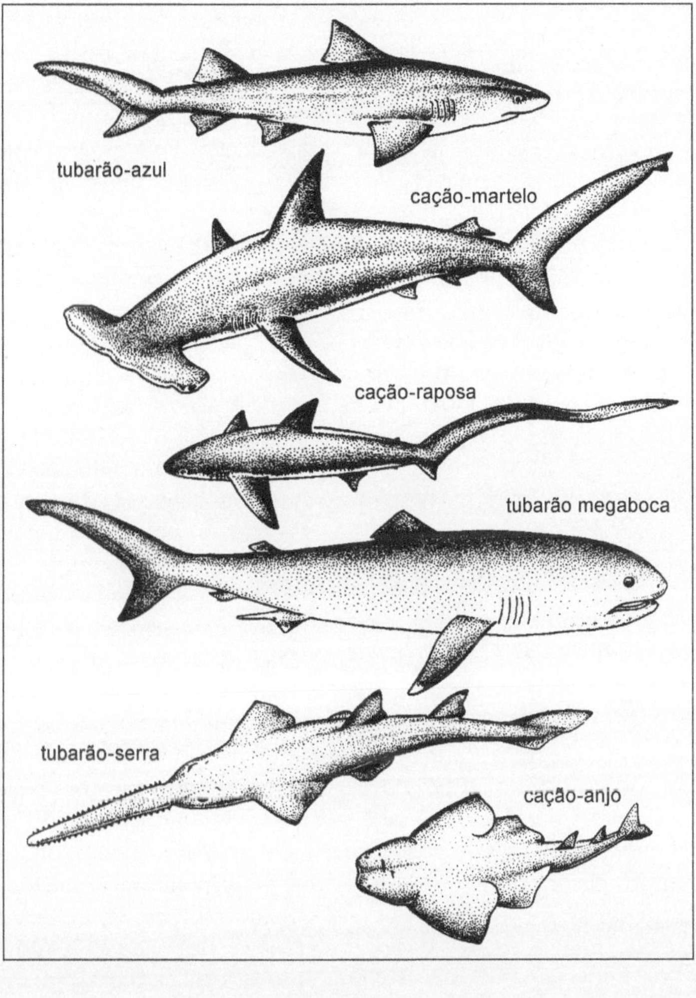

Outros tipos adaptativos dentre os tubarões variam de espécies de formato familiar, como o cação-anjo (que lembra uma raia) e o gigantesco megaboca, que usa sua mandíbula gigantesca para recolher água e filtrar os copépodes e outros pequenos animais planctônicos dos quais se alimenta.

É quase certo que espécies desconhecidas de tubarões nadam pelos mares, algumas delas provavelmente imensas. Baseio essa conjectura no tubarão "megaboca" (*Megachasma pelagios*), descoberto em 1976. O primeiro espécimen foi tirado de águas profundas perto do Havaí pela Marinha dos Estados Unidos depois de ficar preso num paraquedas de carga usado como âncora. Tinha quase cinco metros de comprimento e pesava 750 quilos. Para surpresa da Marinha e dos ictiólogos, era diferente de qualquer outro tubarão conhecido até então. Quatro outros indivíduos da mesma espécie foram encontrados subsequentemente. Dois foram pegos em redes de guelras na costa da Califórnia e dois outros encalharam em praias do Japão e da Austrália Ocidental.

O megaboca é tão diferente em anatomia de todos os tubarões conhecidos que foi colocado numa família taxionômica própria, a Megachasmidae. Sua característica mais notável é uma mandíbula gigantesca, usada para recolher água e filtrar os copépodes, camarões eufausiáceos e outros pequenos animais planctônicos dos quais se alimenta. O megaboca, portanto, faz parte da mesma sociedade ecológica que o tubarão-baleia, junto com o enorme peixe-frade [*Cetorhinus maximus*] dos mares nórdicos. Seu corpo é cilíndrico e flácido, os olhos são miúdos e seus movimentos, rijos e lentos. Ele foge para águas profundas diante de qualquer perturbação. Sua mandíbula e palato superiores são cobertos por um revestimento prateado iridescente, possivelmente um depósito de guanina ou outro material residual refletivo. Quando o espécimen de Los Angeles ficou preso na rede, pesquisadores em roupa de mergulho conseguiram implantar transmissores em seu corpo e monitorá-lo no mar durante dois dias. Nesse período, o tubarão cruzou de dez a quinze metros abaixo da superfície à noite, descendo até duzentos metros durante o dia. Tal migração vertical é típica de peixes da camada de dispersão onde há uma densa concentração de organismos, detectáveis por sonar, que sobem e descem a cada ciclo de 24 horas. A submersão profunda do megaboca durante o dia, associada ao seu comportamento tímido e evasivo, explica por que a espécie permaneceu tanto tempo sem ser descoberta.

* * *

A metáfora de sucessão dinástica que empreguei no começo para descrever o rodízio de grupos que sofreram irradiação adaptativa implica um equilíbrio da natureza. Pois, de acordo com essa concepção, uma dinastia não pode tolerar outra dinastia muito similar a ela. Há um limite à diversidade orgânica, de modo que, quando um grupo se irradia em uma parte do mundo, algum outro grupo tem de recuar. Como a evolução é desalentadoramente idiossincrática, o equilíbrio da natureza não pode ser considerado uma lei da biologia, mas é no mínimo uma regra, uma tendência estatística: grupos dominantes em expansão tendem a substituir os grupos encontrados nos mesmos lugares que lhes são mais ecologicamente similares.

A substituição de um grupo por outro raramente — nunca — é um *blitzkrieg* [*blitz*, "guerra"; *krieg*, "relâmpago"]. É quase sempre um *sitzkrieg* [*sitz*, "assento"], em que o grupo mais novo vai pouco a pouco adentrando o território do grupo mais antigo, tomando lentamente o lugar de seu rival e substituindo-o espécie por espécie. Frequentemente a substituição é favorecida pela dizimação da dinastia antiga mediante mudanças climáticas ou escassez de alimentos. A ascensão dos mamíferos após a queda dos dinossauros é um caso quase didático, mas outros exemplos existem entre corais, moluscos, répteis arqueossauros, fetos, coníferas e outros organismos quando seus competidores desaparecem em um dos grandes espasmos de extinção. Esses vencedores temporários aproveitam as oportunidades oferecidas por nichos desocupados, da mesma forma que os drepanidídeos havaianos e os peixes haplocromíneos do lago Vitória invadiram ambientes recém-criados. Todavia, seu sucesso teve um alcance global, não sendo restrito a um arquipélago ou lago.

Chegamos agora à interessante questão implícita no equilíbrio da natureza: o que acontece quando duas dinastias completas e muito similares se deparam? Se pudéssemos brincar de Deus com o tempo geológico, o experimento ideal seria permitir que duas partes isoladas do mundo se enchessem de irradiações adaptativas independentes de plantas e animais, de tal modo que a maioria das espécies em cada cenário tivesse equivalentes ecológicos próximos no outro, e em seguida unir as duas regiões com uma ponte e ver o que aconteceria. Ao se misturarem, será que os organismos de um cenário substituiriam os do outro, de tal modo que uma única biota viesse a ocupar toda a distribuição geográfica?

Na verdade, esse experimento já foi realizado e em uma época geológica relativamente recente, e, comparando espécies fósseis e espécies vivas, podemos deduzir muito do que aconteceu. Há 2,5 milhões de anos, o istmo do Panamá ergueu-se do mar, permitindo que os mamíferos da América do Sul se misturassem com os mamíferos das Américas Central e do Norte. Antes eu gostaria de explicar que os mamíferos contemporâneos do mundo são basicamente os produtos de três, e apenas três, grandes irradiações adaptativas. O motivo é que é preciso um continente inteiro para gerar uma irradiação de mamíferos. No caso dos insetos, uma única ilha é suficiente. Espécies de besouros proliferaram em abundância nas ilhas Santa Helena no Atlântico Sul, Rapa no Sul do Pacífico e Maurício no oceano Índico. Se os mamíferos não voadores houvessem chegado a esses mesmos pontos isolados — o que não aconteceu e provavelmente nem poderia acontecer antes do advento do homem — é duvidoso que as espécies tivessem se multiplicado. Os mamíferos, mesmo os ratos e camundongos, são simplesmente por demais grandes, ativos e difusos. Para produzirem uma irradiação adaptativa da magnitude da irradiação dos drepanidídeos ou dos ciclídeos, suas espécies precisariam de um continente inteiro.

O primeiro dos três continentes em que a irradiação de mamíferos alcançou plena expressão foi a Austrália. Em termos biogeográficos, a Austrália é apenas uma ilha extremamente grande, tendo permanecido isolada do resto do mundo desde a ruptura do supercontinente Gondwana há mais de 200 milhões de anos. O segundo corpo terrestre suficientemente espaçoso para a irradiação mamífera é o "Continente Mundial", composto pela África, Europa, Ásia e América do Norte até a extremidade sul do planalto mexicano. O Continente Mundial manteve-se mais ou menos coeso durante toda a Idade dos Mamíferos, ao longo dos últimos 66 milhões de anos, pois a proximidade de suas partes permitiu que muitos tipos de plantas e animais emigrassem de uma para outra. A América do Norte, o elemento mais isolado, estava unida à Europa através das atuais Groenlândia e península Escandinava no início da Idade dos Mamíferos. O Alasca e o Nordeste da Sibéria foram periodicamente unidos e separados por pontes terrestres, a mais recente há cerca de 10 mil anos atrás. O terceiro centro continental de evolução dos mamíferos foi a América do Sul, que se isolou por ocasião da ruptura de Gondwana, deslocou-se para o Norte e por fim uniu-se firmemente às Américas Central e do Norte há 2,5 milhões de anos.

Para a maioria das pessoas, os mamíferos do Continente Mundial são os mamíferos "típicos" e "verdadeiros", simplesmente porque são os mais conhecidos — nascemos ao lado desses animais e somos criados junto com eles. Entretanto, os mamíferos da Austrália e da América do Sul são também altamente evoluídos à sua maneira.

Hoje, três grupos principais contribuem para a composição da fauna nativa pré-humana da Austrália. O primeiro são os monotremados, ou mamíferos ovíparos, remanescentes de uma irradiação antiga e em grande parte já suplantada — linhas apagadas no palimpsesto. Inclui o ornitorrinco, uma forma aquática que parece ter sido fabricada com a cabeça de um pato e o corpo de um rato almiscarado palmipede, e a equidna, um animal de bico curto que poderia ser descrito como um porco--espinho com o focinho cilíndrico e afilado de um tamanduá. O segundo grupo são mamíferos placentários, que levam seus filhotes em uma placenta no útero. São relativamente novatos na Austrália mas já constituem um terço das espécies, abrangendo uma ampla variedade de morcegos e roedores. Seus ancestrais imediatos pularam de ilha em ilha desde a Indonésia até atingir o Norte da Austrália, e de lá se espalharam por todas as regiões do continente.

Um terceiro grupo nativo da Austrália são os marsupiais, mamíferos cujos filhotes nascem como fetos minúsculos e são carregados até um estágio mais avançado em uma bolsa na barriga (marsúpio). Foi esse terceiro grupo, relativamente antigo e ainda dominante, que convergiu com maior fidelidade para a fauna placentária do Continente Mundial. Aqui estão os principais análogos mamíferos das duas regiões e os papéis adaptativos que exercem:

Mamíferos marsupiais australianos	*Mamíferos placentários do Continente Mundial*	*Tipo adaptativo*
Dibbler [pequeno marsupial] (*Parantechinus apicalis*)	Camundongos	Onívoros pequenos e reticentes
Gerbo marsupial (*Antechinomys spenceri*)	Gerbos, ratos-cangurus	"Camundongos saltadores" das regiões desérticas; insetívoros na Austrália
Peramele (*Macrotis lagotis* etc.)	Coelhos, lebres	Pernas traseiras compridas saltadoras; dieta de relva e outras plantas; alguns onívoros
Gatos marsupiais (*Dasyurus geoffroii e D. viverrinus*)	Pequenos gatos	Predadores de pequenos mamíferos, répteis e aves
Petauros (*Petaurus sciureus* etc.)	Esquilos voadores	Planadores arbóreos, usando membranas nas laterais do corpo; na maioria herbívoros
Papa-formigas marsupial (*Myrmecobius fasciatus*)	Tamanduás	Alimentam-se de cupins com línguas longas, flexíveis e pegajosas

Wallabies arbóreos [pequenos cangurus] (*Dendrolagus lumholtzi* etc.)	Macacos catarrinos	Arbóreos, basicamente herbívoros
Toupeira marsupial (*Notoryctes typhlops*)	Toupeiras	Subterrâneas; alimentam-se de insetos e vermes
Fascólomo (*Lasiorhinus krefftii* etc.)	Marmotas	Herbívoros escavadores reticentes
Grandes cangurus (*Macropus robustus* etc.)	Cavalos, antílopes, outros ungulados	Animais de pasto; usam dentes frontais como cinzéis; grandes molares moedores
Diabo-da-tasmânia (*Sarcophilus harrisi*)	Carcaju	Predadores de pequenos animais
Tilacino ou lobo-da-tasmânia (*Thylacinus cynocephalus*)	Lobos, grandes gatos	Predadores de cangurus, outros mamíferos e aves

O cenário estando preparado, chegamos à hora do experimento. A irradiação de mamíferos na América do Sul foi tão expansiva quanto na Austrália, e a sua convergência para a fauna do Continente Mundial foi ainda mais próxima. No entanto, as espécies de aparência igual — toxodontes [quadrúpedes extintos do Terciário], gatos marsupiais, macrauchenias [ungulados sul-americanos do Plistoceno, ordem Liptoterna], gliptodontes [aparentados do tatu do Plistoceno, ordem Edendata] — nos são bem menos habituais porque muito poucas chegaram a ser vistas por seres humanos. Desapareceram mais ou menos na mesma época em que a ponte terrestre do Panamá elevou-se do mar e elementos da fauna do Continente Mundial extravasaram pela América do Sul. Outras espécies que sobreviveram não lograram diversificar na mesma velocidade que os invasores do Norte. No intercâmbio, as Américas Central e do Norte contribuíram mais para a América do Sul do que o inverso.

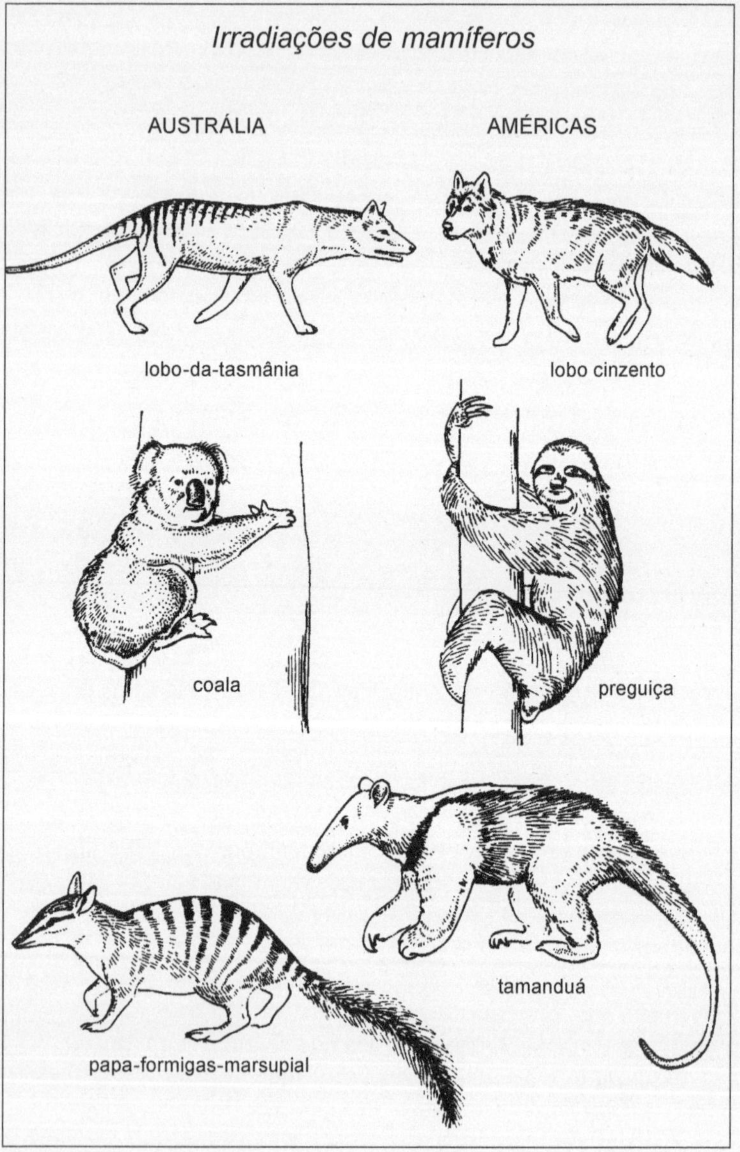
Irradiações de mamíferos
AUSTRÁLIA
AMÉRICAS
lobo-da-tasmânia
lobo cinzento
coala
preguiça
tamanduá
papa-formigas-marsupial

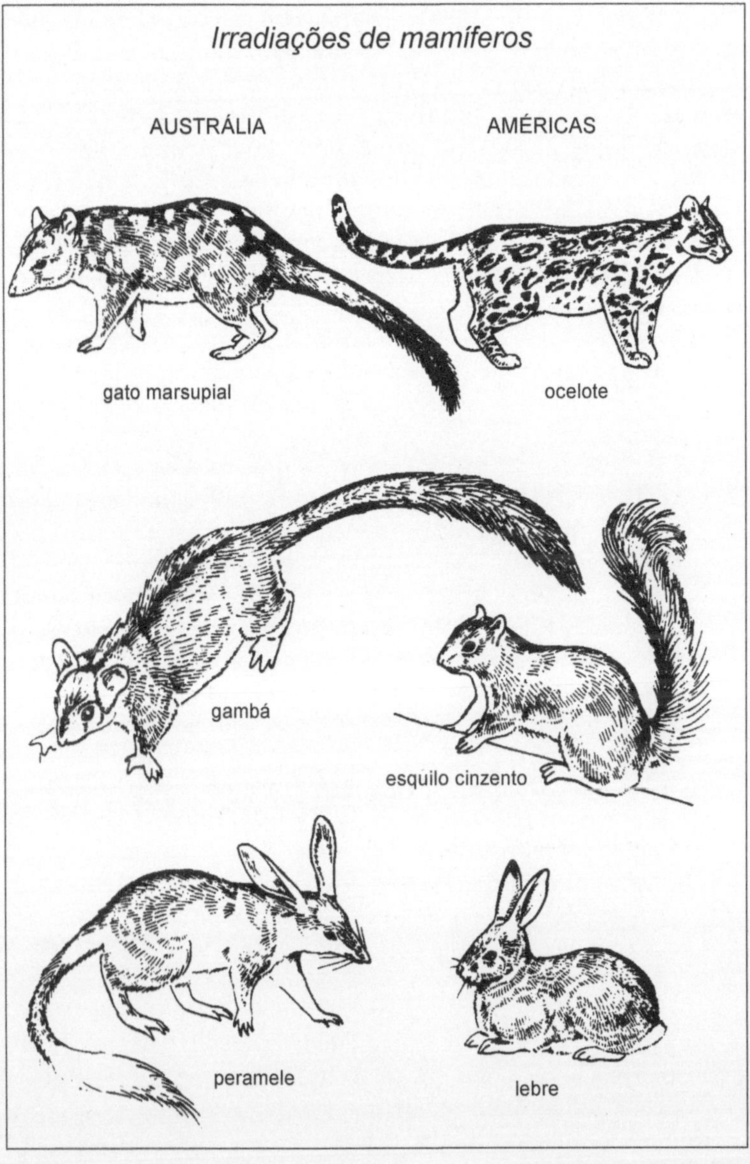
Irradiações de mamíferos
AUSTRÁLIA
AMÉRICAS
gato marsupial
ocelote
gambá
esquilo cinzento
peramele
lebre

Antes das migrações terrestres, conhecidas coletivamente como o Grande Intercâmbio Americano, os antigos mamíferos endêmicos da América do Sul haviam se formado durante duas ondas de irradiação e extinção parcial. A primeira teve início perto do final do Mesozoico, cerca de 70 milhões de anos atrás, chegando ao apogeu nos 40 milhões de anos subsequentes. As primeiras linhagens desses mamíferos arcaicos tinham surgido antes, mas ainda em épocas mesozoicas, nos resquícios de Gondwana, quando a América do Sul continuava próxima da África e da Antártica, e os dinossauros prevaleciam. Livres agora da influência constritora dos dinossauros, os mamíferos se expandiram para preencher os nichos abandonados. Nas pradarias viveram os litopternos [ungulados do Cenozoico com um ou três dedos funcionais], superficialmente semelhantes aos "verdadeiros" cavalos do Continente Mundial, membros da família Equidae, com a qual os seres humanos iriam desenvolver uma grande intimidade. Os litopternos possuíam cascos plenamente desenvolvidos e crânios próprios para o pasto muito antes de essas especializações se desenvolverem nos equídeos. Outros eram mais parecidos com os camelos. Os toxodontes lembravam alternadamente os rinocerontes e os hipopótamos, enquanto alguns astrapotérios e piróteros tinham uma semelhança razoável com os tapires e os elefantes. Os argyrolagídeos, boas imitações dos ratos-cangurus, mas com olhos enormes embutidos bem fundo no crânio, pulavam em suas pernas traseiras flexíveis. Os borienídeos, cujas espécies lembram musaranhos, doninhas, gatos e cachorros, estavam entre os principais predadores de outros mamíferos. Um gato marsupial de dente de sabre, *Thylacosmilus*, era espantosamente semelhante ao tigre-dentes-de-sabre da fauna do Continente Mundial.

Os herbívoros da antiga América do Sul eram em sua maioria placentários, e os carnívoros, marsupiais. Os paleontólogos não sabem ao certo por que foi assim, nem por que os mamíferos eram primordialmente marsupiais na Austrália e placentários no Continente Mundial. Talvez não tenha sido mais do que mero acaso, dependendo de qual grupo penetrou primeiro as principais zonas adaptativas, irradiou-se e impediu o acesso do outro. Talvez jamais saibamos, pois o número de continentes para testar a hipótese esgotou-se em três. (Estar limitada a um só planeta e a um número reduzido de continentes e arquipélagos é a maldição da biologia evolucionista.)

Há cerca de 30 milhões de anos, uma segunda onda começou a agir lentamente na América do Sul, dessa vez vinda do Norte usando ilhas como alpondras. As Américas do Sul e do Norte ainda eram separadas pela larga extensão de mar da depressão Bolívar. A atual América Central era constituída então de ilhas esparsas ao longo dessa depressão, com as recém-formadas Índias Ocidentais por perto e deslocando-se para leste. Algumas espécies de mamíferos conseguiram expandir sua distribuição geográfica para o Sul de ilha em ilha, chegando por fim ao continente da América do Sul em si. Entre elas havia uma espécie primeva de primatas, que foi então se proliferando em macacos uivadores, macacos-aranhas, saguis, uistitis, micos-leões, macacos-pregos, paraguaçus e outros habitantes da abóbada florestal. Muitos possuíam caudas preênseis, marca das espécies do Novo Mundo (se um macaco é capaz de depender-se pelo rabo, ele vem dos trópicos americanos). Membros ainda mais bem-sucedidos da segunda onda foram os antigos ancestrais das cobaias, viscachas [*Lagostomus trichodactylus*], porcos-espinhos e das capivaras aquáticas, que têm cara de cavalo e são os maiores roedores da Terra.

Mil eras diante de ti são como uma noite que se foi. Se pudéssemos voltar no tempo até as savanas sul-americanas de meados do Cenozoico, quando o continente ainda era cercado de estreitos e oceanos, poderíamos até pensar que estávamos num safári em algum parque nacional da África moderna. Tudo estaria um pouco alterado, distorcido e fora de foco, como um quadro visto através de lentes astigmáticas, mas pareceria *quase* normal. Imaginemos estar à beira de um lago numa manhã ensolarada e olhemos ao nosso redor até completarmos um círculo. A vegetação se assemelha muito à da savana moderna. Na água, um bando de animais parecidos com o rinoceronte estão mergulhados até a barriga em meio a uma camada de plantas aquáticas. Na margem, algo parecido com uma grande doninha arrasta um camundongo de aspecto estranho até uns arbustos, e desaparece numa toca. Uma criatura que lembra vagamente um tapir observa tudo imóvel nas sombras de um bosque. Eis que aparece no capim alto um animal grande, parecido com um gato, que subitamente ataca uma manada de — o quê? — animais que não chegam a ser cavalos. Sua boca se abre num ângulo de quase 180 graus, com caninos em forma de faca se projetando para a frente. Os sósias de cavalos entram em pânico e se espalham em todas as direções. Um deles tropeça, e...

As semelhanças entre a fauna e a flora da África moderna e da antiga América do Sul são tanto mais notáveis porque os mamíferos sul-americanos não tiveram qualquer contato com os do resto do mundo. Eles evoluíram nesse megaexperimento reproduzindo-se em direções diferentes a partir de linhagens diferentes. Contudo, chegaram basicamente aos mesmos efeitos.

Se limitarmos nossa investigação a faunas isoladas há muito tempo, e se estivermos dispostos a aceitar padrões vagos para atestar similaridades de anatomia e nicho, então a evolução é previsível. Mas há sempre um curinga para romper o modelo. De volta à América do Sul cenozoica, ouvimos um barulho de galhos se quebrando e caindo ao chão. Deve ser algum mamífero de grande porte que começou a derrubar vegetação para comer. Esperamos encontrar elefantes, mas deparamos com preguiças terrestres, animais imensos e deselegantes, cobertos com um grosso pelo avermelhado, que catam alimentos nas folhagens com as patas e mascam folhas e galhos tenros, e cujas cabeças lembram vagamente a de um cavalo. Elas preenchem o nicho dos elefantes, mas usam instrumentos diferentes. E agora uma surpresa estonteante. Surge uma *Titanis*, uma ave carnívora não voadora que atinge três metros de altura e cuja cabeça de águia tem na extremidade um enorme bico adunco de 38 centímetros. Trotando sobre pernas que parecem estacas, como uma avestruz malevolente, ela move rapidamente a cabeça para a esquerda e para a direita em busca de presas, que podem ter até o tamanho de um cervo. *Titanis* era apenas a maior de uma variedade de aves terrestres da família Phororhacidae; algumas não eram maiores do que gansos. Nunca antes, nem desde então, os mamíferos enfrentaram algo como essas aves do gênero *Phororhacos*, exceto durante o início de sua evolução na Idade dos Dinossauros. Na América do Sul, *Titanis* e suas aparentadas devem ter sido sérias rivais dos borienídeos e de outros marsupiais carnívoros. Como os anatomistas consideram as aves em geral descendentes diretas dos dinossauros, próximas o suficiente para serem chamadas de dinossauros (embora isso já seja estender demais o conceito), as aves *Phororhacos* poderiam ser chamadas de o derradeiro eco do reino dos répteis.

As aves *Phororhacos*, os gatos marsupiais de dente de sabre, os toxodontes rinoceroides — todo esse esplêndido conjunto de animais não mais existe. Jamais poderemos montar num litopterno nem dar amendoim para um pirótero de tromba longa num zoológico. Embora a história biológica seja um fluxo de eventos com causas e efeitos que podem, em princípio, ser racionalmente associados, um acidente estranho ou extrínseco pode modificar tudo. Quando a depressão Bolívar desapareceu e a ponte terrestre panamenha emergiu em seu lugar, há menos de 3 milhões de anos, a última onda de mamíferos adentrou com rapidez a América do Sul. Muitos dos mamíferos do Continente Mundial, que haviam sido bloqueados durante milhões de anos pelos estreitos de Bolívar, agora simplesmente entravam andando no continente. A maioria viajou ao longo de corredores de pradarias, que se estendiam em alguns lugares para o Sul acompanhando as encostas orientais dos Andes até a Argentina.

Tão bem-sucedida foi essa incursão que cerca da metade dos mamíferos sul-americanos mais familiares hoje em dia têm uma origem geologicamente recente no Continente Mundial: jaguares, ocelotes, margais, pecaris, tapires, quatis, quincajus, cães selvagens, lontras gigantes, alpacas, vicunhas, lhamas e os recém-extintos mastodontes. Os autóctones da América do Sul avançaram na direção oposta. Durante um tempo, ao menos, a América do Norte abrigou preguiças-gigantes, tatus, gambás, gliptodontes, porcos-espinhos, tamanduás e taxodontes. *Titanis* espalhou-se até a Flórida.

O Grande Intercâmbio Americano resultou num acentuado aumento temporário da diversidade de mamíferos em ambos os continentes. Consideremos primeiro o nível taxionômico da família. Exemplos de famílias de mamíferos: Felidae (gatos), Canidae (cães e aparentados), Muridae (camundongos e ratazanas comuns) e, é claro, Hominidae (seres humanos). Antes do intercâmbio, havia 32 famílias de mamíferos na América do Sul. Esse número subiu para 39 logo após a conexão pelo istmo e depois foi diminuindo gradualmente até chegar às 35 atuais. A história da fauna norte-americana é bastante comparável: cerca de trinta antes do intercâmbio, subindo para 35 e diminuindo depois para 33. O número de famílias que atravessou o istmo foi mais ou menos igual de ambos os lados.

Quando os biólogos observam um número subir após uma perturbação e depois voltar ao seu nível original, seja temperatura do corpo, densidade de bactérias num frasco ou diversidade biológica num continente, eles suspeitam de algum equilíbrio. A restauração dos números de famílias de mamíferos nas Américas do Sul e do Norte aponta para um tal equilíbrio na natureza. Em outras palavras, parece haver um limite à diversidade, no sentido de que dois grupos importantes muito similares não podem coexistir em uma condição de irradiação plena. Um exame mais atento dos equivalentes ecológicos em ambos os continentes, aqueles que ocupam um mesmo nicho amplo, reforça tal conclusão. Na América do Sul, os grandes gatos-marsupiais e os predadores marsupiais menores foram substituídos por seus equivalentes placentários. Os toxodontes cederam lugar a tapires e cervos. Mesmo assim, alguns especialistas incomuns — os curingas — conseguiram persistir. Tamanduás, preguiças arborícolas e macacos continuam a florescer na América do Sul, ao passo que os tatus não apenas são abundantes na América tropical como também são representados por uma espécie que há muito expandiu sua distribuição geográfica por todo o Sul dos Estados Unidos.

De um modo geral, quando equivalentes ecológicos próximos se encontraram durante o intercâmbio, os elementos norte-americanos prevaleceram. Também atingiram um grau maior de diversificação, medido pelo número de gêneros. Um gênero é um grupo de espécies afins menos bem demarcadas do que as que constituem uma família. O gênero *Canis*, por exemplo, abrange os cães domésticos, lobos e coiotes; outros gêneros da família Canidae incluem *Vulpes* (raposas), *Lycaon* (mabecos) e *Speothos* (cachorros-do-mato-vinagre). Durante o intercâmbio, o número de gêneros aumentou sensivelmente em ambas as Américas, e permaneceu elevado. A América do Sul começou com cerca de setenta e atinge hoje 170. O aumento na quantidade de gêneros decorreu principalmente da especiação e da irradiação dos mamíferos do Continente Mundial depois que eles chegaram à América do Sul. Os antigos elementos sul-americanos anteriores à invasão não foram capazes de diversificar significativamente nem na América do Norte nem na do Sul. De modo que os mamíferos do hemisfério ocidental como um todo têm hoje um marcante feitio do Continente Mundial. Quase metade das famílias e gêneros da América do Sul pertence a linhagens que imigraram da América do Norte durante os últimos 2,5 milhões de anos.

Por que os mamíferos do Continente Mundial prevaleceram? Ninguém sabe ao certo. A resposta tem se mantido oculta por eventos complexos preservados de maneira imperfeita no registro fóssil — uma verdadeira névoa espessa para o paleontólogo. A pergunta permanece diante de nós, parte de um problema maior ainda não resolvido. É a esse problema que o nosso entendimento da sucessão dinástica está dirigido. Os biólogos evolucionistas não cessam de retornar compulsivamente a ele, como aconteceu comigo vendo a tempestade se aproximar na Fazenda Dimona na Amazônia brasileira, rodeado por mamíferos originários do Continente Mundial. O que constitui sucesso e predomínio? Antes de retornar uma última vez ao Grande Intercâmbio Americano, gostaria de traduzir esses termos importantes em conceitos mais práticos.

Sucesso, em biologia, é uma ideia evolucionista. É mais bem definido como a longevidade de uma espécie e todos os seus descendentes. A longevidade dos drepanidídeos havaianos acabará sendo medida a partir do momento em que espécies ancestrais semelhantes aos tentilhões desmembraram-se de outras espécies, abrangerá a sua dispersão no Havaí e terminará no momento em que a última espécie de drepanidídeo deixar de existir.

O predomínio, em contraste, é um conceito ao mesmo tempo ecológico e evolutivo. É medido pela abundância relativa do grupo de espécies em comparação com outros grupos afins e pelo impacto relativo que têm sobre a vida à sua volta. Em geral, grupos dominantes tendem a ter uma longevidade maior. Suas populações, simplesmente por serem maiores, estão menos propensas a minguar até a extinção num determinado lugar. Por serem maiores, são também mais capazes de colonizar novas localidades, aumentando o número de populações e tornando menos provável que todas as populações sofram extinção ao mesmo tempo. Os grupos dominantes são frequentemente capazes de impedir a colonização de possíveis competidores, reduzindo ainda mais o risco de extinção.

Como os grupos dominantes disseminam-se mais pela terra e pelo mar, suas populações tendem a se dividir em múltiplas espécies que adotam estilos diferentes de vida: os grupos dominantes são propensos a sofrer irradiações adaptativas. Inversamente, os grupos dominantes que se diversificaram a esse ponto, como os drepanidídeos havaianos e os mamíferos placentários, saem-se em média melhor do que aqueles compostos por uma única espécie. Como um efeito puramente incidental, os grupos altamente diversificados equilibraram melhor seus investimentos e provavelmente persistirão mais tempo no futuro. Se uma espécie chegar ao fim, uma outra que ocupe um nicho diferente seguirá adiante.

Os mamíferos de origem norte-americana revelaram-se dominantes no geral sobre os mamíferos sul-americanos, e permaneceram mais diversificados. Passados 2 milhões de anos desde o início do intercâmbio, sua dinastia prevalece. Para explicar esse desequilíbrio, os paleontólogos elaboraram uma teoria bastante aceita, uma teoria biológico-evolucionista. Em outras palavras, um consenso instável que viola o menor número possível de fatos. A fauna da América do Norte, observam eles, não foi insular e distinta como a da América do Sul. Era e permanece parte da fauna do Continente Mundial, que se estende além do Novo Mundo até a Ásia, Europa e África. O Continente Mundial é, de longe, a maior das duas massas terrestres. Já pôs à prova mais linhas evolutivas, produziu competidores mais resistentes e aperfeiçoou mais defesas contra predadores e doenças. Essa vantagem permitiu que suas espécies vencessem diretamente, por confronto. E venceram também indiretamente, por insinuação: muitas foram capazes de penetrar mais decisivamente nichos pouco ocupados, irradiando-se e preenchendo-os depressa. Vitoriosos por confronto e por insinuação, os mamíferos do Continente Mundial ganharam a dianteira.

A elaboração de testes para pôr essa teoria à prova apenas começou. Certos ou errados, decisivos ou não em termos de comprovação empírica, a elaboração em si desses testes promete unir a paleontologia de maneiras novas e interessantes à ecologia e à genética. Essa síntese prosseguirá à medida que o estudo da diversidade biológica for se expandindo em círculos para outras disciplinas, outros níveis de organização biológica e espaços de tempo cada vez maiores.

8. A BIOSFERA INEXPLORADA

Em **1983**, uma criatura até então desconhecida, *Nanaloricus mysticus*, que lembra vagamente um abacaxi ambulante, foi descrita como uma nova espécie, novo gênero, nova família, nova ordem e novo filo de animal. Com o formato de um barril, medindo 0,25 milímetro de comprimento, recoberta por fileiras ordenadas de escamas e espinhos, essa criatura possui um focinho na frente e, quando jovem, um par de nadadeiras parecidas com asas de pinguim atrás. *Nanaloricus mysticus* vive no cascalho e areia grossa entre dez e quinhentos metros de profundidade no fundo dos oceanos de todo o mundo. Quase nada se conhece da sua ecologia e comportamento, mas podemos supor a partir do formato do corpo e de seus armamentos que ela escava como uma toupeira em busca de presas microscópicas.

Incluir uma espécie em um filo próprio, uma decisão tomada neste caso pelo zoólogo dinamarquês Reinhardt Kristensen, é um passo ousado. Ele afirmou, e outros zoólogos concordaram, que *Nanaloricus mysticus* é suficientemente distinta em termos anatômicos para merecer ser diferenciada à maneira de outros grandes grupos, por exemplo, o filo Mollusca, que compreende todos os caracóis e outros moluscos, e o filo Chordata, que abrange todos os vertebrados e parentes próximos. É como equiparar Liechtenstein à Alemanha ou Butão à China. Kristensen deu ao novo filo o nome Loricifera, do latim *lorica* (couraça, cota de malha) e *ferre* (suportar, tolerar). A couraça no caso é o revestimento cuticular que envolve a maior parte do corpo.

Os loriciferianos — hoje um grupo maior, pois cerca de trinta outras espécies foram descobertas na última década — vivem em meio a vários outros minúsculos e bizarros animais encontrados nos espaços entre grãos de areia e pedregulhos no fundo do oceano. Incluem os gnatostimulídeos (elevados à categoria de filo em 1969), rotíferos, quinorrincos e os crustáceos cefalocarídeos. Essa fauna liliputiana é quase tão desconhecida que a maioria das espécies carece até de um nome científico. Todavia, são cosmopolitas e extremamente abundantes. E também são quase certamente vitais para o funcionamento saudável do ambiente oceânico.

A existência dos loriciferianos e seus assemelhados submicroscópicos é emblemática do quão pouco sabemos do mundo vivo, mesmo daquela parte necessária para a nossa própria existência. Habitamos um planeta basicamente inexplorado. Nossa Terra é um planeta de determinado tamanho, seus continentes e mares estão dispostos de tal e tal maneira, e toda a vida que contém está baseada num código único de ácido nucleico, no mesmo sentido em que todas as palavras estão baseadas em 26 letras. No universo deve existir uma vasta quantidade de planetas com vida, dos mais variados tamanhos e geografias, e talvez também diferentes códigos, cada combinação fixando um determinado nível de biodiversidade natural. Diversos tipos de evidências, incluindo a história da irradiação adaptativa, sugerem que a Terra já atingiu, ou está próxima de atingir, a sua capacidade específica. Mas exatamente qual é essa capacidade? Ninguém tem a mais remota ideia; esse é um dos grandes problemas não resolvidos da ciência.

No campo das mensurações físicas, a biologia evolucionista está muito atrás das demais ciências naturais. Certos números são cruciais para o nosso entendimento corriqueiro do universo. Qual é o diâmetro médio da Terra? É 12 742 quilômetros. Quantas estrelas há na Via Láctea, uma galáxia espiral comum? Aproximadamente 10^{11}, ou 100 bilhões. Quantos genes há num pequeno vírus? Dez, no bacteriófago ø X174. Qual a massa de um elétron? É $9{,}1 \times 10^{-28}$ gramas. E quantas espécies de organismos existem na Terra? Nós não sabemos, nem mesmo qual a ordem de magnitude. O número pode estar próximo dos 10 milhões, ou pode chegar a 100 milhões. Grandes quantidades de novas espécies continuam sendo descobertas todos os anos.

E, daquelas já descobertas, mais de 99% são conhecidas apenas por um nome científico, um punhado de espécimens em um museu, e alguns fragmentos de descrição anatômica nos periódicos científicos. É um mito que os cientistas estourem uma garrafa de champanhe sempre que uma nova espécie é descoberta. Nossos museus estão abarrotados de novas espécies. Não temos tempo sequer para descrever uma pequena fração daquelas que aparecem a cada ano.

Com a ajuda de outros taxionomistas, estimei recentemente que o número de espécies conhecidas, incluindo todas as plantas, animais e micro-organismos, estaria em torno de 1,4 milhão. Essa cifra pode facilmente ser 100 mil a mais ou a menos, tão mal definidas são as espécies de alguns grupos de organismos e tão caótica é a organização da literatura sobre diversidade em geral. Mais especificamente, os biólogos evolucionistas em geral concordam que essa estimativa representa menos de um décimo do número de espécies que efetivamente vivem na Terra.

Para entendermos por que essa auditoria da biodiversidade fica tão aquém da realidade, consideremos o filo Arthropoda, que inclui todos os insetos, aranhas, crustáceos, lacraias e organismos afins com exoesqueletos quitinosos articulados. Cerca de 875 mil espécies de artrópodes foram descritas, ou mais da metade do total de todos os organismos. Os insetos em particular, com 750 mil espécies conhecidas, constituem a dinastia inconteste dos animais pequenos e médio-pequenos da Terra, e ocupam essa posição desde o final do Carbonífero, há mais de 300 milhões de anos. Seus corregentes do reino vegetal têm sido há 150 milhões de anos as angiospermas, as plantas floríferas, que abrangem cerca de 250 mil espécies, 18% do total de todos os organismos conhecidos.

A imensa diversidade conjunta de insetos e plantas floríferas não é acidental. Os dois impérios são unidos por intricadas simbioses. Os insetos consomem todas as partes anatômicas das plantas e habitam cada um de seus cantos e recantos. Uma grande parcela das espécies de plantas depende dos insetos para polinização e reprodução. Derradeiramente, devem a eles a sua vida, pois os insetos revolvem o solo em torno de suas raízes e decompõem tecidos mortos transformando-os nos nutrientes necessários para que possam continuar crescendo.

Tão importantes são os insetos e outros artrópodes terrestres que se todos desaparecessem a humanidade provavelmente não sobreviveria mais do que alguns meses. A maioria dos anfíbios, répteis, aves e mamíferos seria extinta mais ou menos ao mesmo tempo. Em seguida sucumbiria a quase totalidade das plantas floríferas e, com elas, a estrutura física da maioria das florestas e outros hábitats terrestres do mundo. A superfície da Terra literalmente apodreceria. À medida que a vegetação morta fosse se acumulando e secando, fechando os canais dos ciclos de nutrientes, outras formas complexas de vegetação morreriam e, com elas, todos exceto alguns resíduos esparsos de vertebrados terrestres. Os fungos heterótrofos, depois de gozarem de uma explosão populacional de proporções estupendas, declinariam precipitadamente, e a maioria das espécies pereceria. O solo retornaria aproximadamente à sua condição no Paleozoico, coberto por um emaranhado de vegetação recumbente polinizada pelo vento e pontilhado por pequenas árvores e arbustos aqui e ali, praticamente sem vida animal.

Os artrópodes, portanto, estão em toda a parte à nossa volta, dando-nos vida, e nós jamais medimos seu número. Há muito mais espécies do que as 875 mil que receberam um nome científico até o momento. Em 1952, Curtis Sabrosky, que trabalhava no Departamento de Agricultura dos Estados Unidos, conjecturou com base na enxurrada de novas espécies chegando continuamente aos museus que existem cerca de 10 milhões de tipos de insetos em meio a uma diversidade desconhecida de outros artrópodes. Em 1982, Terry Erwin, do National Museum of Natural History, triplicou a aposta, estimando que existem 30 milhões de espécies de artrópodes somente nas florestas pluviais, das quais a grande maioria são insetos. A maior parte da variedade, disse ele, está concentrada nas coroas das árvores das florestas tropicais. Já se sabia que esse estrato de folhas e galhos, onde se realiza a maior parte da fotossíntese das matas, é rico em diversidade animal. Mas tem se mantido inacessível por causa da altura das árvores (trinta a quarenta metros), da superfície escorregadia dos troncos e dos enxames de formigas e vespas esperando em todos os níveis para picar aqueles que se aventuram a subir.

Para superar essas dificuldades, os entomólogos desenvolveram uma *bug bomb* [fumigador], um método para lançar nuvens de um inseticida de ação rápida de baixo para cima até a copa das árvores, envolvendo os artrópodes e expulsando-os de seus esconderijos ao mesmo tempo que os mata. Os espécimens são então coletados ao caírem moribundos no chão. O procedimento específico de pulverização usado por Erwin e sua equipe de pesquisa na América Central e do Sul é conduzido quase sempre à noite. Ao entrarem na floresta pluvial ao anoitecer, eles selecionam uma árvore para amostragem e colocam uma grade de funis de um metro de largura debaixo dela. Os funis desembocam em garrafas parcialmente cheias com álcool 70%, o agente preservador escolhido. Antes de o dia amanhecer, quando o vento na copa das árvores diminui ao mínimo, a equipe lança o inseticida para cima por meio de um "canhão" motorizado. Esse tratamento prossegue por vários minutos. Depois aguardam por cinco horas enquanto os artrópodes mortos e moribundos vão despencando aos milhares, a maioria deles caindo dentro dos funis. Finalmente, os espécimens coletados são separados, classificados grosso modo de acordo com grandes grupos taxionômicos (por exemplo, formigas, besouros folífagos ou aranhas saltadoras) e enviados a especialistas para ser mais bem estudados.

O próprio Erwin estudou os besouros da abóbada. Ele realizou algumas contagens numa pequena amostra de uma floresta pluvial do Panamá e, por progressão aritmética, chegou a uma estimativa do número total de espécies de artrópodes nas florestas pluviais de todo o mundo. Erwin primeiro calculou que há 163 espécies de besouros vivendo exclusivamente na abóbada de uma espécie de árvore, a leguminosa *Luehea seemannii*. Há cerca de 50 mil espécies de árvores tropicais no total, de modo que, se

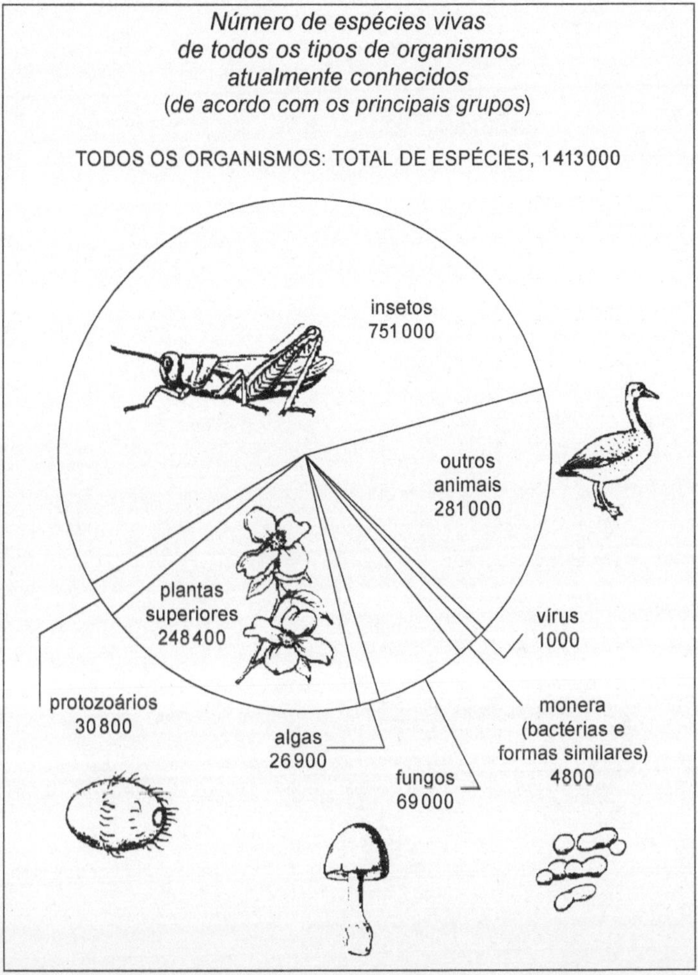

Insetos e plantas superiores dominam a diversidade de organismos vivos conhecidos até o momento, mas uma vasta quantidade de espécies ainda está por ser descoberta entre as bactérias, fungos e outros grupos pouco estudados. O total geral de formas de vida deve situar-se entre 10 milhões e 100 milhões de espécies.

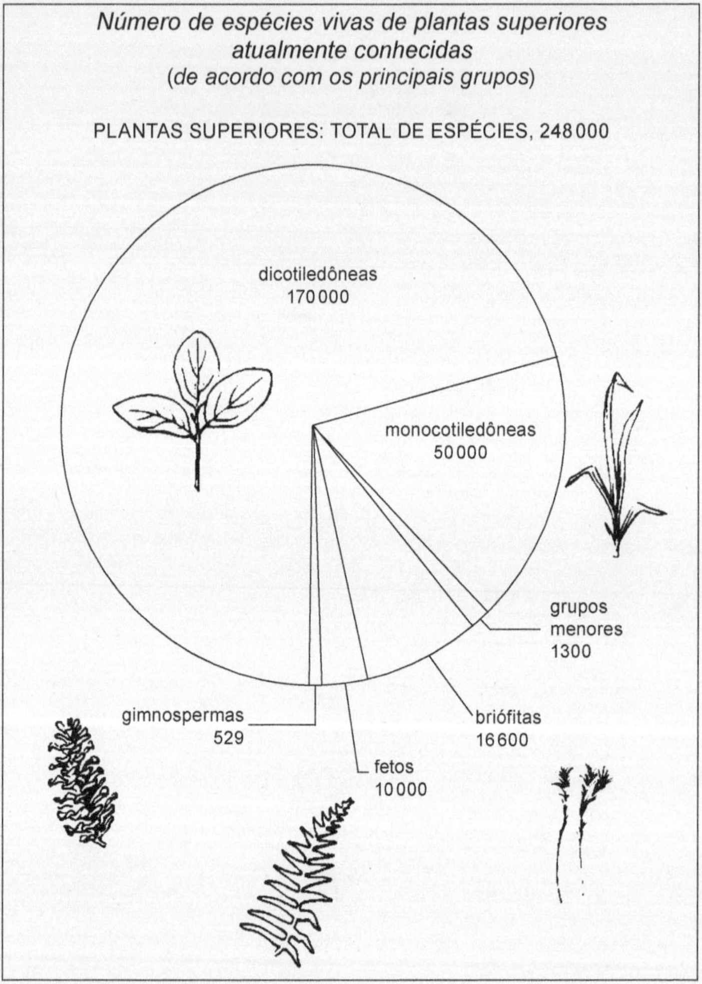

A diversidade das plantas do mundo consiste primordialmente em angiospermas (plantas floríferas), que por sua vez compreendem as gramíneas e outras monocotiledôneas, e uma enorme variedade de dicotiledôneas — de magnólias a ásteres e rosas. A maioria das plantas floríferas é terrestre, enquanto as algas (26 900 espécies) prevalecem no mar.

Número de espécies vivas de animais atualmente conhecidas (de acordo com os principais grupos)

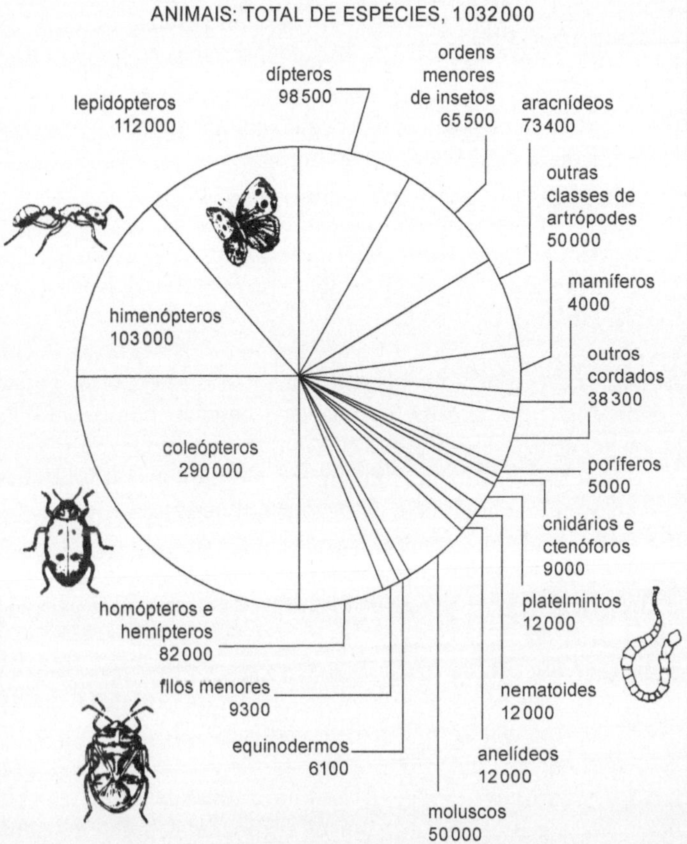

Entre os animais conhecidos da ciência, os insetos são a maioria esmagadora. Por causa desse desequilíbrio, a maioria das espécies animais vive na terra, enquanto a maioria dos filos (equinodermos etc.), as unidades superiores de classificação, é encontrada no mar.

Luehea seemannii for típica, o número total de espécies de besouros tropicais que habitam a abóbada é 8,15 milhões. Os besouros representam cerca de 40% de todas as espécies de insetos, aranhas e outros artrópodes. Se essa proporção se mantiver na abóbada tropical, o número de espécies de artrópodes neste hábitat atinge algo em torno de 20 milhões. Há aproximadamente duas vezes mais espécies de artrópodes na abóbada das florestas pluviais do que no solo, de modo que o número total de espécies tropicais pode muito bem ser 30 milhões.

Os cálculos de Erwin foram um importante passo no estudo da biodiversidade. Todavia, a cifra explícita a que ele chegou inicialmente é como uma pirâmide invertida equilibrando-se sobre seu vértice. Em qualquer ponto do caminho que percorreu até chegar ao valor final de 30 milhões de artrópodes nas florestas pluviais, o número de espécies pode ser drasticamente alterado para mais ou para menos dependendo dos pressupostos assumidos. Mesmo que o total verdadeiro fique apenas 10 milhões acima ou abaixo do valor que ele estimou, será por pura sorte.

Mas existe realmente um número tão grande de espécies de besouros em cada espécie de árvore do mundo? Os dados são muito escassos, mas árvores leguminosas como *Luehea seemannii* parecem sustentar uma variedade maior de insetos que a maioria dos demais tipos de árvore. Isso poderia reduzir o número total de espécies em vários milhões. Os artrópodes encontrados em uma espécie de árvore são os mesmos em toda parte em que essa espécie em particular ocorre? Há muitas evidências sugerindo que frequentemente mudam os tipos de besouros encontrados no mesmo tipo de árvore em diferentes locais. Isso voltaria a elevar o número total de espécies. Será que 10% das espécies de besouros encontradas numa determinada espécie de árvore estão restritas àquela árvore? Uma alteração nesse parâmetro, acerca do qual há pouca informação precisa disponível nos trópicos, pode deslocar em muito o total para cima ou para baixo.

Nigel Stork, reavaliando as estimativas de Erwin e ajustando-as com outros dados de Bornéo, Inglaterra e África do Sul, concluiu que o número total de espécies de artrópodes tropicais é de fato muito elevado, mas provavelmente menor que o projetado por Erwin, talvez algo entre 5 e 10 milhões. Kevin Gaston entrevistou especialistas em diferentes tipos de insetos e constatou que também as estimativas desses eram mais conservadoras, apontando igualmente para um total entre 5 e 10 milhões de espécies. Esses e outros estudos tornam as coisas claras só em parte. Em certo sentido, estamos de volta à primeira casa: o número de espécies de organismos na Terra é imenso, mas não conseguimos sequer estimar qual é a sua ordem de magnitude.

O grande explorador e naturalista William Beebe, referindo-se à abóbada das florestas pluviais, disse em 1917: "Há mais um continente de vida ainda por ser descoberto, não sobre a Terra, mas sessenta metros acima dela". As décadas subsequentes revelaram um segundo continente inexplorado a mil metros ou mais sob a superfície dos oceanos, no fundo do mar. Esse vasto território, de 300 milhões de quilômetros quadrados de extensão, é, com a possível exceção dos vales da Antártica, o hábitat menos hospitaleiro da Terra, extremamente frio, sofrendo as terríveis pressões das colunas de água acima dele, e totalmente escuro exceto por raros pontos de luz vindos de organismos luminescentes. Os biólogos do início do século XIX acreditavam que as profundezas oceânicas não tinham vida. Mas seu equívoco ficou comprovado com as dragagens realizadas durante a expedição Challenger de 1872-6, cujas amostras de lama revelaram uma vasta gama de organismos até então desconhecidos. Assim foi descoberto o bento abissal, a comunidade de organismos que vivem no fundo do oceano ou próximo a ele. Na década de 1960 houve um grande avanço com a introdução do trenó epibêntico, que revolve a camada superior do fundo do oceano com redes de malha fina e aprisiona os resíduos com um alçapão que impede a dispersão e perda dos organismos menores. A nova amostragem revelou uma diversificação de vida animal em um grau muito além das conjecturas mais ousadas dos biólogos. Desse material coletado, e de fotografias e amostragens seletivas mais recentes feitas de veículos

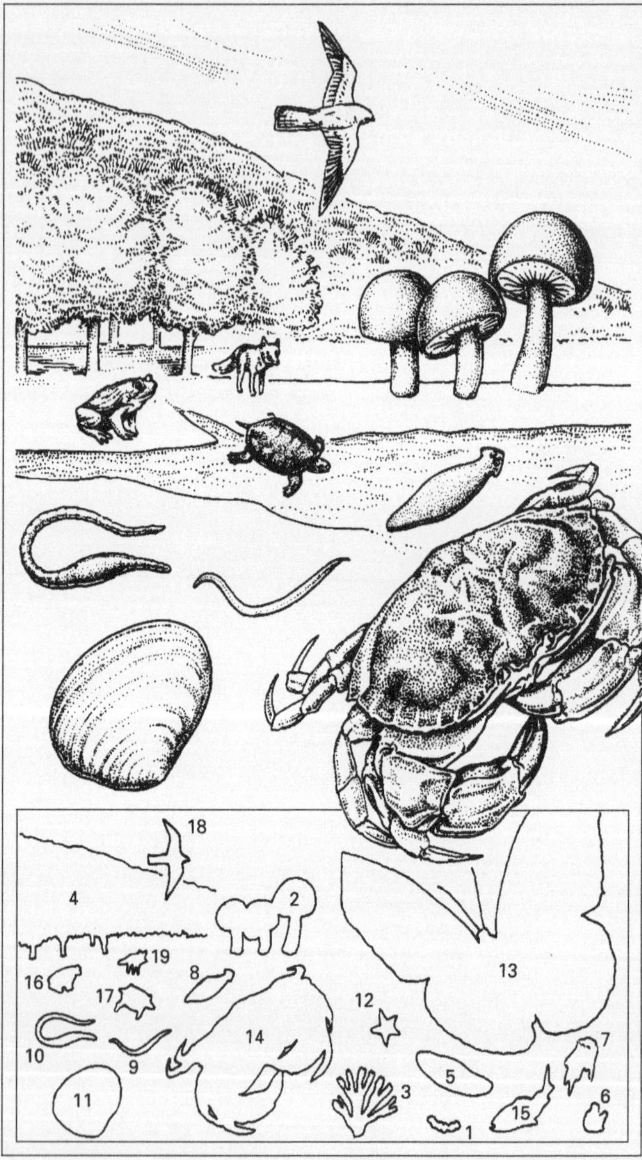
18
4
2
19
16
8
13
17
12
14
10
9
7
5
11
3
6
15
1

A paisagem das espécies. O tamanho do organismo representante de cada grupo foi desenhado de maneira aproximadamente proporcional ao número de espécies hoje conhecidas pela ciência. O código e o número de espécies estão indicados abaixo. Vírus e alguns grupos pequenos de invertebrados foram omitidos.

1. Monera (bactérias, cianobactérias), 4800
2. Fungos, 69000
3. Algas, 269000
4. Plantas superiores, 248400
5. Protozoários, 30800
6. Poríferos (esponjas), 5000
7. Cnidários e ctenóforos (corais, medusas e parentes), 9000
8. Platelmintos (vermes de corpo achatado), 12200
9. Nematoides (nematelmintos), 12000
10. Anelídeos (minhocas e parentes), 12000
11. Moluscos, 50000
12. Equinodermos (estrelas-do-mar e parentes), 6100
13. Insetos, 751000
14. Artrópodes não hexápodes (crustáceos, aranhas etc.), 123400
15. Peixes e cordados inferiores, 18800
16. Anfíbios, 4200
17. Répteis, 6300
18. Aves, 9000
19. Mamíferos, 4000

mergulhadores, nós hoje sabemos que o bento abissal contém vastíssimas quantidades de vermes poliquetas, crustáceos peracarídeos, moluscos e outros animais não encontrados em nenhuma outra parte da Terra. Muitos dos animais invertebrados são minúsculos e, com metabolismos reduzidos, subsistem por décadas. Há bactérias que só conseguem crescer e se dividir em água gelada sob pressões altíssimas. O bento abissal é um mundo miniaturizado contido em si mesmo. Não há como estimar o número total de espécies presente, mas com certeza está na casa das centenas de milhares, provavelmente mais. J. Frederick Grassle, depois de examinar os dados sobre todas as amostragens obtidas até 1991, estimou que o número de espécies animais pode atingir dezenas de milhões. Quanto à diversidade de bactérias e outros micro-organismos, não se pode sequer estimar a ordem de magnitude.

Num sentido ecológico, os animais das florestas pluviais tropicais e do bento abissal ocupam extremos opostos da Terra; poderíamos até dizer que habitam dois planetas distintos. Seus ambientes são o mais fisicamente diferentes possível, e suas biotas não têm uma única espécie de planta ou animal em comum. No entanto, toda a diversidade que contêm pode ser eclipsada pela diversidade das bactérias, organismos que saturam esses dois ambientes extremos e todos os demais lugares da Terra. É comum o equívoco, entre biólogos e não biólogos, de considerar as bactérias bem conhecidas por serem tão importantes na medicina, na ecologia e na genética molecular. A verdade é que a vasta maioria de tipos bacterianos permanece completamente desconhecida, sem nome nem indício dos meios necessários para detectá-los. Tomemos um grama de solo comum, uma pitada que seguramos entre dois dedos, e o coloquemos na palma da mão. Temos em mãos um amontoado de grânulos de quartzo misturados com matéria orgânica em decomposição e nutrientes livres, e cerca de 10 bilhões de bactérias. Quantas espécies bacterianas estão presentes? Tomemos um milionésimo dessa pitada de solo e a espalhemos por igual sobre nutrientes colocados em uma placa de cultura comum. Se cada uma das bactérias nessa amostra quase invisível de solo pudesse se multiplicar, poderíamos esperar encontrar mais de 10 mil pequenas colônias se desenvolvendo na superfície dos nutrientes, uma de cada bactéria. Entretanto, nem todas se multiplicam e assim só encontraremos entre dez e cem colônias.

Algumas das células bacterianas que não reagiram estavam mortas no momento da implantação, mas a maioria delas simplesmente não achou as condições do meio da cultura apropriadas para a divisão e a formação de colônias. Tais espécies são encapsuladas — não reagem às técnicas usuais dos microbiólogos. Elas precisam ter a temperatura, acidez e pressão atmosférica corretas, e a combinação de açúcares, gorduras, proteínas e minerais adequada às suas necessidades metabólicas determinadas geneticamente. Além disso, cada uma dessas espécies silentes pode estar representada na pitada de solo por talvez um ou dois indivíduos por milhão. Para achá-las, os microbiólogos precisam oferecer, um atrás do outro, caldos de cultura e meio ambiente até encontrar a combinação perfeitamente adequada. Só então a colônia prolifera e uma quantidade suficiente de bactérias se torna disponível para ser classificada e analisada pelas técnicas usuais da microscopia e da bioquímica.

Os microbiólogos raramente tentam encontrar bactérias silentes. Estão interessados apenas no grupo restrito de espécies que já provou ter algum interesse prático ou científico. Uma das espécies mais famosas no mundo, a bactéria do cólon *Escherichia coli*, é o principal organismo experimental da biologia molecular. Todos os livros didáticos de biologia celebram os conhecimentos obtidos graças ao curto ciclo de vida e à facilidade de cultura dessa bactéria. Porém, do ponto de vista de um biólogo evolucionista, *E. coli* é apenas um simbionte um tanto peculiar do intestino grosso dos mamíferos, que ajuda a transformar alimentos exauridos em fezes. O proletariado bacteriano, isto é, a vasta maioria de outras espécies que representam 3 bilhões de anos de irradiação adaptativa, permanece obscuro e sem estudo.

Quantas espécies de bactérias há no mundo? O *Bergey's manual of systematic bacteriology*, o guia oficial atualizado até 1989, lista cerca de 4 mil. Os microbiólogos sempre nutriram o sentimento de que o verdadeiro número, incluindo as espécies não diagnosticadas, é muito maior, mas ninguém jamais conseguiu sequer estimar quanto. Dez vezes? Cem vezes? Pesquisas recentes sugerem que a resposta pode ser no mínimo mil vezes maior, com o número total de bactérias chegando à casa dos vários milhões.

Jostein Goksøyr e Vigdis Torsvik saíram em busca de espécies silentes de bactérias em seu ambiente natural. Decidiram cortar o nó górdio das culturas seletivas separando e comparando diretamente o DNA das bactérias. Tomaram pequenas quantidades de solo de um faial próximo de seu laboratório. Empregando uma sucessão de etapas na extração e centrifugação, eles separaram as bactérias do solo, e removeram e purificaram o DNA desses organismos em uma única massa comum. Utilizaram pressões extremamente elevadas para romper o duplo filamento das moléculas de DNA em fragmentos de tamanho uniforme. Quando aquecidas, as moléculas de DNA separam-se nos filamentos simples que as constituem.

Dividir o DNA em filamentos simples significa que as letras do código DNA, os pares de bases, são separadas. Na maior parte do DNA, os pares de bases são adenina-timina e citosina-guanina, AT e CG. À medida que descemos pela hélice do DNA, qualquer uma das quatro bases pode estar à esquerda ou à direita de cada nucleotídeo, de modo que ao se ler o código genético quatro permutações são possíveis: AT, TA, CG, GC. Uma sequência típica seria então TA-CG-CG-AT-GC, e assim por diante até milhares ou milhões de tais combinações por célula. Quando a hélice do DNA é dividida ao meio, os dois filamentos simples complementares apresentarão, para o segmento citado acima, T-C-C-A-G e A-G-G-T-C, respectivamente.

Quando resinados a cerca de 25°C abaixo da temperatura de fusão, os filamentos de DNA reúnem-se facilmente outra vez para formar a hélice dupla; eles são "espiralados", como dizem os biólogos moleculares. Quanto maior a concentração de filamentos complementares numa solução, mais rápido o espiralamento ocorrerá. Se houver misturas de diferentes espécies e classes de espécies, como nas bactérias do solo norueguês, a concentração de filamentos simples complementares será muito menor do que no caso em que apenas o DNA de uma espécie está presente; o processo de espiralamento se tornará proporcionalmente mais lento. A velocidade de espiralamento pode ser medida com precisão e calibrada tomando-se como parâmetro os filamentos simples de DNA de uma bactéria (a famosa *E. coli*) com quantidades conhecidas de DNA. Dessa maneira, é possível estimar indiretamente o percentual geral de emparelhamentos entre os diversos filamentos simples de DNA de uma comunidade bacteriana inteira — isto é, de todas as bactérias que habitam uma pitada de solo.

O percentual de emparelhamento de DNA pode ser usado como um meio indireto de calcular o número de espécies de bactérias. Mas para isso os microbiólogos não podem usar o conceito de espécie biológica diretamente. Está além da sua capacidade observar quais células bacterianas trocam DNA: esses organismos não são pássaros ou carvalhos de uma floresta norueguesa. Os microbiólogos são forçados a confiar na similaridade entre o DNA de uma e de outra célula. O critério arbitrário proposto pelos classificadores de bactérias é o seguinte: uma espécie bacteriana consiste em todas aquelas células cujos nucleotídeos são no mínimo 70% idênticos e, portanto, no mínimo 30% diferentes dos nucleotídeos das outras espécies. Esse ponto de corte é na verdade uma estimativa conservadora; diversas espécies de plantas e animais superiores são separadas por muito menos do que essa diferença de 30%.

Fui minucioso nesses detalhes técnicos para revelar as dificuldades enfrentadas pelos microbiólogos e para enfatizar por que demorou tanto para haver avanços na área da diversidade bacteriana. Estes são os resultados do grupo de pesquisa norueguês: de 4 a 5 mil espécies de bactérias foram encontradas num único grama de solo do faial. Um número similar de espécies, com pouca ou nenhuma repetição, foi encontrado em um grama de sedimento de águas rasas na costa da Noruega.

"É óbvio", escreveu Jostein Goksøyr, "que os microbiólogos não ficarão sem trabalho por mais dois séculos." Se mais de 10 mil espécies microbianas existem em duas pitadas de substrato de duas regiões da Noruega, quantas outras aguardam ser descobertas em outros hábitats radicalmente diferentes? Mais uma vez, ninguém tem a menor ideia. Parece inevitável que complexos inteiramente novos de bactérias esperem ser descobertos no chão do fundo do mar, nas bainhas das orquídeas das florestas pluviais, em meio à escuma de algas de lagos de montanha e em milhares de locais de todo o mundo em que não costumamos nem reparar. A perfuração recente de rochas aquíferas na Carolina do Sul revelou grandes quantidades de bactérias características a até pelo menos quinhentos metros abaixo da superfície. As espécies mudavam de um estrato para outro. Mais de 3 mil formas, todas elas novas para a ciência, foram encontradas nas primeiras sondagens.

Há outros mundos inexplorados de bactérias e demais micro-organismos sobre o corpo de organismos maiores, ou dentro deles. Algumas das espécies são inquilinos neutros, que não prejudicam nem ajudam seus hospedeiros. Outras, contudo, foram caracterizadas como auxiliares de seus hospedeiros na digestão, excreção e até na produção de luz por reações químicas luminescentes em seus corpos minúsculos. Tão úteis — vitais mesmo — são muitas delas que seus hospedeiros mantêm células e tecidos especializados para carregá-las, recorrendo ao mesmo tempo a mecanismos requintados de fisiologia e comportamento para passar os simbiontes entre os sexos e dos pais para os filhos. O fenômeno é bem ilustrado na transmissão de bactérias e levedos pela cochonilha *Rastrococcus iceryoides*. Os micro-organismos passam para os filhotes através de um elegante *pas de deux* coreografado no ovo em desenvolvimento. Foi descrito pela maior autoridade em simbiose, Paul Buchner:

> Os dois tipos de simbiontes são infectados no mesmo lugar, formando assim no óvulo maduro uma bolota arredondada no polo superior. Quando as células germinativas se aproximam deles, os dois parceiros, unidos até então, se separam, sendo interessante ver como o hospedeiro trata cada um deles de maneira diferente. Primeiro, mostra interesse apenas nos levedos. Enquanto os núcleos dos vitelos migram em direção a eles e logo os penetram de todos os lados, as bactérias, cujo número no ínterim aumentou perceptivelmente, avançam para a periferia do embrião em grupos irregulares, sem no entanto se aliarem com os núcleos. Os levedos e as bactérias logo estão separados. Quando as extremidades germinam, limites celulares se formaram em torno dos levedos, ao passo que os grupos de bactérias, sem qualquer alteração, estão dispersos aqui e ali no plasma.

Embora centenas de associações peculiares como essa tenham sido descobertas, elas só são descritas na literatura de maneira fragmentária. Pouquíssimas espécies bacterianas receberam sequer um nome científico ou descrições mais explícitas do que "em forma de haste" ou "em forma de vesícula".

Para tentar entender a profundidade da nossa ignorância, consideremos que há milhões de espécies de insetos que ainda não foram estudadas, a maioria das quais abrigam bactérias especializadas, e milhões de espécies de outros invertebrados, de corais e crustáceos a estrelas-do-mar, na mesma situação. Consideremos que cada tipo de bactéria (cada espécie, se usarmos a regra do emparelhamento de DNA) pode utilizar no máximo cem fontes de carbono, como açúcares e ácidos graxos diversos. Na realidade, a maioria só consegue metabolizar um ou alguns poucos desses compostos. Consideremos ainda que as bactérias

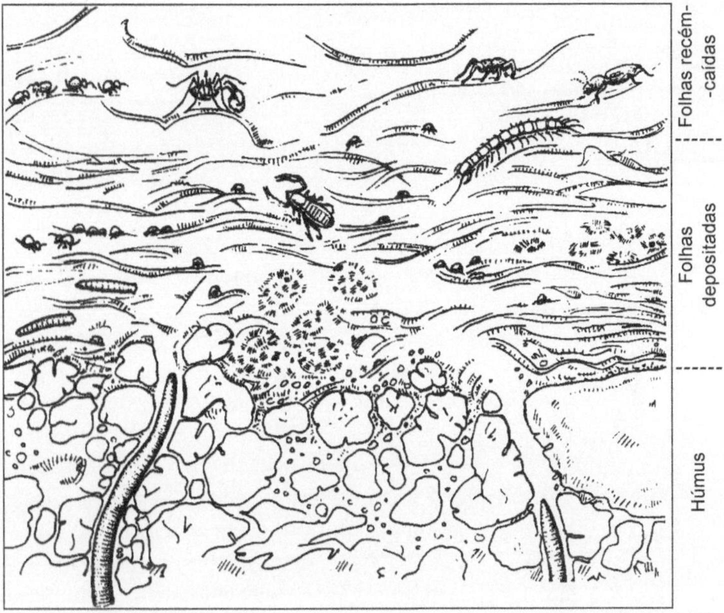

A vida fervilhante de uma floresta decídua norte-americana parece existir num plano bidimensional quando vista por cima, de uma perspectiva tipicamente humana (*esquerda*). Nesse agrupamento, a centopeia litobiomorfa ao centro está rodeada por (de cima, em sentido horário): mosca-varejeira, vespa social, caruncho de lande de bico comprido, besouro *bess*, térmita, barata-do-mato, formiga carpinteira, bicho-de-conta, besouro-de-chão, carrapato, vespa da família Ichneumonidae, pulgão, lacrainha e opilião. Quando os detritos e o solo são cortados verticalmente e vistos de lado (*direita*), um mundo tridimensional é revelado. As folhas mortas empilhadas ao alto fornecem um lugar seco e arejado para viver, habitado neste exemplo por pequenas poduras globurares, minúsculos ácaros oribatídeos em forma de tartaruga, um opilião (alimentando-se de um caracol), aranha saltadora, centípede e besouro-de-chão. Alguns centímetros mais fundo, em meio a um detrito mais denso e mais úmido, junto a pilhas de matéria fecal de artrópodes e minhocas, estão espalhadas mais poduras e ácaros, pseudoescorpiões (com garras mas sem ferrão) e duas larvas em forma de lesma de uma mosca de família Tipulidae. Ainda mais fundo, no húmus e no solo já bem compactos, duas minhocas descansam em suas tocas.

podem evoluir rapidamente para explorar essas fontes. Diferentes linhagens e até mesmo diferentes espécies trocam facilmente de genes, especialmente durante épocas de escassez de alimento e outras formas de tensão ambiental. Suas gerações são extremamente curtas, permitindo que a seleção natural atue sobre novos sortimentos de genes em alguns dias, ou mesmo horas, alterando a hereditariedade dessa ou daquela maneira, criando talvez novas espécies.

Consideremos, finalmente, um pedacinho de solo de um centímetro de largura, a área de uma unha, escolhido a esmo no chão de uma floresta. Uma lasca de madeira em decomposição caída contém um conjunto de formas bacterianas; alguns grãos de areia lixiviada a um milímetro de distância contêm uma outra flora; um pouco de húmus um centímetro mais adiante uma terceira. No conjunto, há milhares de espécies. Juntemos agora todas essas microfloras de uma floresta, e de todas as florestas e hábitats do mundo inteiro. Podemos esperar encontrar muitos milhões de espécies jamais estudadas. As bactérias são para os biólogos o buraco negro da taxionomia. Poucos cientistas nem sequer tentaram sonhar como toda essa diversidade pode ser avaliada e utilizada.

À medida que continua a exploração do mundo natural, novas espécies de organismos, até mesmo dos maiores e mais flagrantes, continuam a aparecer. Na região Chocó da Colômbia, que abrange as florestas pluviais montanhosas a oeste de Medellín, metade das espécies de plantas continua sem registro, e destas uma grande parcela ainda carece de um nome científico. Uma média de duas novas espécies de aves por ano são descobertas em algum lugar do mundo, geralmente em vales ou recôncavos remotos das últimas florestas tropicais. Até mesmo novas espécies de mamíferos são descobertas periodicamente. No ano emblemático de 1988, as seguintes novidades foram anunciadas: o sifaka [lêmure diurno] de Tattersall (*Propithecus tattersalli*), um novo lêmure de Madagáscar; o cercopiteco (*Cer-*

copithecus solatus), um macaco do Gabão, África Central; e um novo muntjac [pequeno cervo] das montanhas da China ocidental. Em 1990, um primata até então desconhecido, o mico-leão-de-cara-preta, foi descoberto na pequena ilha costeira de Superaqui, a apenas 65 quilômetros da cidade de São Paulo. Nas palavras de Russell Mittermeier, foi "uma das descobertas primatológicas mais assombrosas deste século". E essa descoberta ocorreu em cima da hora, devo acrescentar, pois a espécie é representada por apenas algumas dezenas de indivíduos. Um só caçador poderia tê-la extinguido em questão de dias.

Nem mesmo a ordem Cetácea, que contém os maiores animais da Terra, as baleias e toninhas, é totalmente conhecida. É verdade que as maiores de todas, as baleias com barbatanas (incluindo as baleias-azuis, as baleias-francas e as baleias-corcundas), já haviam sido todas descritas em 1878. Em contraste, porém, os cetáceos com dentes (que incluem os cachalotes, as orcas e seus parentes menores, as baleias e toninhas de bico) continuam a revelar novas espécies a uma taxa média de uma por década ao longo do século XX. Aqui estão as onze descobertas desde 1908, representando 13% ou mais de todos os cetáceos vivos conhecidos:

- Baleia com bico de Andrews, *Mesoplodon bowdonini* (Andrews, 1908)
- Toninha de óculos, *Australophocaena dioptrica* (Lahille, 1912)
- Baleia com bico de True, *Mesoplodon mirus* (True, 1913)
- Toninha fluvial chinesa (baiji), *Lipotes vexillifer* (Miller, 1918)
- Baleia com bico de Longman, *Mesoplodon pacificus* (Longman, 1926)
- Baleia com bico da Tasmânia, *Tasmacetus shepherdi* (Oliver, 1937)
- Toninha de Fraser, *Lagenodelphis hosei* (Fraser, 1956)
- Vaquita (toninha de enseada do golfo da Califórnia), *Phocoena sinus* (Norris e McFarland, 1958)

- Baleia com bico de dentes de ginkgo, *Mesoplodon ginkgodens* (Nishiwaki e Kamiya, 1958)
- Baleia com bico de Hubb, *Mesoplodon carlhubbsi* (Moore, 1963)
- Baleia com bico pigmeia, *Mesoplodon peruvianus* (Reyes, Mead e Van Waerebeek, 1991)

Muitas das baleias e toninhas menores foram registradas somente a partir de carcaças dispersas ou partes do corpo varridas até a praia em regiões remotas do mundo, e sua história natural permanece um mistério. A respeito da baleia com bico da Tasmânia, o especialista em cetáceos Willem Mörzer Bruyns escreveu em 1971: "Um total de seis espécimens foi varrido até as praias da ilha Stewart, da península de Bank e do estreito de Cook, na costa leste da Nova Zelândia". Sobre a baleia com bico de Hector, descoberta em 1871: "Descrita originalmente a partir de três crânios de filhotes muito imaturos, talvez recém-nascidos, encontrados em águas neozelandesas [...] Em 1967, o crânio de uma fêmea adulta foi encontrado na Tasmânia". E da baleia com bico de Longman: "Descrita a partir de um crânio encontrado perto de Mackay, Queensland, Austrália. Em março de 1968, a dra. Maria Louise Azzaroli descreveu um segundo crânio encontrado em 1955 perto de Mogadíscio (Somália) que estabelece a identidade de uma espécie distinta". A raridade e o caráter esquivo dessas espécies sugerem que outros gigantes do mar aguardam ser descobertos. Indivíduos de no mínimo mais uma nova espécie distinta de baleia com bico foram avistados diversas vezes nas águas do Leste do Pacífico tropical, mas nenhum foi capturado.

Uma grande parcela da diversidade de espécies está bem diante de nossos olhos mas nós não a reconhecemos. Eu já defini espécies irmãs como duas ou mais populações reprodutivamente isoladas umas das outras e, todavia, tão similares em aparência externa que podem ser confundidas até por taxionomistas profissionais. Somente um estudo meticuloso de detalhes ínfimos de anatomia, estrutura celular, bioquímica e comportamento traz à luz as diferenças e permite aos taxionomistas definir as espécies com certeza. No início de minha carreira, como classificador de formigas, agrupei todas as formigas fazedoras de escravas do Leste da América do Norte em duas espécies, acreditando que houvesse somente duas populações reprodutivamente isoladas. Mas estava enganado. Um outro entomólogo, William Buren, efetuou um exame mais atento e desmembrou as fazedoras de escravas em cinco espécies, com base em pequenas diferenças em seus pelos, no formato e cor de seus corpos e nas outras espécies de formigas que elas capturam como escravas. Não resta muita dúvida de que todas são de fato populações isoladas reprodutivamente, cada uma com uma constituição genética específica.

Existem grupos, como os protozoários e os fungos, que estão repletos de espécies irmãs por um motivo estritamente técnico: eles possuem poucos traços externos pelos quais suas espécies podem ser distinguidas, mesmo com técnicas avançadas de microscopia. Devido às limitações do aparato sensorial humano, essas espécies permanecem ocultas. É de esperar que a diversidade registrada desses grupos aumente sensivelmente à medida que as sequências de DNA e as necessidades fisiológicas de um número crescente de espécies forem sendo decifradas. É igualmente verdade que exames mais minuciosos irão transformar muitas outras subespécies em espécies. Quando os limites geográficos exatos das populações forem mapeados, muitas das espécies que se acreditava serem amplamente distribuídas se revelarão como múltiplas espécies com distribuições geográficas exclusivas.

Entretanto, a maior parte da diversidade biológica ainda aguarda ser descoberta à maneira antiga: a pé, com redes, com equipamento de mergulho. Para conhecer a diversidade, os biólogos continuam saindo do laboratório e se embrenhando no mundo. Eles contam as espécies de três maneiras, conforme as dimensões da área geográfica examinada. Diversidade alfa é o número de espécies de um hábitat em um local. Dois de meus colegas, Stefan Cover e John Tobin, e eu partimos recentemente para quebrar o recorde mundial de diversidade alfa entre formigas. E conseguimos: 275 espécies coletadas em oito hectares de floresta pluvial perto de Puerto Maldonado, no Peru. Diversidade beta, a segunda medida, é a velocidade com que o número de espécies aumenta quando hábitats próximos vão sendo acrescentados. Se o estudo de Puerto Maldonado abrangesse também trechos de floresta pantanosa, ribanceiras de rios e pradarias, nosso catálogo quase certamente aumentaria para mais de 350 espécies. Por fim, diversidade gama é o total de espécies em todos os hábitats de uma extensa área. Uma catalogação abrangente de todas as formigas do Peru, vale por vale e em todos os tributários do Amazonas, revelaria facilmente 2 mil espécies. É a diversidade gama, evidentemente, que os biólogos estimam com menor precisão. Cientes disso, avançam por espinhaços inexplorados, afluentes de rios e recifes de coral. Na maioria dos países do mundo, especialmente dos trópicos, o fio de prumo ainda está sendo estendido; não temos a menor ideia de onde irá parar. As recompensas da aventura, a excitação de explorar os recantos mais longínquos da Terra, a despeito de toda a sujeira, cansaço e suor, ainda atraem os cientistas.

Mas imaginemos por um instante que toda a diversidade do mundo estivesse finalmente revelada e descrita, uma página por espécie. A descrição conteria o nome científico, uma fotografia ou desenho, um breve diagnóstico e informações sobre onde a espécie é encontrada. Se fosse publicada no formato convencional de livro, em volumes de capa dura com mil páginas de dezessete centímetros de largura, essa Grande Enciclopédia da Vida ocuparia sessenta metros de estante por cada milhão de espécies. Se houver 100 milhões de espécies de organismos na Terra, isso significará seis quilômetros de estantes, o tamanho de uma biblioteca pública de médio porte. É evidente que os estudos de biodiversidade nunca chegarão a isso. Muito antes de todas as espécies serem descobertas, muito antes de abandonarmos nossas redes para caçar borboletas e nossas prensas de plantas, as descrições serão registradas eletronicamente, de modo que a Grande Enciclopédia estará contida em disquetes numa caixa num canto da escrivaninha. Muitas outras informações serão acrescentadas para cada espécie à medida que forem se tornando disponíveis, desde o seu código genético até seu papel nos ecossistemas, e esses dados estarão instantaneamente disponíveis em redes organizadas em torno dos centros internacionais e regionais de biodiversidade.

A Grande Enciclopédia da Vida registrará outras medidas de diversidade de uso corrente entre os biólogos. Uma delas é a equitatividade, ou a uniformidade da abundância de uma espécie. Até aqui me referi à medida de diversidade apenas como o número de espécies: tantas bactérias por pitada de solo, tantas formigas em um trecho de floresta pluvial. Mas igualmente importante é a abundância relativa de espécies. Suponhamos que haja uma fauna de borboletas constituída por 1 milhão de indivíduos divididos em cem espécies. Digamos que uma das espécies seja extremamente abundante, representada por 990 mil indivíduos, e cada uma das demais espécies seja, portanto, constituída por uma média de cem indivíduos. Há cem espécies presentes, mas ao caminharmos pelas trilhas da floresta e pelos campos haveremos de encontrar a borboleta abundante quase todo o tempo e cada uma das outras espécies só raramente. Essa é uma fauna de baixa equitatividade. Mais adiante, num lugar próximo, encontramos uma segunda fauna de borboletas, constituída pelas mesmas cem espécies, mas dessa vez todas igualmente abundantes, com cerca de 10 mil indivíduos cada uma. Essa é uma fauna de alta equitatividade, a mais alta possível. Intuitivamente, sentimos que a fauna de alta equitatividade é a mais diversificada das duas, pois cada borboleta encontrada é menos previsível e, portanto, nos proporciona em média mais informação — assim como cada palavra de um vocabulário rico e bem utilizado nos oferece mais informação. Estudar uma fauna altamente diversificada é receber informações continuamente — é, portanto, sentir satisfação no derradeiro sentido estético. Diversidade nessa dimensão também tem importância prática na ecologia. Uma fauna de alta equitatividade provavelmente terá um impacto muito diferente sobre um ecossistema do que uma de baixa equitatividade, e sustentará uma variedade maior de plantas e de outros animais dela dependentes.

Os biólogos medem a diversidade da vida não apenas em espécies, mas também em gêneros, famílias e demais categorias de classificação, até os filos e os reinos. Cada unidade é um agrupamento de espécies que se assemelham e que teriam uma linhagem comum. Em particular, um gênero é um grupo de espécies reunidas na classificação por serem muito semelhantes e por terem uma linhagem comum mais ou menos imediata. Uma família é um grupo de gêneros similares e afins (suas espécies, no geral, mantêm uma relação mais distante entre si do que as espécies de um gênero); uma ordem é um grupo de famílias similares e afins. Prosseguindo ao longo da hierarquia de classificação chegamos aos reinos, que abrangem as plantas como um todo, os animais como um todo, e assim por diante. Aqui está, na forma mais resumida, a posição taxionômica completa do gato doméstico, *Felis domestica*:

Espécie: *domestica*
Gênero: *Felis*
Família: Felidae
Ordem: Carnivora
Classe: Mammalia
Filo: Chordata
Reino: Animalia

Os princípios básicos de classificação obedecem a uma lógica transparente que pode ser explicada em poucas palavras. Primeiro princípio: a espécie é a unidade fundamental. Segundo princípio: duas definições são usadas para formar a classificação hierárquica, a saber, uma categoria é um nível abstrato de classificação usado universalmente na classificação. As categorias são espécie, gênero, família, e assim por diante. Um táxon, por sua vez, é um grupo concreto de organismos, um determinado conjunto de populações incluídas em uma ou outra das categorias. Exemplos de taxa: a espécie *Felis domestica* e a família Felidae. Categorias são a abstração; taxa, a realidade. Terceiro princípio: um táxon mais elevado, como o gênero *Felis*, é um grupo de espécies que descendem todas de uma única espécie ancestral. As espécies de um outro táxon de mesmo escalão, como os grandes gatos do gênero *Panthera*, descendem todas de *outra* espécie ancestral. Contudo, quando dois gêneros são colocados juntos para formar uma família (neste caso, Felidae), considera-se que descendem de uma única espécie ancestral ainda mais antiga; este progenitor primordial teria gerado as duas espécies ancestrais mais recentes, que por sua vez geraram as espécies que constituem os dois respectivos gêneros. Quarto princípio: como esses últimos exemplos deixam claro, as categorias mais elevadas são uma elaboração mental inventada por conveniência. Estão baseadas na concepção de que espécies se desmembram em novas espécies ao longo do tempo, e refletem o modelo de ramificação que esses desmembramentos sucessivos produzem. A construção de modelos de ramificação para mapear as mudanças evolutivas é chamada *cladística*, e a idealização de classificações mais elevadas (de gênero para cima) para que se conformem aos resultados da cladística é chamada *taxionomia filogenética*. As classificações têm de ser compatíveis com a filogenia, ou seja, com a árvore genealógica das espécies.

Quinto e último princípio: os limites precisos dos taxa superiores são arbitrários. As espécies em si, as unidades atômicas, são naturais — mais ou menos. O mesmo vale para as árvores filogenéticas (genealógicas), se nós as deduzimos corretamente. Mas os *limites* dos gêneros, famílias e taxa mais elevados, essas linhas traçadas em torno de agrupamentos de espécies, são arbitrários. Tal afirmação pode parecer paradoxal, pois acabei de dizer que a cladística visa precisamente criar uma classificação natural do nível gênero para cima. Isso é verdade.

A cladística de fato nos permite julgar quais espécies provavelmente partilham um ancestral comum, validando a sua colocação no mesmo gênero ou família ou táxon mais elevado. Arbitrários são os limites de cada táxon mais elevado. Será que *Felis* e *Panthera* devem ser mantidos como gêneros distintos, ou devem ser agrupados num único gênero *Felis*? Qualquer das duas classificações estaria correta pelos parâmetros da cladística. Ou ainda: será que Felidae deve permanecer como uma única família de gatos, ou deveria ser dividida em duas famílias, digamos Felidae para os "verdadeiros" felinos e Acinonycidae para os chitas? A cladística se cala sobre essa questão.

Os taxionomistas examinam as árvores evolutivas reconstruídas. Verificam quais espécies descendem de quais ancestrais comuns e poderiam ser reunidas em taxa mais elevados, isto é, em agrupamentos de espécies afins. Eles usam critérios — simples bom senso no geral — para decidir como dividir os agrupamentos em agrupamentos menores. Se todas as espécies forem muito similares, faz sentido colocá-las num único gênero. Se uma espécie for muito diferente das demais, mesmo que tenha um ancestral comum, o melhor procedimento é criar um novo gênero, chamando assim atenção para suas propriedades incomuns. No grande número de casos limites, decidir entre um gênero ou dois é uma questão de discernimento pessoal. A taxionomia é basicamente ciência, mas também é um pouco arte.

Essa resolução imprecisa é uma solução conciliatória correta. A natureza subjetiva das categorias taxionômicas superiores reflete a natureza caótica da evolução orgânica. Como as estrelas num universo em expansão, as espécies estão sempre evoluindo e, portanto, se distanciando das demais espécies, até se extinguir — ou, em alguns casos, até romper as barreiras reprodutivas entre si e sofrer hibridação. Esse princípio de evolução provém, por sua vez, da imensa variedade tornada possível por uma reordenação da sequência de letras dos nucleotídeos do código genético. O código contém cerca de 1 milhão de pares de nucleotídeos nas bactérias, e entre 1 e 10 bilhões de pares de nucleotídeos nas plantas e animais superiores. A evolução se dá principalmente pela substituição acidental de uma ou mais letras, seguida pelo joeiramento dessas mutações e suas combinações através da seleção natural. Como as mutações ocorrem aleatoriamente, e como a seleção natural é afetada pelas mudanças idiossincráticas do meio ambiente (que variam conforme a época e o lugar), não há duas espécies que sigam exatamente o mesmo percurso por mais do que uma ou duas etapas. O mundo real, então, consiste em espécies que diferem umas das outras infinitamente em direção e distância. Pelo que sabemos, não existe nenhuma maneira de juntá-las ou desmembrá-las em grupos exceto pelo que a mente humana julga prático e esteticamente agradável.

Dessa analogia entre evolução e o universo em expansão emerge uma outra consequência que afeta a classificação taxionômica das espécies e o seu valor percebido pela humanidade. Cada espécie que surge, se tiver tempo suficiente para evoluir e proliferar em múltiplas outras espécies, é um gênero ou táxon em potencial de um grau ainda mais elevado. Quanto mais tempo esse grupo sobreviver e evoluir, mais ele passa a diferir geneticamente dos restantes. Como a extinção é praticamente inevitável, o grupo geralmente vai minguando até restarem apenas algumas espécies. Essas sobreviventes são antigas, únicas e preciosas. Pensemos numa espécie que já viveu muito tempo: ou suas espécies irmãs foram eliminadas por extinção, ou ela é a única de uma linhagem antiga que nunca proliferou em múltiplas espécies. E permanece sozinha, recebendo o grau de gênero, família ou de uma categoria ainda mais elevada. Ela merece consideração especial da raça humana por causa da história que tem para contar. Essa é justamente a condição do panda-gigante, único membro do gênero *Ailuropoda*; do celacanto *Latimeria chalumnae*, o mais célebre dos fósseis vivos; e do tuatara, *Sphenodon punctatus*, um pequeno réptil parecido com um lagarto restrito às pequenas ilhas próximas à Nova Zelândia e um dos dois únicos membros da ordem Rhynchocephalia a sobreviver da era mesozoica.

A diversidade conhecida da vida se expandiu em cada um dos níveis da hierarquia taxionômica: tantas espécies por gênero, tantos gêneros por família, e assim para cima. No topo, um total de 89 filos vivos estão distribuídos entre os reinos da vida. De acordo com uma classificação muito usada, porém altamente subjetiva, são cinco os reinos da vida:

- Plantae: plantas multicelulares, de algas a plantas floríferas
- Fungi: cogumelos, bolores e outros fungos
- Animalia: animais multicelulares, de esponjas e medusas a vertebrados
- Protista: organismos eucariontes unicelulares (protozoários e outros organismos unicelulares)
- Monera: organismos procariontes unicelulares (como bactérias e cianofíceas)

Descrever a diversidade organizando as espécies em grupos de acordo com o quanto elas se assemelham umas às outras foi um avanço fundamental da biologia do século XVIII. Mais tarde criou-se uma outra maneira igualmente importante de descrever a diversidade, utilizando os níveis de organização biológica. Os níveis organizacionais importantes para a diversidade biológica são dispostos na seguinte hierarquia:

Ecossistema
  Comunidade
    Guilda
      Espécie
        Organismo
          Gene

Essa ideia fica mais clara com um exemplo concreto que pode ser acompanhado de alto a baixo. Este é o exemplo que escolhi: *Um açor* (Accipiter gentilis) *caça aves canoras na Floresta Negra da Alemanha, voando rápido e baixo em meio aos abetos, mudando abruptamente de direção. Ele vê um* wood warbler (Phylloscopus sibilatrix) *descansando num galho de pinheiro. Com algumas rápidas batidas de asa e um planeio longo e silencioso, avança sobre sua presa.*

O açor vive num ecossistema específico, a floresta de abetos nas terras altas da Floresta Negra. A terra é coberta por um solo granítico desgastado em morros baixos arredondados, entremeada com riachos que formam os afluentes do Danúbio e do Neckar. O ecossistema consiste nessa base física mais todos os organismos que vivem nos hábitats da floresta, nos bosques, nas clareiras e nos pequenos corpos de água doce. Os elementos físicos e bióticos, das rochas e riachos às árvores, falcões e silviídeos, estão unidos uns aos outros de maneira intricada. A energia é transportada como num balde furado de uma espécie para outra através das teias alimentares dos organismos. Os nutrientes fluem pelos organismos, e pelo solo, água e ar, indo e voltando em infindáveis ciclos biogeoquímicos. O caráter da cobertura do solo e da drenagem de água depende intimamente dos organismos que vivem na floresta. O ecossistema da Floresta Negra é único na sua combinação específica de meio ambiente físico e organismos inquilinos. Examinamos todo o Sul da Alemanha, a Europa inteira e, por fim, o mundo inteiro para medir a diversidade de ecossistemas existentes. Verificamos que o número de possibilidades é astronômico — as combinações de milhões de espécies que podem viver em todos os ambientes físicos distinguíveis é um número além de qualquer possibilidade prática de cálculo. Essa incapacidade é interessante, mas não é importante. O que vale é o verdadeiro número de ecossistemas. Cada ecossistema tem seu valor intrínseco. Assim como cada nação preza seus episódios históricos finitos, seus livros clássicos, suas obras de arte e outras medidas da grandeza nacional, também deveria aprender a prezar seus ecossistemas peculiares e finitos, ressoantes de um senso de tempo e lugar.

No ecossistema da Floresta Negra, o açor pertence a uma determinada comunidade de organismos, definida como todas as espécies unidas na teia alimentar e por qualquer outra atividade que influencie os ciclos de vida das espécies. O abeto está na teia alimentar do açor porque alimenta as larvas de mariposas que alimentam as aves canoras que alimentam o falcão. O bútio comum [*Buteo vulgaris*], um falcão europeu, é membro dessa mesma comunidade em virtude da competição e de uma simbiose acidental. As pequenas aves que ele ocasionalmente mata significam uma diminuição da despensa do açor. Os ninhos que ficam assim abandonados tornam-se disponíveis para o açor e aumentam as chances de cruzamento dessa ave menos exigente. A diversidade de comunidades é medida dentro de um determinado ecossistema. Mais precisamente, ela é avaliada de maneira subjetiva, pois os limites de uma comunidade raramente podem ser traçados com exatidão.

Dentro da comunidade, o açor é membro de uma guilda, um grupo de espécies que vive no mesmo local e obtém os mesmos alimentos por meios similares. Estritamente falando, o açor partilha a sua guilda apenas com uma outra espécie na comunidade da Floresta Negra, o falcão-pardal (*Accipiter nisus*). Ambos são acipitrídeos, possuindo asas curtas e curvas, e cauda longa. Caçam pequenas aves em voos rápidos e tortuosos pela floresta, subindo ocasionalmente para sobrevoar as árvores. Outras guildas da Floresta Negra incluem os insetos comedores de ásteres, as aves silviídeas, os musaranhos da floresta e pequenos camundongos. Como as guildas nos revelam algo sobre a ecologia, são um parâmetro da diversidade em um ecossistema tão valioso quanto o número de espécies.

Estamos chegando perto dos níveis inferiores da diversidade biológica. O açor é uma espécie, um nexo de populações locais indistintamente definidas que, no total, se estendem desde a Europa continental, passando pela Ásia até o Canadá e o Norte e Oeste dos Estados Unidos. As aves individuais que a compõem são os repositórios de diversidade genética, as diferenças que existem entre os cromossomos e genes e o nível abaixo da diversidade das espécies. Fica mais claro entender este nível se usarmos exemplos familiares da hereditariedade humana. A diferença de um único gene determina se uma orelha terá o lobo solto ou se estará presa até a base. O lobo da orelha é um traço dominante. Se pelo menos um dos dois genes de cada célula for um gene de lobo, a pessoa adquirirá um lobo plenamente desenvolvido. Somente se os dois genes forem da condição recessiva não lobular é que a pessoa desenvolverá o traço alternativo. Os genes de lobo, isto é, o par específico de genes que determina a presença ou ausência de lobos da orelha, ocorrem em apenas um dos 200 mil ou mais sítios enfileirados ao longo dos 46 cromossomos. Outros exemplos de variação humana que dependem de um único gene são: os tipos sanguíneos; a capacidade de enrolar a língua em forma de tubo; a presença de um bico de viúva no contorno do couro cabeludo; o último segmento do polegar dobrar-se acentuadamente quando o polegar é esticado (uma condição denominada "polegar de caronista"); e uma miríade de doenças hereditárias, da anemia falciforme ao albinismo, à hemofilia e à coreia de Huntington. Muitos outros traços, como altura, cor da pele e predisposição para diabetes, são afetados por combinações de genes atuando juntos em muitos sítios cromossômicos, a chamada herança poligênica.

Enumerando-se essas variações nos traços externos (que se sabe surgem de mutações em um único gene ou poligene), é possível chegar a um valor da diversidade genética total. Entretanto, tal estimativa ficaria aquém da realidade em várias ordens de magnitude. O motivo é que as diferenças entre genes alternativos na mesma posição cromossômica provocam diferenças frequentemente invisíveis, determinando variações em proteínas detectáveis apenas por análise química. Na década de 1960, houve um grande avanço no poder de resolução com a introdução da eletroforese a gel, uma técnica que permite uma rápida purificação e identificação de enzimas. Quando moléculas são colocadas em um campo carregado sobre um material no qual possam se mover, como um gel poroso, elas migram a uma velocidade proporcional à sua própria carga elétrica. Como resultado, distanciam-se umas das outras como corredores de maior ou menor fôlego. As enzimas são moléculas de proteínas cuja configuração — carga elétrica inclusive — é determinada por genes.

Mesmo pequenas diferenças nos genes causadas por mutações traduzem-se em variações nas enzimas, frequentemente (mas não sempre) traduzindo-se em diferenças de carga elétrica — o que faz com que as enzimas se movam em diferentes velocidades e se separem nas placas eletrificadas do gel. Geneticistas adotam um procedimento inequívoco para se aproveitar dessa cadeia de eventos. Eles esmagam tecidos dos organismos a serem estudados, extraem materiais contendo enzimas e colocam os extratos em uma extremidade de uma placa do gel. Deixam então as enzimas no campo elétrico por um tempo e depois as tingem com corantes para revelar suas posições. Contam em seguida as enzimas tingidas que se separaram na placa e assim são capazes de determinar o número e a identidade dessas enzimas — e, consequentemente, inferir o número e a identidade dos genes determinantes. Fazendo a amostragem com muitos indivíduos de uma espécie e procedendo de um tipo de enzima para outro — e, portanto, de um conjunto de genes para outro —, eles conseguem estimar a quantidade geral de diversidade genética na espécie.

Estudos usando eletroforese têm sido realizados com uma ampla gama de organismos, de plantas floríferas a insetos, peixes, aves e mamíferos. De todas as descobertas efetuadas, uma se destaca: a diversidade genética revelada é enorme, muito maior do que se esperava antes da eletroforese a gel, quando os pesquisadores dependiam principalmente de traços visíveis como lobos da orelha e cor da pele. A fim de expressar a diversidade numericamente, os geneticistas recorrem ao conceito de polimorfismo. Um gene é dito polimorfo quando ocorre em múltiplas formas, ou múltiplos alelos, como são mais tecnicamente denominados. Os alelos mais raros não são contados a menos que excedam uma frequência selecionada arbitrariamente, geralmente 1% do total daquele gene em particular. Em outras palavras, somente se os alelos do lobo de orelha estiverem presentes em mais de 1% da população humana é que serão incluídos na contagem (na realidade, estão presentes em 45%), e somente então o gene determinante seria dito polimorfo (como é o caso aqui). Os estudos com eletroforese mostraram que, na grande maioria das espécies, entre 10% e 50% dos genes são polimorfos. Um valor típico estaria em torno de 25%.

Níveis elevados de polimorfismo por gene em uma população também produzem níveis elevados de polimorfismo no corpo dos organismos individuais. Em média, novamente dependendo da espécie, entre 3% e 20% dos genes de cada indivíduo são polimorfos. Isso significa que cada organismo é heterozigótico para esse número de genes. Nos seres humanos, significa possuir em cada célula um gene para a presença do lobo da orelha e um gene para a ausência do lobo, ou então um gene para sangue tipo A e um para sangue tipo B, e assim por diante em todos os 200 mil ou mais genes que formam a composição hereditária total de um ser humano.

No entanto, até mesmo as cifras inesperadamente elevadas obtidas por meio da eletroforese são estimativas mínimas, e quase certamente baixas demais. Algumas variantes enzimáticas não têm nenhuma carga elétrica em especial, nem um arranjo molecular pelo qual possam ser separadas, de modo que permanecem inertes no campo eletroforético. A fim de se obter uma medida exata e final da diversidade genética, é necessário ir além das proteínas e direto aos próprios genes e conhecer a sequência de nucleotídeos, as letras do código genético. A verdadeira medida, a medida definitiva de diversidade genética é a diversidade de nucleotídeos. Ela deve ser determinada par de base a par de base em um grande número de cromossomos e em muitos indivíduos pertencentes à mesma espécie.

Durante a década de 1980, foram feitos grandes avanços no sequenciamento do DNA. O projeto de traçar o genoma humano nasceu nessa época, visando a nada menos do que um mapa completo dos nucleotídeos de um ser humano. Um projeto similar está sendo planejado para uma espécie de mosca-das--frutas. Quando o sequenciamento tornar-se suficientemente barato e a leitura dos códigos genéticos, tão rotineira quanto a contagem de penas ou dentes molares, estaremos tecnicamente preparados para tentar responder ao certo qual a biodiversidade existente na Terra.

Enquanto isso, apresentarei uma estimativa do resultado final, até a ordem de magnitude (isto é, potência de dez) mais próxima: a multiplicação de 100 milhões (10^8) de espécies por 1 bilhão (10^9) de pares de nucleotídeos por espécie resulta num total de 100 quatrilhões (10^{17}) de pares de nucleotídeos, especificando a plena diversidade genética entre as espécies. A diversidade de nucleotídeos, vale notar de passagem, está limitada a um máximo de quatro tipos de nucleotídeos por sítio e, portanto, não chega a acrescer nem mais uma ordem de magnitude.

Em certo sentido, esta cifra, 10^{17}, é toda a diversidade da vida. Contudo, ainda não leva em consideração as diferenças entre indivíduos de uma mesma espécie. Quando essa dimensão é acrescentada, o potencial aumenta ainda mais. Consideremos que, numa espécie típica de reprodução sexuada, dois nucleotídeos que ocorrem num mesmo sítio em diferentes cromossomos podem gerar três combinações; as letras AT e CG, por exemplo, podem gerar as combinações (AT)(AT), (AT)(CG) e (CG)(CG). Se apenas um em cada mil sítios tiver duas dessas variantes em alguma parte da espécie, então com 10^6 posições (em outras palavras, um milésimo das 10^9 posições da constituição genética total da espécie) haveria 10^{18} combinações possíveis para cada espécie. Essa cifra imensa ainda é uma estimativa por baixo. Qualquer que seja a cifra real, ela representa o potencial de biodiversidade no nível do organismo, o grande campo de combinações genéticas possíveis que cada espécie percorre com as matérias-primas que possui, guiadas pela seleção natural e agora, cada vez mais, pelas mãos ignorantes da humanidade.

9. A CRIAÇÃO DE ECOSSISTEMAS

A ÁGUIA-DE-CABEÇA-BRANCA [*Haliaëtus leucocephalus*], uma espécie, voa sobre a Floresta Nacional Chippewa, em Minnesota. Mil espécies de plantas compõem a vegetação lá embaixo. Por que essa combinação específica, e não mil águias e uma planta? Ou mil águias e mil plantas? É natural perguntar se esses números que efetivamente existem são regidos por leis matemáticas. Se houver tais leis, segue-se que poderemos um dia prever a diversidade de outros lugares, de outros grupos de organismos. Dominar a complexidade por um meio tão econômico seria o coroamento da ecologia.

Infelizmente, porém, não há leis, ou pelo menos nenhuma que os biólogos tenham descoberto até agora, não no sentido determinado pelos físicos e químicos. Todavia, como em qualquer estudo sobre evolução, há princípios que podem ser expressos na forma de regras ou tendências estatísticas. A disciplina que formula essas asserções menos ponderáveis, a ecologia biocenótica, ainda é jovem e incipiente, mas cresce rapidamente, o que é uma maneira educada de dizer que ainda está muito atrás das ciências físicas — mas há progresso, e ambição.

Diante de nós está agora um problema sobremaneira importante: como a biodiversidade se forma pela criação de ecossistemas? Podemos começar a encará-lo reconhecendo duas possibilidades extremas. Na primeira, uma comunidade de organismos, como a que ocupa a Floresta Nacional Chippewa, está em desordem total. As espécies vêm e vão como espíritos livres. Sua colonização e sua extinção não são determinadas pela presença ou ausência de outras espécies. Consequentemente, de acordo com esse modelo extremo, o grau de biodiversidade é um processo aleatório, e os hábitats das diversas espécies coincidem apenas por acidente. A segunda possibilidade extrema é a ordem perfeita. As espécies são tão interdependentes; as teias alimentares, tão rígidas; as simbioses, tão estritas que a comunidade é virtualmente um único grande organismo, um superorganismo. Isso significa que, se somente uma das espécies fosse nomeada, digamos o papa-moscas da Nova Escócia, a salamandra marmoreada ou a groselheira, as milhares de outras espécies poderiam ser descartadas, pois não dariam maiores informações sobre essa comunidade em particular.

Os ecologistas rejeitam a possibilidade de qualquer um desses extremos. Eles concebem uma forma intermediária de organização comunitária, algo assim: o fato de uma determinada espécie ocorrer em um hábitat qualquer adequado a ela deve-se basicamente ao acaso, embora para a maioria dos organismos o acaso seja fortemente influenciado — os dados estão viciados — pela identidade das espécies já presentes.

Em comunidades organizadas assim de maneira tão frouxa, há pequenos participantes e grandes participantes, e os maiores participantes de todos são as espécies-chaves. Como o nome indica, a retirada de uma espécie-chave faz com que uma parte substancial da comunidade se modifique drasticamente. Muitas outras espécies declinariam até quase a extinção, ou se extinguiriam, ou então ascenderiam a uma abundância sem precedentes. Ou outras espécies, anteriormente excluídas por competição ou falta de oportunidade, invadiriam a comunidade, alterando ainda mais a sua estrutura. Se colocarmos de volta a espécie-chave, a comunidade geralmente (mas não invariavelmente) retorna a algo semelhante ao seu estado original.

A espécie-chave mais poderosa conhecida no mundo talvez seja a lontra marinha (*Enhydra lutris*). Esse animal magnífico, de corpo grande e ágil, primo das doninhas, com bigodes como os de um gato e um olhar langoroso e inexpressivo, florescia outrora nos leitos de algas castanhas [*Macrocystis pyrifera*] próximos à costa, desde o Alasca até o Sul da Califórnia. Mas a lontra foi caçada por exploradores e colonizadores europeus por causa de sua pele, de tal modo que no final do século XIX estava próxima da extinção. Nos lugares onde a lontra desapareceu completamente, desenrolou-se uma inesperada sequência de eventos. O número de ouriços-do-mar, normalmente a principal presa das lontras, explodiu, e eles passaram a consumir grandes porções da alga castanha e de outras algas costeiras. Na época das lontras, os leitos de algas castanhas, que se ancoram no fundo do mar e sobem até a superfície, constituíam uma verdadeira floresta. Agora estão praticamente desaparecidos, tendo sido literalmente devorados. Grandes extensões do chão marinho pouco profundo foram reduzidas à condição de verdadeiros desertos pelos ouriços-do-mar.

Com forte apoio popular, os ambientalistas conseguiram restaurar a lontra marinha e, com ela, o hábitat e a biodiversidade originais. Uma pequena quantidade desses animais havia conseguido sobreviver em extremidades quase opostas da sua distribuição geográfica, nas ilhas Aleutas ao norte e em alguns locais na costa sul da Califórnia. Alguns foram transportados para pontos intermediários espalhados pela costa dos Estados Unidos e do Canadá, e medidas rigorosas foram tomadas para proteger a espécie ao longo de toda a sua distribuição. As lontras proliferaram, e os ouriços diminuíram. As florestas de algas castanhas recuperaram a sua exuberância original. Uma variedade de espécies menores de algas surgiram, juntamente com crustáceos, lulas, peixes e outros organismos. Baleias cinzentas migraram para mais perto da costa a fim de deixar seus filhotes em vãos ao longo dos tufos de algas enquanto se alimentavam nas densas concentrações de plâncton animal.

Os ecologistas, como os organismos que estudam, não podem fazer a natureza se conformar às suas vontades e ideais. Eles buscam alguma brecha e aproveitam oportunidades, explorando a descoberta ocasional de uma espécie-chave como a lontra marinha para compreender melhor a organização de comunidades em diferentes ambientes. Outros exemplos foram encontrados. Nas florestas virgens das Américas Central e do Sul — mais precisamente, nas desalentadoramente poucas florestas restantes —, onças e pumas se alimentam de uma ampla variedade de pequenos animais encontrados no chão. Onças e pumas são animais que "buscam" suas presas, tomando qualquer animal que encontrarem, em oposição aos que, como o chita e os cães selvagens, "perseguem" e selecionam apenas alguns tipos de animais para comer. Os grandes felinos gostam particularmente de quatis (membros da família dos racuns [*Procyon lotor*] de corpo alongado e focinho afilado), cutias e pacas — todos roedores de grande porte que lembram alternadamente lebres enormes ou pequenos cervos. Quando as onças e pumas desapareceram da ilha Barro Colorado, no Panamá, porque a floresta deixara de ser suficientemente extensa para abrigá-las, a população das espécies de suas presas logo aumentou dez vezes. Efeitos desses desequilíbrios parecem estar hoje percorrendo toda a cadeia alimentar. Quatis, cutias e pacas alimentam-se de grandes sementes que caem da abóbada da floresta tropical. Quando se tornam superabundantes, como ocorreu na ilha Barro Colorado, reduzem a capacidade de reprodução das espécies de árvores que produzem essas sementes. Outras espécies, cujas sementes são pequenas demais para interessar os animais, beneficiam-se desse arrefecimento da competição. Suas sementes caem e começam a brotar, e um número maior de árvores jovens atinge a sua altura máxima e a idade de reprodução. Ao longo de um período de anos, a composição da floresta muda em favor delas. Parece inevitável que as espécies de animais especializados em se alimentar delas também prosperem, que os predadores que atacam esses animais aumentem, que os fungos e bactérias que parasitam as árvores de sementes pequenas e os animais a elas associados se disseminem, que os animais microscópicos que comem os fungos e bactérias fiquem mais densos, que os predadores dessas criaturas aumentem, e assim por diante em toda a teia alimentar. Assim reverbera um ecossistema com a remoção da espécie-chave.

De uma maneira totalmente distinta, elefantes, rinocerontes e outros herbívoros de grande porte atuam como espécies-chaves nas savanas e cerrados da África. Quando lhes é permitido atingir sua elevada densidade natural, controlam toda a estrutura física desses hábitats. Norman Owen-Smith fez o seguinte relato a respeito:

> Os elefantes africanos modernos empurram, quebram e arrancam árvores, alterando a fisionomia da vegetação e, por conseguinte, as condições dos hábitats das outras espécies de animais. As árvores destruídas pelos elefantes são substituídas por arbustos ou gramíneas regeneradoras, os quais oferecem uma folhagem mais acessível que pode ser consumida pelos pequenos herbívoros. As folhas de plantas lenhosas de crescimento rápido têm menos proteções químicas do que as árvores de crescimento mais lento que substituem. A velocidade dos ciclos tróficos também é acelerada. A pressão por pastagem exercida pelos rinocerontes-brancos e hipopótamos transforma pradarias de vegetação média num mosaico de gramíneas curtas e longas. Gramíneas curtas e rastejantes são geralmente menos fibrosas e menos ricas em nutrientes do que as gramíneas mais altas. Como resultado dessas mudanças de vegetação, a qualidade dos alimentos aumenta para os animais de pasto menores e mais seletivos. As espécies de animais dependentes de uma densa cobertura de vegetação lenhosa ou de gramíneas altas para fugir de predadores talvez consigam persistir em áreas de baixo impacto.

Durante milhões de anos, os grandes herbívoros da África subsaariana vagaram livremente por parques enormes, criando um mosaico de hábitats, uma faixa de gramíneas curtas aqui, um bosque de acácias ou resquício de floresta ripícola ali, lagoas margeadas por juncos acolá. O efeito global era um tremendo enriquecimento da diversidade biológica.

Se passarmos do alcance quilométrico dos elefantes para o nível das raízes das gramíneas, encontraremos uma classe totalmente distinta de espécies-chaves. Se os grandes mamíferos controlam a estrutura da vegetação, uma colônia de formigas-correição a seus pés captura milhões de vítimas por dia e altera a natureza da comunidade dos pequenos animais. Vista de alguns metros de distância, uma coluna de formigas-correição atacando parece uma coisa viva, um gigantesco pseudópode estendendo-se para engolfar sua presa. As vítimas são apanhadas por mandíbulas em forma de gancho, aferroadas até a morte e levadas para o bivaque, um labirinto de túneis e câmaras subterrâneas que abriga a rainha e as formas imaturas. Cada uma dessas forças expedicionárias é composta de milhões de operárias que saem desse retiro. As legiões esfomeadas que emergem do bivaque são como um lençol que se expande, numa formação semelhante a uma árvore horizontal. O tronco cresce a partir do ninho, a coroa expande-se como um front avançado, e numerosos galhos pendem de lá para cá entre os dois. O enxame tem forma, mas não tem líder. Operárias excitadas percorrem-no de uma extremidade à outra a uma velocidade média de um centímetro por segundo. As que estão na dianteira pressionam para a frente por uma curta distância e depois recuam para ceder sua posição a outras corredoras. As colunas de alimentação assemelham-se a cordas grossas colocadas no chão, contorcendo-se lentamente de um lado para outro. O front, que avança a vinte metros por hora, cobre todo o solo e toda vegetação baixa que estiver em seu caminho. As colunas que chegam vão expandindo-o como um rio que chega ao seu delta, com operárias correndo de lá para cá num frenesi alimentar, consumindo a maior parte dos insetos, aranhas e outros invertebrados que encontram, atacando cobras e outros grandes animais que não conseguem se afastar.

Dia após dia, as formigas-correição gadanham toda a vida animal em torno de seu bivaque. Reduzem a sua biomassa e alteram as proporções das espécies. Os insetos voadores mais ativos escapam, como também escapam os animais invertebrados pequenos demais para serem percebidos pelas formigas, particularmente nematoides, ácaros e poduras. Outros insetos e invertebrados são duramente atingidos. Uma colônia de formigas-correição, formada por até 20 milhões de operárias — todas filhas de uma única rainha-mãe —, é um fardo

Uma espécie-chave num nível comum: um enxame de formigas-correição marcha por uma savana do Quênia. Os exércitos de formigas alteram drasticamente a abundância de insetos e outros pequenos animais nos hábitats por ondem passam.

pesado para o ecossistema suportar. Mesmo as aves insetívoras têm de voar até um outro lugar para encontrar alimento suficiente.

Ficou claro que um grupo de elite de espécies exerce uma influência sobre a diversidade biológica totalmente desproporcional ao número de seus indivíduos. Os cientistas são atraídos por casos assim tão concentrados, não só na ecologia mas também em outros campos díspares como a astrofísica e a neurobiologia, porque podem proporcionar informações rapidamente e um ponto de entrada em sistemas que seriam de outra forma intratáveis. Contudo, esses casos também podem levar a

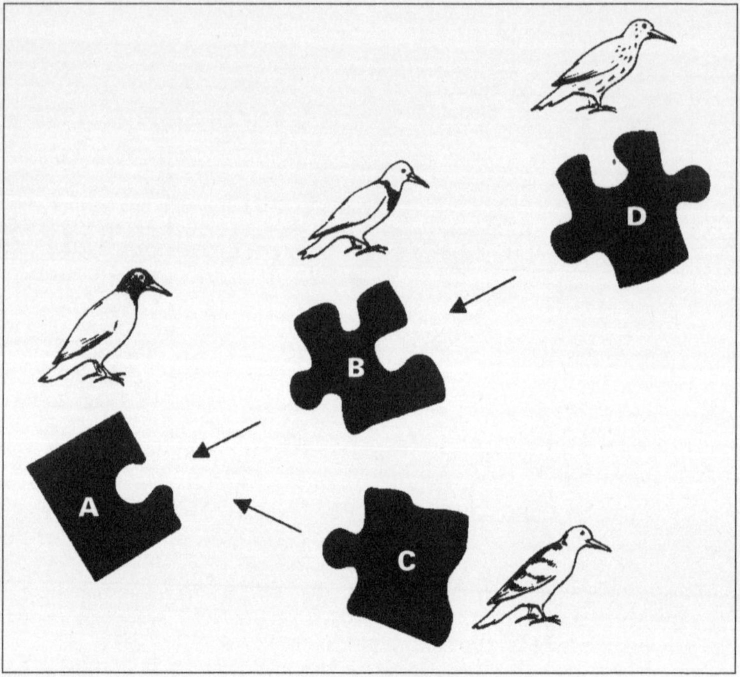

Regras de formação determinam quais espécies podem coexistir numa comunidade de organismos (como as espécies de aves num trecho de floresta). As regras também determinam a sequência em que as espécies podem colonizar o hábitat. Um conjunto de regras imaginárias é representado aqui como peças de um quebra-cabeça que podem ser juntadas em uma de duas combinações possíveis, ABD ou AC.

equívocos se forem excessivamente generalizados. Chega um momento, em toda a ciência, em que convém se afastar do claro e do óbvio e dar algumas voltas, inventando abordagens mais sutis para tentar encontrar fenômenos encobertos. No estudo das comunidades, essa estratégia requer maior atenção ao contexto, à história e ao acaso.

Uma recente e bem-sucedida abordagem consiste em deduzir as regras de formação das faunas e floras. Embora a tentativa de identificar espécies-chaves tome uma comunidade basicamente como ela é e calcule o que acontece quando a espécie candidata é retirada, as regras de formação procuram reconstruir a sequência em que as espécies foram acrescentadas quando a comunidade passou a existir. E mais: postula quais sequências são possíveis e quais não são. Permitam-me expressar a ideia usando um exemplo imaginário escolhido por sua clareza. Uma certa espécie de planta estabelece-se, digamos, numa ilha montanhosa. A sua presença permite que o hábitat seja colonizado por uma espécie de besouro que só se alimenta dela. Uma espécie de vespa que é parasita desse besouro chega em seguida. Numa outra dimensão, e provocando competição, uma segunda regra de formação manifesta-se. Desembarca na ilha uma espécie de pica-pau; vamos chamá-la A. Ela se multiplica tão abundantemente e passa a dominar de tal forma o suprimento alimentar que quando chegam duas outras espécies de pica-paus, B e C, somente uma delas (mas não as duas) conseguirá se incluir na comunidade. Temos agora uma fauna de pica-paus constituída de AB ou AC, dependendo de qual das duas — B ou C — chegou antes. Por fim, surge a espécie D de pica-paus. Por ocupar um nicho próprio — o de procurar alimento em grandes coníferas, por exemplo —, ela consegue se espremer junto com as demais espécies se a combinação preexistente for AB, mas não se a combinação for AC. De modo que a primeira fauna estável de pica-paus na comunidade é ABD ou AC.

Os ecologistas deduzem regras de formação observando quais espécies efetivamente vivem juntas na natureza. Uma abordagem, adotada por Jared Diamond num trabalho pioneiro com as aves da Nova Guiné, compara comunidades de muitos locais diferentes para verificar quais combinações de espécies ocorrem e quais raramente ou nunca ocorrem. As conclusões preliminares a que se chega dessa maneira podem então ser postas à prova com estudos detalhados das preferências de hábitat de cada espécie. Suponhamos, no caso dos pica-paus citado anteriormente, que as espécies B e C quase nunca coexistam nos mesmos lugares porque competem até que uma ou outra seja extinta. Suponhamos também que novos estudos tornem o modelo ainda mais refinado: B e C ocorrem juntas em algumas montanhas, mas quase sempre em altitudes diferentes, de modo que na realidade raramente fazem parte de uma mesma comunidade. Nas montanhas em que ambas ocorrem, B está distribuída de duzentos a mil metros, e C de mil a 2 mil metros. Quando só uma das espécies ocorre em uma montanha, ela se espalha então de duzentos a 2 mil metros. Essa expansão na ausência de competidores é o mesmo fenômeno que já encontramos, a liberação ecológica. O impedimento na presença de um competidor chama-se deslocamento ecológico. A existência de liberação e deslocamento é considerada forte evidência presuntiva de que, mesmo quando B e C têm a mesma distribuição geográfica, elas não conseguem viver juntas no mesmo hábitat e comunidade. Ambas se retiram para altitudes em que cada uma é um competidor superior, neste caso B nas terras mais baixas e C nas mais elevadas.

Será interessante retornar agora a Krakatau e relembrar o exemplo de agrupamento de espécies que essa ilha nos oferece. Uma comunidade não desembarca nas praias de uma ilha assim como um produto acabado. Pelo contrário, vai se montando como um castelo de cartas, uma espécie sobre outra, obedecendo vagamente às regras de formação. A maioria dos propágulos, sejam sementes de plantas ou bandos errantes de aves, está fadada ao fracasso: o solo não lhes é adequado, as clareiras nas florestas ainda estão pequenas demais, as espécies das suas presas não chegaram ainda, ou competidores formidáveis os aguardam no litoral. Além disso, muitas das espécies já estabelecidas antes não conseguem se manter, pois as condições inevitavelmente mudam: os brejos vão sendo cerceados pelo crescimento de florestas, doenças começam a atacar, um competidor mais forte invade, oscilações aleatórias nos membros levam a população a zero. A comunidade muda sem cessar e, intermitentemente, por meio de ensaios e erros inconscientes, a sua biodiversidade vai pouco a pouco aumentando. Espécies antes excluídas encontram espaço, por fim, pares e trios simbióticos se encaixam, a floresta vai se tornando mais cerrada e mais rica, novos nichos são preparados. A comunidade vai assim atingindo um estado de maturidade — na realidade, um equilíbrio dinâmico com espécies ininterruptamente chegando e desaparecendo em que o número total de espécies aumenta e diminui dentro de uma faixa estreita.

Acomodações são feitas ao longo de todo o processo de colonização. Espécies conflitantes às vezes transigem através do deslocamento ecológico, cedendo parte do seu meio ambiente aos competidores e assim sobrevivendo. As formigas-lava-pés, por exemplo, estão entre os animais territoriais mais agressivos que se conhecem, e é difícil encontrar mais do que duas ou três espécies coexistindo na mesma comunidade. Suas colônias, formadas por uma rainha-mãe e milhares de operárias que mordem e aferroam, enfrentam-se umas às outras em combate organizado. Tentam sempre destruir as colônias menores e, com as maiores, estabelecer fronteiras territoriais por um *combat d'usure* contínuo, coagindo-se reciprocamente até que um equilíbrio de poder seja atingido. Em algum momento da década de 1930, uma espécie sul-americana de formiga-lava-pés, *Solenopsis invicta*, foi acidentalmente introduzida no porto de Mobile, Alabama, e mostrou-se vitoriosa desde o princípio, precisando de apenas quarenta anos para espalhar-se por todo o Sul dos Estados Unidos, das Carolinas até o Texas. Por todo esse território ela deparou com uma formiga-lava-pés nativa, *Solenopsugeminata*, que até então era a formiga dominante tanto nas matas quanto em hábitats abertos. A formiga-lava-pés nativa ainda é abundante, mas no geral foi forçada a recuar para locais dispersos de mata. Os hábitats preferidos pelas formigas--lava-pés em geral — pastagens, prados e beiras de estrada — são agora domínio das novatas. Se as formigas-lava-pés importadas pudessem de algum modo ser eliminadas (algo fervorosa mas futilmente desejado pelos sulistas), a formiga-lava-pés nativa quase certamente voltaria a ocupar suas antigas moradas.

O caso das formigas-lava-pés ilustra o bem documentado princípio segundo o qual espécies muito semelhantes podem conviver quando suas necessidades são elásticas. A elasticidade é a marca registrada dos tentilhões de Darwin nas ilhas Galápagos, pelo simples motivo de que sua sobrevivência a longo prazo depende disso. Eles vivem em ilhas vulcânicas desertas, num ambiente inóspito e variável que altera a qualidade de vida que lhes oferece mês a mês e ano a ano. Durante a estação chuvosa, quando ocorre a maior parte do crescimento vegetal e a comida é relativamente abundante, as aves têm uma dieta farta e variada. Espécies que vivem na mesma ilha e que são anatomicamente similares umas às outras alimentam-se em grande medida dos mesmos itens. Na estação da seca, o alimento fica escasso, e as espécies passam a diferir quanto aos itens que selecionam. Algumas se tornam especialistas, ao passo que outras ampliam as suas dietas.

A minúscula ilha Daphne Maior abriga duas espécies residentes, o tentilhão terrestre médio *Geospiza jortis* e o tentillhão de cacto *Geospiza scandens*. Ambos vivem onde o cacto opúncia cresce densamente. Na estação chuvosa, quando o cacto está em plena florescência, as duas espécies consomem basicamente os mesmos alimentos. Tomam o néctar e o pólen das flores, e também se deleitam com diversos tipos de sementes e insetos. Na estação seca, com a diminuição de suprimento alimentar, *G. scandens* restringe a sua dieta e se concentra nas partes comestíveis da opúncia, enquanto *G. fortis* amplia a sua, incluindo uma variedade muito mais ampla de itens do que antes sempre que puder encontrá-los.

Imaginemos um caso em que duas espécies assim tenham sido reunidas na mesma comunidade por um tempo suficiente para a evolução ocorrer. Quando entraram em contato pela primeira vez, elas eram elásticas e podiam divergir em seus hábitos o suficiente para reduzir a competição. As diferenças eram fenotípicas, resultantes do meio ambiente, e não dos genes. Houve compressão em traços relativamente fáceis de mudar, provavelmente porque uma ou ambas as espécies abandonaram partes do seu hábitat e sua dieta. Com o passar das gerações, foram surgindo diferenças genéticas que intensificaram as distinções entre as duas espécies. Cada ave, individualmente, foi achando vantajoso exceder-se naquelas porções do nicho a que havia sido levada. O sucesso das que estavam geneticamente predispostas para tal fez com que a população como um todo se especializasse — consumisse certos alimentos ou fizesse seus ninhos neste ou naquele hábitat. As diferenças entre ambas as espécies então se estenderam à anatomia e à fisiologia. As duas passaram assim a competir menos uma com a outra, provavelmente à custa de um pouco da sua elasticidade original. Elas sofreram uma mudança evolutiva chamada *deslocamento de caracteres*.

O exemplo clássico de deslocamento de caracteres é a modificação do tamanho do bico e dos hábitos alimentares dos tentilhões de Darwin. A irradiação adaptativa das treze espécies das Galápagos foi baseada, em grande medida, em variações da grossura do bico, e esse traço deveu-se em parte ao deslocamento de caracteres. A pressão seletiva que atua por trás da evolução é a de melhorar a eficiência durante a especialização. Quanto mais fundo o bico se encaixar na cabeça, mais força ele pode exercer ao longo das bordas cortantes e na ponta. Tentilhões com bicos grossos estão bem equipados para abrir frutos mais duros e esmagar sementes maiores e mais quebradiças. Tentilhões com bicos finos estão limitados a uma dieta mais macia, mas são compensados pela habilidade de cutucar frestas estreitas e manipular objetos pequenos. Uma analogia grosseira com a tecnologia humana seria a irradiação adaptativa dos alicates. Para girar um pino ou enrolar um fio grosso com facilidade, é preciso um alicate comum ou um alicate de pressão. Para manipular pinos e fios finos, é preciso alicates mais estreitos e proporcionalmente mais compridos.

A história de deslocamento e irradiação dos tentilhões de Darwin não se reduz ao formato do bico. O tamanho dos músculos da mandíbula, os movimentos estereotipados das aves ao se alimentarem e talvez até a química da sua digestão foram alterados como parte de uma especialização dietética das espécies. Mas a profundidade do bico continua sendo o traço mais óbvio e mais facilmente mensurável. É algo convenientemente representativo pelo qual a síndrome maior das mudanças especializadas pode ser estudada.

A maneira mais segura de comprovar que o deslocamento de caracteres é uma força motriz da irradiação adaptativa é a demonstração de um certo modelo geográfico em duas etapas: espécies que a evolução afastou uma da outra em lugares onde estavam em contato mas que não divergiram ou talvez tenham até convergido onde viviam sozinhas. No caso especial dos tentilhões de Darwin, devemos buscar diferenças significativas entre as espécies nas ilhas em que vivem juntas, particularmente naqueles traços (por exemplo, formato do bico) que permitem a especialização e a redução da competição. E precisamos de um parâmetro de controle: nas demais ilhas que abrigam uma única espécie, os competidores devem ser mais semelhantes entre si, novamente naqueles traços que se acredita sejam mais submetidos à competição. Se esse duplo padrão for marcante e convincente, podemos razoavelmente concluir que onde a espécie foi forçada a competir sua evolução afastou-a de sua rival para que preenchesse um nicho especial, e onde não houve competição ela permaneceu estacionária — ou então evoluiu na direção do oponente para preencher ambos os nichos.

Ao testar o deslocamento de caracteres dos tentilhões de Darwin, Peter Grant aproveitou o fato de que algumas espécies ocorrem em muitas das ilhas Galápagos. Ele examinou treze casos em que pares de espécies semelhantes ocorrem juntos em diversas ilhas. Em onze desses casos, Grant constatou que elas diferiam mais na profundidade do bico do que quando ocorriam sozinhas, em ilhas próprias. As evidências, no entanto, estavam longe de ser decisivas. Grant reconheceu que há uma outra maneira em que tal configuração pode se dar mesmo na ausência de competição. O deslocamento de caracteres também poderia ocorrer por reforço reprodutivo das diferenças que isolam as espécies como conjuntos gênicos distintos. Se duas espécies sofrem uma certa hibridação ao se encontrar, e se os híbridos forem inferiores ou estéreis, será vantajoso para ambas que evitem totalmente o entrecruzamento. Um recurso seria desenvolver traços (como formatos distintos de bicos) que permitam aos indivíduos selecionar membros de sua própria espécie com maior precisão. Usando aves fêmeas empalhadas que, a despeito da sua imobilidade, são cortejadas pelos machos, que de nada desconfiam, Grant descobriu que, nas ilhas em que espécies similares vivem juntas, os machos preferem fêmeas com o formato certo de bico. Todavia, são muito menos seletivos quando a mesma espécie vive sozinha. Em outras palavras, o formato do bico *é* um guia para os tentilhões machos escolherem fêmeas da sua própria espécie, e esse reforço reprodutivo de fato ocorre como um processo evolutivo. Contudo, ponderando minuciosamente os fatores, Grant mostrou que o deslocamento de caracteres ocorre principalmente através da competição, e o reforço reprodutivo está associado a ele como um efeito secundário. Isso significa que, quando os bicos começam a diferir em consequência da competição, as espécies afins de tentilhões de Darwin também usam as diferenças para evitar hibridação.

O deslocamento de caracteres também foi convincentemente documentado em alguns outros grupos de organismos, incluindo rãs, moscas-das-frutas, formigas e caracóis, mas está longe de ser um processo biológico universal. Permite um pouco de compressão aqui e ali, e possibilita que algumas espécies adentrem comunidades locais. Representa um processo pelo qual as comunidades podem ser em certa medida organizadas, mediando um aumento na diversidade biológica geral.

Às forças que aumentam a biodiversidade, acrescentemos os predadores. Num célebre experimento realizado no litoral do estado de Washington, Robert Paine descobriu que os carnívoros, longe de acabar com as espécies de suas presas, podem protegê-las da extinção — preservando assim a diversidade. A estrela-do-mar *Pisaster ochraceus* é um predador-chave de moluscos que vivem em águas de maré confinadas por rochas, incluindo mexilhões, lapas e quítons. Também ataca cracas, que parecem moluscos mas são na realidade crustáceos envoltos por uma concha que permanecem arraigados num lugar. Na área do estudo de Paine, nos locais onde ocorria a estrela-do-mar *Pisaster*, quinze espécies de moluscos e cracas coexistiam. Quando Paine removeu manualmente as estrelas-do-mar, o número de espécies caiu para oito. O que ocorreu foi inesperado mas, em retrospectiva, lógico. Livres da predação da *Pisaster*, mexilhões e cracas aumentaram até uma densidade anormalmente elevada que expulsou sete das suas espécies. Em outras palavras, o predador neste caso era menos perigoso que os competidores. A regra de formação aqui é a seguinte: se for inserido um determinado predador, mais espécies de animais sedentários poderão invadir a comunidade depois.

Uma outra dimensão de complexidade é acrescentada pela simbiose, definida em termos amplos como a associação íntima de duas ou mais espécies. Os biólogos reconhecem três classes de simbiose. No parasitismo, a primeira, o simbionte depende do hospedeiro e prejudica-o, mas não o mata. Ou seja, parasitismo é uma predação em que o predador come a presa em unidades menores que um. Sendo comido pedaço por pedaço e sobrevivendo, frequentemente bem, o organismo hospedeiro é capaz de sustentar toda uma população de outra espécie. Pode também sustentar diversas espécies simultaneamente. Um único desgraçado e não medicado ser humano poderia, teoricamente ao menos, sustentar piolho-da-cabeça (*Pediculus humanus capitis*), piolho-do-corpo (*Pediculus humanus humanus*), piolho-das-virilhas (*Phthirus pubis*), pulga-do-homem (*Pulex irritans*), mosca-do-berne (*Dermatobia hominis*) e uma multidão de nematoides, tênias, fascíolas, protozoários, fungos e bactérias — todos metabolicamente adaptados para viver no corpo humano. Cada espécie de organismo, especialmente plantas ou animais de maior porte, é hospedeira de uma dessas faunas e floras sob medida de parasitas. O gorila, por exemplo, tem o seu próprio chato, *Phthirus gorillae*, que é muito parecido com o do *Homo sapiens*. Encontrou-se um ácaro que vive exclusivamente do sangue que chupa do pé traseiro dos soldados de um tipo de formiga legionária sul-americana. Conhecem-se vespas minúsculas cujas larvas são parasitas de larvas de outros tipos de vespas que vivem dentro do corpo de lagartas de determinadas espécies de mariposas que se alimentam de certos tipos de plantas que vivem em outras plantas.

Aumentando ainda mais a diversidade estão os comensais, organismos simbióticos que vivem no corpo de outra espécie, ou em seus ninhos, mas não a ajudam nem a prejudicam. Sem jamais perceber, a maioria dos seres humanos carrega na testa dois tipos de ácaros, criaturinhas delgadas com corpo como o dos vermes e cabeça como a das aranhas, tão pequenas que são praticamente invisíveis a olho nu. Um deles (*Demodex folliculorum*) habita os folículos dos pelos, e o outro (*Demodex brevis*), as glândulas sebáceas. Podemos conhecer nossos ácaros da seguinte maneira: estique a pele da testa com uma das mãos e, com uma espátula ou faca de manteiga, raspe cuidadosamente na direção contrária, espremendo vestígios de material oleoso das glândulas sebáceas. Evite usar um objeto afiado demais, como vidro ou faca cortante. Em seguida raspe da espátula o material extraído em uma sobrelâmina e encoste a lâmina (voltada para baixo) numa gota de óleo de imersão colocada previamente numa lâmina de vidro para microscópio. Examine então o material com um microscópio composto comum. Você verá criaturas de arrepiar os cabelos.

Jamais nos daríamos conta dos ácaros da nossa testa de outra maneira. Esses e outros comensais cravam uma fina cunha e sorvem pequenas quantidades de nutrientes e energia virtualmente inúteis para seus hospedeiros, numa vida segura de impecável modéstia. Sua biomassa é mínima ou microscópica; sua diversidade, imensa. Estão em toda a parte, mas é preciso um olho aguçado para vê-los. Sobre as folhas das árvores das florestas pluviais tropicais existem verdadeiros jardins achatados, de apenas um centímetro de largura, repletos de liquens, musgos e hepáticas. Entre os epifilos — plantas que vivem em folhas — viceja uma multidão de minúsculos ácaros, poduras e piolhos--da-casca. Alguns desses animaizinhos se alimentam dos epifilos; outros, dos animais que se alimentam dos epifilos. Assim, uma única folha de árvore, que geralmente não constitui mais do que a décima milésima parte desse organismo, é o lar de toda uma fauna e toda uma flora miniaturizadas.

O elo mais íntimo entre as espécies, um que confere à palavra *comunidade* mais do que um significado metafórico, é o mutualismo. Esse terceiro tipo de relacionamento, muitas vezes considerado como a verdadeira simbiose e assim chamado em linguagem menos formal, é uma coexistência íntima de duas espécies que beneficia ambas. Uma grande parte da madeira morta é decomposta por cupins — mas não pelos cupins, na realidade, e sim por protozoários e bactérias que vivem nas vísceras posteriores dos cupins. Mas também não inteiramente por esses micro-organismos, pois eles precisam dos cupins para habitar e de um fluxo constante de madeira mastigada e transformada numa polpa digerível. De modo que a maneira correta de expressar a frase original é: uma grande parte da madeira morta é decomposta pela simbiose cupim-micro-organismo. Os cupins colhem a madeira, mas não podem digeri-la; os micro-organismos digerem-na, mas não podem colhê-la. Poderíamos dizer que ao longo de milhões de anos os cupins domesticaram os micro-organismos para que servissem às suas necessidades especiais. Isso, todavia, seria um chauvinismo de grande organismo, pois é igualmente correto afirmar que os cupins foram utilizados para servir às necessidades dos micro--organismos. Tal é a natureza da simbiose mutualista: para atingir o nível mais elevado de intimidade, os parceiros amalgamam-se num único organismo.

As simbioses mutualistas são mais do que meras curiosidades para deleite dos biólogos. A maior parte da vida terrestre depende derradeiramente de um relacionamento assim: o micorrizo (do grego *mykes*, "fungo" + *rhiza*, "raiz"), isto é, a coexistência íntima de mútua dependência entre fungos e o sistema de raízes das plantas. A maior parte das plantas, de fetos a coníferas e floríferas, abriga fungos especializados em absorver do solo fósforo e outros nutrientes quimicamente simples. No micorrizo, os fungos cedem parte desses materiais vitais às plantas que os hospedam, e as plantas retribuem abrigando-os e fornecendo-lhes carboidratos. As plantas privadas de seus fungos crescem lentamente; muitas morrem.

Dependendo da espécie, os fungos entram nas células externas da raiz das plantas hospedeiras ou envolvem todas as raízes formando teias densas. Em quase qualquer parte do mundo, uma planta arrancada do solo revela um emaranhado de delicadas fibras prendendo massas de partículas de terra. Algumas dessas extensões serão provavelmente radículas da planta, mas outras são as hifas do fungo simbiótico, semelhantes a mofo. Em diversos tipos de plantas, as hifas fúngicas substituíram completamente as radículas durante a evolução.

Sem a parceria planta-fungo, a própria colonização da terra por plantas e animais superiores, 400 a 450 milhões de anos atrás, provavelmente não teria sido possível. O solo árido e açoitado por chuvas daquela época não era hospitaleiro a organismos mais complexos do que bactérias, algas simples e musgos. As primeiras plantas vasculares não tinham folhas; eram formas sem sementes que lembravam superficialmente as cavalinhas e licopodiáceas modernas. Aliando-se aos fungos, elas tomaram posse da terra. Algumas das pioneiras tornaram-se árvores lico fitínicas e as cicadofilicales das grandes florestas carboníferas do Paleozoico. Geraram também as ancestrais das plantas floríferas e das coníferas modernas, cuja vegetação chegou na plenitude do seu tempo a abrigar a maior variedade de vida animal que jamais existiu. Hoje as florestas pluviais tropicais, que talvez contenham mais da metade das espécies de plantas e animais da Terra, crescem sobre uma esteira de fungos micorrízicos.

Os recifes de corais, os equivalentes marinhos das florestas pluviais, também se formaram sobre uma plataforma de simbiose mutualista. Os corais, organismos vivos que cobrem a parte carbonada do recife, são pólipos, parentes próximos das medusas. Como as medusas e outros celenterados, eles usam seus tentáculos plumosos para capturar crustáceos e outros pequenos animais. Também dependem da energia fornecida por algas unicelulares, que abrigam dentro de seus tecidos e às quais doam parte dos nutrientes que extraem de suas presas. Na maioria das espécies de coral, cada pólipo individual secreta um cálice de carbonato de cálcio que atua como um esqueleto envolvendo e protegendo seu corpo mole. As colônias de coral crescem pela gemulação de pólipos individuais, em que esses cálices vão sendo acrescentados uns aos outros num padrão geométrico específico de cada espécie. O resultado é um quadro belíssimo e estonteante de formas de tecas [esqueleto calcário] que se juntam para formar um recife — um campo emaranhado de corais-córneos, corais-cérebros, corais licopódios, órgãos do mar, gorgônias e leques. À medida que a colônia cresce, os pólipos mais velhos morrem, deixando suas conchas calcárias intactas embaixo. Com o tempo, os membros vivos formam uma camada sobre um recife cada vez maior constituído de restos de esqueletos. Esses recifes, enormes, que às vezes têm milhares de anos de idade, desempenham um importante papel na formação de ilhas tropicais, em particular aqueles próximos de ilhas vulcânicas e os atóis que permanecem quando desaparecem os vulcões. Criam a base física e a energia fotossintética para comunidades aglomeradas de milhares de espécies, de vespas do mar a tamburutacas a tubarões gatos.

Resumindo até este ponto, o que sabemos sobre a formação de comunidades? Sabemos obviamente que há muita organização nas ligações entre as espécies. Mas em que quantidade? A resposta é desconhecida, qualquer que seja o tipo de comunidade — todos os organismos de um trecho de floresta decídua, por exemplo, ou de um recife de coral ou de uma fonte do deserto. Conhecemos algumas espécies-chaves, algumas regras de formação, alguns processos de competição e simbiose que atuam como uma força gravitacional fraca.

Sabemos como algumas espécies se encaixam, duas a duas ou três a três, mas não sabemos como uma comunidade inteira se encaixa. Temos alguns indícios do que está por vir à medida que as pesquisas vão ficando cada vez mais sofisticadas. Pensemos na comunidade como uma teia alimentar, uma ligação de espécies que são predadoras de outras espécies. O que aconteceria se uma espécie fosse extinta, simplesmente arrancada fora da teia alimentar, como aconteceu com as lontras? Quais seriam os efeitos? Com estudos de campo e modelos matemáticos, os ecologistas compilaram algumas das propriedades mais gerais das teias alimentares que determinam o resultado de um experimento dessa ordem. Eles descobriram que as cadeias alimentares que constituem a teia são muito curtas. Se verificarmos quem come quem em diferentes partes da teia, veremos que o número de elos na cadeia será cinco ou menos. Por exemplo, numa clareira pantanosa de um estado do Centro-Norte dos Estados Unidos, as juncáceas são comidas por gafanhotos acridioideos; os gafanhotos são comidos por aranhas geométricas [família Argiopidae]; as aranhas pelos óscines *Dendroica palmarum*; e esses silviídeos por falcões do pântano [*Circus hudsonius*]. Como as juncáceas não comem ninguém, e os falcões não são comidos por ninguém (exceto por bactérias e outros saprófagos ao morrerem), essas duas espécies formam os extremos da cadeia. Uma segunda regra é que o número de elos da teia alimentar não aumenta com o aumento do tamanho da comunidade. Não importa a quantidade de espécies que conseguem persistir na comunidade: o número médio de elos de uma determinada espécie de planta até um determinado predador superior não aumenta.

Cito essas duas generalizações para ilustrar os princípios mais sólidos da ecologia biocenótica. Mas cito-as também para mostrar como esses princípios são tênues e incompletos. Suponhamos que seja possível extirpar os *Dendroica palmarum* da teia alimentar do pântano. Essa cadeia alimentar é rompida, mas o ecossistema permanece intacto, mais ou menos. O motivo é que cada espécie da cadeia está ligada a outras cadeias. Outras espécies de aves que continuam presentes no pântano irão comer mais aranhas e, quase imperceptivelmente, os falcões do pântano começarão a procurar um número maior de aves, roedores, cobras e outras criaturas. Ácaros de penas, piolhos de aves e outros simbiontes encontrados apenas nos *Dendroica palmarum* (que são parte de outras cadeias ainda) desaparecerão junto com seus hospedeiros, mas o seu desaparecimento terá um efeito desprezível sobre a comunidade em geral.

Estendamos agora este experimento teórico de modo a extirpar duas espécies de silviídeos canoros, depois todas as espécies de silviídeos canoros e, por fim, todas as aves canoras da comunidade. Quanto mais a faca penetra, seus efeitos se disseminarão com uma severidade cada vez maior por uma parte grande mas indeterminada da comunidade. Se retirarmos as formigas, as principais predadoras e necrófagas de insetos e outros pequenos animais, os efeitos se intensificarão — e, contudo, os detalhes serão ainda menos previsíveis. A maioria das espécies de aves, formigas e outras plantas e animais está ligada a múltiplas cadeias da teia alimentar. É dificílimo avaliar quais sobreviventes irão tomar o lugar das espécies extintas e como irão se sair nesse papel. Os físicos são capazes de traçar o comportamento de uma única partícula; conseguem prever confiantemente a interação entre duas partículas; mas começam a se perder de três para cima. Vale, pois, ter em mente que a ecologia é uma disciplina muito mais complexa que a física.

O inverso do processo de extinção é a aglomeração de espécies. De um modo geral, os ecologistas não conseguem prever quais espécies poderão invadir uma comunidade e aumentar a sua diversidade. Selecionemos um hábitat ao acaso. Qual é o grau de aglomeração das espécies? Qual o limite superior da diversidade estável, qual o maior número de espécies que podem ser mantidas sem intervenção humana? É fácil aumentar a diversidade local introduzindo-se artificialmente mais e mais espécies — orquídeas fixadas em troncos de árvores, tigres criados em zoológicos e depois soltos na selva —, mas a maioria delas acaba perecendo. Sem manipulação constante e intrusiva, a maior parte das comunidades assim sobrecarregadas reverterá a um estado de menor diversidade, talvez semelhante ao original, talvez não.

A indeterminação da estrutura biocenótica é intensificada pela existência de ligações entre as espécies que estão além das teias alimentares convencionais e para as quais há poucas leis ou regras confiáveis. É particularmente difícil qualificar a competição — em especial a que resulta na exclusão de uma espécie por outra. O mesmo acontece com os efeitos da remoção de necrófagos e simbiontes. Mas o mais difícil de tudo é avaliar o impacto de espécies que alteram o meio ambiente físico ao longo de muitos anos. As espécies dominantes de árvores crescem excessivamente e mudam os regimes de temperatura e umidade nos quais as demais plantas e animais têm de viver. Cupins que constroem montículos revolvem e enriquecem o solo; alteram a composição de elementos químicos e determinam quais espécies de plantas poderão crescer perto de seus túneis subterrâneos. As populações de ácaros e poduras vicejam, enquanto os esporos fúngicos e o húmus declinam correspondentemente — tudo isso num grau impossível de determinar.

A imprevisibilidade dos ecossistemas é uma consequência das particularidades das espécies que os compõem. Cada espécie é uma entidade com a sua própria história evolutiva e o seu próprio conjunto de genes, de modo que cada espécie reage ao resto da comunidade de uma maneira especial. Vou terminar com o meu exemplo favorito de uma idiossincrasia que derruba leis. As concavidades das árvores costumam ficar cheias de água da chuva, criando pequenos hábitats aquáticos para animais e micro-organismos. Na costa oeste dos Estados Unidos vivem as larvas de uma espécie de mosquito que habita tais buracos de árvores, *Aedes sierrensis*. Elas se alimentam de protozoários ciliados microscópicos, *Lambornella clarki*, que lembram os conhecidos paramécios usados nos cursos de biologia. Os protozoários, por sua vez, alimentam-se de bactérias e outros micro-organismos que proliferam na água do buraco de árvore. Depois que os protozoários são expostos ao cheiro das larvas do mosquito por um a três dias, viram a mesa contra seus atormentadores. Alguns se metamorfoseiam em formas parasitárias que invadem o corpo das larvas e começam a se alimentar de seus tecidos e sangue. Assim, um segmento da cadeia alimentar é virado de pernas para o ar, criando um ciclo alimentar em que cada espécie é simultaneamente predadora e presa da outra.

O ciclo de predação e contrapredação do mosquito-protozoário é emblemático da direção que a ecologia biocenótica tem de seguir: analisar os ecossistemas em detalhe, de baixo para cima. Os biólogos estão retornando para a história natural com um senso renovado de missão. Eles não têm esperanças de aprender muito mais de cima para baixo, isto é, das propriedades de ecossistemas inteiros (fluxos de energia, ciclos tróficos, biomassa) interpoladas com as propriedades das comunidades e espécies. Somente com um conhecimento detalhado dos ciclos de vida e da biologia de um grande número das espécies constitutivas é que será possível criar princípios e métodos capazes de traçar com precisão o futuro de ecossistemas em face da furiosa investida humana.

Só então poderá haver uma resposta à pergunta que mais me é feita sobre a diversidade da vida: se um número suficiente de espécies for extinto, os ecossistemas sofrerão um colapso, e a extinção da maioria das demais espécies virá logo em seguida? A única resposta que alguém pode dar é: possivelmente. No entanto, quando encontrarmos a resposta, talvez já seja tarde demais. Um planeta, um experimento.

10. A BIODIVERSIDADE ATINGE O ÁPICE

HÁ 3 BILHÕES DE ANOS, a superfície terrestre era virtualmente destituída de vida. Mais que isso, era inabitável. Não havia camada de ozônio na estratosfera, e as moléculas progenitoras de oxigênio no ar mais abaixo eram escassas demais para criá-lo. A radiação ultravioleta de onda curta chegava desimpedida à Terra e caía sobre as rochas basálticas ressecadas. Atacava os organismos que se aventuravam a sair do mar, interrompendo sua síntese enzimática, abrindo suas membranas aos venenos ambientais e perfurando as suas células. Na água, porém, longe dos raios letais, pululavam organismos microscópicos, semelhantes às cianofíceas (às vezes chamadas de algas azuis), e uma mistura de bactérias e de seres similares a elas. A maioria desses organismos eram unicelulares e procarióticos, e alguns eram compostos de células unidas por filamentos. Eram destituídos de membranas nucleares, mitocôndrias, cloroplastos e outras organelas que conferem complexidade estrutural às células dos animais e plantas superiores.

Uma grande parte das formas de vida primitivas estava concentrada em finas camadas escumosas, os agregados microbiais. Sob esses agregados, elas engendraram formações rochosas distintivas chamadas estromatólitos, parecendo pilhas de colchões (*stroma*, "colchão") espalhados pelo fundo raso do mar como pacotes num armazém. Versões modernas dessas rochas recobertas de organismos ainda crescem em águas de maré em algumas áreas dispersas como a Baixa Califórnia e o Noroeste da Austrália. Algumas são macias o suficiente para serem cortadas com uma faca de caçador. Outras foram de tal modo infiltradas por carbonato de cálcio que se tornaram rijas como os estromatólitos fósseis. As formações crescem por acréscimo.

Os organismos vivos sobre elas são periodicamente cobertos por sedimentos e fragmentos de rocha levados pela maré e por tempestades. Eles vão se multiplicando para cima, fazendo pressão para chegar outra vez à luz do Sol e à água limpa, e por este meio vão aumentando a altura dos alicerces de estromatólitos ano após ano.

Nem todos os agregados microbiais modernos têm grossas colunas por baixo. Muitos formam folhas finas e sem apoio em hábitats marginais, onde as condições físicas são severas e os predadores e organismos concorrentes, escassos — como fontes de águas térmicas, lagunas salinas, lagos antárticos, sedimentos do fundo do mar e superfícies rochosas úmidas. São escassos e dispersos em comparação com a maioria dos ecossistemas. Mas, há 3 bilhões de anos, todo o espaço disponível nos mares rasos era provavelmente coberto por uma variedade dessas formações microbianas, cada uma delas especializada em um nicho específico de luz, temperatura e acidez.

Desde os primórdios da vida, os residentes dos agregados microbiais têm se juntado em comunidades de considerável complexidade. A aparência simples da camada externa vista a olho nu é ilusória. Quando fizemos um corte vertical em um agregado microbial e o examinamos sob um microscópio, vemos que é repleto de organismos fotossintéticos desde a superfície até uma profundidade de um milímetro. Ao percorrer essa curta distância, metade de uma letra maiúscula desta página, a luz solar é atenuada para 1% da intensidade que possui na superfície da água. É aproximadamente a mesma quantidade de energia que a luz do Sol perde ao viajar da coroa das árvores ao chão numa floresta densa. E a analogia vai ainda mais longe: a comunidade do agregado microbial é organizada de maneira mais ou menos similar à de uma floresta. As cianofíceas, que capturam a energia solar, são distribuídas em sucessão de alto a baixo como diferentes tipos de árvores, as espécies menos tolerantes à sombra próximas da superfície e as mais tolerantes em direção ao fundo. Elas usam a energia para combinar água e dióxido de carbono em moléculas orgânicas, liberando oxigê-

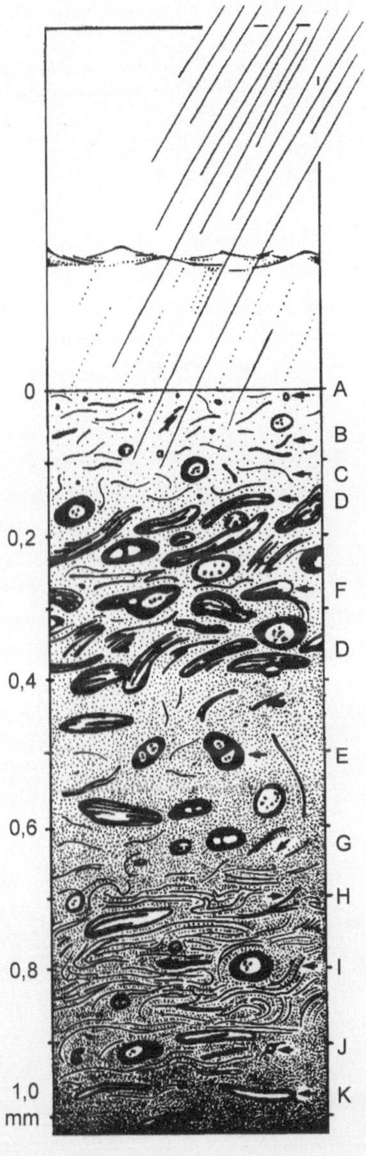

Entre os ecossistemas mais primitivos da Terra estão os agregados microbiais, finos agrupamentos de organismos microscópicos que datam em tempo geológico quase desde os primórdios da vida. Nessa camada viva de um milímetro de espessura em águas marinhas rasas, os organismos estão organizados por espécie de acordo com a profundidade e, consequentemente, com a quantidade de luz e os tipos de nutrientes que chegam até eles.

A. diatomáceas (algas microscópicas)
B. *Spirulina* (cianobactérias ou cianofíceas)
C. *Oscillatoria* (cianobactérias)
D. *Microcoleus* (cianobactérias)
E. bactérias não fotossintetizantes
F. diversas cianobactérias unicelulares
G. mucilagem bacteriana
H. *Chloroflexus* (bactérias verdes)
I. *Beggiatoa* (bactérias oxidantes de sulfetos)
J. organismos não identificados
K. coberturas descartadas de cianobactérias

nio no processo. Mais para baixo, no equivalente miniaturizado do interior escuro da floresta (ou fundo do mar, abaixo das águas superficiais iluminadas), vivem bactérias que oxidam enxofre. Esses organismos arcaicos, de um tipo que pode ter precedido as cianofíceas na evolução, não são fotossintetizantes. Eles não decompõem a água em hidrogênio e oxigênio com ajuda da energia solar, mas, ao contrário, rompem as ligações de sulfeto mais fracas sem usar a luz do Sol.

Nadando e vagando em mar aberto em torno dos antigos agregados microbiais havia quase certamente populações de cianofíceas e outras formas procarióticas distintas dos organismos do agregado. Algumas viviam por fotossíntese, outras alimentando-se de procariontes ou de suas células mortas. A vida já devia ser diversificada em nível microscópico, apropriando para si quantidades relativamente grandes de energia e nutrientes. Contudo, os primeiros organismos não eram assim tão diversos, não quando comparados com as biotas atuais. Não havia nenhuma floresta ou pradaria cobrindo a terra; nenhum leito de algas castanhas sufocava as costas oceânicas; nenhum bando de andorinhas-do-mar caçava peixe sobre as águas azuis. Se pudéssemos voltar no tempo e nadar perto da praia de um mar primitivo, examinando plantas e animais a olho nu, não encontraríamos nada comprovadamente vivo, apenas algumas pouco sedutoras manchas escumosas verde-amarronzadas e superfícies rochosas cheias de limo de proveniência incerta. Os organismos visíveis e um alto grau de diversidade só viriam muito depois.

A diversidade biológica aumentou mil vezes desde os primeiros tempos dos agregados microbiais graças ao progresso evolutivo, que, por sua vez, pode ser medido em quatro grandes etapas que marcam a passagem de éons:

- A origem da vida em si, espontaneamente, de moléculas orgânicas pré-bióticas, 3,8 a 3,9 bilhões de anos atrás. Os primeiros organismos eram unicelulares e, portanto, microscópicos. Ecossistemas estromatólitos surgiram no mínimo 3,5 bilhões de anos atrás.

• A origem dos organismos eucarióticos — "organismos superiores" — cerca de 1,8 bilhão de anos atrás. Seu DNA estava envolto em membranas, e o restante da célula continha mitocôndrias e outras organelas bem formadas. A princípio, os eucariontes eram unicelulares, à maneira dos protozoários atuais e das formas mais simples de algas, mas logo cederam lugar a organismos mais complexos compostos por muitas células eucarióticas organizadas em tecidos e órgãos.

• A explosão cambriana, 500 a 540 milhões de anos atrás. Animais macroscópicos recentemente em abundância, grandes o suficiente para serem vistos a olho nu, evoluíram por irradiação para criar os principais tipos adaptativos que existem hoje.

• A origem da mente humana, nos estágios posteriores da evolução do gênero *Homo*, provavelmente 100 mil a 1 milhão de anos atrás.

Alguns biólogos e filósofos acham difícil aceitar a expressão "progresso evolutivo". Ela é imprecisa e carregada de nuances antropomórficas, por certo. Mas eu a emprego apenas com o objetivo de identificar um paradoxo que é fundamental para compreendermos a diversidade biológica. Em sentido estrito, o conceito de progresso implica uma meta, e a evolução não tem meta. Nem há metas inerentes no DNA. Nem elas estão implícitas nas forças impessoais da seleção natural. Pelo contrário, metas são uma forma especializada de comportamento, parte do fenótipo externo que também inclui ossos, enzimas digestivas e o início da puberdade. Uma vez formados por seleção natural, os seres humanos e outros organismos sensíveis formulam metas como parte de suas estratégias de sobrevivência. Como metas são reações *ex-post-facto* dos organismos às necessidades impostas pelo meio ambiente, a vida é regida pelo passado imediato e pelo presente, não pelo futuro. Em suma, como a evolução por seleção natural não tem nada a ver com metas, pareceria não ter nada a ver com progresso.

Há, todavia, um outro sentido de *progresso* que possui considerável relevância para a evolução. A diversidade biológica abrange um vasto número de condições, das mais simples às mais complexas, tendo as mais simples surgido antes ao longo da evolução e as mais complexas depois. Muitas inversões e reversões ocorreram pelo caminho, mas a média geral ao longo da história da vida tem sido a passagem do escasso e simples para o numeroso e complexo. Durante o último bilhão de anos, os animais como um todo evoluíram ascendentemente em termos do tamanho do corpo, técnicas de alimentação e defesa, complexidade do cérebro e do comportamento, organização social e precisão do controle ambiental — em todos os casos afastando-se mais do estado não vivo do que seus antecessores mais simples. Mais precisamente, tanto a média geral desses traços quanto os seus extremos superiores aumentaram. Progresso, então, é uma propriedade da evolução da vida como um todo por praticamente qualquer parâmetro intuitivo concebível, incluindo a aquisição de metas e intenções no comportamento dos animais. Não faz muito sentido julgá-lo irrelevante. Atentos à adjuração de C. S. Peirce, não devemos pretender negar em nossa filosofia aquilo que sabemos em nossos corações ser verdade.

Uma tendência inegável de evolução progressiva é o aumento da biodiversidade decorrente de uma dominação cada vez maior do ambiente terrestre. Novos métodos para detectar fósseis microscópicos em rochas sedimentares de bilhões de anos de idade, análises químicas de ambientes antigos e estimativas estatísticas das abundâncias relativas de espécies extintas permitiram durante a última década que geoquímicos e paleontólogos tivessem uma compreensão bem mais clara dessa história.

Há 2 bilhões de anos, uma grande parcela dos organismos da Terra estava gerando oxigênio através da fotossíntese. Mas esse elemento, tão vital à vida que conhecemos hoje, não se acumulou na água e na atmosfera. Foi capturado pelo ferro ferroso, que é solúvel em água e suficientemente abundante para saturar os mares primitivos. Os dois elementos se combinaram para formar óxidos férricos, insolúveis em água, que se depositaram no fundo do mar. Como bem resumiu J. William Schopf, o mundo enferrujou.

Negado oxigênio pelo escoamento ferroso, os organismos foram forçados a permanecer anaeróbios. Os caminhos aeróbios do metabolismo, que são um meio altamente eficiente de obter e empregar energia livre, podem ter se desenvolvido no máximo como uma adaptação auxiliar. Há 2,8 bilhões de anos, o escoadouro havia se enchido parcialmente, e alguns poucos hábitats locais já sustentavam níveis baixos de oxigênio molecular. Os organismos aeróbios, ainda procariontes unicelulares, surgiram por volta dessa época. Durante o bilhão de anos seguinte, os níveis de oxigênio subiram em todo o mundo até constituir cerca de 1% da atmosfera. E há 1,8 bilhão de anos surgiram os primeiros organismos eucarióticos: formas algáceas, antecessoras dos organismos fotossintetizantes que dominam os mares modernos. Não antes de 600 milhões de anos atrás, perto do final da era proterozoica, surgiram os primeiros animais. Os membros dessa fauna ediacarana (assim chamada por causa dos montes Ediacara, no Sul da Austrália, onde muitos dos primeiros espécimens foram achados) tinham o corpo mole e tipicamente achatado. Lembravam vagamente as medusas, os vermes anelídeos e os artrópodes, e alguns podem ter sido membros desses grupos que sobreviveram.

Há aproximadamente 540 milhões de anos, perto do início do Cambriano, o mais antigo segmento do éon fanerozoico em que vivemos hoje, ocorreu um evento seminal na história da vida. Os animais aumentaram de tamanho e se diversificaram de maneira explosiva. O nível de oxigênio livre na atmosfera tinha chegado nessa época a cerca de 21%, o mesmo de hoje. As duas tendências provavelmente estão ligadas, pelo simples motivo de que animais grandes e ativos precisam da respiração aeróbia e de um rico suprimento de oxigênio. Em alguns poucos milhões de anos, o registro fóssil já continha quase todos os filos modernos de animais invertebrados com um milímetro ou mais de comprimento e possuidores de estruturas esqueletais

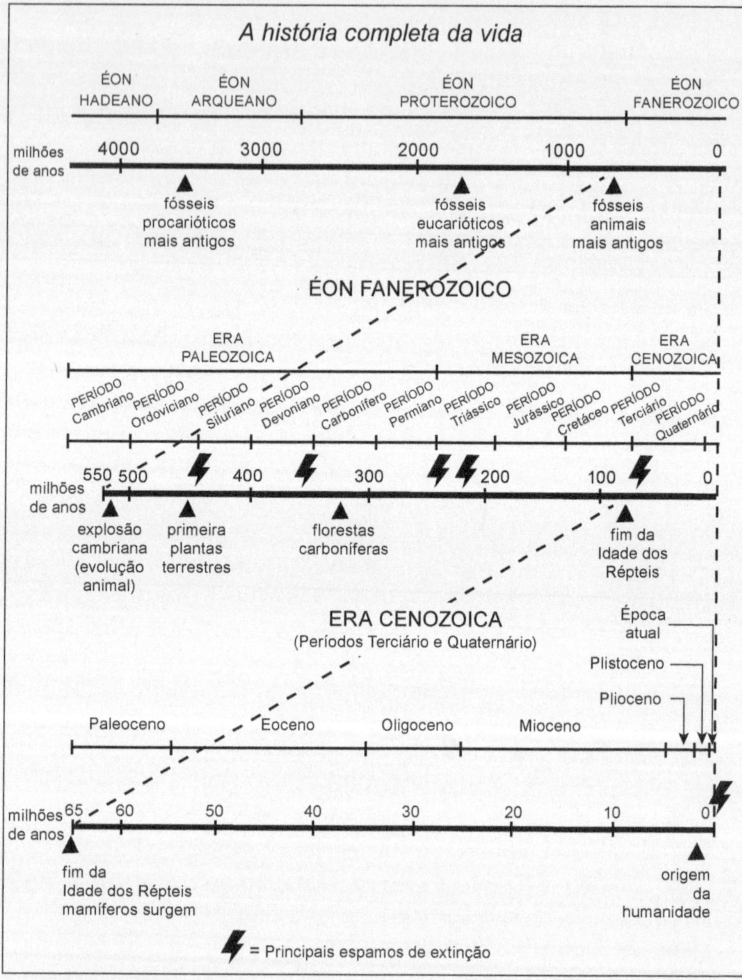

A história geológica completa da vida remonta a mais de 3,5 bilhões de anos, quando surgiram os primeiros organismos unicelulares. Os principais episódios da evolução estão localizados acima dentro das divisões do tempo geológico: os éons subdividem-se em eras, as eras em períodos, e os períodos em épocas. A biodiversidade foi sensivelmente reduzida pelos grandes espasmos de extinção, indicados por pequenos raios.

— e, portanto, de preservação e detecção posterior mais fácil. Uma grande parcela das atuais classes e ordens também entrou em cena. Assim ocorreu a explosão cambriana, o *big bang* da evolução animal. As bactérias e organismos unicelulares há muito tinham alcançado níveis comparáveis de sofisticação bioquímica. Agora, numa nova e dramática irradiação, ampliaram seus nichos de modo a levar vida para corpos e dejetos dos animais recém-evoluídos. E criaram uma nova e microscópica suserania de patógenos, simbiontes e saprófagos. Em linhas gerais, ao menos, a vida no mar atingiu um aspecto essencialmente moderno há no máximo 500 milhões de anos.

A essa altura já existia também uma espessa camada de ozônio, filtrando as radiações letais de onda curta. As terras descobertas na baixa-mar e as terras secas tornaram-se seguras para a vida. No final do Ordoviciano, 450 milhões de anos atrás, as primeiras plantas, provavelmente derivadas de algas multicelulares, invadiram a terra. A superfície era basicamente plana, sem montanhas, e de temperatura amena. Logo em seguida vieram os animais: invertebrados de natureza ainda desconhecida cavavam e faziam túneis no solo primitivo. Os paleontólogos já encontraram as trilhas que deixaram, mas nenhum corpo ainda. Passados 50 ou 60 milhões de anos, já entrando no Devoniano, as plantas pioneiras haviam formado espessa vegetação rasteira e arbustos baixos que se espalhavam pelos continentes. Surgiram as primeiras aranhas, ácaros, centopeias e insetos, pequenos animais verdadeiramente preparados para a vida terrestre. Foram seguidos pelos anfíbios, que evoluíram a partir dos peixes de barbatanas lobulares, e por uma erupção de vertebrados terrestres, gigantes relativos em meio aos animais terrestres, inaugurando a Idade dos Répteis. Em seguida veio a Idade dos Mamíferos e, por fim, a Idade do Homem, em meio a incessantes e tumultuosas mudanças no nível das classes e das ordens.

Há 340 milhões de anos, a vegetação pioneira havia cedido lugar às florestas carboníferas, dominadas por gigantescas árvores licofitínicas, cicadofilicales, cavalinhas arbóreas e uma gran-

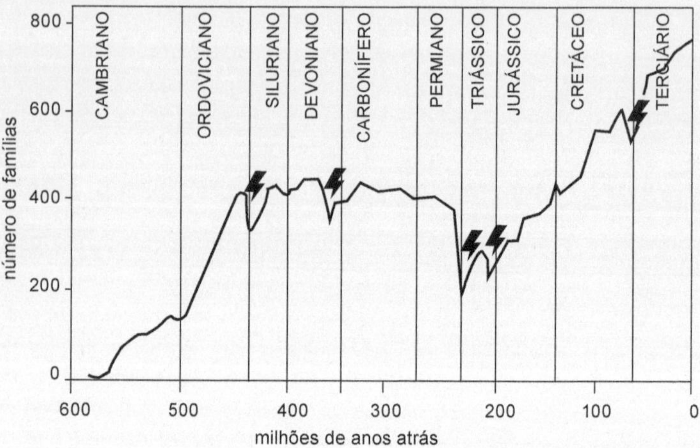

A diversidade biológica aumentou lentamente ao longo do tempo geológico, com recuos ocasionais devido às extinções globais em massa. Houve até hoje cinco dessas extinções, indicadas aqui por pequenos raios. Os dados referem-se a famílias (grupos de espécies aparentadas) de organismos marinhos. O sexto grande declínio está ocorrendo hoje em consequência da atividade humana.

de variedade de fetos. A vida estava perto de atingir a sua máxima biomassa. Havia mais matéria orgânica investida em organismos do que em qualquer época anterior. As florestas fervilhavam de insetos, incluindo libélulas, besouros e baratas. No final do Paleozoico e início do Mesozoico, cerca de 240 milhões de anos atrás, a maior parte da vegetação carbonífera havia morrido, com exceção dos fetos. Os dinossauros surgiram em meio a uma vegetação recém-constituída e basicamente tropical de fetos, coníferas, cicadáceas e cicadoídeas. De 100 milhões de anos para cá, as plantas floríferas passaram a dominar a vegetação terrestre, reconstituindo as florestas e pradarias do mundo. Os dinossauros sucumbiram durante a hegemonia dessa vegetação essencialmente moderna, numa época em que as florestas tropicais estavam congregando a maior concentração de biodiversidade de todos os tempos.

Nos últimos 600 milhões de anos, a despeito dos episódios de extinção em massa, o ímpeto da biodiversidade foi basicamente ascendente. No mar, as ordens de animais marinhos aumentaram para pouco mais de cem durante o Cambriano e o Ordoviciano, permanecendo assim pelos 450 milhões de anos seguintes. Famílias, gêneros e espécies seguiram de perto o mesmo padrão até o final do Paleozoico, 245 milhões de anos atrás. Foram drasticamente reduzidos pela catástrofe de extinção que encerrou a era paleozoica, seguida apenas 50 milhões de anos depois por um espasmo menor no Triássico. Dali em diante aumentaram acentuadamente, com uma queda no final do Mesozoico, atingindo níveis sem precedentes nos últimos milhões de anos. A diversidade de plantas e animais terrestres, após um atraso de 100 milhões de anos durante os quais ocorreu a colonização, seguiu a mesma trajetória até os nossos dias.

Cada espasmo de extinção reduziu mais intensamente o número de espécies e menos intensamente o número de classes e filos. Quanto mais baixa a categoria taxionômica, mais ela diminuiu. Ao final do Paleozoico, possivelmente 96% das espécies de animais marinhos e de foraminíferos desapareceram, comparadas com 78% a 84% dos gêneros e 54% das famílias. Aparentemente nenhum filo chegou ao fim.

Essa vulnerabilidade descendente conforme a categoria taxionômica é um artefato, uma consequência direta da maneira hierárquica como os biólogos classificam os organismos. Mas é um artefato interessante e tecnicamente útil, por motivos que ficam claros naquilo que se chamou de Argumento do Campo de Artilharia [*Field of Bullets Scenario*]. Imaginemos soldados de infantaria avançando até o campo de batalha à maneira do século XVIII, com armas em punho e em fileiras compactas. Cada homem representa uma espécie, que pertence a um pelotão (gênero), que é uma unidade de uma companhia (família), que por sua vez é uma unidade de um batalhão (ordem), e assim por diante até a tropa (filo). Cada homem tem a mesma chance a cada momento de ser atingido por uma bala. Quando tomba, a espécie que representa é extinta. Mas os outros membros do pelotão-gênero continuam marchando, de modo que mesmo reduzido o gênero sobrevive. Com o tempo, todos os membros do gênero podem perecer, mas sobreviventes de outros gêneros ainda estão enfileirados na linha de ataque, e assim a companhia-família segue avançando. No fim dessa longa marcha letal, a vasta maioria de espécies, gêneros, famílias, ordens e até classes pode ter desaparecido, mas desde que uma espécie dos milhares originais permaneça viva a tropa-filo sobreviverá.

Ao longo dos 600 milhões de anos da evolução fanerozoica, o rodízio de espécies foi quase completo. Mais de 99% de todas as espécies que existiram em cada período pereceram, sendo substituídas por um número ainda maior de espécies provenientes das descendentes das sobreviventes. Tal é a natureza da sucessão dinástica através da história da vida, frequentemente iniciada pelos espasmos de extinção que põem abaixo companhias-famílias e batalhões-ordens inteiros. Noventa e nove por cento não é uma cifra surpreendente. Imaginemos um grupo como os anfíbios arcaicos do Paleozoico. Mil espécies morrem e uma sobrevive para produzir os répteis primitivos. Mil espécies de répteis também morrem, mas uma sobrevive e segue adiante para tornar-se a ancestral dos dinossauros do Mesozoico. A taxa de sobrevivência das espécies dessa sequência é 1/2000, ou seja, uma única linhagem persiste de cada 2 mil e, no entanto, a vida floresce com tanta diversidade quanto antes.

Isso nos traz à extraordinária possibilidade de que nenhum filo jamais foi extinto, ou, de um modo mais operacional, a nenhum grupo que se extinguiu pode ser atribuída uma categoria taxionômica tão elevada quanto a de filo. Muitos batalhões e regimentos desapareceram por inteiro, mas nada nos garante que constituíssem a totalidade da tropa. Se algum filo chegou verdadeiramente a desaparecer, o mais provável é que tenha se originado durante a explosão cambriana de diversidade animal. Algo aconteceu ao meio ambiente naqueles tempos, possivelmente a disponibilidade de oxigênio atmosférico, que abriu o mar aos grandes animais. As águas do mundo tornaram-se um novo continente em que animais com mais de um centímetro de comprimento podiam evoluir e sofrer irradiação adaptativa. Assim aconteceu, criando a maioria ou todos os filos remanescentes que conhecemos hoje.

Muitos acreditam que a explosão cambriana foi uma época de louca experimentação, durante a qual os rudimentos básicos de corpos nunca vistos antes ou depois foram formados e descartados. Se essa concepção estiver correta, algumas dessas espécies efêmeras mais extremas devem se qualificar como filos que se extinguiram. Segue-se também que, no nível dos filos, a biodiversidade atingiu o ápice durante a explosão cambriana, recuando logo depois até os níveis modernos. Tal interpretação é corroborada pela existência de fósseis bem preservados no chamado xisto de Burgess, na província de Columbia Britânica, do início a meados do Cambriano, que parecem não se encaixar em nenhum filo estabelecido. Outros fósseis semelhantes aos do xisto de Burgess, igualmente bizarros, foram encontrados na Europa, China e Austrália.

Juntos, esses fósseis deixam pouca dúvida de que muitos tipos pouco usuais de animais surgiram durante o Cambriano e desapareceram após uma breve estada na Terra. Em linguagem taxionômica, originaram-se ordens e classes que duraram apenas alguns poucos milhões de anos. Mas os fósseis ainda não nos contam que tipos radicalmente novos de corpos — inovações que merecem a categoria de filo — foram criados e descartados. Em 1989, Simon Conway Morris, uma eminente autoridade na fauna do xisto de Burgess, reconheceu onze filos modernos presentes naqueles agrupamentos antigos, juntamente com "dezenove rudimentos de corpos que, em sua maioria, são tão diferentes entre si quanto qualquer dos filos restantes da fauna". A rápida irradiação, continua Conway Morris, está refletida no filo Arthropoda, ainda vivo, do qual a

> procissão de morfologias [do xisto de Burgess] parece quase inesgotável. A impressão geral é a de um enorme mosaico, em que cada espécie é montada de acordo com diferenças no número e no tipo de apêndices articulados, número de

segmentos e grau de fusão dos tergitos, e com as proporções gerais do corpo.

Mesmo assim, a diversidade total conhecida de artrópodes dos fósseis cambrianos não excede a de artrópodes vivos, e provavelmente fica muito aquém. A quantidade de classes e ordens marinhas continua vasta. Os insetos ainda não haviam surgido para cumular a terra e as águas doces com escavadores, nadadores e máquinas voadoras de fantástica concepção. Não posso deixar de pensar que, se fôssemos tomar apenas quatro espécies vivas dessa única classe (Insecta) — digamos, a larva de um borrachudo, a gigantesca borboleta de fogo com espirotromba em forma de garrafa, uma cochonilha fêmea e o *water penny* — e preservá-las com a mesma fidelidade que os fósseis do xisto de Burgess, seus restos seriam erroneamente classificados como quatro filos distintos, pois ostentam o que parecem ser superficialmente formatos de corpo inteiramente diferentes.

Os paleontólogos que trabalham com a fauna do xisto de Burgess têm abordado a questão com admirável cautela. Referem-se aos fósseis com corpos que não se enquadram nos filos modernos como "problemáticos". Quando fósseis mais bem conservados surgiram, como ocorreu nos leitos de Cheng-jiang no Sul da China, e métodos mais aperfeiçoados foram idealizados para estudar os espécimens antigos, o número de problemáticos foi reduzido. As criaturas encouraçadas dos gêneros *Hallucigenia*, *Microdictyon* e *Xenusion* foram recentemente incluídas entre os Onychophora, o filo vivo de animais semelhantes às lagartas que se acredita seja intermediário entre os artrópodes e os vermes anelídeos. A essência da esquisitice, *Wiwaxia corrugata*, que parecia ser uma lesma com escamas e longos ferrões nascendo das costas, revelou ser fragmentos de um verme poliqueto, membro de um filo existente, o Annelida.

Resumindo o grande desfile até aqui: o número de filos animais vivos, todos os quais têm representantes no mar, está em torno de 33. Destes, aproximadamente vinte abrangem animais grandes e abundantes o suficiente para deixar fósseis do tipo dos que foram preservados em leitos como os do xisto de Burgess. O número de filos animais do Cambriano identificados com segurança permanece onze. Por todas as informações de que disponho, nenhum filo jamais se extinguiu. O nível de diversidade no mar aumentou gradualmente durante a explosão cambriana, e também aumentou na terra após a formação das florestas carboníferas e seus habitantes insetos e anfíbios. O maior aumento geral da diversidade ocorreu ao longo dos últimos 100 milhões de anos.

Podemos agora perguntar por que, apesar de grandes e pequenos declínios temporários, apesar de uma reviravolta quase completa nas espécies, gêneros e famílias em repetidas ocasiões, a tendência da biodiversidade foi sempre e consistentemente para cima. Parte da resposta é que as massas de terras continentais modificaram-se de uma maneira que favorece a formação de espécies. Durante o final do Paleozoico, a superfície terrestre do planeta era composta por um único supercontinente, Pangeia. No início do Mesozoico, Pangeia dividira-se em dois grandes fragmentos, Laurásia ao norte e Gondwana ao sul; a Índia se separara como um fragmento menor e avançava lentamente para o Norte para encontrar-se com o arco do Himalaia. Há cerca de 100 milhões de anos, os continentes modernos já estavam em seu lugar, com as águas entre eles alargando-se cada vez mais. Grandes faunas e floras evolveram num estado de crescente isolamento. O comprimento do contorno litorâneo aumentou em toda a parte, juntamente com a área disponível para organismos que habitam o fundo marinho perto da costa. Mares rasos avançaram e recuaram sobre as terras, criando e abolindo novos hábitats e agrupamentos de organismos adaptados a eles. Esses mundos habitados, as "províncias faunísticas e florísticas", como são chamados, cresceram e minguaram, mas o que vivemos hoje é o ápice de enriquecimento.

A biodiversidade global atingiu seu pináculo cenozoico primeiro pela criação de um ambiente aeróbio e segundo pela fragmentação das massas terrestres. Mas isso está longe de ser a história completa. O número de espécies que vivem juntas em hábitats determinados — baías rasas e florestas tropicais, por exemplo — também aumentou intermitentemente. Ao longo dos últimos 100 milhões de anos, o número de organismos marinhos no mínimo dobrou e o de plantas terrestres mais do que triplicou. Essas tendências implicam que mais espécies estão hoje concentradas em comunidades locais, ou seja, que as espécies ou originam-se mais depressa ou desaparecem mais lentamente.

Para entender por que as comunidades locais tornaram-se mais diversificadas ao longo do tempo geológico, precisamos retornar às faunas e floras existentes hoje, onde a biologia de cada espécie pode ser examinada mais minuciosamente. Podemos primeiro comparar comunidades pobres em espécies com aquelas ricas em espécies. A principal pista diante de nós é o gradiente de diversidade latitudinal, o aumento de espécies (ou qualquer outra categoria taxionômica) que se verifica quando se viaja dos polos para o equador. Aqui está um segmento do gradiente das espécies de aves que procriam no hemisfério norte, tomando por base áreas de terra aproximadamente do mesmo tamanho:

Groenlândia	56
Labrador	81
Terra Nova	118
Nova York (estado)	195
Guatemala	469
Colômbia	1525

Cerca de 30% das 9040 espécies de aves do mundo ocorrem na bacia amazônica, outros 16% na Indonésia. A maioria dessas faunas está limitada às florestas pluviais e outros hábitats similares, como as matas pantanosas e ripícolas.

Na realidade, uma grande parte do gradiente se deve à extraordinária riqueza das florestas pluviais tropicais. Esse importantíssimo tipo de hábitat, ou *bioma* como os ecologistas o chamam, é definido como florestas que crescem em regiões com no mínimo duzentos centímetros anuais de chuva espalhados suficientemente ao longo do ano para permitir o crescimento intensivo de árvores perenes de folhas largas. A floresta é disposta em múltiplas camadas ou estratos, desde a abóbada superior com trinta metros ou mais de altura (interrompida por árvores dispersas que ultrapassam quarenta metros), passando por estratos médios entrecortados até arbustos baixos que chegam à altura do peito humano. Lianas, cipós e trepadeiras enrolam-se nos troncos e pendem dos galhos superiores até o chão. Canteiros de orquídeas e outras epífitas festonam os galhos mais grossos. As palmas são comuns nos estratos médio e inferior de muitas florestas tropicais, conferindo luxuriante beleza e um falso senso de benignidade ao visitante a pé. Tão eficazes são as camadas escalonadas da abóbada em interceptar a luz do Sol que a vegetação inferior, sedenta de luz, é tão esparsa quanto numa mata de juníperos. Podemos caminhar facilmente pela floresta, empurrando para o lado os galhos e frondes que se entrecruzam, desviando-nos dos troncos das grandes árvores, curvando-nos para passar por baixo das lianas e dos galhos mais baixos. Ao contrário do que popularmente se imagina, quase nunca há necessidade de abrir caminho a facão pela vegetação emaranhada. Os facões são para a vegetação secundária e para as fronteiras da floresta, as verdadeiras selvas. As florestas pluviais tropicais são catedrais verdes. São como as brandas florestas temperadas que conhecemos, exceto por serem mais altas e terem de algum modo permanecido misteriosas e agrestes.

No âmago da floresta pluvial, a luz do Sol apenas salpica o chão, que em certos lugares é coberto por uma fina camada de folhas e húmus e em outros é completamente descoberto. Longe dos trechos iluminados pelo Sol, o chão é tão escuro que precisamos de uma lanterna para estudá-lo de perto, para en-

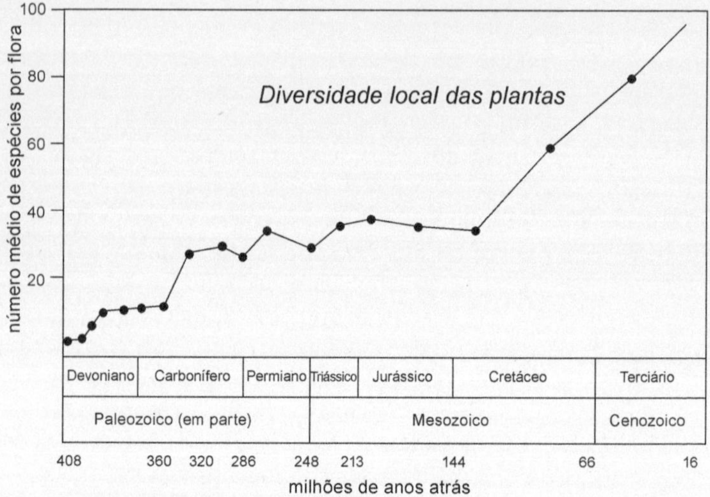

O número médio de espécies de plantas encontrado nas floras locais tem aumentado constantemente desde que as plantas invadiram a terra, há 400 milhões de anos. O aumento reflete a crescente complexidade dos ecossistemas terrestres em todo o mundo.

xergar os insetos, aranhas, bichos-de-conta, milípedes, opiliões e outras pequenas criaturas que lá pululam, juntas com as "brigadas de cemitério" de necrófagos e predadores que os caçam por sua vez.

Acredita-se que as florestas pluviais tropicais, embora ocupem apenas 6% da superfície terrestre do planeta, contenham mais da metade das espécies de organismos da Terra. Digo "acredita-se" porque nenhuma estimativa exata da diversidade jamais foi empreendida, seja para o mundo como um todo, seja para as florestas pluviais em particular. A cifra "mais da metade" surgiu como um consenso de relatórios técnicos e conversas entre especialistas, corroborada por cálculos bem ponderados e extensões lógicas feitos por teóricos da diversidade biológica. Reconheço que está fundamentada em grande parte em estudos de casos e análises parciais, mas essas evidências circunstanciais estão no conjunto se tornando mais persuasivas com o passar do tempo.

Eis os elementos do raciocínio subjacente à cifra "mais da metade". O gradiente de diversidade latitudinal, que exemplifiquei com as aves, é um verdadeiro princípio geral da biologia: o maior número de espécies ocorre nas regiões equatoriais da América do Sul, África e Ásia. Outro exemplo são as plantas vasculares, que incluem as angiospermas, os fetos e uma mistura de outros grupos menores como os licopódios, as cavalinhas e as licopodiáceas. Juntos, esses grupos representam mais de 99% da vegetação terrestre. Das aproximadamente 250 mil espécies conhecidas, 170 mil (68%) ocorrem nos trópicos e subtrópicos, especialmente nas florestas pluviais. O ápice da diversidade global de plantas é a flora conjunta de três países andinos, Colômbia, Equador e Peru. Lá ocorrem mais de 40 mil espécies em apenas 2% da superfície do globo. O recorde mundial de diversidade de árvores em um só local foi estabelecido por Alwyn Gentry na floresta pluvial perto de Iquitos, no Peru. Ele encontrou cerca de trezentas espécies em cada um de dois lotes de um hectare. Peter Ashton encontrou mais de mil espécies num censo conjunto de dez lotes selecionados de um hectare em Bornéo. Esses números devem ser comparados com as setecentas espécies nativas encontradas em todos os principais hábitats dos Estados Unidos e Canadá, desde os mangues pantanosos da Flórida às florestas de coníferas de Labrador.

As borboletas são ainda mais desproporcionalmente fartas nas florestas tropicais. As maiores faunas documentadas do mundo ocorrem na bacia de drenagem do rio Madre de Dios, no Sudeste do Peru. Até hoje Gerardo Lamas e seus colegas registraram 1209 espécies de borboletas nos 55 quilômetros quadrados da Reserva Tambopata. Numa disputa acirrada, Thomas Emmel e George Austin identificaram oitocentas espécies num trecho de floresta de alguns quilômetros quadrados da Fazenda Rancho Grande, perto do centro do estado de Rondônia. Acrescentando o número provável de espécies de grupos ainda pouco pesquisados, eles estimaram que a relação total deve abranger entre 1,5 mil e 1,6 mil espécies. Perto de lá, em Jaru, em 5 de outubro de 1975, um entomólogo avistou um total espantoso de 429 espécies de borboletas num intervalo de doze horas (o local foi posteriormente desmatado para agricultura e quase todas as borboletas desapareceram). Em contraste, há apenas cerca de 440 espécies em todo o Leste da América do Norte e somente 380 na Europa, costa do Mediterrâneo e Norte da África juntos.

As formigas rivalizam com as borboletas na inclinação do seu gradiente latitudinal. Na Reserva Tambopata, Terry Erwin usou um fumigador para colecionar todos os insetos de uma única árvore leguminosa na floresta pluvial. Eu identifiquei as formigas dessa amostra e encontrei 43 espécies de 26 gêneros, aproximadamente o mesmo que toda a fauna de formigas da Grã-Bretanha. E as formigas, por sua vez, eram excedidas pelos besouros. Erwin estimou que mais de 18 mil espécies ocorrem em um hectare da floresta pluvial panamenha, a maioria delas até então desconhecida da ciência, isto é, ainda sem um nome científico. Até o momento, só se conhecem 24 mil espécies de besouros em todo o Canadá e Estados Unidos, e 290 mil em todo o mundo.

E assim por diante. A biodiversidade de cada grupo terrestre cresce como uma pirâmide em direção aos trópicos. Alguns tipos de plantas e animais — coníferas, afídeos e salamandras, por exemplo — são mais diversificados nas zonas temperadas. Mas são exceções e, seja como for, sua diversificação é mínima comparativamente. Conhecem-se menos de quatrocentas espécies de salamandras em todo o mundo. Outros grupos de animais e plantas, embora sejam fundamentalmente tropicais, especializaram-se para viver em desertos, pradarias e florestas áridas. Também eles são de uma maneira geral menos diversificados do que os habitantes das florestas pluviais próximas.

Os organismos de ambientes marinhos de água rasa seguem a mesma tendência latitudinal: os plânctons e os habitantes do fundo do mar aumentam em diversidade em direção aos trópicos, e as concentrações mais densas são encontradas nos recifes de coral, os equivalentes marinhos das florestas pluviais, onde abundam em absoluta diversidade, a maior parte deles ainda inexplorada. Centenas de espécies de crustáceos, vermes anelídeos e outros invertebrados podem ser encontradas numa só cabeça de coral, o equivalente a uma árvore da floresta pluvial.

Resumindo o atual modelo global, o aumento dos gradientes de diversidade latitudinal em direção aos trópicos é uma indiscutível característica geral da vida. Na superfície terrestre, a biodiversidade está vigorosamente concentrada nas florestas pluviais tropicais. Tão imensas são as faunas de insetos nessas florestas, contendo possivelmente dezenas de milhões de espécies, superando até a opulência dos recifes de coral, que apenas com base nisso é razoável supor que lá se encontre mais da metade de todas as espécies.

A causa dessa preeminência tropical coloca-nos um dos grandes problemas teóricos da biologia evolucionista. Os biólogos têm se voltado alternadamente para o clima, energia solar, quantidade de terreno habitável, variedade de hábitats disponíveis, intensidade de frequência de perturbações ambientais, grau de isolamento das faunas e floras e as idiossincrasias basicamente intangíveis da história. Muitos declararam o problema intratável, supondo que sua solução tenha se perdido em alguma parte de uma teia incompreensível de causas ou eventos geológicos passados que esvaeceram para além de qualquer memória possível. Todavia, surge agora uma luz. Um entrelaçamento de análises e teorias sólidas começa a sugerir uma solução relativamente simples, ou ao menos uma que possa ser facilmente compreendida: a chamada Teoria de Energia-Estabilidade-Área da Biodiversidade. Em suma, quanto mais energia solar, maior a diversidade; quanto mais estável o clima, tanto de estação para estação quanto de ano para ano, maior a diversidade; e, quanto maior a área, maior a diversidade.

As evidências comprobatórias dessa teoria vêm de diversas direções e nos dizem muito não apenas sobre a diversidade biológica mas também sobre a importância do meio ambiente físico na organização dos ecossistemas. David Currie, por exemplo, estudou os efeitos de uma ampla gama de variáveis ambientais sobre a quantidade de espécies de árvores e vertebrados em diferentes partes da América do Norte. Este continente constitui um excelente laboratório para análises multifatoriais. Está inteiramente em zona temperada e, portanto, possui as mesmas estações bem marcadas em todas as regiões; mas também varia enormemente em precipitação e topografia de leste a oeste. Sob tais condições — não precisamos nos preocupar com os trópicos por ora —, o fator preponderante é a quantidade de energia solar e de umidade disponíveis aos organismos durante o ano todo. A medida que abrange essas duas variáveis é a evapotranspiração, a quantidade de água que evapora de uma superfície saturada. Essa quantia depende da energia disponível para evaporar a água. A energia disponível provém do calor da luz do Sol e também da temperatura ambiente do ar e das correntes ressecantes de ar. Depende também, mas em menor grau, da umidade. Na América do Norte pelo menos, ambientes quentes e úmidos sustentam mais espécies de árvores. A diversidade de vertebrados terrestres, incluindo mamíferos, aves, répteis e anfíbios, aumenta com a energia solar, mas é menos dependente da umidade. O mais resumidamente possível, lugares secos são má notícia para as árvores mas nem tanto para os vertebrados. Contudo, para ambos os tipos de organismos, mais energia solar significa mais diversidade.

As regiões do mundo com as temperaturas mais elevadas o ano todo são os trópicos equatoriais, e os hábitats com maior calor e umidade são as florestas pluviais tropicais. Dada uma mesma quantia de nutrientes, os lugares mais quentes e mais úmidos serão também os mais produtivos em termos do tecido animal e vegetal que cresce a cada ano. Parece seguir-se que, quanto maior a produção de matéria viva, maior o número de espécies que podem coexistir numa mesma comunidade. Em outras palavras, quanto maior o bolo, maior o número possível de fatias suficientemente grandes para sustentar a vida de cada espécie.

Mas energia e produção de biomassa não bastam para explicar o predomínio tropical na diversidade biológica. O que impede uma espécie extremamente bem adaptada em cada ampla categoria — uma planta florífera, uma rã, um besouro xilófilo — de tomar conta do hábitat inteiro? Algo semelhante chegou a acontecer nos brejos de mangues-vermelhos e de ervas *Spartina*, dois dos mais produtivos alagadiços do mundo. Em cada um destes hábitats, uma única espécie de planta constitui mais de 90% da vegetação. Mas ecossistemas simples são exceções raras em todo o mundo; a regra são os ecossistemas diversificados. Uma explicação mais completa dos gradientes latitudinais exige que voltemos a analisar o papel das estações. Nas regiões temperadas e polares, os organismos sofrem drásticas oscilações de temperatura ao longo do ano. Precisam se adaptar a uma ampla gama de ambientes físicos e biológicos como parte de seu ciclo de vida. No inverno, eles hibernam, morrem após lançar suas sementes, perdem folhas, deixam as montanhas, descem das árvores para o chão, se enfurnam bem fundo na terra, modificam sua dieta para presas resistentes ao frio, transferem suas atividades de picos noturnos para diurnos ou, no caso das aves migratórias e das borboletas monarcas [*Danaüs archippus*], abandonam o país por completo. Na primavera, os animais gozam de uma exuberância de vegetação nova, que diminui com a aridez do final do verão e força mudanças para novos alimentos e novos hábitats.

Como as espécies de animais e plantas de climas frios são adaptadas a uma amplitude maior de ambientes, elas também têm distribuições geográficas mais amplas. Em especial, distribuem-se por uma gama mais ampla de latitudes. Se uma borboleta prospera na primavera fria e úmida da Nova Inglaterra, ela é capaz de suportar o inverno da Flórida. Essa tendência é chamada regra de Rapoport, em homenagem ao ecologista argentino Eduardo Rapoport, o primeiro a sugeri-la, em 1975. Significa que, se viajarmos para o Sul na América do Norte ou para o Norte na América do Sul temperada, a distribuição geográfica de cada espécie irá diminuindo constantemente quanto mais nos aproximarmos do equador. Igualmente importante, a distribuição latitudinal das espécies nas encostas das montanhas também se contrai. Dessa forma, mais espécies ficam concentradas no mesmo espaço nos trópicos do que nas zonas temperadas mais frias.

Maior energia, maior produção de biomassa, diminuição da distribuição geográfica num ambiente com menos variações — todas essas propriedades aumentam o nível de biodiversidade nos trópicos em longos períodos de tempo geológico. Mas não é só isso que propulsiona a exuberância tropical. Climas estáveis com estações pouco definidas permitem que mais tipos de organismos se especializem em trechos menores do ambiente, que superem os generalistas ao seu redor e que, portanto, persistam por períodos de tempo mais longos. As espécies ficam mais "apertadas". Parece que nenhum nicho deixa de ser preenchido. A especialização tende a ser levada a extremos bizarros de grande beleza. Nas clareiras ensolaradas das florestas tropicais da América Central vivem zigópteros gigantescos voando para a frente e para trás no ar parado, com estrias em suas asas transparentes que parecem girar em torno do corpo. Suas ninfas não se encontram em lagoas ou riachos, abrigos convencionais dos zigópteros do resto do mundo, mas nas bainhas cheias de água das epífitas no alto da abóbada florestal. Os zigópteros adultos alimentam-se arrancando aranhas de suas teias. Ali perto, ácaros parasitas que não são encontrados em nenhuma outra parte do mundo se prendem nas patas traseiras dos soldados de formigas legionárias. Enquanto chupam o sangue das formigas, esses ácaros deixam que elas os usem como patas artificiais; as formigas caminham sobre os corpos dos parasitas sem qualquer sinal de desconforto para nenhum dos lados. O ácaro cobre as garras da formiga pelas quais esta se pendura ao nidificar e torna-as inúteis; mas não importa, o ácaro tem pernas traseiras curvas, do tamanho das garras, que a formiga usa no lugar das suas. Na vegetação das florestas pluviais montanhosas de Papua-Nova Guiné vivem carunchos do tamanho de meio polegar humano, indolentes e de vida longa, que têm as costas cobertas de algas, liquens e musgos. Nesses jardins ambulantes em miniatura vivem espécies distintivas de minúsculos ácaros e nematoides. Eu poderia prosseguir com esse bestiário, passando de um país para outro — as surpresas da literatura da biologia tropical nunca se esgotam. Onde os nichos convencionais já foram preenchidos, é como se algumas espécies empreendedoras inventassem novos.

Se caminharmos pelo chão de uma floresta pluvial buscando espécimens de praticamente qualquer grupo, sejam orquídeas, rãs ou borboletas, verificaremos que as espécies mudam sutilmente a cada cem ou mil metros. Um determinado tipo é comum em um local, mas vai desaparecendo até sumir por completo, sendo substituído por uma espécie bastante similar que não era encontrada um pouco atrás. Em seguida, um golpe de sorte: surge um único indivíduo de uma espécie nunca antes encontrada em toda a área. Faremos bem em coletá-lo ou fotografá-lo, pois jamais o veremos outra vez. Nas florestas tropicais da América Central, a borboleta ninfalídea *Dynamine hoppi* é uma bela espécie que se distingue por grandes manchas brancas nas asas dianteiras e franjas azul-metálicas nas estrias das asas traseiras. Ela foi encontrada três vezes na história. Uma fêmea foi coletada pelo lepidopterólogo Philip DeVries numa clareira em Finca La Selva, na Costa Rica, no mês de julho. Foi o único indivíduo que encontrou durante um estudo de seis meses das borboletas dessa floresta. Uma segunda fêmea foi obtida no ano seguinte, no mesmo local, também em julho. Depois nunca mais. Se retornarmos à floresta dia após dia, ano após ano, esquadrinhando-a a pé com redes e binóculos, nossa lista de orquídeas ou rãs ou borboletas não deixará de crescer sem parar.

De início, o quadro da diversidade na floresta parece irremediavelmente confuso, mas com o tempo um certo padrão começa a surgir: há algumas espécies em comum, a maioria delas distribuída em trechos dispersos, e um grande número de espécies raras, incluindo algumas como *Dynamine hoppi* que são extremamente raras. Como veio a surgir essa curva estatística assimétrica e enviesada?

Algumas das espécies raras encontram-se no limiar da extinção, especialmente onde a floresta foi perturbada ou derrubada. Mas há uma outra explicação mais provável. A maioria das espécies é especializada em um determinado conjunto de condições na floresta. Árvores de um determinado tipo crescem melhor quando recebem luz direta do Sol durante mais (ou menos) horas por dia, quando a encosta em que estão enraizadas é bem (ou mal) drenada e quando fungos simbióticos de raiz estão (ou não estão) presentes. Se uma dessas três condições se alterar, as árvores provavelmente cederão lugar a outras espécies. Conjuntos específicos de espécies de insetos florescem quando há toras de madeira num determinado estado de decomposição (por exemplo, madeira firme mas macia o suficiente para ser quebrada à mão, com a casca ainda no lugar) e desaparecem quando as toras se decompõem mais (madeira esfarelada, a casca caindo por seu próprio peso). As condições de apodrecimento variam de lugar para lugar.

A floresta pluvial pode parecer uniforme da janela de um avião que a sobrevoe, mas quando a percorremos a pé ela se mostra infindavelmente heterogênea, um labirinto intimidante de ambientes físicos transitórios e distribuições sobrepostas de espécies. As espécies, individualmente, são mais abundantes nos lugares mais propícios a elas, onde suas populações se cruzam com exuberância, crescem e enviam colonizadores em todas as direções. Esses lugares são as *áreas de origem* da espécie favorecida. Os colonizadores frequentemente aportam em lugares menos apropriados, onde podem sobreviver e até se reproduzir por um tempo, mas não o bastante para prover alimentos por conta própria. Esses lugares são as *áreas de escoamento*. Nesse modelo ecológico de origem e escoamento, as populações bem-sucedidas subsidiam as populações em declínio. Se isolarmos uma área qualquer ao acaso — um hectare, cem hectares, não importa — teremos nela áreas de origem de algumas espécies (relativamente comuns), e áreas de escoamento de outras (relativamente raras). Origens e escoamentos ocorrem em todos os tipos de hábitats, mas contribuem muito mais para a biodiversidade das florestas tropicais, onde as necessidades ambientais das espécies foram rigidamente determinadas no curso da evolução.

Um equilíbrio entre áreas de origem e de escoamento foi uma das principais características descobertas por Stephen Hubbell e Robin Foster durante o magnífico estudo que fizeram da diversidade de árvores num lote de cinquenta hectares na ilha Barro Colorado, no Panamá. Os pesquisadores e seus diligentes assistentes examinaram 238 mil árvores de 303 espécies durante vários anos. Dos dados que obtiveram, Hubbell e Foster concluíram:

> Muitas (pelo menos um terço) das espécies raras (com menos de cinquenta indivíduos) não parecem ter populações capazes de se autossustentar no lote. Sua presença parece ser o resultado de imigração de centros populacionais fora do lote, e permanecem poucas devido provavelmente a uma combinação de condições desfavoráveis de regeneração e falta de hábitat apropriado, ou ambos, no lote.

Há ainda uma outra maneira pela qual a energia solar abundante e a uniformidade climática contribuíram para o aumento da biodiversidade: as "espécies-caroneiras", por assim dizer. Ambientes benignos e menos variáveis permitem a existência de formas de vida maiores que não sobreviveriam em climas mais severos. Outras espécies menores vivem nesses organismos maiores, frequentemente em grande variedade. Nas florestas tropicais, mas não nas florestas temperadas decíduas e de coníferas, há uma abundância de lianas lenhosas. Elas brotam no chão da floresta como ervas, enviando em seguida longos rebentos pelos troncos das árvores nas proximidades e por qualquer outra vegetação disponível. Ao atingirem a maturidade, todos os traços de suas origens convencionais desapareceram, e elas são como pesadas cordas ancoradas que se estendem desde as raízes no chão até os galhos e folhas que se misturam no alto com os galhos e folhas das árvores em que elas se apoiam.

Criam uma forma suplementar de vegetação, uma fonte de alimento e de esconderijo para animais que de outra forma não poderiam sobreviver. Junto com as lianas cresce uma outra classe de trepadeiras que se prendem aos troncos das árvores com raízes que lembram haustórios. Um grupo proeminente são as aráceas, incluindo os filodendros e as monsteras. Elas têm grandes folhas cordiformes e toleram bem a sombra, qualidades que fazem delas plantas domésticas muito apreciadas. Nas florestas pluviais, as trepadeiras estão emplastradas em densos cachos sobre a superfície dos troncos das árvores. Seus caules e raízes acumulam camadas de solo e matéria orgânica em decomposição, que serve de lar para mais um agrupamento único de minúsculas plantas, insetos, escorpiões, bichos-de--conta e outros invertebrados menos comuns. Essas formas seriais estão adaptadas a um tipo de vida virtualmente ausente nas zonas temperadas.

As maiores multiplicadoras da diversidade tropical são, no entanto, as epífitas, plantas que crescem nas árvores mas não extraem delas nem água nem nutrientes. As orquídeas constituem a maioria das espécies das epífitas, mas são acompanhadas por um vasto sortimento de fetos, cactos, gesneriáceas, aráceas, pimenteiras e outras, que juntas representam 28 mil espécies conhecidas de 84 famílias, ou pouco mais de 10% de todas as plantas superiores. Essas plantas arborícolas transformam os galhos das árvores em verdadeiros jardins suspensos da Babilônia. Cada uma é um pequeno hábitat, completo com solo captado da poeira do ar, que serve de lar para animais que vão desde ácaros e nematoides a cobras e pequenos mamíferos. As bromeliáceas de tanque dos trópicos americanos retêm até um litro de água em suas folhas rijas voltadas para cima. Nesses reservatórios vivem animais aquáticos que não são encontrados em nenhum outro lugar, incluindo girinos de rãs arborícolas e larvas especializadas de mosquitos e zigópteros.

Na Reserva Florestal Monteverde da Costa Rica, Nalini Nadkarni e outros botânicos encontraram o que talvez seja o fenômeno máximo de "espécies-caroneiras", além do ecossistema arbóreo fisicamente mais complexo do mundo. Os jardins de epífitas em alguns dos galhos horizontais mais pesados são tão exuberantes e emaranhados que parecem uma mata em miniatura. Até mesmo árvores pequenas, de um tipo geralmente encontrado apenas no chão, brotam desses densos cachos. O castelo ecológico de cartas tornou-se aqui uma torre, emblemática da prodigalidade da vida na Terra: grandes árvores sustentando orquídeas e outras epífitas, epífitas sustentando pequenas árvores, com suas raízes, liquens e outras plantas minúsculas crescendo nas folhas das árvores menores, ácaros e pequenos insetos alimentando-se entre essas plantas sobre folhas, e protozoários e bactérias vivendo nos tecidos dos insetos.

A área influi no aumento da diversidade: quanto maior a floresta ou deserto ou oceano ou qualquer outro hábitat definível, maior o número de espécies. Podemos dizer que, via de regra, uma área dez vezes maior resulta em um número de espécies duas vezes maior. Se uma ilha de mil quilômetros quadrados coberta de florestas conter cinquenta espécies de borboletas, uma outra ilha próxima, de 10 mil quilômetros quadrados, deverá ter cerca de cem espécies. Os motivos desse aumento logarítmico são complicados, mas dois fatores se destacam. A ilha maior é capaz de sustentar uma população maior de, digamos, borboletas, de modo que as espécies mais raras podem ser acomodadas na mesma floresta. Além disso, a ilha maior provavelmente terá mais hábitats em que as espécies podem encontrar refúgio. Talvez haja uma montanha central, oferecendo os primórdios de uma zona fechada — mais chuva e temperaturas mais baixas para borboletas especializadas em tal regime climático. Os trópicos contêm enormes áreas tanto de terra como de águas rasas que servem de palco para a evolução de uma extrema diversidade.

E o tempo também influi — isto é, o tempo evolucionista, um tempo suficiente para que organismos que vivem no cogote de outros evoluam, para que acordos simbióticos sejam firmados, para que a competição modere-se, para que as taxas de extinção diminuam e para que as espécies possam, portanto, se juntar em números respeitáveis. Voltamos assim à estabilidade climática como um fator, mas numa escala mais ampla. Ao contrário da maior parte das florestas temperadas e pradarias, as florestas pluviais tropicais não foram obliteradas pelas glaciações continentais da Idade do Gelo. Nunca foram cobertas por camadas de gelo, nem suas espécies forçadas a novas terras a centenas de quilômetros de seus hábitats originais. É verdade que nas prolongadas secas que acompanharam os ciclos glaciais nas latitudes mais elevadas, as florestas pluviais de planície recuaram e foram substituídas por pradarias e, em alguns lugares, por semidesertos. A mudança foi particularmente drástica na África equatorial. Não obstante, restaram refúgios em suficiente abundância para que as espécies pudessem persistir mais ou menos intactas, ao longo dos cursos dos rios, em bolsões regionais onde os índices pluviométricos permaneceram moderados e em alguns trechos das encostas de montanhas cobertas por nuvens. Cada vez que as chuvas perenes retornavam às bacias fluviais equatoriais, as florestas pluviais tropicais se expandiam e voltavam a cobrir a Terra. A circunstância histórica interessante é que as florestas têm persistido em amplas áreas dos continentes desde suas origens como baluartes das plantas floríferas há 150 milhões de anos. Pouco antes do advento do homem, elas ocupavam mais de 10% da superfície terrestre, cerca de 20 milhões de quilômetros quadrados, e muito mais em épocas anteriores. Durante o Eoceno, 50 a 60 milhões de anos atrás, a massa terrestre marginal que hoje constitui as ilhas Britânicas era coberta por florestas semelhantes em seus traços gerais às do Vietnã atual.

Coloquemos à prova essa noção da importância da estabilidade climática. Se a estabilidade climática de uma grande área ao longo de um tempo suficiente para a evolução é um pré-requisito para uma elevada diversidade biológica, seria de esperar que encontrássemos a máxima diversidade naqueles lugares do mundo onde a estabilidade prevalece, e não apenas nas florestas tropicais. O campo de provas ideal seria um ambiente extremamente estável com pequena quantidade de energia. A energia poderia então ser descontada e o papel da estabilidade climática, identificado com mais segurança. O fundo dos oceanos profundos apresenta as qualificações geográficas e históricas adequadas. Ele cobre uma área de mais de 200 milhões de quilômetros quadrados, tem permanecido relativamente sem perturbações na maioria dos lugares há milhões de anos (sem invernos, sem estações secas) e carece de toda energia exceto algumas chaminés vulcânicas muito dispersas e uma fina chuva de resíduos orgânicos das zonas iluminadas superiores. Os animais são na maior parte pequenos vermes anelídeos, estrelas-do-mar e outros equinodermos, e amêijoas e outros moluscos bivalves. Comparados com formas similares que habitam os fundos iluminados de mares rasos, são esparsos em número, lerdos e de vida longa. Mas, em conformidade com a hipótese do ambiente estável, são extremamente diversificados. O número de espécies chega a centenas de milhares, talvez a milhões. A parte referente à estabilidade da teoria geral da biodiversidade é assim confirmada, num grau surpreendente.

Onde estão os nichos no fundo dos oceanos nos quais as espécies podem se aglomerar? Não há florestas nem rios. Grandes extensões do terreno parecem planas e externamente estéreis, como um deserto. No entanto, o chão marinho está longe de ser uniforme em termos biológicos. Se for examinado milímetro a milímetro, que é a escala em que os pequenos animais e micro-organismos vivem, constata-se que oferece nichos finamente divididos nos quais a vida marinha profunda pode se especializar. Os sedimentos se acumulam em pequenos montes, enquanto as tocas de vermes e bivalves escavadores criam sulcos e depressões. As concentrações tróficas variam imensamente de lugar para lugar. Quase toda a energia desce sob a forma de animais mortos e matéria vegetal. Cada pedacinho — cabeças de peixe, fragmentos encharcados de madeira flutuante, fios de algas marinhas — é uma mina em torno da qual os animais se juntam para comer e na qual bactérias e outros organismos microscópicos proliferam. Seus predadores também se reúnem, e com o tempo uma pequenina comunidade local é criada, muitas vezes com composição diferente de outras comunidades a poucos metros de distância. Essas minas variam não apenas em escala local, mas também regional nos milhares de quilômetros quadrados do fundo oceânico. Setores perto das fozes dos grandes rios recebem toras e galhos de árvores levados pela corrente, além de outros sedimentos mais ricos em nutrientes arrastados da terra pela chuva. Nas regiões de calmarias do Atlântico Norte, as profundezas bênticas são o cemitério dos leitos de sargaço, recebendo a vegetação e os animais mortos do singular ecossistema de águas límpidas lá de cima.

Em todo hábitat terrestre ou marinho, seja ele ricamente diversificado ou depauperado, o tamanho de um organismo exerce uma importante influência sobre o número de espécies em seu grupo. Plantas e animais muito pequenos são extremamente mais diversificados do que os organismos muito grandes. As ervas e epífitas superam as árvores, e os insetos superam os vertebrados. A regra também vale em divisões taxionômicas mais precisas: dentre as 4 mil espécies de mamíferos encontradas no mundo inteiro, dividir o peso por mil significa (grosso modo) multiplicar por dez o número de espécies. Isso quer dizer que há cerca de dez vezes mais espécies do tamanho de um camundongo do que espécies do tamanho de um cervo.

O motivo para a organização por tamanho da pirâmide de diversidade é que os organismos pequenos podem dividir o ambiente em nichos menores do que os organismos maiores. Em 1959, os ecologistas G. Evelyn Hutchinson e Robert MacArthur sugeriram que o número de espécies aumenta em proporção direta à diminuição da área do corpo dos animais, ou ao quadrado da diminuição do seu peso. Eles propuseram que a razão dessa regra é que os animais que vivem em superfícies precisam de um espaço que é o quadrado do comprimento de seu corpo. Em outras palavras, os animais se movimentam não em linha reta, nem para cima e para baixo num espaço tridimensional, e sim sobre uma superfície, de tal modo que cada milímetro a mais em seu comprimento requer um milímetro quadrado a mais para encontrar novas funções, abrir novos nichos e desmembrar-se em novas espécies. Portanto, quanto mais milímetros no comprimento de um animal, menos espécies por quadrado desse comprimento.

Embora esses exercícios matemáticos sejam fascinantes, não chegam a ser muito precisos. A natureza é sempre tortuosa demais para obedecer a formulações simples senão da maneira mais frouxa. Para compreendermos por que as coisas são assim, e nos aproximarmos mais da verdade, imaginemos um besouro grande, de cinquenta milímetros de comprimento, vivendo no lado de uma árvore. Ao caminhar pelo tronco desta árvore, alimentando-se de liquens e fungos, ele percorre uma circunferência de cinco metros pelo tronco. Mas ele não tem como levar em consideração o mundo muito menor que existe a seus pés. O besouro não toma ciência das muitas depressões e cavidades na casca de apenas um milímetro de espessura. Nessas irregularidades vivem outras espécies de besouros pequenas o bastante para considerá-las o seu lar. Esses besourinhos existem numa escala inteiramente diferente de espaço. Para eles, as irregularidades não são triviais. Arrastando-se para cima e para baixo pelas frinchas, para eles a circunferência do tronco da árvore é cerca de dez vezes maior do que para o besouro gigante, que nem toma conhecimento dessas minúsculas fissuras. E a superfície do tronco é cem vezes maior para os besouros pequenos — o quadrado da diferença entre a circunferência conforme eles a percebem e como é percebida pelo besouro grande. Tal disparidade se traduz em mais nichos. Cada fenda contém seu próprio regime de umidade e temperatura, e uma variedade de combinações de algas e fungos dos quais os insetos se alimentam. Portanto, os besouros pequenos têm muito mais lugares onde morar e alimentos nos quais podem se especializar. Por consequência, um número correspondentemente maior de espécies pode se desenvolver.

Desçamos um pouco mais na escala microscópica. Aos pés dos besourinhos encontramos frinchas ainda menores e buraquinhos com algas e fungos estreitos demais para eles entrarem. Lá, porém, vivem os menores insetos de todos, junto com ácaros oribatídeos encouraçados, que medem menos de um milímetro de comprimento. Um exame atento da geometria superficial revelará que as espécies dessa fauna diminuta vivem como se estivessem na superfície de um tronco no mínimo cem vezes maior do que a superfície abrangida pelos besouros da escala de tamanho imediatamente superior, e milhares de vezes maior que a do besouro titânico que assoma sobre todo o conjunto. Finalmente, os insetos e ácaros microscópicos vivem sobre grãos de areia alojados em filmes de algas e em rizoides de musgos, e num único grânulo podem crescer colônias com dez ou mais espécies de bactérias.

Insisti nesse microcosmo do tronco de árvore para salientar que no mundo real, onde as espécies se multiplicam até que algo as detenha, o espaço não é medido nas dimensões euclidianas usuais, mas em dimensões fractais. O tamanho depende da envergadura da vara de medir — ou, mais precisamente, do tamanho e âmbito de forrageamento dos organismos que habitam a árvore.

No mundo fractal, todo um ecossistema pode existir na plumagem de uma ave. Entre os organismos mais proeminentes que vivem nesse ambiente estão os ácaros de penas, organismos parecidos com aranhas que aparentemente subsistem de secreções oleosas e detritos celulares. Os indivíduos são tão pequenos e territorializados que podem passar a maior parte da vida em uma parte de uma pena. Cada espécie é especializada num tipo e posição de pena, seja um remígio externo, ou as bárbulas de uma pena de contorno, ou a penugem de uma pena, que para esses ácaros é equivalente a uma floresta de árvores e arbustos. Uma única espécie de periquito, o periquito-verde mexicano [gênero *Conurus*], é hospedeiro de até trinta espécies, cada uma com quatro estágios de vida, totalizando mais de cem formas de vida. Cada uma dessas formas, por sua vez, possui seu próprio sítio e comportamento preferidos. Um único desses periquitos abriga quinze ou mais espécies de ácaros de penas, sendo que sete delas ocupam sítios específicos de uma mesma pena. Tila Pérez, da Universidade Nacional do México, coletou recentemente seis espécies da plumagem de espécimens de museu do extinto periquito da Carolina. Se essa fauna quase microscópica for de fato peculiar ao periquito, o que parece provável, então as espécies de ácaros também desapareceram quando a última ave morreu no pântano Santee da Carolina do Sul no final da década de 1930.

Estudos estatísticos mostraram que os animais mais diversificados são não apenas pequenos mas também extremamente móveis, obtendo assim acesso às mais fartas variedades de alimentos e outros recursos. O exemplo máximo desse princípio são os insetos, tão diversificados e abundantes que projetam uma imagem popular de quase invencibilidade. (*Após o holocausto nuclear, uma barata examina a paisagem arrasada de cima de uma lata de cerveja retorcida.*) Indaga-se frequentemente aos entomólogos se os insetos tomarão conta da Terra caso a raça humana se extinga. Esse é um exemplo de pergunta equivocada que pede uma resposta irrelevante: os insetos já tomaram conta da Terra. Eles se originaram na terra há quase 400 milhões de anos. Durante o Carbonífero, 100 milhões de anos depois, haviam se irradiado em formas quase tão diversificadas quanto as que existem hoje. E têm dominado os hábitats terrestres e de água doce em todo o mundo desde então. Sobreviveram facilmente ao grande espasmo de extinção no final do Paleozoico, quando a vida teve de suportar o equivalente a mais de uma guerra nuclear total. Hoje há cerca de 1 quintilhão de insetos vivos em todo o mundo num dado momento qualquer. Isso, na ordem de magnitude mais próxima, equivale a 1 trilhão de quilos de matéria viva, bem mais do que o peso total da humanidade. Suas espécies, a maioria das quais carece até de um nome científico, chegam aos milhões. A raça humana é uma novata com menos de 2 milhões de anos de idade que veio habitar em meio a uma massa de bichos de seis patas e obteve um domínio não mais que extremamente tênue do planeta. Os insetos podem viver muito bem sem nós, mas nós e a maioria dos outros organismos terrestres pereceríamos sem eles.

Richard Southwood explicou a preeminência e hiperdiversidade dos insetos em três palavras: tamanho, metamorfose e asas. Tamanho por causa dos pequenos nichos a serem definidos e das muitas espécies ali geradas. Metamorfose pela transição de um estágio de vida para outro — de larva ou ninfa para adulto — que permite a penetração em mais de um hábitat e a fabricação de ainda mais nichos. E asas devido à possibilidade de dispersão pelos quatro cantos do ambiente terrestre, passando por lagos e corredores desérticos, desde a extremidade de uma folha até os santuários mais distantes, facilitando o acesso dos insetos a novas fontes de alimentos e lugares para acasalar-se e escapar de seus inimigos. A isso pode ser acrescentada a apropriação antecipada de nichos: como os insetos foram os primeiros a se expandir para todos os nichos terrestres, incluindo o ar, eles sem dúvida se estabeleceram bem demais para serem expulsos por qualquer novato.

A espécie humana veio ao mundo como um produto tardio de irradiações que, passados 500 milhões de anos da era fanerozoica, elevaram a biodiversidade global ao seu apogeu. Num sentido mais do que bíblico, a humanidade nasceu no Jardim do Éden, e a África foi o seu berço. Durante a maior parte de sua história geológica recente, do Mesozoico até aproximadamente 15 milhões de anos atrás, a África esteve separada da Europa ao norte e da Ásia a leste pelo mar Tétis, um corpo raso de água

Na evolução da biodiversidade, quanto menor o tamanho, maior o número de espécies. Em cada grupo de animais, insetos, por exemplo, os menores organismos são capazes de explorar mais nichos e, portanto, concentram mais espécies nas comunidades locais. Nas florestas úmidas de montanhas de Papua-Nova Guiné, o grande caruncho (*Gymnopholus lichenifer*) transporta um jardim de liquens nas costas, um micro-hábitat que sustenta diversas espécies de ácaros e poduras. A seus pés, num mundo próprio, estão minúsculos besouros anobiídeos de uma espécie desconhecida.

tropical que ligava os oceanos Atlântico e Índico. À medida que o mar Tétis minguava até tornar-se o que é hoje o Mediterrâneo, a África ia se juntando à Europa e à Ásia para fazer parte do Continente Mundial, esse domínio biogeográfico vagamente coeso através do qual os principais grupos de plantas e animais puderam se disseminar. Antes disso, a África era um continente insular semelhante em tamanho e isolamento à Austrália e à América do Sul. Como essas duas outras massas isoladas de terra, também ela desenvolveu uma fauna distintiva de mamíferos: elefantes, hiracoideos, girafas, musaranhos elefantes e, por fim, homens-macacos e os primeiros verdadeiros seres humanos. Alguns desses grupos eram indígenas da África. Outros, incluindo os grandes felinos e os primatas, floresceram por toda a Europa e na Ásia e periodicamente invadiam a África, onde algumas linhagens se ramificaram em múltiplas espécies durante as explosões secundárias de evolução. Os homens-macacos e os primeiros homens foram alguns dos produtos finais da irradiação secundária pós-tetiana dos primatas. Entraram andando eretos no palco, trazendo consigo o fogo de Prometeu: autoconsciência e conhecimento tomados dos deuses. E então tudo mudou.

O IMPACTO HUMANO

11. A VIDA E A MORTE DAS ESPÉCIES

CADA ESPÉCIE VIVE UMA VIDA que lhe é própria, e cada espécie morre de uma maneira diferente. O visco neozelandês *Trilepidea adamsii* era uma bela planta com folhas glabras verde-claras, flores vermelhas tubiformes com um toque amarelo-esverdeado e frutos elipsoides de um vermelho brilhante. Ele desapareceu de sua última cidadela na ilha Norte em 1954. A espécie crescia como um parasita de arbustos e pequenas árvores no estrato inferior da floresta nativa. Nunca foi comum, estando limitada na época das primeiras explorações botânicas europeias a alguns poucos pontos da península meridional, em torno de Auckland.

Trilepidea adamsii chegou ao fim devido a uma combinação de circunstâncias que ninguém poderia ter antevisto cem anos atrás. O seu hábitat foi reduzido pelo desflorestamento, primeiro pelos maoris durante os seus mil anos de ocupação e depois num ritmo cada vez mais acelerado pelos colonizadores britânicos no final do século XIX. Colocada em risco, sua população foi ainda mais reduzida por colecionadores ansiosos por garantir espécimens do que já era reconhecidamente uma planta rara e cobiçada. A dispersão do visco reduziu-se ainda mais com a diminuição das populações de aves na região, provocada pela derrubada de seus hábitats florestais e pela predação de mamíferos lá introduzidos. As aves são necessárias para transportar sementes de uma árvore ou arbusto hospedeiro para outro. Em 1950, *Trilepidea adamsii* estava à beira da extinção. A natureza de seus últimos dias é desconhecida. As últimas plantas talvez tenham sido comidas por um gambá de cauda cerdosa [gênero *Didelphys*], uma espécie de mamífero arborícola deliberadamente introduzida da Austrália durante a década de 1860 para promover o comércio de peles. Os opossumes nunca foram suficientemente abundantes para destruir o visco enquanto este florescia, mas podem ter sido a gota d'água para a sua extinção.

Consideremos o seguinte conhecido paradoxo da diversidade biológica: quase todas as espécies que já viveram estão extintas e, todavia, há mais espécies vivas hoje do que em qualquer outra época do passado. A solução do paradoxo é simples. A vida e a morte das espécies espalham-se por mais de 3 bilhões de anos. Se a maioria das espécies dura em média, digamos, 1 milhão de anos, segue-se que quase todas elas expiraram ao longo de uma extensão de tempo geológico, no mesmo sentido em que todas as pessoas que já viveram nos últimos 10 mil anos estão mortas, embora a população humana seja maior do que jamais foi. Esse rodízio seria ainda maior se o grande modelo fosse dinástico, em que uma espécie engendra várias outras, das quais todas ou quase todas cederam lugar a grupos descendentes posteriores.

A evolução é, de fato, dinástica, e longevidades de 1 milhão de anos estão próximas da realidade para muitos tipos de organismos. A medida precisa que nos interessa não é a longevidade da espécie, mas do clade, constituído pela espécie e todas as suas descendentes, tomadas desde a época em que a espécie ancestral se desmembrou pela primeira vez das demais espécies até o momento em que o último organismo pertencente a essa espécie ou a qualquer de suas descendentes desapareceu. A extinção de uma cronoespécie, ou pseudoextinção como também é chamada, não conta. Se uma população de organismos evolui a tal ponto que os biólogos declaram-na uma nova espécie, ou uma cronoespécie, não significa que a espécie extinguiu-se, mas apenas que se modificou muito. A vida do clade continua, e essa linhagem particular de genes permanece.

O clade de cada um dos principais grupos de organismos parece ter uma longevidade específica. Graças à relativa riqueza de fósseis em depósitos marinhos rasos, a duração dos clades de peixes e invertebrados que lá viviam pode frequentemente ser determinada com um modesto grau de certeza. Durante o

O extinto visco da Nova Zelândia (*Trilepidea adamsii*).

Paleozoico e o Mesozoico, a persistência média esteve entre 1 e 10 milhões de anos — 6 milhões para as estrelas-do-mar e outros equinodermos, por exemplo, 1,9 milhão para graptolídeos (animais coloniais parentes distantes dos vertebrados) e 1,2 a 2 milhões para os amonites (moluscos com concha externa que lembram os náutilos modernos). Em terra, a longevidade dos clades de plantas floríferas durante o Cenozoico também parece ter se mantido dentro da faixa de 1 a 10 milhões de anos. A dos mamíferos varia entre 0,5 e 5 milhões de anos, dependendo da era geológica.

A probabilidade de extinção de espécies em um clade é mais ou menos constante ao longo do tempo. Como resultado, a frequência de espécies de um clade que sobrevivem por mais tempo diminui como uma função exponencial de decaimento. Para usarmos um exemplo exageradamente simplificado, se metade das espécies estiver viva ao final de 1 milhão de anos, cerca de metade destas (ou um quarto do número original) persistirá 2 milhões de anos; metade destas novamente (ou um oitavo das originais) perdurará 3 milhões de anos; e assim por diante. A progressão é muitas vezes acelerada por alterações climáticas que provocam ondas de extinção e renascimento posterior — não apenas as grandes catástrofes que puseram fim ao Paleozoico e ao Mesozoico, mas eventos menores, mais frequentes e mais locais. Clades de búfalos e antílopes na África ao sul do Saara persistem de 100 mil a vários milhões de anos. Mas cerca de 2,5 milhões de anos atrás muitos deles chegaram ao fim, e outros apareceram quase simultaneamente. O evento determinante foi aparentemente um período de resfriamento e pouca chuva que fez com que as pradarias tomassem conta de uma grande parte do continente africano.

Instabilidades climáticas locais são apenas um dos motivos para não fazermos muitas generalizações acerca da duração das espécies a partir do registro fóssil. Espécies irmãs, tão semelhantes em detalhes anatômicos que não são discerníveis em fósseis, podem ter ido e vindo em rápida sucessão sem serem detectadas. Pequenas espécies locais também podem apresentar um rodízio elevado em lugares onde raramente ocorre fossilização, como em vales de desertos e no interior de pequenas ilhas, sem deixar qualquer vestígio de sua existência.

Sabemos que a formação contemporânea de espécies no Norte das florestas montanhosas dos Andes é ao mesmo tempo profusa e resistente à formação de fósseis. Nos hábitats montanhosos da Colômbia, Equador e Peru, populações de plantas e animais são propensas a uma rápida evolução e a uma extinção precoce apenas por sua localização geográfica. Os espinhaços em que vivem são isolados e diferem uns dos outros em temperatura, índice pluviométrico e espécies constitutivas das comunidades locais. As populações são pequenas. Alwyn Gentry e Calaway Dodson calculam que nesses lugares algumas espécies de orquídeas podem se multiplicar em apenas quinze anos. Por implicação, a longevidade das espécies pode ser igualmente curta, sendo medida em décadas ou séculos. As orquídeas são de longe as plantas vivas mais diversificadas, compreendendo no mínimo 17 mil espécies, ou 8% de todas as plantas floríferas. Muitas são raras e locais, como as endêmicas dos Andes, e podem se originar e morrer rapidamente sem deixar vestígio. A biologia geral das orquídeas é também tal que apaga toda a sua história. Elas vivem principalmente nos trópicos, onde o registro fóssil é escasso. A maioria delas cresce como epífitas nas coroas das árvores da floresta, um hábitat que não favorece a fossilização das partes das plantas. E, ao contrário da vasta maioria das demais plantas floríferas, elas não espalham seu pólen em grânulos, ou seja, pouquíssimo pólen cai em lagos e córregos onde poderiam se formar microfósseis facilmente analisáveis. Ao contrário, as orquidáceas aglutinam o pólen em corpos sólidos, as polínias, que são levadas de flor em flor por insetos. Esses dois traços juntos — especiação rápida e dificuldade de fossilização — significam que as floras de orquídeas quase não deixam registros através dos quais possamos medir a longevidade das espécies.

As orquídeas não são as únicas. Elas apenas nos ensinam que, além das espécies cujos fósseis sugerem uma longevidade de

1 a 10 milhões de anos, há um grande grupo oculto de espécies que aparecem e desaparecem numa velocidade muito maior. No geral as novas espécies têm uma distribuição geográfica pequena e geralmente começam com um reduzido número de pioneiros que desembarcam nas praias de uma ilha ou em longínquos espinhaços de montanhas. Se a extinção dessas populações jovens e vulneráveis for elevada, o equivalente da mortalidade infantil entre organismos que se debatem com um ambiente inóspito, uma grande porcentagem de espécies morrerá ainda na juventude sem deixar registro de sua existência. O nascimento e a morte da maioria das espécies podem, portanto, ocultar-se por trás de um véu de artefatos. Somente as populações mais disseminadas, em corpos de água ou na proximidade desses, é que são fossilizadas com suficiente consistência para uma mensuração direta. Por trás do véu estão vastas quantidades de espécies que viveram outrora em hábitats restritos e que permanecerão para sempre além de qualquer acesso direto possível.

Para rompermos o véu, para visualizarmos como as espécies raras vivem e morrem, devemos seguir um caminho menos direto e retornar aos princípios da ecologia e à história natural, que é ecologia expressa nos detalhes da biologia de cada espécie ainda viva ou só recentemente extinta. Consideremos primeiro as leis da ecologia. Elas estão escritas nas equações da demografia. O número de plantas ou animais que pertencem a uma espécie é determinado exatamente pela taxa de nascimento de novos indivíduos, a idade em que se reproduzem e a idade com que morrem. A distribuição da população por idade (quantos recém-nascidos, quantos jovens, quantos adultos e quantos velhos) é estabelecida por esse calendário de nascimentos e mortes. Os calendários em si são influenciados pelo tamanho da população ou, mais precisamente, por sua densidade. O número de aves em uma mata ou de células de algas que vivem numa pedra úmida afeta o suprimento de alimentos, a intensidade dos ataques de predadores e de agentes patogênicos, o grau em que a reprodução é postergada, a duração da vida dos indivíduos e quais competidores conseguem abrir espaço na mesma comunidade. Tudo isso tem uma consequência importante: se ecologia é derradeiramente uma questão de demografia, então a demografia deve em algum momento tornar-se história natural, cujos parâmetros serão expressos como uma função de um tempo e espaço determinados. As equações da demografia são especificadas pelo contexto.

É isso que acontece quando estudamos a vida e a morte de espécies determinadas. As leis da diversidade biológica estão escritas nas equações da especiação e da extinção. Ecologistas e paleontólogos têm começado a buscar essas leis, cientes da importância dos dados referentes à taxa de natalidade das espécies e à longevidade dos clades que elas geram. As equações estão começando a se assemelhar às da ecologia, e também elas estão vindo à tona com as particularidades da história natural.

Consideremos uma ilha recém-formada no mar, destituída de vida, digamos Krakatau em 1883, Surtsey na costa da Islândia em 1963, ou Kauai há 5 milhões de anos. Plantas e animais logo chegam, caindo abundantemente como plâncton aéreo ou sendo soprados por tempestades. Em seguida, concentremos nossa atenção num grupo em particular, digamos aves terrestres, répteis ou gramíneas. De início, o índice de chegada de novas espécies do grupo é relativamente alto, mas inevitavelmente diminui porque dispersadores fortes logo se estabelecem. Nas ilhas e continentes próximos, há outras espécies capazes de atravessar o mar, mas elas constituem uma associação menos apta de colonizadores em potencial. À medida que a ilha se enche com um número crescente de espécies do nosso grupo de interesse — aves, répteis, gramíneas —, o índice de chegada de espécies ainda não estabelecidas continua diminuindo. Talvez tenha começado com uma média de uma nova espécie por ano, declinando ao longo do século até atingir uma nova espécie a cada dez anos. Ao mesmo tempo, a taxa de extinção aumenta à medida que mais e mais espécies competem pelo espaço e recursos disponíveis.

Com o tempo, a taxa de extinção das espécies que já se encontram na ilha — em espécies por ano, digamos — acabará se equiparando à taxa de imigração de novas espécies, novamente em espécies por ano. O número de espécies estará em equilíbrio dinâmico. Novas espécies estarão chegando, espécies velhas estarão desaparecendo, a composição da fauna e da flora mudará constantemente, mas o número de espécies presentes num dado momento qualquer permanece constante.

Esse modelo bastante simples de um equilíbrio entre imigração e extinção é a base da teoria de biogeografia insular que Robert MacArthur e eu elaboramos em 1963. Nós havíamos percebido que faunas e floras de ilhas em todo o mundo apresentam uma relação consistente entre a área da ilha e o número de espécies que nela vivem. Quanto maior a área, maior o número de espécies. Cuba tem mais tipos de aves, répteis, plantas e outros organismos do que a Jamaica, que, por sua vez, tem fauna e flora maiores do que Antigua. A relação se mantinha em quase todos os lugares, das ilhas Britânicas às Índias Ocidentais, Galápagos, Havaí e os arquipélagos da Indonésia e do Oeste do Pacífico, seguindo uma regra aritmética consistente: o número de espécies (aves, répteis, gramíneas) aproximadamente duplica com a decuplicação da área. Tomemos um caso específico: as aves terrestres. Há uma média de cinquenta espécies em ilhas de mil quilômetros quadrados, e cerca do dobro, cem espécies, em ilhas de 10 mil quilômetros quadrados. Numa linguagem mais precisa, o número de espécies aumenta de acordo com a equação $S = CA^z$, em que A é a área, S é o número de espécies, C é uma constante e z é uma segunda constante, biologicamente interessante, que depende do grupo de organismos (aves, répteis, gramíneas). O valor de z também depende de o arquipélago estar perto de áreas de origem, como no caso das ilhas da Indonésia, ou muito distante, como no caso do Havaí e outros arquipélagos do Leste do Pacífico. Em resumo, z é um parâmetro. Permanece constante para um determinado grupo de organismos e conjunto de ilhas, como as aves das Índias Ocidentais, mas pode mudar quando examinamos outros organismos em outras ilhas, como as gramíneas da Indonésia. Seu valor varia, para as faunas e floras de todo o mundo, entre 0,15 e 0,35. Afirmar que uma área dez vezes maior duplica a fauna e a flora é o mesmo que dizer que z = 0,30, ou $\log_{10}2$. Vale observar que, se desejarmos — e isso é importantíssimo em termos conservacionistas —, podemos enunciar a regra de maneira inversa: uma área dez vezes *menor* reduz pela metade o número de espécies.

O aumento da biodiversidade com o aumento do tamanho das ilhas é chamado *efeito área*, sendo uma decorrência direta do modelo de equilíbrio. Imaginemos uma série de ilhas recém-emersas ao longo da costa de um continente, todas equidistantes da orla continental mas de tamanhos diferentes. Ao irem se enchendo de espécies, essas ilhas terão todas aproximadamente a mesma taxa de imigração — o número de espécies que chegam a cada ano — já que estão todas à mesma distância do continente. Por outro lado, as taxas de extinção aumentarão mais lentamente nas ilhas maiores. O motivo é que mais área significa mais espaço, mais espaço significa populações maiores para cada espécie e, finalmente, populações maiores significam uma expectativa de vida mais longa para as espécies. É mais difícil ficar na miséria quando se começa com muito dinheiro, e mais pessoas podem ser acomodadas em terrenos maiores antes de se tornar pobres. De modo que a taxa global de extinção só chega a se igualar à taxa de imigração na ilha maior depois que muitas espécies a colonizaram, e, no equilíbrio, as ilhas maiores terão mais espécies do que as menores.

O *efeito distância* é o seguinte: quanto mais longe a ilha estiver de um continente ou de outras ilhas, menos espécies haverá vivendo nela. Como o efeito área, essa tendência biogeográfica pode ser explicada diretamente mediante o modelo básico de equilíbrio. Basta inverter o arranjo das nossas ilhas imaginárias, de modo que agora o tamanho de todas seja o mesmo mas a distância de cada uma até o continente varie. Ao irem se enchendo de espécies de aves, répteis ou gramíneas, a taxa de extinção de todas as ilhas aumenta mais ou menos à mesma velo-

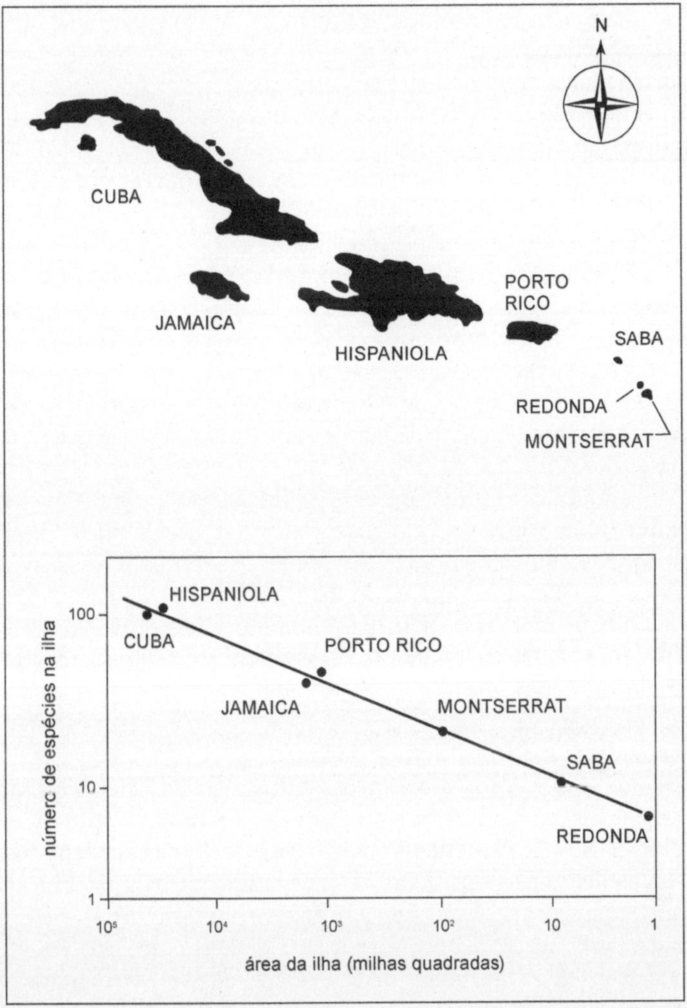

O número de espécies que vivem nas ilhas aumenta ou diminui conforme a área da ilha. A diversidade de répteis e anfíbios nas Índias Ocidentais, indicada aqui, é típica: uma redução de 90% na área de uma ilha para outra resulta numa diminuição de espécies da ordem de 50%.

cidade (por serem do mesmo tamanho). Mas as ilhas distantes vão se enchendo mais devagar, pois os organismos têm de viajar mais, e suas taxas de imigração (novas espécies que chegam a cada ano) são menores. A taxa de extinção se igualará à taxa de imigração com um número menor de espécies presentes. Assim, as ilhas mais distantes atingem o equilíbrio com menos espécies do que as ilhas mais próximas.

Entretanto, por mais estanque e plausível que possa ser, nenhuma teoria por si é suficiente para pôr uma chancela em processos ecológicos tão complexos quanto o aumento do número de espécies. É preciso haver experimentos que confirmem as previsões teóricas e, no caso da ecologia em particular, que as exponham às estimulantes intromissões da história natural. Mas como realizar experimentos com arquipélagos, e com faunas e floras inteiras?

A solução é miniaturizar. No início dos anos 60, passei muito tempo examinando mapas dos Estados Unidos, devaneando em busca de ilhotas que pudesse visitar com frequência e que pudesse de algum modo manipular para testar os modelos de biogeografia insular. Pensei muito sobre insetos, criaturas suficientemente pequenas para manter grandes populações em locais compactos. Uma fauna completa de aves ou mamíferos poderia exigir uma ilha do tamanho de Guernsey ou Martha's Vineyard [63 e 250 quilômetros quadrados, respectivamente]; mas afídeos e besouros de casca podem florescer em grande quantidade numa única árvore. Finalmente optei pelas Florida Keys, em particular as minúsculas ilhotas de mangues-vermelhos que pontilham as águas rasas da baía da Flórida imediatamente a oeste. Os manguezais, que suportam bem o sal, variam de uma única árvore a florestas com centenas de hectares. Há uma quantidade enorme dessas ilhas, desde o grupo das chamadas Dez Mil Ilhas ao norte da baía até os incontáveis arquipélagos em miniatura espalhados pela orla setentrional das Keys do Sul.

Em 1966, Daniel Simberloff, na época pós-graduando de Harvard e hoje um eminente professor de ecologia na Universidade Estadual da Flórida, juntou-se a mim numa tentativa de transformar as ilhotas de mangues em um laboratório ao ar livre. Precisávamos de uma série de pequenas Krakataus, ilhas das quais pudéssemos eliminar totalmente os insetos, aranhas e outros artrópodes, e que pudéssemos então monitorar mensalmente. Conseguir isso seria acompanhar uma recolonizacão a partir do zero e verificar inequivocamente se e quando a biodiversidade atinge um equilíbrio. Com permissão do National Park Service, selecionamos quatro minúsculas ilhas para o nosso experimento, todas elas torrões de mangues-vermelhos com cerca de quinze metros de diâmetro. Para testarmos o efeito distância, selecionamos uma ilhota a apenas dois metros de uma ilha grande, outra a 533 metros, e mais duas a distâncias intermediárias. Dois metros podem parecer insignificantes, sendo não mais que a altura de um jogador de defesa dos Boston Celtics, mas é o comprimento de mil formigas operárias — que, traduzido em termos humanos, seria cerca de 1,6 quilômetro. Começamos a trabalhar. Engatinhamos por cada uma das ilhotas, examinando desde o seu solo lamacento até o topo das árvores, vasculhando cada milímetro da superfície das folhas e das cascas das árvores, sondando cada fenda e greta, fotografando e coletando tudo. Preparamos uma lista o mais completa possível das espécies de insetos e artrópodes das quatro ilhotas. Nessa fase o efeito distância ficou patente: a ilhota mais próxima tinha o maior número de espécies; a mais distante, o menor; e as duas intermediárias, quantidades igualmente intermediárias.

Em seguida contratamos uma empresa de dedetização de Miami para destruir todos os artrópodes das ilhas, usando um método empregado rotineiramente para se fumigar edifícios inteiros. Os trabalhadores primeiro cobriram as ilhotas com uma tenda de náilon emborrachado. Depois fumigaram o interior com brometo de metilo numa concentração e durante um tempo preestabelecido fatal para os artrópodes, mas não para os mangues. Quando as coberturas foram removidas, tínhamos quatro ilhotas vazias, quatro pequeninas Krakataus.

A recolonizacão começou em poucos dias. Em menos de um ano, as faunas das ilhas haviam atingido seu nível original, novamente em conformidade com o efeito distância: a ilhota mais próxima passara de 43 para 44 espécies; a mais distante, de 25 para 22; e as ilhotas intermediárias apresentaram um retorno igualmente próximo dos números outrora prevalecentes. Esses números permaneceram notavelmente constantes até o final do segundo ano, quando o experimento foi dado por encerrado. O equilíbrio era um equilíbrio dinâmico: muitas das espécies de artrópodes que haviam colonizado uma dada ilhota desapareciam após um ou dois meses, voltando a aparecer mais tarde ou cedendo lugar a uma ou duas espécies similares. A fauna examinada ao longo do tempo revelou-se caleidoscópica: o número total permanecia mais ou menos equilibrado, mas a composição variava continuamente, como viajantes num aeroporto. Conforme a ilha, na metade do experimento somente entre 7% e 28% das espécies das novas colonizadoras eram as mesmas de antes da fumigação.

O experimento nas Florida Keys produziu novas informações sobre a capacidade de diferentes grupos de pequenos organismos emigrarem e perdurarem. Aranhas choviam sobre as ilhotas, algumas delas grandes, certamente "viajando de balão" sobre a água em seus fios de seda. Mas muitas das espécies logo se extinguiram. Seus parentes distantes, os ácaros, demoraram mais para chegar, soprados por correntes de ar como partículas aleatórias de pó — literalmente parte da poeira —, mas suas espécies persistiram mais tempo. Baratas, grilos, mariposas e formigas chegaram logo numa colonização firme. Centípedes e milípedes, embora bem estabelecidos antes da fumigação, não lograram retornar durante os dois anos que visitamos as ilhotas.

O experimento nos mangues foi inspirado por Krakatau e pelo interesse científico de uma terra varrida de todos os seus animais. Um segundo método de avaliar o equilíbrio da diversidade seria reduzir o tamanho das ilhas e observar o declínio no número de espécies, de um equilíbrio maior para um equilíbrio menor. No final dos anos 70, Thomas Lovejoy adotou essa abordagem no que iria se tornar o maior experimento biológico da história. Ele aproveitou uma nova lei brasileira que exigia que os proprietários de glebas de floresta pluvial na região amazônica deixassem pelo menos metade de suas terras cobertas pela floresta; o restante eles poderiam converter em pastos e fazendas. Com apoio do World Wildlife Fund e do governo brasileiro, Lovejoy partiu para observar o destino da diversidade nos trechos de floresta deixados para trás à medida que a derrubada das matas avançava. Ele convenceu os donos de terra ao longo da estrada Boa Vista ao norte de Manaus a deixar lotes quadrados de florestas variando entre um e mil hectares. Um ornitólogo colega seu, Richard Bierregaard, juntou-se a ele como diretor de campo, e outros especialistas foram convidados para promover e levar adiante esse enorme projeto. Os biólogos partiram para examinar a diversidade em sítios experimentais antes, durante a condição natural dos lotes, e depois, quando já haviam sido transformados em ilhas pela derrubada das matas. (Uma dessas glebas era a Fazenda Dimona, onde fiquei observando a tempestade.)

O empreendimento foi batizado como Projeto do Tamanho Mínimo Crítico dos Ecossistemas, pois seu objetivo era determinar o menor tamanho que uma floresta tropical precisa ter para sustentar as espécies de plantas e animais nativas em sua vizinhança imediata. Qual a extensão de terra necessária para, digamos, sustentar 99% de todas as espécies originais por cem anos? Posteriormente o estudo tornou-se parte do Projeto da Dinâmica Biológica de Fragmentos Florestais, que se pretendia abrangesse hábitats por todo o Brasil. Membros do projeto referem-se a ele como Projeto dos Fragmentos Florestais, e muitos brasileiros chamam-no apenas de Projeto Lovejoy. A monitoração perto de Manaus teve início justamente antes de a terra ser limpa no final dos anos 70, e espera-se que prossiga até o século XXI.

Uma montanha de dados do experimento em Manaus ainda precisa ser examinada, mas mesmo na primeira década, 1979-89, interessantes e proveitosos fatos novos já surgiram. A diversidade das "ilhas" menores está diminuindo mais rapidamente, conforme esperado. A extinção de espécies foi acelerada pela penetração inesperadamente profunda de ventos diurnos, que ressecam a floresta a partir da borda e destroem árvores e arbustos até cem metros ou mais mata adentro. Muitas espécies de plantas e animais desapareceram dos lotes menores, mas algumas outras se expandiram. Os motivos de tais mudanças são às vezes óbvios, às vezes desconcertantes e enigmáticos. Colônias de formigas legionárias, que precisam de mais de dez hectares para manter a sua força de operárias, logo desapareceram dos lotes de um e dez hectares. Junto com elas foram-se cinco espécies de aves formigueiras que vivem seguindo os enxames de formigas e alimentando-se dos insetos que vão sendo empurrados pelo front de ataque de dez metros de largura. Borboletas amantes da sombra no interior da mata diminuíram rapidamente por causa do efeito ressecante dos ventos, mas outras espécies se especializaram em viver perto dos limites da floresta, e a vegetação secundária floresceu. As grandes abelhas euglossíneas, de um verde-azul-metálico, que eram as principais polinizadoras de orquídeas e outras plantas, foram duramente atingidas nos lotes de até cem hectares. Os saguis [gênero *Pithecia*], que se alimentam de frutas, desapareceram dos lotes de dez hectares. Mas os macacos roncadores vermelhos, que se alimentam de folhas e, portanto, são capazes de obter mais comida, permaneceram. Outros mamíferos terrestres de maior porte — incluindo margais, jaguares, pumas, pacas e pecaris — simplesmente se afastaram dos lotes menores e sumiram completamente da fauna.

No final da década de 80, efeitos secundários podiam ser vistos espalhando-se pela teia alimentar. Com o desaparecimento dos pecaris, não havia mais espojadouros onde poças pudessem se formar. Sem as poças, três espécies de rãs *Phyllomedusa* deixaram de se acasalar e desapareceram. Com o declínio das populações de mamíferos e aves, esterco e carniça tornaram-se escassos. Os escaravelhos, que se alimentam desses materiais, foram reduzidos em número de espécies e de indivíduos, e o tamanho médio dos sobreviventes também diminuiu. Bert Klein, que documentou essas mudanças, profetizou que outras reverberações haveriam de percorrer um amplo segmento da comunidade animal, incluindo ácaros carnívoros que montam nos besouros e atacam as larvas das moscas, com efeitos ainda mais profundos nos organismos de doença dos mamíferos e das aves:

> Uma dirupção de primeira ordem na abundância de determinados escaravelhos irá sem dúvida resultar em mudanças de segunda ordem na dispersão dos ácaros, o que poderá provocar modificações de terceira ordem nas moscas que se acasalam no esterco e na carniça. Quais as alterações de quarta ordem que podem ocorrer devido a mudanças na abundância de moscas é algo que necessita de maiores estudos. Por comerem e enterrarem excrementos e carniça, os escarabeídeos matam larvas nematoides e outros parasitas gastrintestinais dos vertebrados. Assim, uma mudança nas comunidades desses besouros estercorários pode modificar a incidência de parasitas e doenças em alguns fragmentos florestais ou reservas biológicas isoladas.

Em decorrência de perturbações que avançam até o terceiro nível das interações entre as espécies, e possivelmente ainda além, a diversidade dos lotes florestais menores despenca para níveis inauditos e imprevisíveis. Mas nós sabemos pelo menos isto: uma floresta amazônica recortada em diversos pequenos fragmentos irá se tornar não mais do que um esqueleto da sua condição anterior.

A teoria confirma o senso comum com o seguinte teorema: quanto menor o tamanho médio da população de uma determinada espécie ao longo do tempo, e quanto mais o tamanho oscilar de geração para geração, mais rapidamente a população declinará até desaparecer e tornar-se extinta. Imaginemos uma ilha com uma população média de mil pardais que oscile aleatoriamente uma ou duas vezes por século aumentando ou diminuindo em cerca de cem indivíduos. Imaginemos outra ilha com cem pardais da mesma espécie, e que esta população também oscile uma ou duas vezes por século aumentando ou diminuindo em cerca de cem indivíduos. A segunda população, que é menor e sofre uma oscilação maior, terá uma vida mais curta. Mais precisamente, muitas dessas populações tornam-se extintas antes do que populações comparáveis mas maiores.

Essa previsão foi comprovada num estudo meticuloso realizado por Stuart Pimm, Lee Jones e Jared Diamond com cem espécies de aves terrestres em pequenas ilhas ao longo da costa da Inglaterra e da Irlanda. Eles verificaram que a duração de vida das populações de aves de cada ilha de fato se reduz com a diminuição do tamanho da população. A duração da vida também se reduz quando a população sofre uma oscilação maior ao longo do tempo.

Para enxergarmos de uma perspectiva mais ampla a importância do tamanho da população, imaginemos que possamos proteger uma população local de destruições catastróficas. O hábitat é mantido intacto, uma fonte constante de alimentos é garantida e não se permite que doenças ou predadores devastem a área. As oscilações no número de indivíduos na população dependerão então apenas do acaso em torno do nascimento e da morte — quantos indivíduos se acasalaram naquele ano, quantos filhotes sobreviveram à infância, e assim por diante. O acaso é o produto final total de muitos outros eventos fundamentalmente imprevisíveis, tais como chuva, temperatura, suprimento de alimentos e ataques de inimigos. Modelos matemáticos da história de tais populações constantes revelam que o tamanho da população e as oscilações podem ter efeitos enormes sobre a longevidade. Se a população média aumentar dez vezes, de dez para cem indivíduos, por exemplo, a longevidade poderá aumentar milhares de vezes. Em termos mais práticos, existe um limiar abaixo do qual a população corre grave risco de extinguir-se de um ano para outro. Por outro lado, a espécie ameaçada geralmente pode ser salva dessa zona de perigo por um aumento relativamente modesto na área de seu hábitat e, portanto, no tamanho médio da sua população.

Como a extinção é para sempre, as espécies raras são o ponto focal da biologia conservacionista. Os especialistas dessa jovem disciplina científica realizam seus estudos com o mesmo senso de urgência que os médicos de um pronto-socorro. Eles buscam diagnósticos e procedimentos rápidos que possam prolongar a vida das espécies até que um trabalho regenerativo mais diligente seja possível. Estão cientes de que, mesmo que populações de uma espécie sejam pequenas e desapareçam com frequência, a espécie em si como um todo não corre nenhum risco específico *desde que* outras nasçam pela colonização de novos sítios na mesma velocidade e que haja várias dessas populações. A raridade, portanto, exige uma definição em múltiplos níveis para ser entendida de maneira realista. A ideia essencial pode ser compreendida procedendo-se ao diagnóstico de três das espécies de aves mais ameaçadas da América do Norte.

Warbler *de Bachman.* Uma espécie está ameaçada se, mesmo que ocorra em uma área extensa, for escassa por toda a sua distribuição geográfica. Este é o caso do *warbler* de Bachman (*Vermivora bachmanii*), a ave mais rara da América do Norte em número de indivíduos por quilômetro quadrado da sua distribuição geográfica. Pequena, de peito amarelo e costas verde-oliva, e a garganta preta no macho, o *warbler* outrora procriava nas moitas dos brejos fluviais do Arkansas à Carolina do Sul. Não conhecemos a sua atual amplitude de acasalamento, nem o tamanho da sua população. Tudo indica que esteja próximo da extinção, ou já extinto.

Warbler *de Kirtland.* Uma espécie é rara se estiver densamente concentrada mas for limitada a algumas pequenas populações restritas a uma distribuição geográfica minúscula. É o que acontece com o *warbler* de Kirtland (*Dendroica kirtlandii*), uma ave de peito amarelo-limão, costas cinza-azuladas com listras pretas e uma máscara escura no macho. Ela é vagamente colonial, e seu campo de procriação está restrito às regiões de pinheiros cinzentos [*Pinus banksiana*] do Centro-Norte da península inferior do estado de Michigan. Entre 1961 e 1971, a população conhecida despencou de mil para quatrocentas aves. O declínio aparentemente foi devido a um aumento de parasitismo de ninho por parte dos molotros de cabeça marrom (*Molothrus ater*), que colocam seus ovos no ninho do *warbler*. A densidade dos *warblers* de Kirtland continua tão grande quanto antes nos locais onde ocorrem, mas a progressiva restrição da sua distribuição geográfica colocou-os à beira da extinção.

Pica-pau-de-penacho-vermelho. Uma espécie pode ser rara mesmo que tenha uma distribuição geográfica extensa e seja numerosa em termos locais se ela for especializada em ocupar nichos escassos. O pica-pau-de-penacho-vermelho (*Picoides borealis*), com listras no dorso como as de uma zebra, peito branco salpicado de preto e uma mancha carmim em ambos os lados da face, é o melhor exemplo disso. Sua distribuição geográfica abrange a maior parte do Sudeste dos Estados Unidos, mas ele precisa de florestas com pinheiros de no mínimo oitenta anos de idade. As aves vivem em pequenas sociedades constituídas de um par acasalado e diversos filhotes, sendo que estes últimos ajudam os pais a proteger e criar seus irmãos mais jovens. Cada grupo requer uma média de 86 hectares de mata para produzir uma colheita adequada de insetos. Para aninhar, os pica-paus-de-penacho-vermelho fazem buracos em pinheiros vivos e maduros de oitenta a 120 anos de idade, nos quais o durame já foi destruído por fungos. Tais condições rigorosas já não são fáceis de encontrar nos pinheirais do Sul dos Estados Unidos. Em 1986, estimou-se que a população procriadora total de pica-paus não passava de 6 mil indivíduos, e vinha diminuindo constantemente, talvez 10% ao ano no Texas e provavelmente com a mesma velocidade nos demais lugares. A espécie parece condenada a menos que o corte das florestas de pinheiros mais antigos cesse imediatamente.

As espécies encurraladas pela especialização e pressionadas pela redução dos hábitats constituem a maior classe ameaçada. A escassez de *warblers* de Bachman no Sul dos Estados Unidos não é mistério, apesar da abundância de pântanos ribeirinhos em que podem se acasalar. Eles passam (ou passavam) os invernos exclusivamente nas florestas do Oeste de Cuba e na ilha dos Pinos. Mas lá virtualmente todas as florestas foram derrubadas para o cultivo da cana-de-açúcar. O grande obstáculo é o desaparecimento dos seus campos de inverno e a consequente morte por inanição até mesmo dos *warblers* remanescentes que nascem no ambiente mais exuberante do verão dos Estados Unidos.

John Terborgh nos oferece um comovente relato de sua própria experiência com um dos últimos *warblers* de Bachman. Em maio de 1954, quando tinha dezoito anos e criava pássaros (hoje é um eminente ornitólogo), ele ouviu dizer que um macho da espécie fora avistado em Pohick Creek, Virgínia, não muito longe de sua casa. O canto do *warbler* de Bachman lhe havia sido descrito como semelhante ao de um outro *warbler*, o verde de garganta preta, com um trinado descendente no final: *zi-zi-zi-zi-tsiu*.

> Para meu espanto, caminhei até o local que me havia sido descrito e ouvi. Não foi difícil ver o pássaro. Um macho com toda a sua plumagem estava sobre um galho cerca de seis metros acima de mim, permitindo-me observá-lo perfeitamente enquanto cantava. Praticamente não parou de cantar durante as duas horas que fiquei lá. Relutantemente me afastei, sem saber se seria uma experiência que eu poderia repetir algum dia. Não foi.

Como outros criadores dos pássaros viriam testificar, o macho retornou ao mesmo lugar nas duas primaveras seguintes. Nenhuma fêmea juntou-se a ele. O extraordinário esforço do macho era sinal de que estava em perfeitas condições para se acasalar. Mas ele estava destinado a não ser descoberto por nenhuma fêmea da sua espécie.

Imagino que toda primavera alguns poucos remanescentes dessas aves cruzavam o golfo do México e se espalhavam por uma enorme área ao sudeste, onde se tornavam, por assim dizer, agulhas num palheiro. Perto do fim, é provável que a maioria dos machos da população, como aquele de Pohick Creek, não tenham sido descobertos pelas fêmeas. Uma vez que isso aconteceu, não podia mais haver salvação possível para a espécie em estado selvagem.

De maneira semelhante, o *warbler* de Kirtland passa o inverno em pinheirais de duas ilhas no Norte das Bahamas, Grande Bahama e Abaco. Terborgh escreveu que, por mais zelosamente que o *warbler* de Kirtland e seu hábitat possam ser protegidos em Michigan, seu destino provavelmente está à mercê dos interesses comerciais nas Bahamas. As aves migratórias de um modo geral estão diminuindo nos Estados Unidos por causa da mesma doença ambiental que acometeu os *warblers*: a destruição de seus campos de inverno por queimadas e desflorestamento. As perspectivas são particularmente lúgubres para as espécies que dependem das florestas do México, América Central e Índias Ocidentais, que vêm sendo destruídas em ritmo acelerado.

Falei acima da especialização, essa sutil armadilha do oportunismo evolutivo, e como ela é afetada pela seleção natural no nível das espécies. Se surge um recurso rico e abundante, uma espécie adapta-se para usá-lo e utiliza-o contra todos os competidores. Para manter a vantagem, os membros da espécie abdicam da sua capacidade de competir por outros recursos. Impelida pela seleção natural, isto é, pelas vantagens obtidas por seus membros uma geração por vez, a espécie se encolhe dentro de uma distribuição geográfica menor. Ela se torna mais vulnerável a mudanças ambientais. Os organismos portadores dos genes especialistas triunfaram, mas, no final, a espécie como um todo perderá a luta e todos os seus organismos perecerão. Durante o Paleozoico, toda uma família de caracóis, os platicerídeos, floresceu anexando-se aos ânus dos crinoides, um grupo de equinodermos sedentários chamados lírios-do-mar. Eles se alimentavam da matéria fecal de seus hospedeiros, que conseguiam apropriar para si diretamente e com mínima competição. Quando os crinoides se extinguiram, o mesmo aconteceu com toda a vasta gama de engenhosos platicerídeos.

Nas ribanceiras altas e desmoronadiças sobre o rio Apalachicola na Flórida crescem as últimas árvores silvestres do chamado cedro fedorento (*Torreya taxifolia*), uma conífera de pequena estatura, verdadeiras relíquias de um clima mais frio, quando o avanço da última camada glacial forçou elementos boreais para o Sul até o Sudeste dos Estados Unidos. Quando a geleira recuou, há 10 mil anos, a maioria das espécies de plantas e animais voltou a se espalhar, recuperando quase todas as suas amplas distribuições de outrora. Mas esse cedro em particular não conseguiu se expandir, em parte por causa de sua dependência de solos ricos e úmidos de origem calcária. No final da década de 1950, uma doença fúngica atacou a pequena população do Apalachicola e levou a espécie à beira da extinção.

Os riachos do sistema do Apalachicola próximos dos espécimens moribundos do cedro fedorento são povoados por pequenas populações de tartarugas geográficas de Barbour [*Graptemys geographica*], uma bela espécie com grandes dentes serrilhados acompanhando a linha média da carapaça e com arabescos decorando a borda ventral da casca. A fêmea possui uma característica bastante incomum. Ela é muito maior do que o macho e tem uma cabeça grotescamente grande. Como se desenvolveu apenas nesse sistema fluvial, a espécie não se espalhou para além dele, e agora encontra-se vulnerável à extinção à medida que os ambientes de água doce da Flórida vão sendo cada vez mais perturbados.

Ocultas no assoreamento dos escoadouros das nascentes da mesma região vivem as *amphiumas* de um só dedo, anãs de um gênero de salamandras gigantes. Visitei o hábitat dessa espécie rara e possivelmente ameaçada no mesmo dia em que examinei os últimos exemplares de cedro fedorento. Caminhava com um outro naturalista sob um sol escaldante ao

A mais rara ave canora: o *warbler* de Bachman no Sudeste dos Estados Unidos está à beira da extinção, ou talvez já extinto. Este desenho de um macho cantando é baseado em uma das últimas fotografias.

longo de uma planície inóspita de *turkey-oaks* [o carvalho *Quercus catesbaei*], um dos ambientes menos promissores do Leste dos Estados Unidos, até que encontramos a nascente que eu estava procurando, uma garganta pequena e estreita com vinte metros de profundidade. Era como um oásis, com as paredes cobertas por uma mata densa de folhas largas. O seu interior era aprazivelmente fresco. Um regato estreito meandrava pelo fundo lamacento. É aqui que vivem as tímidas *amphiumas* de um dedo. Elas se alimentam de um tipo igualmente estranho de vermes aquáticos que também estão limitados a esse hábitat. Conseguimos localizar os vermes, mas não ficamos tempo suficiente para encontrar as salamandras, pois mesmo durante o dia os mosquitos eram tão ferozes que a planície de carvalhos voltou a nos parecer suportável.

Uma distribuição geográfica pequena como a das espécies endêmicas do Apalachicola apresenta um risco a mais: um único ataque de doenças (ditas *epizoóticas* para distingui-las das epidemias humanas), um incêndio florestal, uma geada mais intensa ou um dia de trabalho com motosserras pode acabar com uma espécie. A especialização é cheia de perigos até mesmo para espécies bem disseminadas, cujas populações locais, embora numerosas e extensas, são individualmente mais propensas à extinção, até que acontece de todas desaparecerem.

O registro fóssil confirma esse princípio geral. Estudei recentemente formigas preservadas em âmbar na República Dominicana oriundas do início do Mioceno, cerca de 20 milhões de anos atrás. Âmbar abundante, a resina fossilizada de árvores, é um dos tesouros desse país do Caribe. Colombo adquiriu lá algumas peças durante a sua segunda viagem, em 1493-4, vindas de uma região de mineração ainda ativa perto da atual Santiago. As formigas são dos insetos mais abundantes dessas cristalinas matrizes douradas, muitas requintadamente preservadas como se tivessem sido colocadas em vidro tingido por um mestre joalheiro. Adquiri de intermediários um total de 1254 peças contendo espécimes. Cortei e poli essas peças até que pude examinar as formigas de diversos ângulos ao microscópio. Pude estudá-las e ilustrá-las minuciosamente, contando os pelos quase invisíveis de suas pernas, medindo suas cabeças com precisão de centésimos de milímetro, determinando suas arcadas dentárias (é possível identificar espécies de formigas, e até indivíduos, pelo formato e disposição de seus dentes). Comparando as espécies preservadas em âmbar com aquelas que vivem hoje na América tropical, classifiquei algumas como especializadas e relativamente raras, pois seus parentes vivos mais próximos ou só aceitam determinados tipos de presas (como ovos de milípedes e artrópodes) ou então nidificam em lugares inco-

A tartaruga geográfica de Barbour é uma espécie ameaçada limitada ao sistema fluvial do rio Apalachicola, na Flórida, e regiões adjacentes do Alabama e Geórgia. A fêmea da espécie é muito maior do que o macho e possui uma cabeça desproporcionalmente grande.

muns. Verifiquei que, tanto na República Dominicana como em outras partes das Índias Ocidentais, foi maior a extinção de espécies especialistas e suas descendentes do que a de espécies generalistas.

A mesma tendência — abundância favorecendo a sobrevivência — foi observada independentemente por Steven Stanley em espécies de moluscos que viveram ao longo da costa Norte do oceano Pacífico em épocas plistocênicas, cerca de 2 milhões de anos atrás. Os padrões que ele encontrou sugerem que a abundância, ou tamanho total da população, é o fator determinante mais importante na sobrevivência.

Um modelo tem a ver com o modo de vida das amêijoas, que se enfurnam no fundo marinho. As espécies que possuem sifões apresentaram um índice de sobrevivência muito maior ao longo dos últimos 2 milhões de anos do que espécies sem sifão. Os sifões são tubos carnosos que transportam água de e para o animal enfurnado. Enfurnamento profundo e a capacidade de cavar rapidamente tornam as espécies sifonadas menos vulneráveis a predadores do que as não sifonadas. Como resultado, a maioria das espécies mais abundantes de bivalves escavadores é sifonada. Diversas espécies não sifonadas são bastante raras. Na realidade, a sobrevivência de espécies nas regiões do Pacífico (84%) tem sido duas vezes maior que a das espécies não sifonadas (42%). Esse padrão é compatível com a ideia de que a abundância é de primeiríssima importância na determinação da probabilidade de extinção.

O mesmo princípio se aplica em todo o reino animal: corpos grandes, da mesma forma que a especialização, significam populações menores e extinção precoce. Os grandes mamíferos da América do Norte e da Eurásia foram os primeiros a tombar diante da invasão dos caçadores humanos. Lobos, leões, ursos, bisões, alces e cabras montesas desapareceram em grande parte. Raposas, racuns, esquilos, coelhos, camundongos e ratos-calungas floresceram. Na análise que fizeram das aves terrestres residentes nas ilhas costeiras da Grã-Bretanha, Stuart Pimm e seus colegas verificaram que espécies de corpo grande, como os falcões e os corvos, extinguem-se em escala local mais frequentemente do que as aves menores, como as corruíras e os pardais. A vulnerabilidade das aves maiores deve-se em parte, mas não inteiramente, ao fato de suas populações serem menores. Mesmo quando o tamanho da população é excluído dos cálculos (isto é, quando só se consideram populações do mesmo tamanho, independente das espécies), a vulnerabilidade permanece. Essa deficiência adicional das aves maiores aparentemente provém de sua taxa de reprodução mais baixa. Falcões e corvos têm menos filhotes do que corruíras e pardais. Quando são atingidos por uma mortalidade elevada, demoram mais a se recuperar; quando atingidos novamente, têm maiores chances de diminuírem até a extinção. Mas essa desvantagem é invertida quando populações de aves grandes e pequenas são tão reduzidas que já se encontram no limiar da extinção — quando, para ser mais exato, houver sete ou menos pares acasalados. Nessa situação a maior longevidade individual das aves maiores torna-se o fator decisivo. Os falcões vivem mais do que os pardais e correm menos risco de desaparecer completamente antes de um casal conseguir criar seus filhos até a maturidade.

Quando as populações diminuem até serem constituídas por apenas alguns indivíduos, elas flertam com a extinção através do que os geneticistas chamam *depressão endogâmica*. Imaginemos o caso extremo de uma população de aves, digamos uma desafortunada espécie de silviídeo, reduzida a um único par acasalado, irmão e irmã. Ambos são heterozigotos para um gene recessivo letal. Isso significa que cada uma das aves é portadora de um gene letal em um de seus cromossomos e de um gene normal no mesmo sítio do cromossomo correspondente. O gene normal prevalece sobre o letal, e as aves se mantêm mais ou menos saudáveis. Se elas fossem homozigóticas para o gene letal, possuindo dois deles em vez de um, ambas estariam mortas. Irmão e irmã se acasalam. Há 50% de chance de um esperma qualquer portar um gene letal, e 50% de um óvulo qualquer portar o mesmo gene: cada resultado tem a mesma probabilidade que uma moeda tem de, ao ser lançada, cair cara ou coroa. A probabilidade de um filhote receber dois genes letais e morrer é a mesma de se obterem duas coroas com dois lances de moeda: metade (esperma ruim) vezes metade (óvulo ruim) igual a um quarto (filhote doente). A população perde um quarto do seu potencial de reprodução por ser assim tão pequena.

Por que a endogamia, ao contrário do acasalamento aleatório usual com indivíduos que não são parentes próximos, provoca uma depressão da vida e da reprodução? Irmãos, primos em primeiro grau, e pais e seus filhos têm uma relação tão próxima que os genes letais recessivos que pintam tendem a ser os mesmos. Cada ser humano e cada mosca-das-frutas, organismos típicos nesse aspecto, é em média portador de um ou vários genes letais recessivos. Mas há muitos genes assim na população como um todo, e cada um só ocorre em um dentre centenas ou mesmo milhares de indivíduos. A probabilidade de dois indivíduos não aparentados portarem o mesmo gene defectivo é muito pequena, embora ambos portem um tipo de gene defectivo em alguma parte de seus cromossomos. A probabilidade de o mesmo gene coincidir é tão pequena nos seres humanos que doenças hereditárias mortais, como o mal de Tay-Sachs e a fibrose cística, são felizmente bastante raras. Entretanto, a probabilidade de uma ou outra dessas síndromes aparecer aumenta enormemente se os pais tiverem parentesco próximo, e tal justaposição tem mais chances de ocorrer se a população for pequena e fechada.

Esse é o conceito básico da depressão endogâmica. Mas populações reais incorrem nela de maneiras idiossincráticas e sutis. Somente uma pequena parcela de genes deletérios é letal. A maioria deles é "subletal" ou "subvital". Em graus variados, eles interferem no desenvolvimento, reduzem a força e diminuem a fertilidade. São genes que encurtam a vida e provocam esterilidade em chitas e gazelas mantidas em zoológicos, e que infligem deficiências cardíacas congênitas em cocker spaniels puros demais.

Os biólogos conservacionistas têm procurado traçar "linhas de risco" abaixo das quais uma espécie corre um risco ostensivamente grande de extinção por depressão genética. Eles se referem vagamente à regra 50-500 da saúde genética das populações. Quando o tamanho efetivo de uma população cai para menos de cinquenta e há genes defectivos presentes, a depressão endogâmica torna-se suficientemente comum para reduzir o crescimento populacional. Criadores de animais domésticos geralmente não se preocupam com a quantidade de depressão endogâmica encontrada em populações com um tamanho efetivo de cinquenta ou mais animais, mas sabem que estão com problemas quando o número cai para menos de cinquenta. Quando o tamanho efetivo da população está abaixo de quinhentos indivíduos, a deriva genética (a oscilação aleatória de percentuais gênicos) é suficientemente forte para eliminar alguns genes e reduzir a variabilidade da população como um todo. Ao mesmo tempo, a taxa de mutação não é suficientemente elevada para compensar essa perda. De modo que a espécie vai constantemente perdendo sua capacidade de se adaptar a mudanças no ambiente. A depressão endogâmica, atuando lentamente geração a geração, reduz a longevidade das espécies. O retraimento das reservas genéticas ao longo de muitas gerações tem o mesmo efeito. Para expressar isso o mais concisamente possível: uma população de cinquenta ou mais indivíduos só é viável a curto prazo; é necessária uma população de quinhentos indivíduos para manter a espécie viva e saudável num futuro mais distante.

Usei acima a expressão "tamanho efetivo da população" para incluir a deterioração genética, uma medida de considerável importância na teoria da biologia conservacionista. Imaginemos uma população qualquer, os pardais na ilha de May, na Escócia, por exemplo. Se consistisse apenas em machos, seu tamanho efetivo seria zero. Se consistisse em mil adultos velhos demais para se acasalar, cinco fêmeas saudáveis e cinco machos saudáveis se acasalando aleatoriamente, seu tamanho efetivo seria dez. O tamanho efetivo de uma população refere-se a uma população idealizada, com acasalamento aleatório de indivíduos, que possui o mesmo grau de deriva genética que a população real. No caso imaginário acima, há 1010 pardais, mas os mil indivíduos que já passaram a idade de reprodução não contam. Esses mais de mil pardais são geneticamente idênticos a uma população de dez aves vivendo sozinhas. O tamanho efetivo diminui com o aumento da esterilidade, com o aumento da idade dos indivíduos ou por diversas outras causas. Também diminui quando os adultos abdicam do acasalamento aleatório e começam a se cruzar com parentes. O fato é que a idade, a saúde e os hábitos de acasalamento dos indivíduos têm um importante efeito sobre a trajetória genética de uma população e, derradeiramente, sobre sua própria sobrevivência. Mesmo que as matas e campos estejam fervilhando com plantas e animais de um determinado tipo, a espécie pode estar fadada à extinção.

Os biólogos e geneticistas conservacionistas compreendem essas questões de uma maneira genérica. Eles elaboraram um vago arcabouço teórico a partir de alguns estudos em laboratórios e zoológicos. E descobriram que, se a redução da aptidão procriativa emanar de uma endogamia muito próxima e da rápida justaposição de genes deletérios já presentes em níveis elevados, a população corre perigo imediato. Mas, se a endogamia for gradual, a população terá mais chances de safar-se dessa situação desfavorável. Além disso, com o passar das gerações, a depressão endogâmica vai se moderando, pois a seleção natural elimina os genes deletérios da população. À medida que os genes mais nocivos atingem o estado de homozigose (dose dupla) nos indivíduos, eles são eliminados, e sua frequência cai em toda a população.

Na maioria dos casos, contudo, a consideração fundamental na morte de uma espécie não é a redução populacional por genes defectivos. Mais importante é o tamanho da população e a maneira pela qual ela se subdivide e se espalha. É arriscado afirmar: "Aumente a população efetiva da espécie para quinhentos indivíduos e ela estará salva". Se a espécie foi reduzida a uma única população em um único refúgio, basta um incêndio para destruí-la, mesmo que tenha 5 mil membros. A população pode ser eliminada por uma doença; pode haver uma geada brutal; a espécie de alimento da qual depende pode se extinguir; um polinizador crucial pode desaparecer. Tais eventos são "acidentes demográficos" — reduções drásticas e irregulares no tamanho da população provocadas por mudanças no meio ambiente —, e são mortíferos. Para as espécies que sofrem as agruras de uma população pequena, a cruz de um acidente demográfico é mais perigosa do que a caldeirinha da depressão endogâmica.

Mas somente algumas espécies consistem em uma única população vulnerável em um único local. Entre elas estão um enorme besouro não voador, *Polposipus herculeanus*, restrito a árvores mortas na minúscula ilha Frigate, uma das Seychelles; a árvore *hau kuahiwi* (*Hibiscadelphus distans*), cuja população consiste exatamente em dez árvores de seis metros de altura que crescem num árido rochedo da ilha de Kauai; e, possivelmente o exemplo mais intrigante de todos, o bicho-de-conta Socorro (*Thermosphaeroma thermophilum*), um crustáceo aquático que perdeu seu hábitat natural e sobrevive numa casa de banhos abandonada no Novo México, Estados Unidos. A maioria das espécies não é assim. Em alguns casos, as populações constitutivas são tão isoladas umas das outras que nunca há intercâmbio de indivíduos. Mas é mais comum a espécie ser organizada como uma metapopulação, uma população de populações, entre as quais os organismos ocasionalmente migram.

Observada no curso de longos períodos de tempo, uma espécie enquanto metapopulação pode ser considerada como um mar de luzes acendendo e apagando em um território às escuras. Cada luz é uma população viva, e sua posição representa um hábitat capaz de sustentar a espécie. Quando a espécie está presente naquele local a luz acende, quando está ausente a luz apaga. Ao examinarmos um território ao longo de muitas gerações, as luzes se apagam onde ocorre extinção e depois se acendem quando colonizadores de outros pontos acesos reinvadem os mesmos locais. A vida e a morte de espécies podem assim ser vistas de uma maneira conducente à análise e à mensuração. Se uma espécie conseguir acender tantas luzes quanto são apagadas de geração a geração, poderá persistir indefinidamente. Quando as luzes apagam mais depressa do que acendem, a espécie irá desaparecendo.

Para a existência das espécies, o conceito de metapopulação é motivo tanto de otimismo quanto de desespero. Mesmo quan-

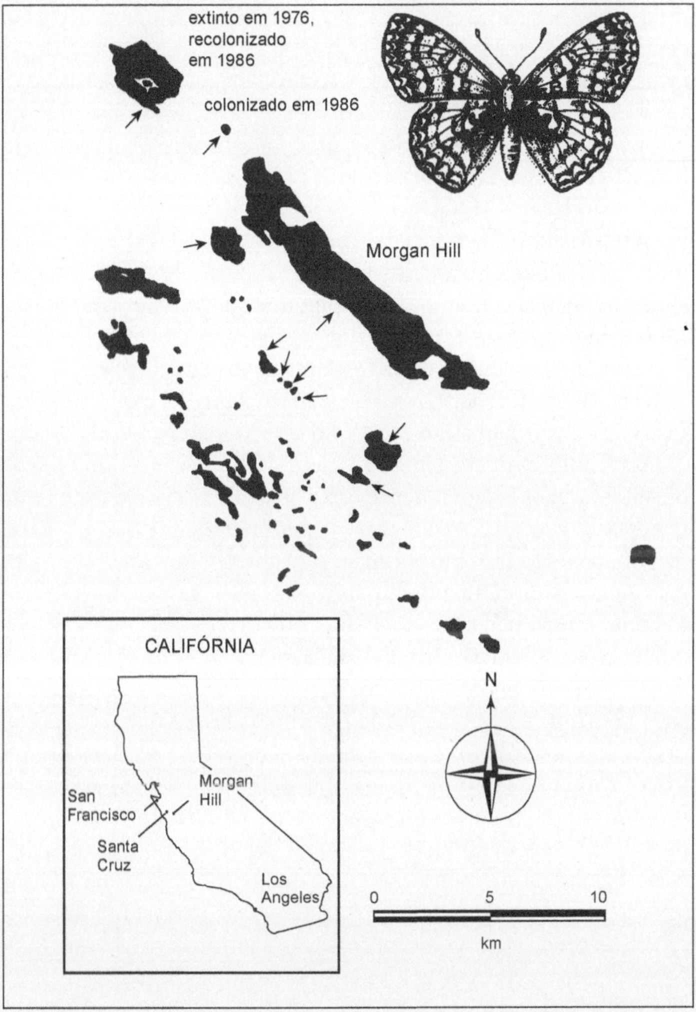

Uma metapopulação de borboletas *checkerspot* vive ao sul de San Francisco em pradarias serpentinas, um hábitat indicado aqui em preto; as áreas ocupadas em 1987 estão indicadas por setas. No caso das metapopulações, a ocupação de hábitats apropriados muda de ano para ano.

do as espécies são extirpadas de um local, costumam retornar rapidamente, desde que os hábitats esvaziados permaneçam intactos. Mas, se o número de hábitats disponíveis for suficientemente reduzido, o sistema como um todo poderá sofrer um colapso. Todas as luzes se apagam, mesmo que restem alguns hábitats intactos. Algumas reservas judiciosamente preservadas talvez não bastem. Quando o número de populações capazes de povoar sítios vazios torna-se pequeno demais, elas não conseguem mais colonizar outros lugares antes de serem extintas. O sistema vai descambando, completamente fora de controle, e todo o mar de luzes torna-se um só mar escuro.

Uma metapopulação que está entrando em colapso é a borboleta-azul de Karner (*Lycaeides melissa samuelis*), que vive numa charneca de pinheiros no Norte do estado de Nova York chamada Albany Pine Bush. Uma charneca de pinheiros é uma região de solo e dunas relativamente estéreis e arenosos que sustentam florestas e vegetação arbustiva — dominada, no caso das matas de Albany, pelo pinheiro do pez, o chaparro [ou carvalho-corticeiro] e a castanheira anã [ou chinquapin]. A vegetação frequentemente é queimada por incêndios provocados por raios. A borboleta-azul de Karner vive nessa charneca em uma rede dispersa de pequenas populações locais, todas elas ligadas ao tremoceiro silvestre (*Lupinus perennis*), que é o único alimento de suas lagartas. O tremoceiro em si existe em pequenos trechos dispersos. É uma "planta de fogo", o que quer dizer que cresce depois que incêndios queimam a vegetação menor, limpando o terreno e permitindo que mais luz do Sol atinja as pequenas plantas herbáceas. Os incêndios são tanto uma maldição como uma bênção para a borboleta-azul de Karner, pois ao mesmo tempo que destroem as populações locais preparam o caminho para a recolonização e para um crescimento mais vigoroso das gerações futuras. Quando um local é queimado e os tremoceiros proliferam, borboletas adultas chegam voando de populações sobreviventes das proximidades. Em outras palavras, a borboleta é o que os ecologistas chamam de espécie fugitiva, impelida de lugar em lugar por seu compromisso evolutivo com um nicho instável.

O Albany Pine Bush cobria outrora 10 mil hectares, suficientes para a borboleta-azul de Karner flertar indefinidamente com a desgraça. Mas o desenvolvimento urbano da região de Albany-Schenectady reduziu-o a mil hectares, insuficientes para sustentar a metapopulação. A borboleta irá provavelmente perecer, como ocorreu com uma população similar na ilha de Manhattan muito tempo atrás, a menos que o hábitat remanescente seja mantido intacto em suas dimensões atuais e que as populações de tremoceiros e borboletas sejam sustentadas por um nível salutar de incêndios ateados e cuidadosamente controlados por agentes humanos. A borboleta-azul de Karner encontra-se na encruzilhada em que outras milhares de espécies já se encontram ou para a qual caminham: deixar de ser uma espécie verdadeiramente selvagem ou perecer.

Cada espécie tem a sua própria despedida especial para os parceiros humanos que tão mal a serviram. Comecei com um relato de um visco neozelandês, passei para uma frágil borboleta arruinada pelo desenvolvimento urbano no estado de Nova York e terminarei com um psitacídeo brasileiro, a ararinha-azul. É a ave mais ameaçada do mundo, e uma das mais belas: totalmente azul, mais escura em cima, com tons esverdeados na barriga e uma máscara negra em torno dos olhos amarelo-limão. A espécie, *Cyanopsitta spixii*, é tão distintiva que foi incluída num gênero próprio. Nunca foi comum, estando limitada aos buritizais e matas ribeirinhas do Sul do Pará até a Bahia. Tornou-se extremamente rara por causa dos colecionadores de aves, que, quando estava quase extinta, em meados da década de 80, pagavam até 40 mil dólares por uma única ave. Os brasileiros que caçavam a ararinha-azul dizem que o declínio foi acelerado por abelhas-africanas importadas, cujas colônias passaram a ocupar os buracos de árvores preferidos pela arara. Essa afirmação, embora pareça apenas defender os interesses dos caçadores, contém uma dose de verdade. É plausível em termos de história natural e, portanto, estapafúrdia demais para a imaginação comum. Seja como for, os colecionadores e seus fornecedores foram a força assassina. Em 1987, só resta-

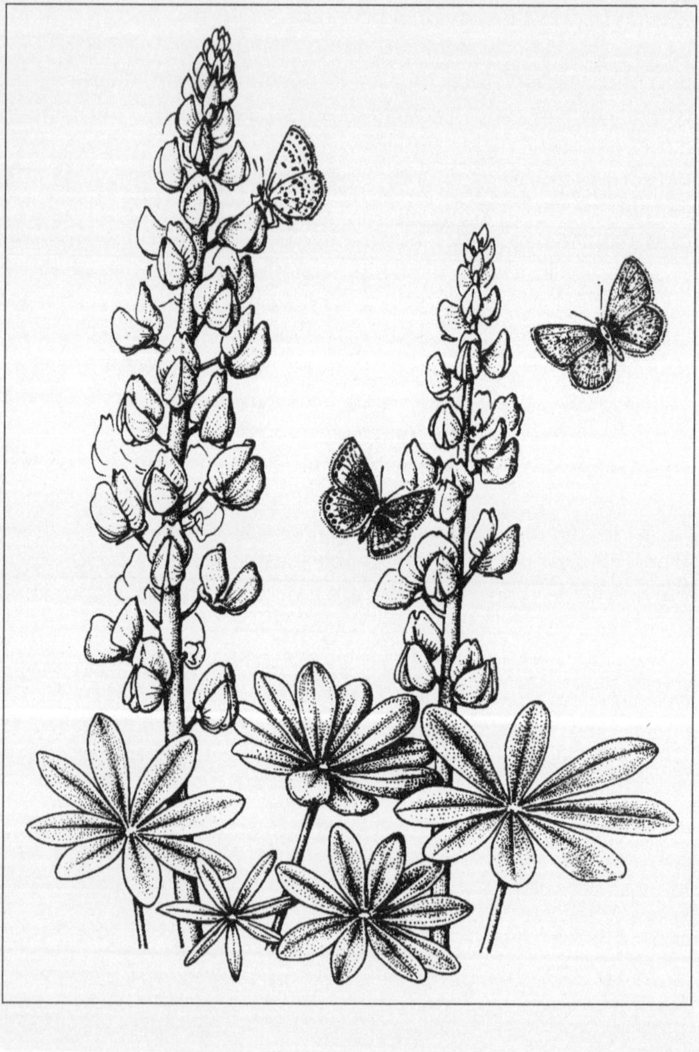

A borboleta-azul de Karner e sua planta hospedeira, o tremoceiro silvestre.

vam quatro aves em estado selvagem, e, no final de 1990, apenas um único macho. Este último espécimen da ararinha-azul, de acordo com Tony Juniper, do Conselho Internacional para a Preservação das Aves, está "desesperado para se acasalar. Fica investigando buracos de ninhos e apresenta todas as atitudes de acasalamento". A última notícia é que o macho se acasalou com uma fêmea da espécie *Ara maracana* (arara de Illiger). Não se esperam híbridos.

12. A BIODIVERSIDADE AMEAÇADA

ESCONDIDO ENTRE VERTENTES que cruzam o Oeste dos Andes no Equador, a alguns quilômetros do rio Palenque, existe um pequeno espinhaço chamado Centinela. Seu nome merece ser sinônimo do esvaimento silencioso da diversidade biológica. Quando as florestas desse espinhaço foram cortadas, há uma década, um grande número de espécies raras extinguiu-se. Simplesmente sumiram, passando de populações saudáveis normais para nada em alguns poucos meses. Essas extinções anônimas — poderíamos chamá-las de "extinções centinelanas" — estão ocorrendo em todo o mundo, não como chagas abertas que todos podem ver e se mobilizar para estancar, mas como eventos internos despercebidos, como perdas de tecido vital que os olhos não veem. Somente uma coincidência permitiu que houvesse testemunhas para o que ocorreu em Centinela.

As testemunhas foram Alwyn Gentry e Calaway Dodson, que trabalham para o Jardim Botânico do Missouri, em St. Louis. Gentry e Dodson fizeram sua descoberta porque são naturalistas natos. Com isso quero dizer que os dois são membros de um grupo especial de biólogos de campo, aqueles que não praticam a ciência para ser bem-sucedidos, mas que tentam ser bem-sucedidos a fim de praticar a ciência — pelo menos este tipo de ciência. Mesmo que tenham de pagar a viagem do próprio bolso, eles vão para o campo para *fazer* biologia, misturando chuva e sol com as descobertas da evolução, e conferindo assim uma memória a lugares como Centinela.

Quando Gentry e Dodson visitaram o espinhaço, em 1978, foram os primeiros a explorá-lo botanicamente. Centinela é apenas um de um vasto número de colos, seladas e contrafortes quase desconhecidos espalhados em ambos os lados dos Andes ao longo dos seus 7,2 mil quilômetros entre o Panamá e a Terra do Fogo. Nas latitudes tropicais, essas escoras montanhosas de média e alta altitude são cobertas por florestas no limite das nuvens. Uma travessia revela que elas são ilhas ecológicas, fechadas em cima pelos páramos sem árvores e embaixo por florestas pluviais de planície, e segregadas umas das outras por profundos vales. Como as ilhas convencionais de um oceano, tendem a desenvolver suas próprias espécies de plantas e animais, que se tornam então as espécies endêmicas do lugar, não sendo encontradas em nenhuma outra parte — ou no máximo em algumas localidades vizinhas. Gentry e Dodson descobriram em Centinela cerca de noventa espécies vegetais endêmicas, principalmente formas herbáceas crescendo sob a abóbada da floresta, juntamente com orquídeas e outras epífitas nos troncos e galhos das árvores. Várias dessas espécies tinham folhas negras, um traço extremamente incomum que continua sendo um mistério da fisiologia das plantas.

Em 1978, fazendeiros do vale abaixo começaram a subir por uma estrada particular recém-construída, derrubando pelo caminho a floresta do espinhaço. É um procedimento comum no Equador. Noventa e seis por cento das florestas do lado do Pacífico foram derrubadas para abrir espaço à agricultura, merecendo pouca atenção de ambientalistas fora do Equador e nenhuma política restritiva da parte dos governos locais. Em 1986, Centinela estava completamente roçado, plantado com cacau e outras culturas. Algumas das plantas endêmicas persistiram à sombra dos cacaueiros. Várias outras subsistem nas florestas de espinhaços próximos, elas próprias sob o risco de corte. Não sei se alguma espécie de planta de folhas negras sobreviveu.

A revelação de Centinela e de uma crescente lista de outros lugares semelhantes é que a extinção de espécies tem sido muito mais grave do que até mesmo os biólogos de campo, e eu entre eles, haviam julgado anteriormente. Um número indefinido de espécies locais raras tem desaparecido logo abaixo do nosso limiar de atenção. Caem no esquecimento, como a *Elegia* de Gray, deixando no máximo um nome, um eco esvaecente em algum canto longínquo do mundo, seu gênio desperdiçado.

Mesmo entre organismos maiores e mais visíveis, a extinção tem sido muito maior do que se costuma reconhecer. Nos últimos dez anos, cientistas que trabalham com aves fósseis — especialmente Storrs Olson, Helen James e David Steadman — encontraram evidência de uma destruição maciça das aves terrestres nas ilhas do Pacífico pelos primeiros colonizadores humanos, séculos antes da chegada dos europeus. Os cientistas obtiveram essas informações escavando ossos fósseis e subfósseis nos lugares onde aves mortas caíram ou foram jogadas, em dunas, em fossos calcários, condutos de lava, leitos de lagos em crateras e montes de esterco arqueológicos. Em cada uma das ilhas, os depósitos ocorreram basicamente desde 8 mil anos atrás até quase o presente, acompanhando a chegada dos polinésios. Deixam pouco espaço para duvidar de que no oceano Pacífico em especial, de Tonga a oeste até o Havaí a leste, os polinésios extinguiram pelo menos metade das espécies endêmicas que encontraram ao chegar.

Essa vasta extensão de ilhas do Pacífico foi colonizada pelos lapitas, ancestrais da raça polinésia moderna. Emigraram de suas terras natais situadas em alguma parte das ilhas que bordejam a Melanésia ou o Sudoeste da Ásia, avançando para o Leste sem parar, de arquipélago em arquipélago. Com grande ousadia e, provavelmente, elevada mortalidade, eles transpuseram centenas de quilômetros de água em canoas simples com flutuador ou em canoas duplas. Há cerca de 3 mil anos assentaram-se nas ilhas Fiji, Tonga e Samoa. Viajando de ilha em ilha, chegaram por fim ao Havaí e à ilha de Páscoa, a mais remota das ilhas habitáveis do Pacífico, talvez já no ano 300 d.C.

Os colonizadores se alimentavam de produtos agrícolas e animais domésticos que levavam consigo nos barcos, e, especialmente nos primeiros tempos de colonização, também de quaisquer animais comestíveis que encontrassem. Comiam peixes, tartarugas e uma profusão de espécies de aves que nunca tinham visto antes um predador de grande porte e que eram fáceis de apanhar — incluindo pombas, codornizões, saracuras, estorninhos e outras cujos resquícios só agora estão vindo à luz. Muitas das espécies eram endêmicas, encontradas apenas nas ilhas descobertas pelos lapitas. Esses viajantes literalmente devoraram a fauna polinésia. Em Eua (hoje Tonga), 25 espécies viviam nas florestas quando os colonizadores desembarcaram, por volta do ano 1000 a.C, mas somente oito sobrevivem hoje. Praticamente todas as ilhas do Pacífico abrigaram diversas espécies endêmicas de saracuras não voadoras antes de serem ocupadas pelos polinésios. Hoje há populações sobreviventes na Nova Zelândia e em Henderson, uma ilha de coral desabitada 190 quilômetros a nordeste de Pitcairn. Acreditava-se que Henderson fosse uma das poucas ilhas habitáveis de qualquer tamanho que permaneciam virgens, não tendo sido jamais ocupada por seres humanos. Mas alguns artefatos descobertos recentemente revelaram que os polinésios colonizaram Henderson e depois abandonaram-na, provavelmente por terem consumido as aves até um nível insuficiente para se manter. Nessas e em outras pequenas ilhas sem solo arável, as aves eram a fonte mais facilmente disponível de proteína. Os colonizadores dizimaram as populações, eliminando algumas espécies no processo, e depois ou morreram de fome ou seguiram adiante.

O Havaí, o último dos Édens da Polinésia, sofreu os maiores danos em termos de perdas evolutivas. Quando os colonos europeus começaram a chegar, após a visita do capitão Cook, em 1778, havia aproximadamente cinquenta espécies nativas de aves terrestres. Nos dois séculos seguintes, um terço delas desapareceu. Hoje sabemos através de depósitos ósseos que 35 espécies (identificadas com certeza) e outras vinte menos bem documentadas já haviam sido extintas pelos havaianos nativos. Entre as espécies identificadas até agora estão uma águia semelhante à águia-de-cabeça-branca, uma íbis não voadora e um estranho congresso de corujas de asas curtas e pernas extremamente longas. As mais notáveis de todas eram bizarras formas não voadoras evolvidas dos patos, mas com asas minúsculas, pernas grossas e bicos semelhantes aos dos cágados. Helen James e Storrs Olson registraram que

> embora fossem terrestres e herbívoras, como os gansos, nós hoje sabemos pela presença de uma vesícula siringeal semelhante à dos patos que essas estranhas aves provieram das tadornas (tadorníneos) ou, mais provavelmente, de patos de superfície (anatídeos), possivelmente do gênero *Anas*. Talvez tenham tido um papel ecológico semelhante ao dos grandes cágados das Galápagos e das ilhas do Oeste do oceano Índico. Como nós hoje reconhecemos três gêneros e quatro espécies dessas aves, e como elas não são patos (seja em termos de filo, seja em termos funcionais), cunhamos uma nova palavra, *moa-nalo*, um termo geral mais conveniente para todas essas aves não voadoras semelhantes a gansos das ilhas havaianas.

As aves havaianas sobreviventes são, em sua maioria, supérstites discretas, pequenas espécies esquivas restritas às florestas de montanhas ainda remanescentes. São um pálido reflexo das águias, íbis e moa-nalos que saudaram os colonizadores polinésios na mesma época em que nascia o Império Bizantino e a civilização maia atingia seu zênite.

Extinções centinelanas também ocorreram em outros continentes e ilhas à medida que populações humanas se espalhavam pelo mundo a partir da África e da Eurásia. A humanidade logo acabou com tudo o que era grande, lento e saboroso. Na América do Norte, há 12 mil anos, pouco antes de os caçadores-colhedores paleoindígenas chegarem da Sibéria pelo estreito de Bering, a terra fervilhava com grandes mamíferos muito mais diversificados do que em qualquer outra parte do mundo moderno, inclusive a África. Doze milênios atrás pode parecer a Idade dos Dinossauros, mas é apenas ontem em termos geológicos. Os cerca de 8 milhões de pessoas que constituíam a humanidade da época começavam a se mexer, muitas delas à procura de novas terras. A fabricação de anzóis e arpões para pesca já era bastante difundida, bem como o cultivo de cereais silvestres e a domesticação de cães. A construção das primeiras cidades, no Crescente Fértil, começaria em apenas mil anos.

No Oeste da América do Norte, acompanhando o recuo das geleiras, as pradarias e bosques constituíram um autêntico Serengeti americano. A vegetação e os insetos eram semelhantes aos encontrados hoje no Oeste dos Estados Unidos — seria possível colher as mesmas flores silvestres e capturar as mesmas borboletas —, mas os grandes mamíferos e as aves eram espetacularmente diferentes. De um mesmo lugar, digamos a orla de uma floresta ripícola, olhando para um campo aberto, poderíamos ver manadas de cavalos (de um tipo extinto, pré-espanhóis), bisões de chifre longo, camelos, antílopes de diversas espécies e mamutes. Poderíamos vislumbrar gatos-dentes-de-sabre, possivelmente atuando juntos em bandos leoninos, lobos enormes e terríveis e tapires. Em torno de um cavalo morto talvez encontrássemos os representantes de uma irradiação adaptativa completa de aves necrófagas: condores, gigantescos teratornes [*Teratornis merriami*, um condor fóssil do Rancho La Brea, na Califórnia], e cegonhas, águias, falcões e abutres carniceiros, espreitando e ameaçando-se umas às outras (sabemos pelas espécies que sobreviveram); as aves menores arrebatavam pedaços de carne e esperavam até que o corpo fosse desbastado o suficiente para ser abandonado por suas concorrentes maiores.

Cerca de 73% dos gêneros de mamíferos de grande porte que viveram no final do Plistoceno estão extintos. (Na América do Sul a cifra atinge 80%.) Um número comparável de gêneros das aves maiores também se extinguiu. O colapso da diversidade ocorreu mais ou menos na mesma época em que os primeiros caçadores paleoindígenas ingressaram no Novo Mundo, cerca de 11 mil ou 12 mil anos atrás, espalhando-se depois para o Sul a uma velocidade média de dezesseis quilômetros por ano. Esse não foi um evento casual, mutável. Os mamutes já floresciam havia 2 milhões de anos e eram representados no final por três espécies: a colombiana, a imperial e a lanosa. Em menos de mil anos todos haviam desaparecido. As preguiças terrestres, outra raça antiga, sumiram quase simultaneamente. A última população sobrevivente de que se tem notícia, procurando alimento a partir de cavernas na extremidade oeste do Grand Canyon, desapareceu há cerca de 10 mil anos.

Se estivéssemos num tribunal, os paleoindígenas talvez fossem condenados apenas por provas circunstanciais, uma vez que as coincidências temporais são extremamente precisas. Mas eles também tiveram um bom motivo: comida. Restos de mamutes, bisões e outros grandes mamíferos foram encontrados junto com ossos humanos, carvão de fogueiras e armas de pedra da cultura dos clóvis. Esses primeiros americanos eram hábeis caçadores de grandes animais, e encontraram bichos totalmente despreparados pela experiência evolutiva para predadores desse tipo. As aves extintas também eram as mais vulneráveis aos caçadores humanos, entre elas águias e um pato não voador. Outras vítimas foram meros circunstantes inocentes: condores, teratornes e abutres que dependiam das populações recém-devastadas de mamíferos de grande porte.

Em defesa dos paleoindígenas, seus advogados poderiam argumentar a existência de outro réu. O final do Plistoceno foi uma época não apenas de invasão humana do Novo Mundo, mas também de aquecimento da atmosfera. Enquanto a geleira continental ia recuando pelo Canadá, florestas e pradarias iam se deslocando rapidamente para o Norte. Mudanças dessa magnitude devem ter exercido um profundo efeito sobre a vida e a morte de populações locais. Para compararmos, entre 1870 e 1970 a Islândia sofreu um aquecimento de 2°C no inverno e um pouco menos na primavera e no verão. Duas espécies de aves árticas, o pato de rabo comprido e a torda-mergulheira menor, diminuíram quase até a extinção. Ao mesmo tempo, abibes, patos de penacho e diversas outras espécies meridionais estabeleceram-se na ilha e começaram a procriar. Há indícios de reações similares durante o grande declínio plistocênico. Os mastodontes, por exemplo, eram aparentemente especializados para viver em florestas de coníferas. À medida que esse cinturão de vegetação migrava para o Norte, os proboscídeos o acompanhavam. Com o tempo, acabaram se concentrando ao longo da zona de florestas de abetos no Nordeste, e depois desapareceram. Sua extinção pode ter sido decorrência não apenas da matança feita pelos caçadores, mas também da fragmentação e redução das populações devido a um hábitat cada vez menor.

Que a defesa se manifeste agora ainda mais decisivamente: por dezenas de milhões de anos antes da chegada do homem, muitíssimos gêneros de mamíferos haviam surgido e desaparecido, sendo a extinção de alguns acompanhada pela origem de outros, criando-se a longo prazo um certo equilíbrio. Essas mudanças foram acompanhadas por alterações climáticas semelhantes às que se evidenciaram 11 mil anos atrás, tendo sido talvez provocadas por elas. Como ressaltou David Webb, ao longo dos últimos 10 milhões de anos seis grandes episódios de extinção aniquilaram os mamíferos terrestres da América do Norte. Dentre esses, o evento que encerrou o Plistoceno (o chamado episódio rancholabreano, em homenagem ao Rancho La Brea, na Califórnia) não foi o mais catastrófico. O maior de todos, de acordo com os registros hoje disponíveis,

> foi o hempfiliano (quase 5 milhões de anos atrás), quando mais de sessenta gêneros de mamíferos terrestres (dos quais 35 eram de animais de grande porte pesando mais de cinco quilos) desapareceram deste continente. A extinção rancholabreana (cerca de 10 mil anos atrás) foi a segunda maior: mais de quarenta gêneros se extinguiram, quase todos de grandes mamíferos. [...] Há alguns indícios que revelam que esses episódios de extinção tiveram correlação com o término dos ciclos glaciais, quando se acredita que a instabilidade e os extremos climáticos atingiram o auge.

Em pelo menos dois dos grandes espasmos de extinção, os grandes mamíferos de pasto foram destruídos quando o clima se deteriorou e as amplas savanas continentais cederam lugar a estepes. No final do hempfiliano, até mamíferos de pasto como cavalos, rinocerontes e antilocabras declinaram precipitadamente.

Pode parecer que o debate entre os especialistas que defendem a dizimação por mãos humanas e aqueles que acreditam em alterações climáticas é uma reprise, em outro palco, do debate em torno do fim da Idade dos Dinossauros. Os paleoindígenas substituem o meteorito gigante nessa nova encenação. As provas circunstanciais são contrabalançadas por outras provas circunstanciais, enquanto ambos os lados procuram a arma do crime. Essa disputa não é produto nem de ideologia nem de conflito de personalidades. É simplesmente assim que a melhor ciência se faz.

Dito isso, deixarei de lado a imparcialidade. A meu ver, aqueles que acreditam que os animais foram dizimados por caçadores humanos têm o argumento mais convincente para o que aconteceu na América há 10 mil anos. Parece provável que os povos clóvis tenham se espalhado pelo Novo Mundo e destruído a maioria dos grandes mamíferos durante um blitzkrieg de caça que se estendeu por vários séculos. Algumas das espécies condenadas permaneceram aqui e ali por até 2 mil anos, mas o efeito foi o mesmo: rápida destruição na escala da evolução (que mede a duração normal da vida de gêneros e espécies em milhões de anos).

Há um motivo adicional para aceitarmos provisoriamente esse veredicto. Paul Martin, que reviveu a ideia em meados da década de 1960 (uma proposta similar havia sido apresentada um século antes a respeito dos mamíferos plistocênicos da Europa), chamou a atenção para uma circunstância importante: quando os colonizadores humanos chegaram, não só à América mas também à Nova Zelândia, Madagáscar e Austrália, e independente de o clima estar sofrendo alteração ou não, uma grande parte da megafauna — grandes mamíferos, aves e répteis — desapareceu logo em seguida. Essa evidência colateral foi montada pouco a pouco por pesquisadores de diversas tendências ao longo de muitos anos, e ela aponta para pessoas, não para o clima.

Antes da chegada do homem, por volta do ano 1000 d.C, a

Nova Zelândia era berço dos moas, grandes aves não voadoras, exclusivas daquelas ilhas. Essas criaturas tinham corpo elipsoidal, pernas troncudas e pescoços longos encimados por cabeças pequenas. Os primeiros maoris, chegados de sua Polinésia natal ao norte, encontraram cerca de treze espécies, cujo tamanho variava desde o equivalente a um peru grande até gigantes de 230 quilos ou mais (essas últimas incluindo-se entre as maiores aves jamais surgidas). Na realidade ocorrera uma irradiação de moas, os quais acabaram preenchendo muitos nichos normalmente ocupados por mamíferos de médio e grande porte, que inexistiam na Nova Zelândia. Os maoris começaram a dizimar as aves em grandes números, deixando significativos sítios de caça por toda a Nova Zelândia. Na ilha Sul, onde se encontra a maior parte dos restos dessas aves, os depósitos estão atulhados de ossos de moas datados do ano 1100 ao ano 1300. Durante esse breve interlúdio, uma parcela substancial da dieta dos colonizadores deve ter sido moas cozidos. As maiores matanças começaram no Norte da ilha, o ponto de entrada dos maoris, e espalharam-se lentamente para as regiões ao sul. Diversos europeus afirmaram ter visto moas no início do século XIX, mas os registros não podem ser comprovados. A opinião do público e dos arqueólogos responsabiliza os maoris, conforme declara uma canção popular da Nova Zelândia:

Nenhum moa, nenhum moa,
Na velha Ao-tea-roa.
Não posso pegá-los.
Eles os comeram;
*Eles se foram e não há nenhum moa!**

A extinção dos moas foi só parte da carnificina na Nova Zelândia. Um total de vinte outras aves terrestres, incluindo

* No moa, no moa,/ In old Ao-tea-roa [nome da Nova Zelândia para os polinésios]./ Can't get'em./ They've et'em;/ They've gone and there ain't no moa!

nove espécies não voadoras, também foram eliminadas rapidamente. O tuatara, único membro ainda vivo da ordem réptil dos rincocéfalos, juntamente com rãs e insetos não voadores não encontrados em nenhuma outra parte do mundo, foi levado ao limiar da extinção. Seu desaparecimento deveu-se em parte ao desflorestamento e à queima de grandes extensões de terra. Foi acelerado pelos ratos que desembarcaram com os maoris e se multiplicaram, contra os quais os autóctones tinham poucas defesas naturais. No início do século XIX, os colonos britânicos depararam com um arquipélago belíssimo mas já bastante devastado. E, como em toda a parte, empenharam-se em reduzir ainda mais a biodiversidade, com uma engenhosidade perniciosa própria.

Madagáscar, a quarta maior ilha do mundo, é um pequeno continente virtualmente isolado. Permaneceu de fato totalmente isolado enquanto se deslocava para o Norte pelo oceano Índico durante 70 milhões de anos, e foi palco de uma tragédia biológica muito similar à da Nova Zelândia. A despeito da sua proximidade com a África, os primeiros colonizadores humanos não vieram desse continente, mas da distante Indonésia, desembarcando em Madagáscar por volta do ano 500 d.C. Nos séculos subsequentes, a megafauna dessa grande ilha se desvaneceu. Nenhuma alteração climática importante acompanhou o evento, que parece ter sido obra exclusiva dos pioneiros malgaxes. De seis a doze pássaros-elefantes, grandes e não voadores como os moas, desapareceram. Entre eles incluíam-se as aves mais pesadas da história geológica recente, *Aepyornis maximus*, um gigante plumado de quase três metros de altura e pernas massudas. Seus ovos, do tamanho de bolas de futebol, ainda podem ser montados a partir de fragmentos empilhados em torno dos sítios arqueológicos de Madagáscar. Igualmente eliminados foram sete de dezessete gêneros de lêmures (que, dos mamíferos vivos, são os primatas mais próximos dos macacos, monos e seres humanos). Os lemuroides sofreram uma irradiação adaptativa espetacular em Madagáscar. As formas que desapareceram foram as maiores e mais interessantes de todas. Uma espécie andava de quatro como um cachorro, uma outra tinha braços compridos e provavelmente se balançava de árvore em árvore como um gibão. Uma terceira, tão grande quanto um gorila, subia em árvores e lembrava um coala gigantesco. Obliterados também foram um oricterope, um hipopótamo-pigmeu e dois gigantescos cágados terrestres.

Essencialmente a mesma história de destruição se repetiu quando populações humanas aborígines chegaram à Austrália, há cerca de 30 mil anos, também via Indonésia. Diversos mamíferos de grande porte logo desapareceram, incluindo leões marsupiais, cangurus gigantescos de dois metros e meio de altura e outros que lembravam alternadamente preguiças terrestres, rinocerontes, tapires e marmotas — ou, talvez fosse mais exato afirmar, que lembravam misturas desses tipos mais familiares da fauna do Continente Mundial. Afirmar que os aborígines australianos dizimaram esses animais é, contudo, mais complicado, dada a época remota em que lá chegaram, os períodos mais longos em que as extinções ocorreram e a escassez de fósseis e sítios com restos mortais para documentar o papel da caça. Além disso, é também verdade que a Austrália sofreu um período árido severo de 15 mil a 26 mil anos atrás, quando ocorreu o maior número de extinções de animais. Nós sabemos que os aborígines australianos eram hábeis caçadores e que faziam queimadas enormes na terra árida em busca de suas presas. Ainda fazem. O ser humano deve ter desempenhado um papel na extinção, mas as evidências disponíveis ainda não nos permitem avaliar qual foi a sua influência e qual foi o papel do ressecamento do interior do continente.

Em 1989, Jared Diamond resumiu para a promotoria o caso da extinção das megafaunas. O clima, afirmou ele, não pode ser o réu principal. E perguntou: como mudanças no clima e na vegetação durante o recuo da última glaciação levaram a extinções em massa na América do Norte mas não na Europa e na Ásia? As diferenças entre as massas terrestres não eram climáticas; o que distinguia a América era o fato de estar sendo colonizada pela primeira vez, de possuir uma megafauna sem nenhu-

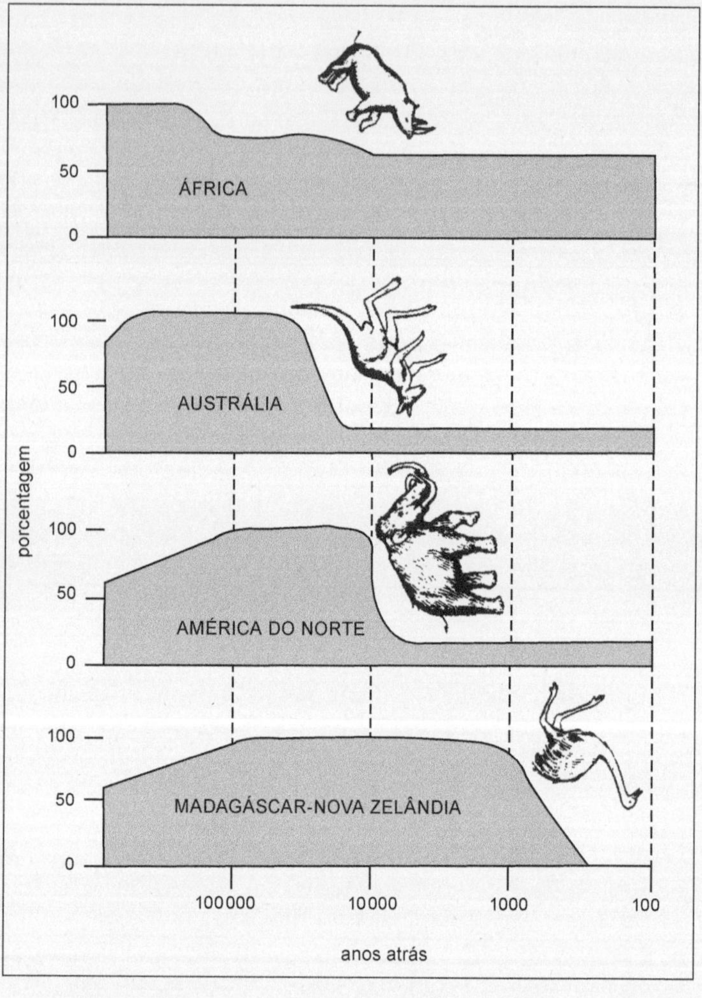

A extinção de grandes mamíferos e aves não voadoras coincidiu de perto com a chegada de seres humanos à América do Norte, Madagáscar e Nova Zelândia, e menos decisivamente antes na Austrália. Na África, onde seres humanos e animais evoluíram juntos por milhões de anos, os danos foram menos severos.

ma experiência anterior com caçadores humanos. E, mesmo na América do Norte, por que essa hecatombe ocorreu no final do último ciclo glacial (que encerrou o Quaternário), mas não no final dos outros 22 ciclos glaciais que o precederam? Novamente, a diferença foi a chegada dos caçadores paleoindígenas. Diamond se perguntou como os répteis, e os mamíferos menores e as aves, da Austrália teriam conseguido sobreviver melhor às invasões humanas pré-históricas? Finalmente, por que formas grandes como o lobo marsupial e os cangurus gigantes teriam desaparecido mais ou menos na mesma época, tanto no interior árido e nas florestas pluviais da Austrália quanto nas florestas úmidas de montanhas da Nova Guiné?

> As extinções do Quaternário foram seletivas no espaço e no tempo porque parecem ter ocorrido nos lugares e na época em que animais ingênuos encontraram pela primeira vez seres humanos. Argumenta-se ainda que foram seletivas quanto à taxa e tamanho das vítimas porque os caçadores humanos se concentraram em algumas espécies (por exemplo, grandes mamíferos e aves não voadoras) enquanto ignoravam outras (por exemplo, pequenos roedores). Argumenta-se que as extinções do Quaternário acometeram espécies em todos os hábitats porque os seres humanos caçam em todos os hábitats, e que os caçadores humanos não ajudam espécie alguma exceto como uma consequência incidental de mudanças de hábitat e da remoção de outras espécies.

"Os caçadores humanos não ajudam espécie alguma." Essa é uma verdade geral e a chave para toda essa situação melancólica. A onda humana avançou sobre as últimas terras virgens como um manto supressor — paleoindígenas na América, polinésios no Pacífico, indonésios em Madagáscar, marinheiros holandeses desembarcando em Maurício (para conhecer e extirpar o dodô) — e não foi restrita nem por um conhecimento da endemicidade nem por qualquer ética da conservação. Para eles, o mundo parecia estender-se infinitamente para além do horizonte. Se pombos-das-frutas [gênero *Carpophaga*] e cágados gigantes desaparecessem de uma ilha, certamente seriam encontrados em outra. O que vale é comida hoje, uma família saudável, tributos para o chefe, celebrações de vitória, ritos de passagem, banquetes. Como disse o motorista de caminhão mexicano que atirou em um dos dois últimos pica-paus imperiais, o maior pica-pau do mundo, e o matou: "Foi um belo naco de carne".

Da pré-história aos dias de hoje, os quatro insensatos cavaleiros do apocalipse ambiental têm sido a caça desmesurada, a destruição de hábitats, a introdução de animais como ratos e cabras, e as doenças transmitidas por esses animais exóticos. Na pré-história, os agentes predominantes foram a caça desmesurada e os animais exóticos. Em séculos recentes, e num grau cada vez maior em nossa geração, a destruição de hábitats é a principal força letal, seguida pela invasão de animais exóticos. Cada agente fortalece o outro numa teia cada vez mais abrangente de destruição. Nos Estados Unidos, Canadá e México, sabe-se que 1033 espécies de peixes viviam exclusivamente em água doce em tempos históricos recentes. Dessas, 27 (3%) foram extintas nos últimos cem anos, e outras 265 (26%) correm o risco de extinção. Elas se enquadram em uma das categorias utilizadas pela International Union for Conservation of Nature and Natural Resources (IUCN), que publica os *Red data books* com listas de espécies extintas, ameaçadas, vulneráveis e raras. As mudanças que as forçaram ao declínio foram:

Destruição do hábitat físico	73% das espécies
Expulsão por espécies introduzidas	68% das espécies
Alteração de hábitat por poluentes químicos	38% das espécies
Hibridação com outras espécies e subespécies	38% das espécies
Pesca excessiva	15% das espécies

(A soma desses valores excede 100% porque mais de um agente atua sobre muitas das populações de peixes.) Se a destruição de hábitats for definida como a redução física de lugares adequados para viver *e* o fechamento de hábitats pela poluição química, verificamos que se trata de um fator importante em mais de 90% dos casos. Devido a uma combinação de todos esses fatores, a taxa de extinção vem aumentando constantemente nos últimos quarenta anos.

Em relação aos peixes e a todos os grupos sobre os quais temos conhecimento suficiente, as depredações tiveram início na pré-história e nos primórdios dos tempos históricos, e estão sendo violentamente instigadas pelas gerações modernas. Os povos antigos exterminaram a maioria dos grandes animais rapidamente. Dizimaram também plantas e animais menos visíveis em ilhas e em vales, lagos e sistemas fluviais isolados, onde as espécies viviam em populações pequenas contra a parede. Agora é nossa vez. Armados com motosserras e dinamite, estamos investindo contra os últimos redutos da biodiversidade: os continentes e, em grau menor mas crescente, os mares.

Será algum dia possível avaliar os danos à diversidade biológica que estamos sofrendo? Não consigo imaginar um problema científico de maior importância imediata para a humanidade. Os biólogos acham difícil apresentar sequer uma estimativa aproximada da hemorragia porque, para começar, nós sabemos pouquíssimo sobre a diversidade. A extinção é o processo biológico mais obscuro e mais localizado. Não vemos a última borboleta de uma espécie sendo arrebatada no ar por um pássaro, nem a última orquídea de um determinado tipo morrendo quando a árvore que a sustenta cai em alguma longínqua floresta de montanhas. Ouvimos falar que um certo animal ou planta está no limiar do desaparecimento, que talvez já tenha desaparecido. Retornamos então ao último local conhecido para procurar, e quando nenhum indivíduo é encontrado lá ano após ano declaramos a espécie extinta. Mas a esperança permanece. Alguém sobrevoando de avião os pântanos da Louisiana acredita ter visto alguns pica-paus-de-bico-de-

-marfim saírem voando e voltar a se esconder na folhagem. "Tenho quase certeza de que eram bico-de-marfim, não pica--paus de crista. Vi as duplas listras brancas nas costas e asas, claras como a luz do dia." Alguém ouviu um *warbler* de Bachman cantando em alguma parte, talvez. Um caçador jura que viu lobos-da-tasmânia num cerrado do Oeste da Austrália, mas provavelmente é tudo fantasia.

Para saber se uma dada espécie está verdadeiramente extinta, é preciso conhecê-la bem, incluindo a sua distribuição exata e seus hábitats preferidos. É preciso procurar com afinco por bastante tempo sem resultado. Mas não conhecemos bem a vasta maioria das espécies de organismos; 90% delas ainda nem sequer receberam um nome científico. De modo que os biólogos concordam que não é possível dizer o número exato de espécies em extinção; geralmente encolhemos os ombros e dizemos apenas que o número é muito grande. Mas podemos fazer mais que isso. Quero começar com uma generalização: *na pequena minoria de grupos de plantas e animais que são bem conhecidos, a extinção está ocorrendo em ritmo acelerado, muito acima dos níveis anteriores ao advento do ser humano. Em diversos casos, o nível é calamitoso: todo o grupo está ameaçado.*

Para ilustrar esse princípio, vou apresentar alguns casos reais, tirados dos muitos disponíveis. Sempre que conseguimos ter um quadro claro da situação, geralmente vemos extinção em andamento. Em seguida, farei uma abordagem mais teórica, usando modelos da biogeografia insular, para chegar a uma estimativa das taxas de extinção nas florestas tropicais, que contêm metade ou mais de todas as espécies de plantas e animais do mundo. Aqui estão os exemplos:

• Um quinto das espécies de aves em todo o mundo foi eliminado nos últimos dois milênios, principalmente após a ocupação humana das ilhas. Assim, em vez das 9040 espécies vivas hoje, haveria provavelmente 11 mil espécies se elas houvessem sido deixadas em paz. De acordo com um estudo recente feito pelo International Council for Bird Preservation, 11% (ou 1029) das espécies sobreviventes estão ameaçadas.

• Um total de 164 espécies de aves foi registrado nas ilhas Salomão no Sudoeste do oceano Pacífico. O *Red data book* só dá uma espécie como extinta recentemente. Mas, na realidade, não há qualquer registro de doze outras espécies desde 1953. A maioria dessas faz ninhos no chão, sendo particularmente vulnerável a predadores. Os habitantes das ilhas Salomão, que são os que melhor conhecem as aves, afirmam que pelo menos algumas das espécies foram exterminadas por gatos importados.

• Entre as décadas de 1940 e 1980, a densidade populacional das aves canoras migratórias da região do Meio-Atlântico dos Estados Unidos caiu 50%, e muitas espécies se extinguiram localmente. Uma causa parece ser a crescente destruição das florestas das Índias Ocidentais, México e Américas Central e do Sul, os principais campos de inverno de muitas das migrantes. O destino do *warbler* de Bachman provavelmente acometerá outros residentes estivais da América do Norte se o desflorestamento continuar.

• Cerca de 20% das espécies de peixes de água doce em todo o mundo estão extintas ou em estado de perigoso declínio. A situação está se tornando crítica em alguns países tropicais. Uma busca recente das 266 espécies de peixes exclusivamente de água doce das planícies da Malásia peninsular só revelou 122. O lago Lanao, na ilha filipina de Mindanao, é famoso entre os biólogos evolucionistas pela irradiação adaptativa de peixes ciprinídeos que ocorreu exclusivamente dentro dos limites do lago. Eram conhecidas dezoito espécies endêmicas, de três gêneros; um recenseamento recente só revelou três espécies, representando apenas um dos gêneros. A perda foi atribuída à pesca excessiva e à competição com espécies recém-introduzidas de peixes.

• O caso mais catastrófico de extinção na história recente talvez seja a destruição dos peixes ciclídeos do lago Vitória, que descrevi acima como um paradigma de irradiação adaptativa. De uma única espécie ancestral emanaram trezentas ou mais espécies, preenchendo quase todos os principais nichos ecológicos dos peixes de água doce. Em 1959, colonos britânicos introduziram a perca do Nilo para a pesca esportiva.

Esse gigantesco predador, que chega a atingir quase dois metros de comprimento, reduziu drasticamente a população de peixes nativos e extinguiu algumas das espécies. Calcula-se que acabe eliminando mais da metade das espécies endêmicas. A perca afeta não apenas os peixes, mas todo o ecossistema do lago. Os peixes ciclídeos se alimentam de algas, e, à medida que vão desaparecendo, a vida vegetal floresce desmesuradamente e se decompõe, esgotando o oxigênio das águas mais profundas e acelerando o declínio de ciclídeos, crustáceos e outras formas de vida. Uma expedição de biólogos ictiologistas observou em 1985: "Nunca antes o ser humano, com um único gesto irrefletido, colocou tantas espécies de vertebrados simultaneamente em risco de extinção, ameaçando um recurso alimentar e um modo de vida tradicional dos habitantes ripários".

• Os Estados Unidos têm a maior fauna de moluscos de água doce do mundo, sendo particularmente rica em mexilhões e caracóis com respiração por brânquias. Essas espécies vêm há tempos diminuindo acentuadamente por causa de barragens em rios, poluição e a introdução de moluscos alienígenas e outros animais aquáticos. Pelo menos doze espécies de mexilhões estão hoje extintas em seu campo de distribuição geográfica, e 20% das restantes estão ameaçadas. Mesmo onde ainda não ocorreu extinção, vem acontecendo uma extirpação desenfreada de populações locais. O lago Erie e o sistema do rio Ohio continham originalmente populações densas de 78 formas diferentes; dezenove estão extintas e 29 tornaram-se raras. Muscle Shoals, um trecho do rio Tennessee, no Alabama, tinha outrora uma fauna de 68 espécies de mexilhões. Suas conchas eram especializadas para a vida em corredeiras e águas rasas, em riachos com fundos arenosos de cascalho e fortes correntezas. Quando a represa Wilson foi construída, no início dos anos 20, represando e aprofundando a água, 44 espécies foram extintas. Ao mesmo tempo, o represamento e a poluição combinaram-se para extinguir dois gêneros e trinta espécies de caracóis de brânquias no rio Tennessee e em outro rio próximo, o Coosa.

• Os moluscos terrestres e de água doce são geralmente vulneráveis à extinção porque um grande número deles se especializa para a vida em hábitats restritos, sendo incapaz de se mover rapidamente de um lugar para outro. O destino dos caracóis arbóreos do Taiti e de Moorea ilustra esse princípio de maneira aterradora. Os caracóis, representados por onze espécies dos gêneros *Partula* e *Samoana* e constituindo uma irradiação adaptativa miniaturizada em um local pequeno, foram recentemente exterminados por uma única espécie exótica de caracol carnívoro. Um descalabro em grande estilo, uma combinação de erros cometidos por autoridades, que se desenrolou da seguinte forma: primeiro, o caracol gigante africano *Achatina fulica* foi introduzido nas ilhas como fonte de alimento. Em seguida, quando já havia se multiplicado tanto a ponto de tornar-se uma praga, o caracol carnívoro *Euglandina rosea* foi introduzido para controlar o *Achatina*. O *Euglandina* se multiplicou de maneira prodigiosa, avançando num front à velocidade de 1,2 quilômetro por ano. Nesse avanço, consumiu não apenas o caracol gigante africano mas também todos os caracóis arbóreos nativos. O último dos caracóis arbóreos selvagens tornou-se extinto em Moorea em 1987. No Taiti a mesma sequência está se desenrolando no momento. E, no Havaí, todo o gênero *Achatinella* de caracóis arbóreos endêmicos está ameaçado pelo *Euglandina* e pela destruição de hábitats. Vinte e duas espécies foram extintas, e as dezenove restantes estão ameaçadas.

• Um recenseamento recente feito pelo Center for Plant Conservation revelou que entre 213 e 228 espécies de plantas, de um total de cerca de 20 mil, tornaram-se seguramente extintas nos Estados Unidos. Outras 680 espécies e subespécies correm o risco de desaparecer até o ano 2000. Cerca de três quartos dessas formas ocorrem em apenas cinco lugares: Califórnia, Flórida, Havaí, Porto Rico e Texas. Um epítome da situação aflitiva das espécies mais ameaçadas é a *Banara vanderbiltii*. Em 1986, a população dessa pequena árvore das florestas calcárias úmidas de Porto Rico estava reduzida a dois espécimens que cresciam numa fazenda perto de Bayamon. Em cima da hora, portanto, conseguiram-se algumas mudas, que agora estão crescendo com êxito no Fairchild Tropical Garden de Miami.

• No Oeste da Alemanha, na ex-República Federal, 34% das 10 290 espécies de insetos e outros invertebrados foram classificadas como ameaçadas em 1987. Na Áustria, 22% das 9694 espécies de invertebrados e, na Inglaterra, 17% das 13 741 espécies de insetos estão na mesma categoria.

• Os fungos da Europa Ocidental parecem estar sofrendo uma extinção em massa, ao menos em escala local. Coletas intensivas em sítios selecionados na Alemanha, Áustria e Holanda revelaram uma redução de 40% a 50% no número de espécies nos últimos sessenta anos. A principal causa do declínio parece ser a poluição atmosférica. Muitas das espécies desaparecidas são fungos micorrizoicos, formas simbióticas que aumentam a absorção de nutrientes pelas raízes das plantas. Os ecologistas sempre se perguntaram, apreensivos, o que aconteceria aos ecossistemas terrestres se esses fungos fossem eliminados — e nós em breve descobriremos.

Para essas espécies que se encontram no limiar, de aves a fungos, o fim pode vir de duas maneiras. Muitas delas, como os caracóis arbóreos de Moorea, são exterminadas pelo equivalente metafórico de um tiro de fuzil: a espécie é eliminada, mas o ecossistema onde existia permanece intacto. Outras são destruídas por um holocausto, no qual todo o ecossistema perece.

A distinção entre tiros de fuzil e holocaustos tem um mérito especial quando consideramos o caso da coruja pintalgada *Strix occidentalis* dos Estados Unidos, uma forma ameaçada que tem sido objeto de intensa controvérsia nacional desde 1988. Cada casal de corujas requer de três a oito quilômetros quadrados de florestas de coníferas com mais de 250 anos de idade. Somente esse hábitat pode proporcionar às aves um número suficiente de grandes árvores ocas para ninhos e de vegetação rasteira aberta para a caça de camundongos e outros pequenos mamíferos. Dentro da distribuição geográfica da coruja pintalgada no Oeste dos estados de Oregon e Washington, o hábitat adequado está basicamente confinado a doze florestas nacionais. A controvérsia começou dentro do Serviço Florestal dos Estados Unidos e espalhou-se para o público em geral. Era basicamente uma disputa entre lenhadores, que queriam continuar derrubando a floresta primeva, e os ambientalistas determinados a proteger uma espécie ameaçada. A principal indústria na região onde a coruja se distribuía estava sendo afetada, os interesses financeiros eram elevados, e o confronto estava carregado de emoção. Os lenhadores diziam: "Será que realmente esperam que nós sacrifiquemos milhares de empregos por um punhado de aves?". E os ambientalistas diziam: "Devemos privar gerações futuras de uma raça de aves por alguns anos a mais de produção de lenha?".

Relegado em meio ao clamor estava o destino de um hábitat inteiro, uma floresta de coníferas antigas, com milhares de outras espécies de plantas, animais e micro-organismos, a grande maioria das quais ainda não estudada e não classificada. Entre elas, três espécies raras de anfíbios, a rã caudata e as salamandras Del Norte e Olympic. Presentes também estavam o teixo do Pacífico, *Taxus brevifolia*, fonte de taxol, uma das substâncias anticancerígenas mais poderosas já descobertas. Na verdade, a discussão deveria ser colocada de outra maneira: o que mais ainda está por ser descoberto nas florestas antigas do Noroeste da costa do Pacífico?

A derrubada de florestas virgens e outros desastres, insuflados pelas exigências e necessidades de populações humanas cada vez maiores, são em toda parte a principal ameaça à diversidade biológica. Porém, os dados que nos permitem chegar a essa conclusão, relativos basicamente a vertebrados e plantas, subestimam a realidade. Os organismos maiores e mais evidentes são os mais suscetíveis aos tiros de fuzil, à matança exacerbada e à introdução de organismos concorrentes. São da maior importância imediata para o ser humano e recebem a maior parte da nossa maligna atenção. As pessoas costumam caçar veados e pombas, não bichos-de-conta e aranhas; abrem estradas numa floresta para derrubar abetos de Douglas [*Pseudotsuga taxifolia*], não musgos e fungos.

Poucos hábitats no mundo com um quilômetro quadrado contêm menos de mil espécies de plantas e animais. Trechos de florestas pluviais e de recifes de coral abrigam dezenas de milhares de espécies, mesmo depois de ter declinado para simples vestígios de sua condição selvagem original. Mas quando *todo* o hábitat é destruído, praticamente todas as espécies também são destruídas. Não apenas as águias e os pandas desaparecem, mas também os mais minúsculos e não recenseados invertebrados, algas e fungos, esses protagonistas invisíveis que constituem o fundamento do ecossistema. De uma maneira geral, os ambientalistas hoje reconhecem a diferença entre tiros de fuzil e holocaustos. Eles enfatizam a preservação de hábitats inteiros, e não apenas das espécies carismáticas que neles vivem. Estão desconcertantemente cientes de que a última manada sobrevivente de rinocerontes javaneses não poderá ser salva se as matas remanescentes em que vivem forem derrubadas, por exemplo, e que a harpia *Thrasaetus harpyia* precisa de cada centímetro de floresta tropical ao seu redor que puder ser poupado das motosserras. O relacionamento é recíproco: quando espécies famosas como os rinocerontes e as águias são protegidas, passam a servir de proteção para todas as formas de vida à sua volta.

Assim, às espécies ameaçadas e em perigo precisa ser acrescentada uma lista cada vez maior de ecossistemas inteiros, abrangendo massas de espécies. Seguem alguns que merecem atenção imediata:

Florestas das montanhas Usambara, Tanzânia. Variando enormemente em termos de altitude e índices pluviométricos, as montanhas Usambara contêm algumas das comunidades biológicas mais ricas da África Oriental, abrigando um grande número de espécies de plantas e animais que não são encontrados em nenhum outro lugar. Mas a área da floresta está diminuindo drasticamente, tendo sido já reduzida à metade, cerca de 450 quilômetros quadrados, entre 1954 e 1978. O rápido crescimento de populações humanas, o corte mais intensivo de madeira e o uso da terra para fins agrícolas estão pressionando as últimas reservas remanescentes e milhares de espécies rumo à extinção.

Montanha San Bruno, Califórnia. Nesse pequeno refúgio rodeado pela região metropolitana de San Francisco vivem inúmeros vertebrados, plantas e insetos protegidos pelo governo federal. Algumas das espécies são endêmicas da península de San Francisco, incluindo a borboleta *elfin* de San Bruno [gênero *Incisalia*] e a *garter snake* [pequena cobra não venenosa de listras amarelas, gênero *Eutaenia*] de San Francisco. A fauna e a flora nativas estão ameaçadas pela circulação de veículos fora das estradas, pela ampliação de uma pedreira e pela invasão de eucaliptos, tojos e outras espécies alienígenas de plantas.

Oásis da depressão do mar Morto, Israel e Jordânia. Esses refúgios úmidos, denominados *ghors*, situados numa região quintessencialmente desértica, são ecossistemas tropicais isolados sustentados por fontes de água doce. Contêm verdadeiros bolsões de fauna e flora da África antiga, separados pelas terras áridas do vale do rio Jordão. Espécies que florescem milhares de quilômetros ao sul se juntam aqui a outras restritas às cercanias dos *ghors* ou mesmo a uma única fonte. Em 1980, caminhei quase toda a extensão de Ein Gedi, um desses lugares, por entre uma vicejante vegetação ribeirinha, maravilhado com as águas cristalinas do riacho de nascente, com seus peixes ciclídeos e clorofíceas endêmicas. Estudei as grandes formigas-tecelãs que fazem ninhos nas ribanceiras — um pequeno pedaço da África a uma hora de carro de Jerusalém. Subindo a ribanceira e andando cem metros eu estava de volta ao deserto do Oriente Médio. Os *ghors* são de interesse científico excepcional porque trazem uma fauna e uma flora africanas em contato direto com um conjunto diferente de espécies cuja distribuição geográfica conjunta vai da Europa até a Ásia temperada passando pelo Oriente Médio. Esses oásis estão ameaçados por pastagem excessiva, extração mineral e especulação comercial. Num reflexo extraordinariamente simbólico da política da região, vários deles são usados como campos minados.

Se por um lado as espécies desaparecem em massa quando seus hábitats isolados entram em colapso, por outro elas morrem ainda mais catastroficamente quando sistemas inteiros são obliterados. O corte das árvores de um espinhaço dos Andes pode extinguir dezenas de espécies, mas derrubar árvores em todos os espinhaços eliminará centenas de milhares. Essas áreas extensas foram denominadas *hot spots* [pontos críticos] por Norman Myers em 1988. São casos emergenciais de conservação global, definidos como regiões que contêm um grande número de espécies endêmicas e que estão ao mesmo tempo sob ameaça extrema; seus principais hábitats foram reduzidos a menos de 10% da amplitude original ou estão fadados a chegar a isso dentro de uma ou algumas décadas. Myers arrolou dezoito pontos críticos. Embora coletivamente ocupem um espaço minúsculo, não mais do que 0,5% da superfície terrestre do planeta, são o lar exclusivo de um quinto das espécies de plantas do mundo. Há pontos críticos numa vasta variedade de florestas e cerrados mediterrânicos, e em todos os continentes exceto na Antártica. Todos merecem menção imediata e especial.

Província florística da Califórnia. Essa conhecida região, com clima semelhante ao do Mediterrâneo, estende-se do Sul do Oregon até a Baixa Califórnia e é reconhecida pelos botânicos como um centro evolutivo à parte. Contém um quarto de todas as espécies de plantas encontradas nos Estados Unidos e no Canadá. Metade delas, 2140 espécies, não é encontrada em nenhum outro lugar do mundo. Seu ambiente está sendo rapidamente reduzido pelo desenvolvimento urbano e agrícola, especialmente ao longo do litoral do Centro e Sul da Califórnia.

Chile central. A vegetação mediterrânica mais preeminente da América do Sul contém 3 mil espécies de plantas, pouco mais da metade de toda a flora chilena, espremida em apenas 6% do território nacional. A cobertura restante é apenas um terço da cobertura original e, infelizmente, está localizada na parte mais densamente povoada do país. Está sendo pressionada de maneira particularmente intensa por famílias rurais, que dependem da vegetação natural para combustível e forragem para animais.

Chocó colombiano. A floresta da planície costeira e das montanhas baixas da Colômbia abrange toda a extensão do país. O Chocó, situado no estado do mesmo nome, tem índices pluviométricos altíssimos e é abençoado com uma das floras mais ricas mas menos exploradas do mundo. Conhecem-se atualmente 3500 espécies de plantas que lá vivem, mas o número pode chegar a 10 mil. Estima-se que um quarto dessas plantas seja endêmico e que uma parcela menor delas mas ainda substancial seja nova para a ciência. Desde o início dos anos 70, o Chocó tem sido implacavelmente invadido por companhias madeireiras e, em menor grau, por colombianos pobres sequiosos de terra. As florestas já foram reduzidas a cerca de três quartos da sua cobertura original e estão sendo destruídas em ritmo acelerado.

Oeste do Equador. As florestas úmidas das planícies e vertentes do Equador a oeste dos Andes, incluindo a pequena parte que outrora cobria o espinhaço de Centinela, continham antigamente cerca de 10 mil espécies de plantas. Um quarto dessas era endêmico, uma proporção similar ao Chocó colombiano. As florestas, tão notáveis pela abundância de suas orquídeas e outras epífitas, foram quase completamente exterminadas. Constituem, na expressão de Myers, um dos pontos mais críticos do mundo.

Uma ideia da antiga diversidade biótica pode ser obtida do Centro de Ciência Rio Palenque, no Extremo Sul da região, onde menos de um quilômetro quadrado da floresta primária sobrevive. Neste fragmento há 1,2 mil espécies de plantas, 25% delas endêmicas do Oeste do Equador. Possi-

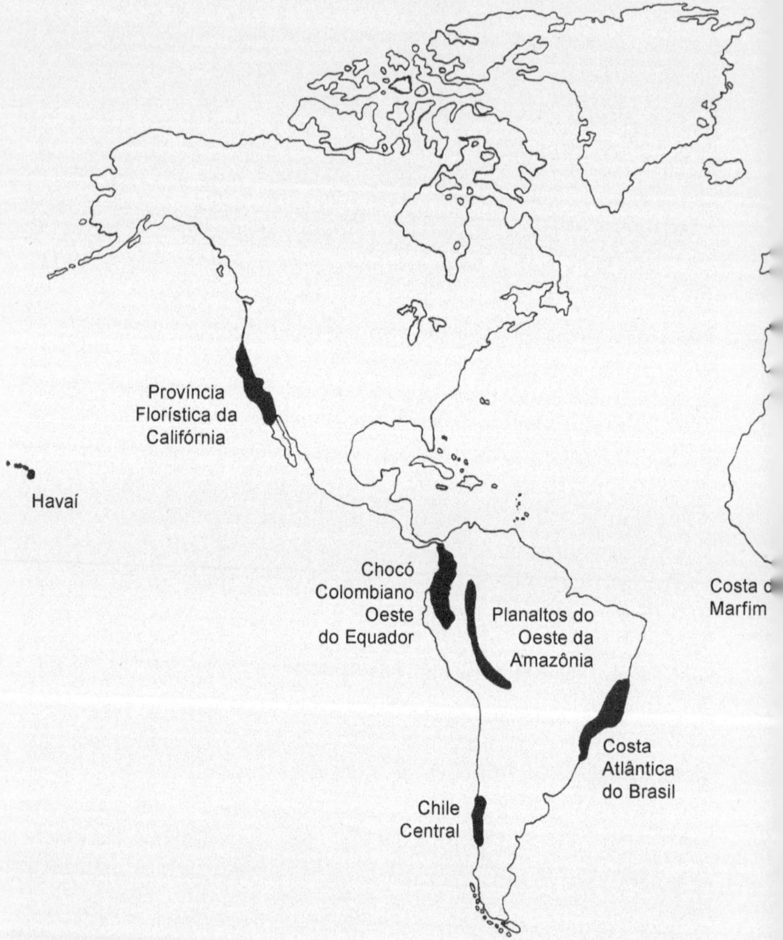

Pontos críticos são hábitats onde há muitas espécies encontradas somente lá e que correm perigo iminente de extinção em consequência da atividade humana. Os dezoito pontos críticos identificados aqui são florestas e cerrados mediterrânicos suficientemente conhecidos para serem incluídos com certeza. Mas o mapa, baseado em um estudo preliminar, está longe de ser completo.

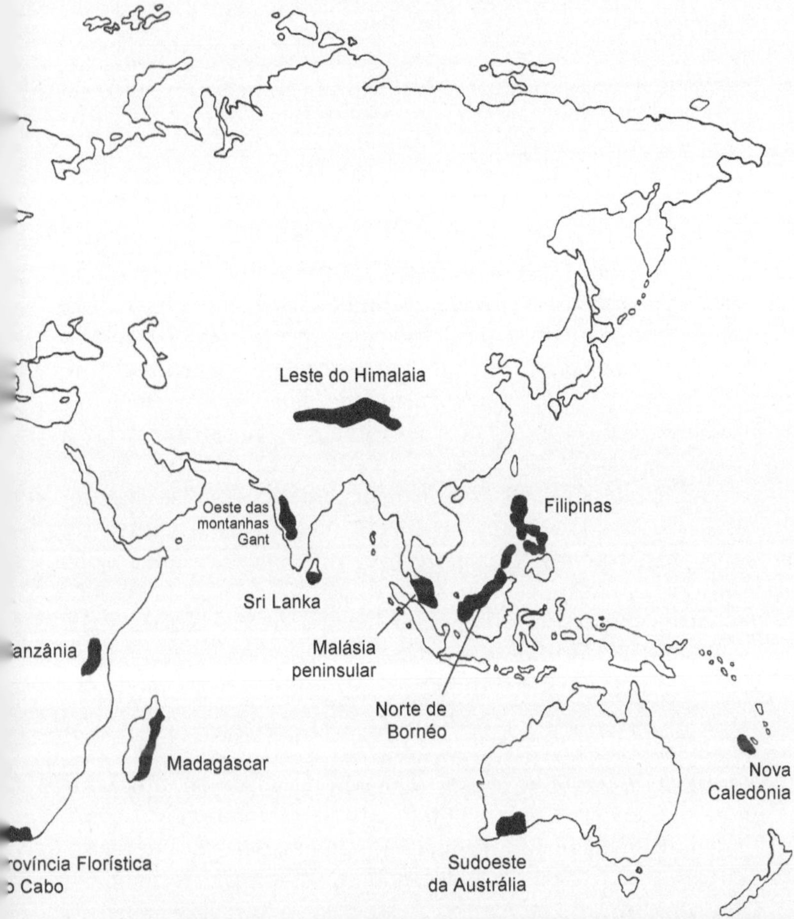

Outros tipos de florestas não mostrados aqui também estão ameaçados, bem como um grande número de lagos, sistemas fluviais e recifes de coral. As áreas maiores, como a da Mata Atlântica do Brasil e as florestas costeiras das Filipinas, na realidade são constituídas de muitos pontos críticos menores espalhados ao longo de espinhaços, vales e ilhas locais.

> velmente cem dessas espécies do rio Palenque revelaram-se novas para a ciência; 43 são conhecidas apenas aqui, e um bom número delas existe na forma de apenas alguns indivíduos, ou mesmo de um único indivíduo.

Daniel Janzen referiu-se a essas e outras espécies reduzidas a uma população pequena demais para se reproduzir como "mortas-vivas".

Planaltos do Oeste da Amazônia. Os confins ocidentais da bacia amazônica, estendendo-se num arco do Sul da Colômbia até a Bolívia, contêm o que os biólogos acreditam ser as maiores fauna e flora da Terra. A região mais rica em espécies endêmicas são os planaltos, que formam um cinturão de cinquenta quilômetros de largura entre as altitudes de quinhentos e 1500 metros ao longo das encostas dos Andes. Em cada cadeia de montanhas há concentrações basicamente inexploradas de plantas e animais locais absolutamente únicos. Os planaltos da Amazônia, como o lado oeste dos Andes na Colômbia e no Equador, estão sendo colonizados em ritmo acelerado. Somente na parte equatoriana, a população passou de 45 mil para cerca de 300 mil nos últimos quarenta anos. Cerca de 65% das florestas dos planaltos já foram derrubadas ou convertidas em plantações de dendezeiros. Projeta-se que as perdas atinjam 90% no ano 2000.

Costa Atlântica do Brasil. Uma floresta pluvial única no mundo estendia-se outrora do Recife até Florianópolis passando pelo Rio de Janeiro, da qual o jovem Charles Darwin escreveu certa vez, "cipós entrelaçando cipós — tranças como de cabelo —, lindas lepidópteras — silêncio —, hosana — silêncio bem exemplificado —, árvore altiva... Maravilha, assombro, & sublime devoção preenchem & elevam a mente". Isso foi em 1832, quando Darwin, um naturalista a bordo do *Beagle*, colocou seus pés pela primeira vez na América do Sul e anotou suas impressões num caderno. A Mata Atlântica cobria originalmente cerca de 1 milhão de quilômetros quadrados. Geograficamente isolada das florestas amazônicas ao norte e a oeste, ela

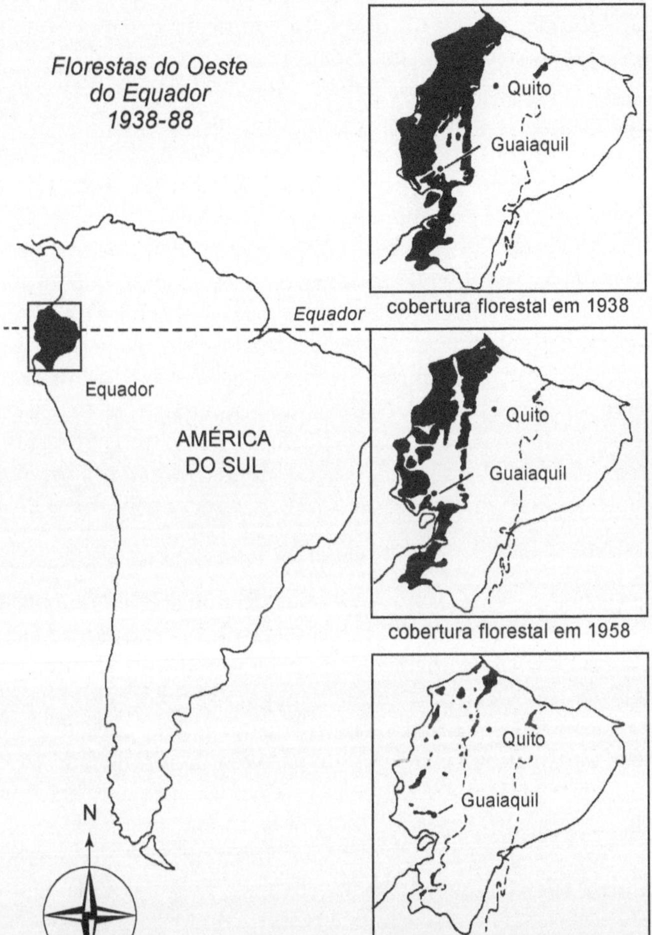

Mais de 90% das florestas do Oeste do Equador foram destruídas ao longo das quatro últimas décadas. Calcula-se que a perda tenha extinguido ou fadado à extinção mais da metade das espécies de plantas e animais da região. Muitas outras áreas biologicamente diversas do mundo estão sob ataque similar.

contém uma das biotas mais diversificadas e distintivas do mundo. Contudo, a costa sul brasileira é também a região de maior produção agrícola e a mais densamente povoada do país. As florestas foram reduzidas a menos de 5% de sua cobertura original, e essa parte sobrevive basicamente em regiões montanhosas íngremes. Boa parte do que restou é protegida como parques e reservas, um derradeiro vislumbre do Éden para as gerações futuras que abundam a seu redor.

Sudoeste da Costa do Marfim. A monumental floresta pluvial da Costa do Marfim e áreas adjacentes da Libéria, uma província botânica distinta do Oeste da África, cobria outrora 160 mil quilômetros quadrados. A derrubada indiscriminada de árvores e as queimadas para agricultura reduziram-na a 16 mil quilômetros quadrados. O que resta está sendo posto abaixo a uma média de 2 mil quilômetros quadrados por ano. Somente o Parque Nacional Taï, de 3,3 mil quilômetros quadrados, é oficialmente protegido, mas mesmo essa reserva solitária está sob pressão de madeireiros e garimpeiros fora da lei.

Florestas do arco leste da Tanzânia. A floresta Usambara, descrita acima, é uma das nove seções de florestas de montanhas espalhadas pelo Leste da Tanzânia. Isolados em certa medida desde épocas pré-humanas, esses hábitats são sítios de uma profusa evolução local. São o lar nativo, por exemplo, de dezoito das vinte espécies conhecidas de violetas africanas e de dezesseis espécies de café silvestre. As florestas têm hoje a metade da sua cobertura original e estão sendo reduzidas em ritmo acelerado pelo crescimento explosivo da população tanzaniana.

Província florística do Cabo na África do Sul. No Extremo Sul da África há uma charneca chamada *fynbos*, dotada de uma das floras mais diversificadas e mais incomuns do mundo. Nos 89 mil quilômetros quadrados que ainda restam, podemos encontrar 8,6 mil espécies de plantas. Destas, 73% não existem em nenhum outro lugar do planeta. Um terço do *fynbos* foi perdido para a agricultura, desenvolvimento urbano e a incursão de espécies exóticas de plantas. O restante vai sendo rapidamente fragmentado e degradado. A maioria das espécies nativas ocorre em áreas localizadas de um quilômetro quadrado ou menos. Pelo menos 26 delas estão extintas e outras 1500 são raras ou ameaçadas, um número que excede a totalidade da flora das ilhas Britânicas. A menos que se tomem medidas imediatas, a África do Sul perderá uma grande parte do seu maior patrimônio natural.

Madagáscar. Madagáscar, a mais isolada das grandes ilhas do mundo, possui uma fauna e uma flora que evoluíram com o mesmo grau de isolamento: trinta primatas, todos lêmures; répteis e anfíbios que são 90% endêmicos, incluindo dois terços de todos os camaleões do mundo; e 10 mil espécies de plantas das quais 80% são endêmicas, incluindo mil tipos de orquídeas. O miserável povo malgaxe depende intensamente do sistema de coivara para abrir terrenos para a agricultura nos solos pouco férteis das florestas tropicais e sustentar assim sua população crescente. Mas isso faz com que destruam a maior parte do rico ambiente biológico que herdaram. Em 1985, a floresta ainda intacta estava reduzida a um terço da cobertura encontrada pelos primeiros colonizadores quinze séculos atrás. A destruição está se acelerando com o aumento populacional, sendo que a maior parte das perdas ocorreu a partir de 1950.

Vertentes dos Himalaias. Uma guirlanda de luxuriante floresta de montanha envolve os Extremos Sul e Leste dos Himalaias, de Sikkim no Norte da Índia, passando pelo Nepal e Butão, até as províncias do Leste da China. Ela contém uma mistura complexa de espécies tropicais de origem meridional e espécies temperadas vindas do Norte. Uma sucessão aparentemente infinda de vales profundos e espinhaços estreitos divide a fauna e a flora em um grande número de grupos locais — contendo, por exemplo, cerca de 9 mil espécies de plantas, 39% das quais limitadas à região. A extensão original das florestas era cerca de 340 mil quilômetros quadrados. Mas, por ocorrer em regiões que se incluem entre as mais densamente povoadas do mundo, estão reduzidas a dois terços e vão sendo derrubadas rápida e indiscriminadamente por madeireiros e fazendeiros.

Ghat do Oeste da Índia. Acompanhando as vertentes das montanhas Ghat no Oeste da Índia, que se estendem por todo o comprimento da península indiana, está uma zona de floresta tropical cobrindo cerca de 17 mil quilômetros quadrados. Lá vivem 4 mil espécies conhecidas de plantas, 40% das quais são endêmicas. A pressão do aumento das populações locais é intensa, e a derrubada por madeireiros e fazendeiros acontece em ritmo acelerado. Cerca de um terço da cobertura já se foi, e o restante está desaparecendo a uma velocidade de 2% a 3% ao ano.

Sri Lanka. As florestas úmidas dessa ilha no Extremo Sul da Índia são relíquias de uma província florística antiga e praticamente desaparecida que cobria outrora toda a península indiana. A parte que resta no Sri Lanka contém mais de mil espécies de plantas, metade das quais é endêmica. Com uma densidade populacional de 260 habitantes por quilômetro quadrado e uma demanda intensa de madeira e terras para agricultura, a cobertura florestal foi reduzida a pouco menos de 10% da área original. A maior parte da vegetação primária está restrita a um trecho de 56 quilômetros quadrados no interior da floresta Sinharaja, perto do Extremo Sudoeste da ilha. Essa região é também a mais densamente povoada e, para piorar ainda mais as coisas, quase toda a população local depende de uma agricultura itinerante e de produtos florestais para sua sobrevivência.

Malásia peninsular. A maior parte da península malaia era outrora coberta por uma floresta tropical que continha no mínimo 8500 espécies de plantas, um terço das quais era endêmico. Em meados da década de 1980, metade da floresta não existia mais. Quase toda a região das planícies, o repositório mais rico de diversidade, havia sido degradada em maior ou menor grau. Cerca de metade das espécies de árvores endêmicas é classificada hoje como ameaçada ou extinta.

Noroeste de Bornéo. Antigamente Bornéo era considerado sinônimo da imagem perfeita de uma vasta selva prístina. Mas essa imagem basicamente esvaeceu. A floresta está sendo arrasada a passos rápidos, e muitas das 11 mil espécies residentes de plantas e das incontáveis espécies de animais estão sitiadas. O terço setentrional da ilha, onde é maior a biodiversidade e a endemicidade das plantas atinge 40%, foi quase todo limpo por lenhadores. No estado de Sarawak, perto da Malásia, a cobertura florestal foi reduzida em quase 50%, e a maior parte do que restou foi confiada a madeireiras.

Filipinas. Essa nação-ilha encontra-se no limiar de um colapso total da biodiversidade. Isolada do continente asiático mas suficientemente próxima da Indonésia para receber muitos colonizadores vegetais e animais, fragmentada em 7100 ilhas num padrão que favorece a formação de espécies, as Filipinas tinham desenvolvido enormes faunas e floras com altos níveis de endemicidade. Nos últimos cinquenta anos, porém, dois terços das florestas foram derrubados, incluindo toda a cobertura original das planícies, com exceção de 8 mil quilômetros quadrados. De ilha em ilha as madeireiras derrubaram as florestas até que a atividade deixasse de ser lucrativa, sendo seguida então por uma colonização agrícola maciça. A demanda de uma população crescente por novas terras coloca em risco a floresta que ainda resta nos planaltos. Estão previstas reservas para 6450 quilômetros quadrados, ou 2% da superfície terrestre do país. Na melhor das hipóteses, as perdas serão tremendas. No momento em que escrevo, a águia das Filipinas [ou águia dos macacos, *Pithecophaga jeffryi*], símbolo majestoso da fauna nacional, está reduzida a duzentos ou menos indivíduos.

Nova Caledônia. Minha ilha predileta: longe o suficiente da costa lesta da Austrália para promover uma fauna e uma flora singulares; grande o suficiente para acomodar um vasto número de animais e plantas; e perto o suficiente dos arquipélagos melanésios ao norte para ter recebido elementos deste domínio biogeográfico distinto. Para um naturalista, a Nova Caledônia é um verdadeiro cadinho, e um lugar de mistério. Passei um dos melhores dias da minha vida subindo o monte Mou e caminhando pelo cume de um espinhaço em meio a uma floresta de araucárias envolta em neblina. Lá encontrei uma biota nativa pura, cujas espécies eu jamais tinha visto em estado selvagem antes. As florestas da Nova Caledônia abarcam 1575 espécies de plantas, assombrosos 89% das quais são endêmicos. Os neocaledônios, incluindo os colonizadores franceses, exploraram o meio ambiente com desbragamento, derrubando árvores, garimpando e fazendo queimadas que forçaram o recuo das fronteiras das matas mais secas. Menos de 1500 quilômetros quadrados de florestas não perturbadas ainda sobrevivem, cobrindo 9% da ilha. Para ver a Nova Caledônia como ela era, é preciso subir no alto de montanhas remotas demais ou íngremes demais para os lenhadores desmatarem.

Sudoeste da Austrália. A extensa charneca a oeste da planície Nullarbor desenvolveu-se num clima mediterrânico e num estado de isolamento parecidos com os dos *fynbos* sul-africanos. Lembra também os *fynbos* em aparência física e concorre com eles em termos de diversidade, abrigando 3630 espécies de plantas, 78% das quais não são encontradas em nenhum outro lugar do mundo. Quando o visitei, em 1955, o ambiente estava em condições quase prístinas. Podia ficar de pé em meio a um cerrado que batia na cintura em diversos lugares e observar o horizonte em todas as direções. Na primavera as flores nasciam em esplêndida profusão. A cobertura foi reduzida à metade desde então, quase sempre convertida para fins agrícolas. Está sendo ainda mais degradada por operações de mineração, pela invasão de ervas exóticas e por incêndios frequentes. Um quarto das suas espécies estão hoje classificadas como raras ou ameaçadas.

Esses são os dezoito pontos críticos, mas a lista não está terminada. Há outras florestas que se candidatam, incluindo as florestas pluviais que ainda restam no México, América Central, Índias Ocidentais, Libéria, Queensland e Havaí. A estes poderíamos acrescentar uma vasta quantidade de hábitats totalmente distintos: os Grandes Lagos do Leste da África e seu equivalente na Sibéria, o lago Baikal; virtualmente todos os sistemas de escoamento fluvial perto de regiões densamente povoadas, do Tennessee ao Ganges e até alguns afluentes do Amazonas; os mares Báltico e Aral, este último morrendo não apenas como ecossistema mas também como corpo de água; e uma míriade de outros trechos isolados de florestas decíduas, desertos e pradarias ricas em espécies.

E há também os recifes de coral. Essas fortalezas de diversidade biológica em mares tropicais rasos estão sendo acuadas por uma combinação de ataques naturais e humanos. Os recifes têm uma aparência permanente, mas são altamente dinâmicos em termos de composição. Sujeitos aos caprichos do clima, eles sempre sofreram avanços e recuos em escala local. Os furacões transformam periodicamente os recifes do Caribe em montes de escombros, mas eles voltam a crescer. Os efeitos do El Niño — o aquecimento das correntes marítimas no Leste do Pacífico equatorial — provocam elevado índice de mortalidade. O fenômeno de 1982-3, o mais forte registrado nos últimos dois séculos, matou quantidades enormes de corais ao longo das costas do Equador, Colômbia, Panamá e Costa Rica.

Em circunstâncias normais, os recifes se recuperam da destruição natural em algumas décadas. Agora, porém, essas pressões naturais estão sendo amplificadas pela atividade humana, e os bancos de coral começam a sofrer uma degradação contínua com menos chances de regeneração. Os recifes de vinte países em todo o mundo foram afetados: das Florida Keys e Índias Ocidentais até o golfo do Panamá e as ilhas Galápagos, do Quênia e das Maldivas para o Leste, atravessando uma grande faixa da Ásia tropical, e para o Sul até a Grande Barreira de Recifes da Austrália. Em alguns lugares a redução da área dos recifes atinge 10%. No Largo das Florida Keys chega a 30%, com a maior parte dos danos tendo ocorrido a partir de 1970. Em nenhuma ordem especial, as principais causas são: poluição (o derramamento de óleo durante a guerra do Golfo sendo um exemplo desastroso), encalhamento acidental de navios cargueiros, dragagem, mineração de rochas de coral e coleta das espécies mais atraentes para decoração e coleções amadoras.

A deterioração dos recifes é acompanhada pela descoloração dos corais. A perda de pigmento se deve ao colapso das zooxantelas (algas unicelulares que vivem nos tecidos dos animais dos corais e que partilham uma grande parcela da energia fixada por fotossíntese), que morrem ou perdem grande parte do pigmento fotossintético de suas células. Como as plantas verdes estioladas ou ananicadas que germinam no escuro, esses corais são tão doentes quanto parecem e, a menos que o processo seja revertido, acabam morrendo. A descoloraçao é uma reação geral de estresse. Resulta alternadamente de excesso de calor ou de frio, de poluição química ou da diluição com água doce, todos fatores promovidos pela atividade humana.

Durante a década de 1980, ocorreu descoloração dos recifes de coral em uma grande região dos trópicos. Mudanças rápidas ocorreram de um modo geral nos lugares onde a temperatura da água subiu mais visivelmente. Estima-se que se os mares tropicais rasos ficarem apenas 1° ou 2° C mais quentes ao longo do século XXI, muitas espécies de corais serão extintas (três desapareceram do Leste do Pacífico por ação do El Niño em 1982-3) e alguns recifes poderão desaparecer por completo. Portanto, é possível que a descoloração ocorrida na década passada tenha sido também o primeiro passo de uma catástrofe que se anuncia com os crescentes níveis de dióxido de carbono na atmosfera — possível, mas ainda não provado. A descoloração dos corais nos anos 80 ocorreu em alguns lugares do mundo mas não em outros. Deve-se provavelmente a uma variedade de causas, das quais o aquecimento é apenas uma. Enquanto aguardam o desenrolar dos próximos acontecimentos, os biólogos marinhos tendem a concordar que a maior ameaça imediata para os recifes de coral são os danos físicos e a poluição, não uma tendência de aquecimento global.

Mas o perigo a longo prazo das alterações climáticas paira sobre a maioria dos ecossistemas nas próximas décadas. Mesmo que só as projeções mais modestas de aquecimento global se provem corretas, a fauna e a flora do mundo ficarão entre a cruz e a caldeirinha. De um lado, vão sendo reduzidas rapidamente pelo desflorestamento e outras formas diretas de destruição de hábitats. De outro, estão ameaçadas pelo efeito estufa. E, se a perda de hábitats terrestres é mais destrutiva para as biotas tropicais, espera-se que o aquecimento da atmosfera tenha impacto maior sobre as biotas das regiões frias-temperadas e polares. Um deslocamento do clima em direção aos polos de cem quilômetros ou mais por século (equivalente a um metro ou mais por dia) é tido no mínimo como uma possibilidade. A velocidade desse avanço logo deixaria as reservas de plantas e animais selvagens num regime mais quente e muitas das espécies não conseguiriam sobreviver, pois não teriam como deixar essas reservas. O registro fóssil confirma essa previsão de dispersão limitada. Quando a última camada de gelo continental retrocedeu da América do Norte, há 9 mil anos, os abetos conseguiram se dispersar a duzentos quilômetros por século, mas a distribuição da maioria das demais espécies de árvores só avançou a velocidades entre dez e quarenta quilômetros por século. Isso sugere que, a menos que se efetuem transplantes de ecossistemas inteiros, muitos milhares de espécies nativas provavelmente ficarão deslocados. Quantas, não tendo emigrado para o Norte, se adaptarão às mudanças climáticas? Quantas serão extintas? Ninguém sabe a resposta.

Parece seguir-se que os organismos da tundra e dos mares polares não terão para onde ir mesmo que o aquecimento global seja bastante modesto; o Polo Norte e o Polo Sul são o fim da linha. Todas as espécies das latitudes mais altas, do líquen rangífer [*Cladonia rangiferina*] aos ursos-polares, correm o risco de extinção.

Em outro cenário, um grande número de espécies em todo o mundo e em todas as latitudes está restrito a regiões costeiras de pouca elevação que serão alagadas quando os mares subirem com o derretimento do gelo polar. Dependendo da estimativa, os mares subirão entre meio e dois metros. Nos Estados Unidos, a Flórida seria a região mais duramente atingida em termos biológicos, pois lá se encontra mais da metade das plantas e animais raros especializados para viver no extremo da orla litorânea. No Oeste do Pacífico, inúmeros atóis e até mesmo duas pequenas ilhas-nações, Kiribati e Tuvalu, seriam provavelmente cobertos pelo mar.

O sucesso demográfico humano trouxe o mundo a esta crise de biodiversidade. Na história da vida, os seres humanos — mamíferos da classe de cinquenta quilos de peso e membros de um grupo, os primatas, que se destaca pela escassez — tornaram-se cem vezes mais numerosos do que qualquer outro animal terrestre de tamanho comparável. Por qualquer parâmetro concebível, a humanidade é ecologicamente anormal. Nossa espécie se apropria de 20% a 40% da energia solar capturada em tecidos orgânicos pelas plantas terrestres. Não há como usar os recursos do planeta nesse grau sem reduzir drasticamente as condições da maioria das demais espécies.

Uma terrível simetria de outro tipo existe entre a ascensão da humanidade e a queda da biodiversidade: as nações mais ricas presidem as biotas menores e menos interessantes, enquanto as mais pobres, sobrecarregadas pela explosão populacional e por carência de conhecimento científico, são intendentes das maiores. Em 1950, as nações industrializadas tinham um terço da população mundial; a proporção caiu para um quarto em 1985 e calcula-se que chegue a um sexto no ano 2025, quando a população total do mundo terá aumentado 60% e atingido 8 bilhões de habitantes. Impossível não deixar de perceber uma ironia, pois se a tecnologia do século XIX houvesse nascido em meio às florestas pluviais tropicais e não aos pinheiros e carvalhos da zona temperada haveria muito pouca biodiversidade restante para salvarmos.

Mas qual é, precisamente, a magnitude da crise? Quantas espécies estão desaparecendo? Os biólogos não sabem dizer em termos absolutos porque não sabem sequer afirmar qual a ordem de magnitude de espécies existentes na Terra. Provavelmente menos de 10% das espécies chegaram a receber nomes científicos. Não temos como estimar a porcentagem de espécies que estão sendo extintas a cada ano nos diversos hábitats do mundo, incluindo recifes de coral, desertos e pradarias alpinas, pois os estudos necessários ainda não foram empreendidos.

Todavia, é possível partir do ambiente mais rico de todos, as florestas pluviais tropicais, e fazer uma estimativa aproximada da taxa de extinção de espécies lá. Isso é possível, pois, graças aos esforços da Organização de Alimentação e Agricultura das Nações Unidas [FAO] e de alguns pesquisadores pioneiros como Norman Myers, a taxa de destruição das florestas pluviais foi determinada. A partir do índice de redução da área florestal podemos inferir a taxa de extinção ou condenação de espécies. E, como as florestas tropicais contêm mais da metade das espécies de plantas e animais da Terra, estimativas feitas em relação a elas nos permitem uma avaliação qualitativa aproximada da gravidade geral da crise de biodiversidade.

Antes de tentar fazer essa projeção, devo dizer algo sobre os poderes de regeneração das florestas pluviais. A despeito de sua extraordinária riqueza, a despeito de sua reputação de crescimento exuberante ("a selva logo retomou o acampamento como se nada houvesse ali existido antes"), essas florestas estão entre os mais frágeis hábitats do mundo. Muitas delas crescem em verdadeiros "desertos encharcados" — uma base de solo pouco promissor fustigado por chuvas pesadas. Dois terços da área da superfície florestal em todo o mundo consistem em terras vermelhas e amarelas, que via de regra são ácidas e pobres em nutrientes. Elevadas concentrações de ferro e alumínio formam compostos insolúveis com fósforo, reduzindo a disponibilidade desse elemento para as plantas. Cálcio e potássio são lixiviados do solo logo após seus compostos serem dissolvidos na água da chuva. Apenas uma fração minúscula de nutrientes atinge mais de cinco centímetros de profundidade.

Não obstante, ao longo dos 150 milhões de anos de sua existência, as árvores das florestas pluviais conseguiram se desenvolver e se tornar altas e grossas. Num dado momento qualquer, a maior parte do carbono e uma parcela substancial dos nutrientes do ecossistema estão presas no tecido e na madeira morta da vegetação. De modo que, na maioria dos casos, os detritos e o húmus no solo formam uma camada tão fina quanto em qualquer outra floresta do mundo. Aqui e ali encontramos trechos de terra nua. Em cada canto há sinais de rápida decomposição por obra de cupins e fungos. Quando a floresta é cortada e queimada, a cinza e a vegetação em decomposição fazem afluir ao solo uma quantidade suficiente de nutrientes para sustentar um vigoroso crescimento de novas ervas e arbustos por dois ou três anos. Em seguida, porém, os nutrientes caem a níveis baixos demais para sustentar produtos agrícolas e forragem saudáveis. Os fazendeiros têm então de adicionar fertilizantes artificiais ou passar para o canteiro seguinte de floresta tropical, perpetuando o ciclo de derrubada e queima.

A regeneração das florestas pluviais também é limitada pela fragilidade das sementes de suas árvores. As sementes da maioria das espécies germinam em alguns dias ou semanas. Têm pouco tempo para ser transportadas por animais ou correntes de água do terreno desnudado para locais mais favoráveis ao crescimento. A maioria delas brota e morre no solo quente e estéril das clareiras. A monitoração de áreas derrubadas indica que a regeneração de uma floresta madura pode levar séculos. Embora a floresta em Angkor, por exemplo, date da época do abandono da capital pelos khmers, em 1431, ela ainda é estruturalmente diferente até mesmo das florestas mais antigas da mesma região. O processo de regeneração das florestas pluviais é igualmente lento no geral, especialmente após o uso da terra para fins agrícolas, de modo que poucas projeções a respeito são possíveis. Em algumas regiões, onde os danos mais graves somam-se à baixa fertilidade do solo e não há florestas nativas nas proximidades para fornecer sementes, é possível que a restauração jamais ocorra sem intervenção humana.

O contraste entre a ecologia das florestas pluviais e a das florestas e pradarias temperadas do Norte é evidente. Na América do Norte e na Eurásia, a matéria orgânica não fica tão completamente restrita à vegetação viva. Uma grande parcela permanece relativamente alqueivada nos restos vegetais e no húmus. As sementes são mais resistentes ao estresse e podem ficar dormentes por longos períodos até que retornem as condições apropriadas de temperatura e umidade. Por isso é possível cortar e queimar grandes áreas de florestas e pradarias, criar gado ou cultivar o solo, e ver a vegetação retornar praticamente ao seu estado original um século depois. O Ohio, em suma, não é o Amazonas. Em termos globais, o Norte teve mais sorte do que o Sul.

Em 1979, as florestas pluviais tropicais estavam reduzidas a cerca de 56% da sua cobertura em tempos pré-históricos. Recenseamentos feitos por satélites, por aeronaves voando em baixa altitude, e no chão revelaram que as florestas restantes, juntamente com as florestas de monções (bem menos extensas), estão sendo removidas a uma velocidade de 75 mil quilômetros quadrados, ou 1% da cobertura, ao ano. Remoção significa que a floresta é completamente destruída, não restando às vezes uma única árvore, ou então que ela é tão degradada que a maioria das árvores morre pouco tempo depois. As principais causas do desflorestamento continuam sendo a agricultura em pequena escala (especialmente quando se recorre ao sistema de coivara para promover uma colonização agrícola permanente), seguida logo de perto pela ação das madeireiras e das fazendas de criação de gado.

Durante os anos 80, o ritmo de desflorestamento acelerou-se em toda a parte, atingindo proporções trágicas na Amazônia brasileira. Lá as pessoas aprenderam a reconhecer três estações: a da seca, a das chuvas e a das queimadas. Em 1987, exércitos de pequenos fazendeiros e peões contratados por latifundiários atearam fogo à mata para limpar o terreno de árvores e arbustos caídos. Cerca de 50 mil quilômetros quadrados em quatro estados da Amazônia (Acre, Mato Grosso, Pará e Rondônia) foram derrubados e queimados em quatro meses, de julho a outubro. Uma área equivalente foi destruída no ano seguinte. O desflorestamento é incentivado pela construção de estradas federais e por programas de colonização patrocinados pelo governo, ambos parte da política oficial, atingindo as proporções de um holocausto cujos efeitos se propagaram por vastas áreas do Brasil. "A noite, estrepitando e vermelha", observou a jornalista Marlise Simons, "a floresta parece estar em guerra." De acordo com um relatório do Instituto de Pesquisas Espaciais,

> a espessa fumaça produzida pelas queimadas na Amazônia, no auge da temporada, espalhou-se por milhões de quilômetros quadrados, provocando problemas de saúde na população, fechando aeroportos, prejudicando o tráfego aéreo, causando diversos tipos de acidentes nos rios e estradas, e poluindo a atmosfera da Terra em geral.

Houve, de fato, poluição em escala global. As queimadas brasileiras produziram dióxido de carbono contendo mais de 500 milhões de toneladas de carbono, 44 milhões de toneladas de monóxido de carbono, mais de 6 milhões de toneladas de partículas e 1 milhão de toneladas de óxidos de nitrogênio e outros poluentes. Boa parte desse material chegou à atmosfera superior e espalhou-se para o Leste sobre o Atlântico.

Em 1989, as florestas pluviais tropicais do mundo haviam sido reduzidas a cerca de 8 milhões de quilômetros quadrados, ou pouco menos da metade de sua cobertura pré-histórica. Estavam sendo destruídas a uma velocidade de 142 mil quilômetros quadrados por ano, ou 1,8% da cobertura restante, quase o dobro do ritmo de 1979. A perda equivale à área de um campo de futebol a cada segundo. Dito de outra maneira, em 1989 as florestas tropicais remanescentes no mundo ocupavam uma área igual à dos Estados Unidos continental e *a cada ano* era destruída uma área equivalente à do estado da Flórida.

Qual o impacto de toda essa destruição sobre a biodiversidade das florestas pluviais? A fim de estabelecer um limite mínimo acima do qual a taxa de extinção das espécies possa ser razoavelmente estimada, utilizarei o que já sabemos sobre a relação entre a área de um hábitat e o número de espécies que nele vivem. Modelos deste tipo são usados rotineiramente na ciência quando medidas diretas não podem ser feitas. Eles geram aproximações iniciais que podem então ser aperfeiçoadas passo a passo à medida que modelos melhores vão sendo idealizados e novos dados são acrescentados.

O primeiro modelo é baseado na conhecida curva de áreas e espécies mencionada anteriormente, $S = CA^z$, em que S é o número de espécies, A é a área do lugar onde as espécies vivem, e C e z são constantes que variam conforme o grupo de organismos e o local em questão. Para calcular a taxa de extinção de espécies, C pode ser desprezado; z é o que conta. Na grande maioria dos casos, o valor de z fica entre 0,15 e 0,35. O valor exato depende do tipo de organismo que está sendo considerado e dos hábitats em que esse organismo é encontrado. Quando as espécies conseguem se dispersar facilmente de um lugar para outro, o valor de z é baixo. As aves têm um z pequeno; os caracóis terrestres e as orquídeas, um z elevado.

Quanto maior o valor de z, menor acabará sendo o número de espécies depois que a área for reduzida. Digo "acabará sendo" porque algumas espécies condenadas podem desaparecer rapidamente quando uma floresta é desbastada ou um lago, parcialmente drenado, ao passo que outras talvez desapareçam mais lentamente, resistindo por um tempo antes de deixar de existir. Em linguagem mais precisa, quando uma área é reduzida, a taxa de extinção aumenta e permanece acima do nível original de fundo até que o número de espécies caia de um nível de equilíbrio maior para um de equilíbrio menor. Uma regra prática para tornar o resultado imediatamente claro é considerar que, quando uma área é reduzida a um décimo de seu tamanho original, o número de espécies acaba caindo para a metade. Isso corresponde a um valor de 0,30 para z e se aproxima bastante do número encontrado frequentemente na natureza.

Em 1989, a área total das florestas pluviais estava sendo reduzida em 1,8% ao ano, uma taxa que podemos razoavelmente supor que se mantenha no início dos anos 90. Com o valor típico de 0,30 para z, podemos esperar que cada redução anual de área florestal reduza o número de espécies em 0,54%. Tentemos estabelecer os limites máximo e mínimo da taxa de extinção para a maioria dos organismos. Com o menor valor provável de *z*, 0,15, a taxa de extinção seria 0,27% ao ano; com o maior, 0,35, a taxa de extinção atingiria 0,63% ao ano. *Grosso modo, então, podemos esperar que a redução da área das florestas tropicais irá extinguir ou condenar à extinção a cada ano cerca de 0,5% das espécies que nela vivem.* Mais precisamente, grupos com um valor baixo de *z* serão menos afetados, grupos com um *z* elevado serão os mais afetados. Se a maioria dos grupos de organismos tiver valores baixos de *z*, a taxa geral de extinção ficará mais próxima de 0,27%; se a maioria tiver *z* elevado, a taxa geral de extinção se aproximará mais de 0,63% ao ano. Não há dados suficientes para afirmar qual é a taxa geral efetiva de extinção entre esses dois extremos.

Se a destruição das florestas pluviais prosseguir no ritmo atual até o ano 2022, metade das florestas restantes terá desaparecido. A extinção total de espécies que isso irá provocar ficará entre 10% (se $z = 0{,}15$) e 22% (se $z = 0{,}35$). O valor "típico" intermediário de 0,30 implicaria uma extinção cumulativa de 19% nesse período de tempo. Grosso modo, então, se o desflorestamento continuar por mais trinta anos no ritmo atual, entre um décimo e um quarto das espécies das florestas tropicais terá desaparecido. Se as florestas pluviais forem tão ricas em diversidade quanto a maioria dos biólogos acredita, essa redução irá eliminar de 5% a 10% ou mais — consideravelmente mais, com certeza — de todas as espécies da Terra em trinta anos. Se outros hábitats igualmente ricos mas também em processo de deterioração são acrescentados (incluindo charnecas, florestas tropicais de montanhas, lagos, rios e recifes de coral), o número de vítimas aumenta drasticamente.

A relação área-espécies é responsável por boa parte da extinção, mas não por toda ela. Precisamos de um segundo modelo. Quando as últimas árvores são derrubadas, quando o último trecho de floresta é transformado em pasto ou milharal, a curva área-espécies cai para zero na linha de extrapolação. Enquanto existir algum resquício de floresta em algum lugar, digamos num espinhaço no Oeste do Equador, um número substancial de espécies há de continuar existindo, a maioria com populações minúsculas. Algumas podem estar condenadas se esforços heroicos não forem feitos para cultivá-las e transplantá-las para novos sítios. Mas por ora vão se aguentando. Quando o último centímetro de floresta ou outro hábitat natural é eliminado e a área cai de 1% para zero, muitas espécies sucumbem imediatamente. Tal é a condição de legiões de Centinelas em todo o mundo, onde extinções silenciosas ocorrem com a queda da última árvore. Quando Cebu, nas Filipinas, foi completamente desmatada, nove das dez espécies de aves exclusivas da ilha foram extintas, e a décima corre o risco de juntar-se a elas. Não sabemos como avaliar a perda global de espécies decorrente da somatória dessas pequenas extinções. Uma coisa, porém, é certa: elas ocorrem, e, por ocorrerem, estimativas da taxa global de extinção baseadas puramente na curva área-espécies ficam aquém da realidade. Consideremos o impacto de se removerem as últimas centenas de quilômetros quadrados de reservas naturais: na maioria dos casos, mais da metade das espécies originais desapareceria de imediato. Se essas reservas fossem refúgio de espécies não encontradas em nenhuma outra parte (como ocorre com muitos animais e plantas das florestas pluviais), a perda de diversidade seria imensa.

A concepção de um mundo pontilhado por holocaustos em miniatura pode ser ampliada. Tomemos um caso imaginário extremo em que a distribuição de todas as espécies que habitam as florestas pluviais seja local, limitada a alguns poucos quilômetros quadrados à maneira das espécies de plantas endêmicas de Centinela. À medida que a floresta vai sendo cortada, a perda percentual de espécies vai se aproximando da perda percentual de área, embora nunca se igualem. Em trinta anos, o mundo perderia não apenas metade de sua cobertura florestal mas quase metade das suas espécies florestais. Felizmente, esse pressuposto é exagerado. Algumas espécies de plantas e animais que habitam as florestas pluviais têm ampla distribuição geográfica. De modo que a taxa de extinção de espécies é menor do que a taxa de redução de áreas.

Segue-se que o número de espécies que desaparecerão quando a área das florestas pluviais for reduzida à metade será maior que 10% e menor que 50% do total. Porém, vale notar que essa faixa percentual é a redução prevista decorrente apenas do efeito área, e ainda é uma estimativa por baixo. Algumas espécies dos trechos remanescentes também serão extintas por "tiros de fuzil", isto é, a matança de animais e plantas raras como a ararinha-azul ou o visco da Nova Zelândia. Outras serão dizimadas por novas doenças, ervas alienígenas e animais como ratos e porcos selvagens. Essa perda secundária irá se intensificar à medida que os trechos de florestas forem se tornando menores e mais propensos à intrusão humana.

Ninguém tem ideia da magnitude total dessas outras forças destrutivas em todos os hábitats. Somente o valor mínimo no caso das florestas pluviais tropicais — extinção de 10% das espécies quando a área é reduzida à metade — pode ser estimado com segurança. Porém, devido aos valores geralmente mais elevados de z prevalecentes e à atuação de outros fatores ainda não medidos de extinção, o número real pode facilmente alcançar 20% no ano 2022, chegando a 50% ou mais subsequentemente. A extinção de 20% da diversidade global total, abrangendo todos os hábitats, é uma forte possibilidade se a destruição ambiental continuar no ritmo atual.

Com que rapidez a diversidade está diminuindo? Os números mais seguros que apresentei acima são estimativas de extinções de espécies que *acabarão ocorrendo* com a derrubada das florestas pluviais. Mas quanto tempo isso vai levar? Quando uma floresta é reduzida de, digamos, cem quilômetros quadrados para dez, algumas extinções imediatas são prováveis. No entanto, o novo equilíbrio descrito pela equação $S = CA^z$ não será atingido imediatamente. Algumas espécies irão perdurar em populações perigosamente reduzidas. Modelos matemáticos elementares preveem que o número de espécies no lote de dez quilômetros quadrados declinará a uma taxa progressivamente menor, mais rapidamente a princípio, desacelerando em seguida à medida que o novo equilíbrio mais baixo vai sendo atingido. O raciocínio é simples: de início há muitas espécies destinadas à extinção que irão, portanto, sucumbir num ritmo geral mais acelerado; subsequentemente, apenas algumas espécies correrão perigo, e a taxa de aniquilação diminui. Em sua forma ideal, com espécies sendo extintas independentemente umas das outras, esta sequência de eventos se chama *decaimento exponencial*.

Jared Diamond e John Terborgh, empregando o modelo do decaimento exponencial, abordaram o problema da seguinte maneira. Eles primeiro consideraram o fato de que o aumento do nível do mar no final da Idade Glacial, 10 mil anos atrás, separou pequenas massas de terra antes ligadas à América do Sul, à Nova Guiné e às principais ilhas da Indonésia. Quando foram cercadas pelo mar, essas massas terrestres se tornaram "ilhas-pontes". As ilhas de Tobago, Margarita, Coiba e Trinidad eram originalmente parte da América Central e do Sul, e partilhavam com este continente uma rica fauna de aves. De maneira similar, Yapen, Aru e Misool eram ligadas à Nova Guiné e partilhavam a sua fauna antes de se tornar ilhas orlando a sua costa. Diamond e Terborgh estudaram as aves, que são boas para medir extinção por serem conspícuas e facilmente identificáveis. Ambos os pesquisadores chegaram à mesma conclusão: após a submersão das pontes terrestres, quanto menor a ilha-ponte, mais rápidas eram as perdas. As extinções foram suficientemente regulares para justificar o uso do modelo de decaimento exponencial. Estendendo a análise para os trópicos americanos, Terborgh decidiu estudar a ilha Barro Colorado, criada pela formação do lago Gatun durante a construção do canal do Panamá. Neste caso, o cronômetro foi acionado não há 10 mil anos, mas apenas cinquenta anos antes do estudo. Aplicando a equação de decaimento das pontes terrestres ao tamanho da ilha, dezessete quilômetros quadrados, Terborgh previu a extinção de dezessete espécies de aves durante os primeiros cinquenta anos. O número efetivo de espécies que desapareceram nesse tempo foi treze, ou 12% das 108 espécies originalmente presentes.

Para um processo tão complexo quanto o declínio da biodiversidade, a conformidade dos dados sobre as aves de Barro Colorado à mesma equação baseada em ilhas muito maiores e tempos muito mais longos, mesmo levando em consideração um coeficiente de dois, parece boa demais para ser verdade. Mas diversos outros estudos de novas ilhas produziram resultados similares, que são no mínimo compatíveis com os modelos de decaimento, e igualmente perturbadores. Essas "ilhas" são trechos isolados de florestas que permaneceram em terreno que foi limpo para agricultura. Quando as ilhas têm área na faixa de um a 25 quilômetros quadrados, a taxa de extinção de espécies de aves durante os primeiros cem anos fica entre 10% e 50%. Além disso, conforme previsto pela teoria, a taxa de extinção é mais elevada nos trechos menores e aumenta acentuadamente quando a área em questão cai para menos de um quilômetro quadrado. Por exemplo, a área de três trechos de floresta subtropical brasileira, cercados por terras agrícolas por cerca de cem anos, variava de 0,2 a catorze quilômetros quadrados; a extinção das espécies de aves residentes oscilou entre 14% e 62%, em proporção inversa às áreas. No outro lado do mundo, um trecho de floresta de 0,9 quilômetro quadrado, o Jardim Botânico de Bogor, também foi isolado durante um desmatamento. Nos primeiros cinquenta anos perdeu vinte de suas 62 espécies de aves procriadoras. E mais um exemplo, agora de um ambiente diferente: taxas comparáveis de extinção local de espécies de aves ocorreram no cinturão de trigo no Sudoeste da Austrália, onde 90% da mata original de eucaliptos foi derrubada e o décimo restante dividido em fragmentos.

Ao contrário das perdas percentuais, não há como medir em termos absolutos o quanto de diversidade biológica desaparece ano após ano nas florestas pluviais de todo o mundo, mesmo no caso de grupos tão bem conhecidos como as aves. Não obstante, para termos uma ideia da intensidade da hemorragia, quero apresentar a estimativa mais conservadora que pode ser razoavelmente baseada em nossos conhecimentos atuais do processo de extinção. Considerarei apenas espécies que estão desaparecendo por decorrência da redução da área das florestas, tomando o menor valor de *z* permissível (0,15). Não incluirei a sega excessiva nem a invasão de organismos alienígenas. Irei supor que 10 milhões de espécies vivam nas florestas tropicais (uma estimativa mínima) e que muitas dessas espécies tenham uma ampla distribuição geográfica. Mesmo com esses parâmetros cautelosos, selecionados com a intenção deliberada de obter a conclusão mais otimista possível, o número de espécies condenadas a cada ano é 27 mil. A cada dia desaparecem 74 espécies de nosso planeta. Três por hora.

Se as espécies do passado perduraram por algo em torno de 1 milhão de anos na ausência de interferência humana (uma cifra comum para alguns grupos documentados no registro fóssil), segue-se que a taxa normal de extinção "de fundo" é cerca de uma espécie a cada 1 milhão de espécies por ano. A atividade humana aumentou a extinção em mil e 10 mil vezes além desse nível nas florestas tropicais apenas pela redução da sua área. Claramente estamos vivendo um dos grandes espasmos de extinção da história geológica.

13. RIQUEZAS INEXPLORADAS

A BIODIVERSIDADE É NOSSO RECURSO MAIS VALIOSO, mas um dos menos apreciados. Seu potencial é ilustrado de maneira brilhante pela espécie de milho silvestre *Zea diploperennis*, descoberto por um estudante universitário mexicano na década de 70 no estado de Jalisco, ao sul de Guadalajara. A nova espécie é resistente a doenças e é única entre as formas vivas de milho pelo seu crescimento perene. Seus genes, se transferidos para o milho comum, *Zea mays*, poderiam aumentar a produção do cereal em bilhões de dólares. Mas o milho de Jalisco foi encontrado literalmente em cima da hora. Ocupando não mais do que dez hectares de terreno montanhoso, estava a apenas uma semana de ser extinto por machete e fogo.

É seguro supor que existe uma vasta gama de outras espécies benéficas ainda desconhecidas. Um besouro raro sobre uma orquídea num remoto vale dos Andes talvez secrete uma substância que cure o câncer do pâncreas. Uma gramínea da qual só restam vinte plantas na Somália talvez possa oferecer cobertura verde e forragem para os desertos salinos do mundo. Não há como avaliar esses tesouros selvagens. Só podemos admitir que são imensos e que têm pela frente um futuro incerto.

De início, precisamos reclassificar os problemas ambientais de uma maneira que reflita a realidade com maior precisão. Há duas, e somente duas, grandes categorias. A primeira são as alterações no ambiente físico que o tornam pouco congenial para a vida: a síndrome já familiar da poluição tóxica, a deterioração da camada de ozônio, o aquecimento atmosférico pelo efeito estufa, o esgotamento das terras aráveis e dos estratos aquíferos — tudo isso acelerado pelo aumento constante da população humana. Essas tendências podem ser revertidas se tivermos força de vontade para tal. O meio ambiente físico pode ser reorientado de volta e mantido firme num estado próximo ao ideal para o bem-estar humano.

A segunda categoria é a perda de diversidade biológica. A causa fundamental é também a espoliação do meio ambiente físico. Mas, afora isso, é radicalmente diferente em qualidade. Embora as perdas não possam ser recuperadas, a sua velocidade pode ser desacelerada até atingir os níveis quase imperceptíveis da pré-história. Se o que restar for um mundo biótico inferior ao que a humanidade herdou, pelo menos um equilíbrio terá sido atingido quanto ao nascimento e morte de espécies. Além disso há um aspecto positivo que não existe na reversão da deterioração física: a mera tentativa de resolver a crise de biodiversidade oferece grandes benefícios nunca antes auferidos, pois salvar espécies é estudá-las de perto, e conhecê-las bem é investigar suas características de maneiras inéditas.

Uma revolução no pensamento conservacionista ocorrida nos últimos vinte anos, um Novo Ambientalismo, levou-nos a perceber o valor prático das espécies selvagens. Exceto em bolsões de ignorância e malícia, não há mais uma guerra ideológica entre os defensores do meio ambiente e os agentes do desenvolvimento econômico e tecnológico. Todos estão hoje cientes de que a saúde e a prosperidade sofrem num meio ambiente deteriorado. Todos também compreendem que nenhum produto útil pode ser obtido de espécies extintas. Se as terras selvagens em degeneração forem exploradas por seu material genético em vez de destruídas por alguns metros cúbicos a mais de madeira ou alguns alqueires a mais de roça, seu potencial econômico será imensamente maior ao longo do tempo. Espécies recuperadas podem ajudar a revitalizar a própria indústria madeireira, a agricultura, a medicina e outros setores. As terras selvagens são como um poço mágico: quanto mais é tirado delas em conhecimentos e benefícios, mais há nelas para ser tirado.

A maneira antiga de encarar a conservação da biodiversidade consistia em uma mentalidade de *bunker*: fechar as terras selvagens mais ricas, transformá-las em parques e reservas, e colocar guardas na entrada. A humanidade que resolvesse seus problemas nas terras não protegidas e aprendesse a apreciar o enorme patrimônio preservado lá dentro — como dá valor a suas catedrais e templos nacionais. Parques e guardas são necessários, sem dúvida. Essa postura funcionou em certa medida nos Estados Unidos e na Europa, mas não tem como ser bem-sucedida no grau necessário nos países em desenvolvimento. O motivo é que são os povos mais pobres e com o maior crescimento populacional que vivem próximos dos depósitos mais ricos de diversidade biológica. Um agricultor peruano que derruba a floresta pluvial para alimentar sua família, avançando de trecho em trecho e de lote em lote à medida que os nutrientes do solo vão se exaurindo, cortará mais tipos de árvores do que existem nativos em toda a Europa. Se ele não tiver outra maneira de ganhar a vida, não há como impedir a derrubada das árvores.

Os partidários do Novo Ambientalismo partem dessa realidade. Eles reconhecem que somente novas maneiras de obter renda de terrenos já roçados, ou das terras selvagens intactas em si, poderão salvar a biodiversidade de ser triturada pela pobreza humana. Já foi dada a largada para se desenvolverem novos métodos, para se obter mais renda das terras selvagens sem destruí-las e para conferir à mão invisível da economia de mercado um dedo verde.

Essa revolução foi acompanhada por uma outra mudança na maneira de pensar a biodiversidade: o enfoque principal deixou de ser as espécies e passou a ser os ecossistemas em que elas vivem. Espécies luminares, como os pandas ou as sequoias, não se tornaram menos consideradas que antes, mas passaram a ser vistas também como agentes protetores de seus ecossistemas. Aos ecossistemas, por sua vez, que contêm milhares de espécies menos evidentes, atribuiu-se um valor equivalente, suficiente para justificar esforços intensos para conservá-los, com ou sem as espécies luminares. Quando o último tigre de

Bali foi morto a tiros, em 1937, a diversidade restante da ilha não perdeu nada da sua importância.

Na realidade, as espécies humildes e ignoradas são frequentemente as verdadeiras espécies luminares. Um exemplo de uma espécie que passou da obscuridade para a fama graças às suas características bioquímicas é a pervinca rósea (*Catharanthus roseus*) de Madagáscar, uma planta discreta com uma flor rosada de cinco pétalas. Mas ela produz dois alcaloides, a vimblastina e a vincristina, que curam a maior parte das vítimas de dois dos mais mortíferos cânceres, o mal de Hodgkin (que afeta principalmente jovens adultos) e a leucemia linfática aguda, que costumava ser uma verdadeira sentença de morte para crianças. A renda obtida com a produção e venda dessas duas substâncias ultrapassa 180 milhões de dólares por ano. E isso nos traz de volta ao dilema da intendência das riquezas biológicas do mundo pelos povos economicamente mais pobres do mundo. Cinco outras espécies de pervincas ocorrem em Madagáscar. Uma delas, *Catharanthus coriaceus*, está próxima da extinção, pois o seu último hábitat natural, a região de Betsileo, no planalto central, está sendo desflorestado para agricultura.

Poucos estão cientes do quanto nós já dependemos de organismos silvestres para medicamentos. A aspirina, a droga mais usada no mundo, foi obtida do ácido salicílico descoberto na ulmária (*Filipendula ulmaria*) e mais tarde combinado com ácido acético para criar o ácido acetilsalicílico, um analgésico mais potente. Nos Estados Unidos, um quarto das receitas médicas aviadas em farmácias são substâncias extraídas de plantas. Outros 13% vêm de micro-organismos e 3% de animais, totalizando 40% de medicamentos provenientes de organismos. Mas todos esses materiais são apenas uma fração ínfima da enormidade disponível. Menos de 3% das plantas floríferas do mundo, cerca de 5 mil de 220 mil espécies, foram examinadas à procura de alcaloides, e mesmo assim de maneira limitada e aleatória. O poder anticancerígeno da pervinca rósea foi descoberto por mero acaso, simplesmente porque a espécie era encontrada em profusão e estava sendo estudada por sua suposta eficácia como um antidiurético.

A literatura científica e o folclore estão cheios de outros exemplos de plantas e animais valorizados na medicina popular que ainda não foram objeto de pesquisa biomédica. A margosa (*Azadirachta indica*), uma árvore parente do mogno nativa da Ásia tropical, é praticamente desconhecida no mundo desenvolvido. Mas o povo da Índia, de acordo com um relatório recente do U. S. National Research Council, dá grande valor à espécie.

> Durante séculos, milhões de pessoas têm limpado seus dentes com galhinhos de margosa, besuntado afecções de pele com suco da folha de margosa, tomado chá de margosa como tônico e colocado folhas de margosa em suas camas, livros, despensas, armários e guarda-roupas para manter os insetos afastados. A árvore já aliviou tantos tipos diferentes de dores, febres, infecções e outros males que foi chamada de "farmácia da vila". Para milhões de indianos, a margosa tem poderes milagrosos, e agora cientistas de todo o mundo começam a achar que os indianos talvez tenham razão.

Nunca se devem relegar notícias de tais poderes a superstição ou lenda. Os organismos são químicos exímios. Em certo sentido, coletivamente eles são melhores do que todos os químicos do mundo na síntese de moléculas orgânicas para uso prático. Ao longo de milhões de gerações, cada tipo de planta, animal e micro-organismo experimentou substâncias químicas para satisfazer suas necessidades específicas. Cada espécie sofreu um número astronômico de mutações e recombinações gênicas que afetaram seu mecanismo bioquímico. Os produtos experimentais assim obtidos foram testados pelas forças implacáveis da seleção natural, uma geração por vez. A classe especial de produtos químicos em que a espécie se tornou mestra é determinada precisamente pelo nicho que ela ocupa. A sanguessuga, que é um verme anelídeo vampiro, precisa manter o sangue de suas vítimas circulando depois de morder-lhes a pele. Da sua saliva obtém-se o anticoagulante hirudina, que os pesquisa-

A pervinca rósea, uma planta de Madagáscar que é fonte de dois alcaloides com poderosa ação anticancerígena.

dores médicos isolaram e é usado para tratar hemorroidas, reumatismo, trombose e contusões, condições em que a coagulação do sangue é às vezes dolorosa ou perigosa. A hirudina dissolve rapidamente coágulos sanguíneos que põem em risco os transplantes de pele. Uma outra substância obtida da saliva do morcego-vampiro da América Central e do Sul está sendo desenvolvida para prevenir ataques do coração. Ela abre as artérias bloqueadas duas vezes mais depressa que os remédios farmacêuticos comuns, além de ter sua ação restrita à área do coágulo. Uma terceira substância chamada quistrina foi isolada do veneno da víbora da Malásia.

A descoberta dessas substâncias em espécies selvagens é apenas uma fração das oportunidades que nos aguardam. Uma vez identificado quimicamente o composto ativo, ele pode ser sintetizado em laboratório, frequentemente a um custo menor que o da extração de tecidos *in natura*. No passo seguinte, o composto químico natural fornece um protótipo a partir do qual uma classe inteira de novos produtos químicos pode ser sintetizada e testada. Algumas dessas substâncias quase naturais podem se revelar ainda mais eficientes em pacientes humanos do que o protótipo, ou então curar doenças que nunca foram combatidas com produtos químicos de sua classe estrutural na natureza. A cocaína, por exemplo, é usada como um anestésico local, mas também serviu de ponto de partida para sintetizar em laboratório um grande número de anestésicos especializados que são mais estáveis, menos tóxicos e viciam menos do que o produto natural. Ao lado está uma breve lista de produtos farmacêuticos obtidos de plantas e fungos:

As mesmas perspectivas alentadoras existem com respeito a plantas silvestres que possam servir de alimento. Pouquíssimas espécies de possível importância econômica chegam a atingir os mercados mundiais. Talvez 30 mil espécies de plantas tenham partes comestíveis e, ao longo da história, um total de 7 mil tipos foi cultivado ou coletado como alimento. No entanto, dessas últimas, somente vinte espécies fornecem 90% do alimento do mundo, e apenas três delas — trigo, milho e arroz

— fornecem mais da metade. Essa fina gama de diversidade ainda é enviesada para os climas mais frios e, na maior parte do mundo, cultivada em monoculturas suscetíveis a doenças e ataques de insetos e vermes nematoides.

Droga	*Planta de origem*	*Uso*
atropina	beladona (*Atropa belladona*)	anticolinérgico
bromelaína	abacaxi (*Ananas comosus*)	controla inflamação de tecidos
cafeína	chá (*Camellia sinensis*)	estimulante do sistema nervoso central
cânfora	canforeira (*Cinnamomum camphora*)	rubefaciente
cocaína	coca (*Erythroxylum coca*)	anestésico local
codeína	papoula do ópio (*Papaver somniferum*)	analgésico
colchicina	açafrão-do-outono (*Colchicum autumnale*)	agente anticancerígeno
digitalina	dedaleira (*Digitalis purpurea*)	estimulante cardíaco
diosgenina	inhame silvestre (gênero *Dioscorea*)	fonte de contraceptivo feminino
L-dopa	fava (*Mucuna deeringiana*)	supressor para mal de Parkinson
ergonovina	centeio-espigado ou ergotina (*Claviceps purpurea*)	controle de hemorragia e cefaleias

Droga	*Planta de origem*	*Uso*
escopolamina	estramomo (*Datura metei*)	sedativo
estricnina	noz-vômica (*Strychnos nuxvomica*)	estimulante do sistema nervoso central
glaziovina	*Ocotea glaziovii*	antidepressivo
gossypol	algodoeiro (gênero *Gossypium*)	contraceptivo masculino
mentol	menta (gênero *Menta*)	rubefaciente
monocrotalina	*Crotalaria sessiliflora*	anticancerígeno (tópico)
morfina	papoula do ópio (*Papaver somniferum*)	analgésico
n-óxido de indicina	*Heliotropium indicum*	anticancerígeno (leucemias)
papaína	mamoeiro (*Carica papaya*)	dissolve excesso de proteína e muco
penicilina	fungos Penicillium (espécie *Penicillium chrysogenum*)	antibiótico geral
pilocarpina	gênero *Pilocarpus*	trata glaucoma e boca seca
quinina	cinchona amarela (*Cinchona ledgeriana*)	antimalárico
reserpina	serpentária índia (*Rauvolfia serpetina*)	reduz alta pressão sanguínea

Droga	*Planta de origem*	*Uso*
taxol	teixo do Pacífico (*Taxus brevifolia*)	anticancerígeno (especialmente câncer do ovário)
timol	tomilho (*Thymus vulgaris*)	cura infeções fúngicas
d-tubocuranina	gêneros *Chondrodendron* e *Strychnos*	componente ativo do curare; relaxante muscular cirúrgico
vimblastina, vincristina	pervinca rósea (*Catharanthus roseus*)	anticancerígeno

As frutas ilustram bem essa subutilização. Uma dúzia de espécies da zona temperada — maçãs, pêssegos, peras, morangos e outras de uma lista bem conhecida de todos nós — dominam os mercados do hemisfério norte e também são usadas intensamente nos trópicos. Em contraste, há no mínimo 3 mil outras espécies disponíveis nos trópicos, das quais apenas duzentas chegam a realmente ser usadas. Algumas, como cherimólias, mamões e mangas, juntaram-se ultimamente às bananas como importantes produtos de exportação, enquanto carambolas, tamarindos e coquinhos começam a entrar promissoramente na lista. Mas a maioria dos consumidores do hemisfério norte ainda desconhece o sabor de *lulos* (a "fruta dourada dos Andes"), *mamones*, rambutões e os semilendários duriões e mangostões, considerados pelos aficionados como as melhores frutas do mundo. Aqui estão algumas outras plantas alimentícias que poderiam ser desenvolvidas:

Espécie	*Localização*	*Uso*
amaranto (três espécies de *Amaranthus*)	América tropical e andina	grãos e legumes de folha; ração para gado; crescimento rápido; resistente à seca
arracachá [batata-baroa] (*Arracacia xanthorrhiza*)	Andes	tubérculo semelhante à cenoura de sabor suave
abóbora-catinga (*Curcurbita foetidissima*)	desertos do México e Sudoeste dos EUA	tubérculo comestível; fonte de óleo comestível; cresce em solo árido imprestável para outras culturas
buriti-do-brejo (*Maurítia flexuosa*)	planície amazônica	"Árvore da Vida" para os ameríndios; fruta rica em vitaminas; polpa aproveitável como pão; palmito dos brotos
espirulina (*Spirulina platensis*)	lago Tchad, África	suplemento vegetal produto de cianofíceas; muito nutritiva; crescimento rápido em águas salinas
graviola (*Annona muricata*)	América tropical	fruta de sabor delicioso; come-se crua ou em refresco, iogurte ou sorvete
lulo (*Solatium quitoense*)	Colômbia, Equador	fruta excelente para refresco
maca (*Lepidium meyenii*)	alto dos Andes	raiz semelhante ao rabanete; resistente ao frio; sabor marcante; quase extinta

Espécie	*Localização*	*Uso*
tomate arbóreo (*Cyphomandra betacea*)	América do Sul	fruta alongada de sabor doce
ulucu (*Ullucus tuberosus*)	alto dos Andes	tubérculo semelhante à batata; folhas nutritivas; adaptado a climas frios
uvila (*Pouroma cecropiaefolia*)	Oeste da Amazônia	fruta comida crua ou transformada em vinho; robusta e de crescimento rápido
wax gourd (*Benincasa hispida*)	Ásia tropical	polpa semelhante à do melão usada como legume em sopas ou sobremesas; crescimento rápido; várias safras por ano

Nossas dietas restritas são consequência menos de uma opção do que de acidente. Continuamos dependendo de espécies de plantas descobertas e cultivadas por nossos antepassados neolíticos nas diversas regiões onde a agricultura teve início. Esses berços da agricultura incluem o Mediterrâneo, o Oriente Próximo, a Ásia Central, o chifre da África, o cinturão de arroz da Ásia tropical, os planaltos do México e da América Central e os lugares de média e grande altitude nos Andes. Alguns produtos agrícolas preferidos disseminaram-se pelo mundo, sendo incorporados por quase todas as culturas existentes. Se os colonizadores europeus da América do Norte não tivessem seguido essa prática, se houvessem adotado resolutamente os frutos da terra nova, os cidadãos dos Estados Unidos e do Canadá viveriam hoje com uma dieta de sementes de girassol, girassóis de Jerusalém [*Helianthus tuberosus*], nozes-pecãs, *blueberries* [amoras azuis do gênero *Vaccinium*], *cranberries* [amoras vermelhas do gênero *Vaccinium*] e uvas muscadíneas. Somente esses alimentos relativamente secundários se originaram no continente ao norte do México.

Contudo, mesmo quando ampliada até o limite dos produtos agrícolas neolíticos, a agricultura moderna é apenas uma pálida imagem do que poderia ser. Aguardando nos bastidores estão dezenas de milhares de espécies não aproveitadas de plantas, muitas comprovadamente superiores às atuais. Uma possível nova espécie luminar que surgiu dentre essas milhares é o feijão alado (*Psophocarpus tetragonolobus*) da Nova Guiné. Diz-se dele que é um supermercado inteiro numa só espécie. A planta inteira é saborosa, desde suas folhas semelhantes às do espinafre até as vagens tenras, para não falar das sementes que se parecem com ervilhas e dos tubérculos que, fervidos, fritos, cozidos ou assados, são mais ricos em proteína do que as batatas. As sementes maduras lembram a soja e podem ser cozidas, moídas e transformadas em farinha, ou liquidificadas numa bebida sem cafeína que tem o sabor do café. Além disso, a planta cresce numa velocidade fenomenal, atingindo quatro metros de comprimento em poucas semanas. Por fim, o feijão alado é uma leguminosa; contém nódulos nas raízes que fixam nitrogênio, praticamente dispensando fertilizantes. Afora o seu potencial como produto agrícola, pode ser usado para aumentar a fertilidade do solo para outros produtos. Com um pouco de aperfeiçoamento genético através de cruzamentos seletivos, o feijão alado poderia melhorar o padrão de vida de milhões de pessoas nos países tropicais mais pobres.

Dos arquivos basicamente não escritos dos povos nativos chega-nos uma abundância de informações sobre produtos silvestres e semicultivados. É um fato extraordinário que, com uma única exceção, a noz-macadâmia da Austrália, todas as frutas e nozes usadas nos países do Ocidente tenham sido cultivadas antes pelos povos indígenas. Os incas foram possivelmente os maiores campeões de todos os tempos na criação de uma reserva diversificada de frutos da terra. Sem as vantagens da roda, da moeda, do ferro ou da escrita, esse povo andino desenvolveu uma agricultura sofisticada com quase tantas espécies de plantas quanto as usadas pelos fazendeiros da Europa e da Ásia juntos. A abundância de seus produtos agrícolas, que eram cultivados nas encostas e platôs dos Andes, provaram-se particularmente adequados aos climas temperados. Dos incas vieram feijões-de-lima, pimentas, batatas e tomates. Mas muitas outras espécies e classes, incluindo cerca de cem variedades de batatas, ainda permanecem confinadas aos Andes. Os conquistadores espanhóis aprenderam a usar algumas dessas batatas, mas deixaram passar muitos outros representantes de uma vasta gama de vegetais tubérculos cultivados, incluindo vários que são mais produtivos e apetitosos do que aqueles com os quais estamos acostumados. Os nomes tendem a soar estranhos: achira, ahipa, arracachã, maca, mashua, mauka, oca, ulloco, yacon. Um deles, a *maca*, encontra-se à beira da extinção, estando limitada a dez hectares nos planaltos mais altos do Peru e da Bolívia. Suas raízes inchadas, que lembram rabanetes marrons e são ricas em açúcar e amido, têm um sabor doce e picante, e são consideradas iguarias por aquelas poucas pessoas que ainda têm o privilégio de consumi-las.

Outro produto nativo de primeira importância é o amaranto, que só agora começa a chegar aos mercados dos Estados Unidos, geralmente como suplemento de cereais matinais. Das sessenta espécies silvestres de amaranto disponíveis do México à América do Sul, os índios cultivavam extensamente três em épocas pré-colombianas. As sementes de amaranto produzem grãos nutritivos e as folhas tenras, quando cozidas, tornam-se saborosas como o espinafre. As plantas crescem muito bem em climas frios e secos, sendo tão populares quanto o milho no México na época da Conquista. O amaranto poderia ter se tornado um dos principais produtos agrícolas do mundo após a conquista dos espanhóis se não fosse uma bizarra circunstância histórica, descrita por Jean Marx:

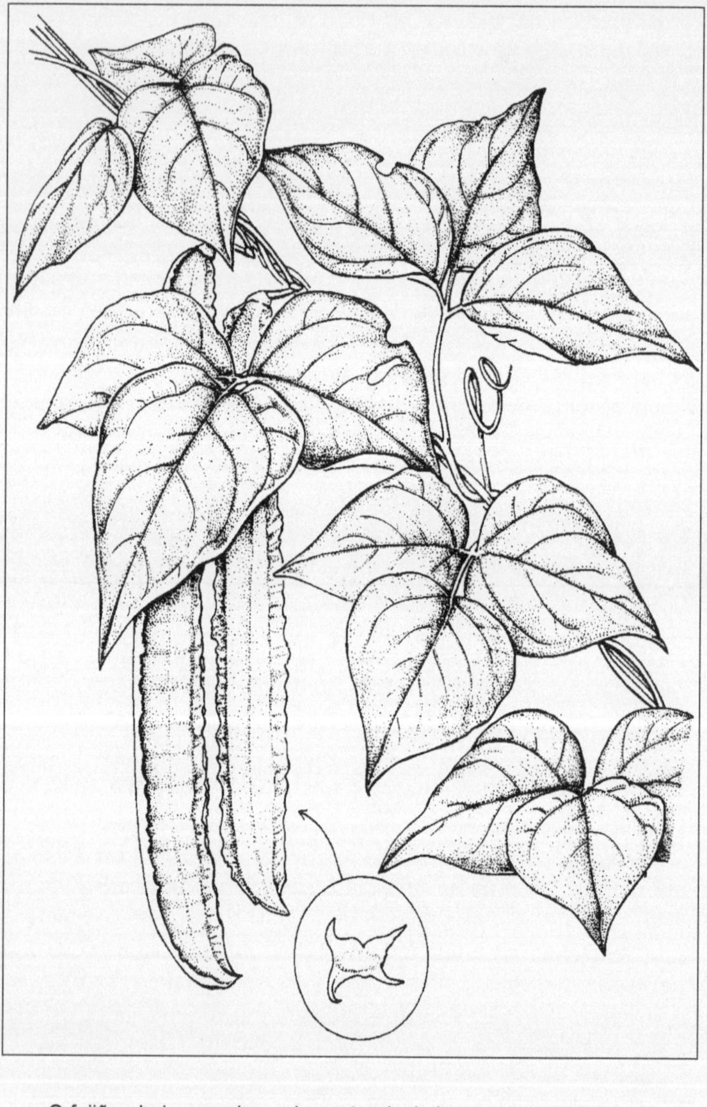

O feijão alado, uma leguminosa tropical altamente versátil que é quase um supermercado em si.

Há quinhentos anos, os grãos de amaranto faziam parte da dieta do dia a dia dos astecas e eram parte integrante de seus ritos religiosos. Os astecas confeccionavam ídolos com uma pasta feita de sementes de amaranto moídas e tostadas misturadas com o sangue das vítimas de sacrifícios humanos. Durante os festivais religiosos, os ídolos eram quebrados em pedaços e ingeridos pelos fiéis, uma prática que os conquistadores espanhóis consideraram uma paródia perversa da Eucaristia católica. Quando os espanhóis subjugaram os astecas, em 1519, eles proscreveram a religião asteca e, com ela, o cultivo do amaranto.

Preconceitos e inércia sempre retardaram o progresso da agricultura. O mistério das espécies silvestres não aproveitadas é ilustrado como numa parábola pelo caso dos adoçantes naturais. Encontrou-se uma planta no Oeste da África, a *katemfe* (*Thaumatococcus daniellii*), que produz uma proteína 1600 vezes mais doce do que a sacarose. Uma outra planta africana, a amora-da-felicidade (*Dioscoreophyllum cumminsii*), produz uma substância 3 mil vezes mais doce. A parábola é a seguinte: até onde vão tais progressões dentre as espécies silvestres? A inventividade humana nunca foi estendida no sentido de encontrar a resposta neste ou em qualquer outro domínio de aplicação prática. Consideremos um segundo caso, igualmente instrutivo. O babaçu (*Orbignya phalerata*), embora ainda seja colhido em estado silvestre ou semissilvestre, tem a maior produção de óleo vegetal do mundo. Um babaçual de quinhentas árvores produz cerca de 125 barris por ano a partir de massas enormes de cem quilos da fruta. Diferentes partes da árvore são usadas pelas populações locais para preparar ração de gado, pasta de papel, palha para fabricação de cestos e finalmente carvão. O babaçu não foi cruzado para facilitar o seu uso comercial, nem foi plantado extensivamente longe dos solos férteis dos planaltos e planícies de aluvião onde sempre cresceu como planta silvestre.

Outra fronteira que aguarda investimento de capital é o da agricultura salina, o uso de plantas que toleram sal para culti-

Um amaranto cultivado, uma das principais plantas alimentícias dos ameríndios e um produto agrícola de extraordinário potencial mundial.

var terras que era impossível lavrar anteriormente. Numa fazenda experimental no México, os agricultores começaram a usar água do mar para irrigar plantações de salicórnia, uma planta nativa das planícies salinas. Dessas pequenas plantas suculentas se extrai um óleo parecido com o da açafroa. Elas produzem duas toneladas de óleo de semente por hectare ao ano, deixando uma palha residual que pode ser usada para alimentar gado. No Paquistão, o capim *kallar* cresce em solos saturados de água salgada, sendo usado como forragem para animais. No terrível deserto do Atacama, no Norte do Chile, onde podem se passar sete anos sem chover, o tamarugo estende suas raízes por um metro de sal até alcançar água salobra debaixo do solo do deserto. Essa árvore extraordinária é capaz de criar uma mata aberta e vegetação rasteira em terrenos que seriam de outra forma estéreis. Carneiros criados em florestas de tamarugo crescem quase tão depressa quanto os criados em pastos de alta qualidade em qualquer outra parte do mundo.

A história da criação de animais é tão arbitrária quanto a da agricultura. Como no cultivo de plantas, os animais de terreiro e de pastagem permanecem praticamente limitados àqueles que foram domesticados por nossos antepassados neolíticos há 10 mil anos nas zonas temperadas da Europa e Ásia. Acabamos empatados com uma estreita gama de mamíferos ungulados, cavalos, gado, burros, camelos, porcos e cabras, inapropriados para a maioria dos hábitats do mundo e muitas vezes espetacularmente destrutivos do meio ambiente. Em inúmeros casos locais, essas espécies são inferiores em produção às espécies selvagens que a humanidade deixou passar ao largo.

Um bom exemplo da superioridade das espécies selvagens é o das tartarugas fluviais do Amazonas do gênero *Podocnemis*. As sete espécies conhecidas são altamente valorizadas como fonte de proteína pela população local. A carne é de excelente qualidade, constituindo a base da saborosa cozinha local. À medida que as ribanceiras foram sendo mais povoadas, as tartarugas passaram a ser caçadas em excesso e agora diversas espécies estão ameaçadas. Mas é fácil criá-las. Cada fêmea põe ninhadas de até 150 ovos, e os filhotes crescem rapidamente. Uma espécie, a gigante *Podocnemis expansa*, chega a atingir quase um metro de comprimento e cinquenta quilos de peso. Pode ser confinada em tanques de cimento ou nas lagoas naturais que se formam nos igapós, alimentando-se de frutas e vegetação aquática, tudo a um custo mínimo. Sob tais condições, as tartarugas produzem anualmente cerca de 25 mil quilos de carne por hectare, mais de quatrocentas vezes a produtividade do gado para corte criado em pastos abertos nas florestas das proximidades. Como os igapós constituem 2% da superfície terrestre da região amazônica, o potencial comercial da espécie é enorme. Os efeitos sobre o meio ambiente são muito menores que os do gado e outros animais exóticos que estão sendo agora impostos àquela região com resultados desastrosos.

Vantagens semelhantes são oferecidas pela iguana verde, a "galinha das árvores", um lagarto grande de carne leve e saborosa há séculos considerado uma iguaria pelos fazendeiros das regiões úmidas das Américas Central e do Sul. É verdade que a iguana não deixa de ser um lagarto, e muitos poderão estremecer diante da ideia de comer um réptil. Mas é tudo uma questão de perspectiva cultural. Num sentido filogenético, as galinhas e outras aves não passam de répteis de sangue quente com asas. E, seja como for, nossa culinária já está repleta de criaturas visualmente muito mais horríveis, das lagostas aos cações-raposas.

Mas estou digressionando. As iguanas tornaram-se escassas em quase toda a sua distribuição geográfica por causa da caça excessiva. Uma iguana hoje alcança 25 dólares no mercado negro do Panamá. Embora protegidos por lei em diversos países latino-americanos, os grandes répteis estão em perceptível declínio por causa da destruição cada vez mais acelerada de seus hábitats florestais. Se os fazendeiros deixassem mais florestas intactas, haveria mais iguanas para a panela. Mas, como observaram Chris Wille e Diane Jukofsky,

A tartaruga fluvial gigante da Amazônia, uma espécie fácil de criar que supera em muito o gado como fonte de carne nos alagadiços fluviais.

se você for um agricultor com uma família para alimentar, mesmo que seja uma família com paladar para a carne da iguana, você provavelmente estará mais interessado em derrubar ou queimar as árvores do seu terreno a fim de abrir espaço para gado ou plantações — algo que possa vender. Afinal, as iguanas podem se tornar uma refeição deliciosa, mas não se transformam em roupas para as crianças.

Embora o resultado seja uma espiral descendente tanto para as florestas como para os fazendeiros, ela pode ser revertida. Como mostrou Dagmar Werner em uma impressionante série de experimentos de campo, é possível fazer com que as iguanas produzam dez vezes mais carne do que o gado no mesmo terreno se administradas com cuidado, deixando-se grande parte da floresta intacta. O segredo consiste em criar uma raça para reprodução, incubar os ovos e proteger os filhotes nessa fase mais vulnerável da vida antes de soltá-los na floresta. Basta deixar as iguanas alimentando-se de folhas da abóbada das árvores, oferecendo talvez um pouco dos restos da cozinha, até que estejam do tamanho adequado para o abate. Seria necessário também cultivar um mercado de exportação mais amplo e, nas áreas onde fossem criadas, abrandar as leis que as protegem. Aqui estão em resumo alguns animais selvagens que poderiam ser criados comercialmente para consumo alimentar:

Espécie	*Distribuição*	*Uso*
babirrussa (*Babyrousa babyrussa*)	Indonésia: Molucas e Sulawesi	porco-do-mato quase glabro; alimenta-se de vegetação rica em celulose; menos dependente de grãos
capivara (*Hydrochoeris hydrochoeris*)	América do Sul	maior roedor do mundo; carne apreciada; fácil de criar em hábitats abertos com água próxima
chachalaca (*Ortalis*, muitas espécies)	América Central e América do Sul	"galinhas tropicais"; grandes populações; adaptam-se às habitações humanas; crescimento rápido
gauro (*Bos gaurus*)	da Índia à Malásia peninsular	parente ameaçado do gado doméstico; espécie alternativa de gado

guanaco (*Lama guanicoe*)	dos Andes à Patagônia	espécie ameaçada parente do lhama; excelente fonte de carne, pele e couro; criação potencialmente lucrativa
iguana verde (*Iguana iguana*)	trópicos da América	"galinha das árvores"; tradicional fonte nativa de alimento há 7 mil anos; crescimento rápido; baixos custos de criação
paca (*Cuniculus paca*)	trópicos da América	roedor grande; carne apreciada; geralmente capturada em estado selvagem, mas pode ser mantida em pequenos bandos em área florestal
porco pigmeu (*Sus salvanus*)	Nordeste da Índia	uma das espécies de mamíferos mais ameaçadas da Terra; possível fonte de novos genes para o porco doméstico
tartaruga-olivácea (*Lepidochelys olivacea*)	praias da Índia, costas do Pacífico no México e América Central	tartarugas saem do mar para pôr ovos; colheita dos ovos lucrativa se as praias forem protegidas
tetraz-da-areia (*Pterocles*, várias espécies)	desertos da África e Ásia	aves semelhantes à pomba adaptadas aos mais inclementes desertos; domesticação talvez possível
vicunha (*Lama vicugna*)	Andes centrais	espécie ameaçada parente do lhama; valiosa fonte de carne, pele e couro; pode ser criada comercialmente

O objetivo de todas essas inovações é aumentar a produtividade e a riqueza com um mínimo de perturbação dos ecossistemas naturais e um mínimo de perda de diversidade biológica. Escolhidas e gerenciadas com prudência, as espécies exóticas podem se tornar conhecidas e apreciadas — e permanecer ambientalmente benignas.

Às tartarugas fluviais e iguanas na categoria de elites em potencial podemos acrescentar a babirrussa, um animal semelhante ao porco que habita as florestas tropicais de Sulawesi, das ilhas Sula e Togian, e de Buru, no Leste da Indonésia. A babirrussa é uma criatura bizarra do tipo que normalmente só encontramos em zoológicos — delgada, de pele cinzenta quase sem pelo, os machos possuindo caninos superiores que se curvam para cima como colmilhos perfurando a carne do focinho e voltam a se curvar em direção à testa sem jamais entrarem na boca. Os parentes mais próximos da babirrussa, todos extintos, vagaram outrora pelas florestas da Europa. Um adulto é maior do que a maioria dos seres humanos, pesando até cem quilos. A despeito da sua semelhança com um demônio hindu, a espécie foi domesticada pelos povos das florestas indonésias e constitui lá uma importante fonte de carne. Sua característica comercial mais promissora é, no entanto, a sua condição de possível porco ruminante. Seu estômago é grande e compartimentado como o do carneiro, um traço singular que aparentemente permite-lhe se alimentar extensivamente de folhas e vegetação rica em celulose. Com sorte, a babirrussa poderia entrar no rol dos porcos domésticos em todo o mundo, mantidas com uma ração barata e universalmente disponível.

A meta de crescimento econômico com conservação do meio ambiente poderia ser melhor atingida criando-se e cultivando-se espécies em seus próprios ecossistemas naturais, à maneira das tartarugas fluviais, iguanas e babirrussas, ou então mediante a transferência de espécies resistentes para terras marginais com poucas espécies endêmicas. A maior expansão potencial de produção é feita por meio de aquicultura, isto é, a criação de peixes, ostras e demais moluscos, e outros organismos de água doce e salgada em lagoas artificiais — ou, no caso dos moluscos, nas superfícies de armações de apoio colocadas em estuários. Mais de 90% dos peixes consumidos pelos seres humanos em todo o mundo são obtidos pela pesca de espécies selvagens em ambientes inteiramente naturais. Essa indústria primitiva prevalece a despeito do fato de haver sofisticadas técnicas de piscicultura disponíveis. Os peixes, em particular, têm sido criados em lagoas e outras estruturas fechadas há 4 mil anos. Se desenvolvida agressivamente, a produção de proteína animal em aquicultura poderia facilmente ser multiplicada várias vezes em uma ou duas décadas. "Há dois motivos para este vasto potencial", escreveu Norman Myers:

> Primeiro, as criaturas da água gozam de uma vantagem distinta sobre seus parentes terrestres: a densidade de seu corpo é quase a mesma da água em que vivem, de modo que não precisam dedicar energia para sustentar o peso do corpo; isso significa, por sua vez, que podem alocar mais energia alimentar ao crescimento do que os animais terrestres. Segundo, os peixes, sendo criaturas de sangue frio, não consomem grandes quantidades de energia para se manter aquecidos. A carpa, por exemplo, é capaz de converter uma unidade de alimento assimilado em carne uma vez e meia mais depressa que os porcos ou galinhas, e duas vezes mais rápido que o gado ou os carneiros. Os minúsculos crustáceos *Daphnia*, que parecem camarõezinhos, quando criados em ambientes com nutrientes geram quase vinte toneladas métricas de carne por hectare em pouco menos de cinco semanas, dez vezes a taxa de produção da soja — e a um décimo de custo por unidade de proteína produzida.

Hoje em dia, as aquiculturas se assemelham às culturas convencionais de plantas e animais por utilizarem apenas uma pequena fração da diversidade disponível. Elas dependem enormemente das espécies encontradas ao acaso pela primeira vez por aqueles povos que inventaram a prática. Cerca de trezentos tipos de peixes — peixes com nadadeiras para ser mais exato, não mariscos — são criados como alimento em algum lugar do mundo. Mas 85% da produção envolve apenas algumas espécies de carpas, enquanto as tilápias são responsáveis pela maior parte do restante. Há outras 18 mil espécies conhecidas da ciência, e sem dúvida milhares de outras ainda desconhecidas. No final, somente uma pequena minoria há de revelar valor comercial, mas, mesmo que sejam apenas 10%, aumentariam extraordinariamente a diversidade utilizada.

Está nas mãos da indústria aumentar a produtividade ao mesmo tempo que protege a diversidade biológica. Proceder de uma maneira levará à outra. As florestas do mundo, por exemplo, estão sob a pressão de uma crescente demanda de polpa de papel. Matas com mil espécies em Bornéo e antigas florestas da América do Norte vão sendo convertidas em polpa num ritmo cada vez mais rápido, que deverá alcançar 400 milhões de toneladas métricas anuais no fim do século XX. Mas há maneiras melhores de fazer jornais e caixas de papelão do que a conversão de terras selvagens. O cânhamo-brasileiro (*Hibiscus cannabinus*), uma planta do Leste da África aparentada com o algodão e o quiabo, é superior às tradicionais plantas lenhosas em quase todos os aspectos. Cresce de maneira semelhante ao bambu, mas ostenta flores brancas parecidas com o hibisco, atingindo uma altura madura de cinco metros em apenas quatro ou cinco meses. No Sul dos Estados Unidos, o cânhamo-brasileiro produz três a cinco vezes mais polpa do que as árvores, e basta um tratamento químico mínimo para embranquecer as fibras. As plantas jovens podem ser cortadas e recolhidas por uma máquina semelhante à colhedeira de cana-de-açúcar.

Polpa e fibra também podem ser produzidas em massa de rebentos cultivados de uma maneira notável chamada "capim lenhoso" [*wood grass*]. Nesse procedimento, ainda em fase experimental, as árvores são plantadas em agrupamentos densos, sendo cortadas como se fossem capim quando ainda são jovens e flexíveis. A vegetação é então convertida em polpa, combustível ou ração de gado. Quando as espécies corretas de árvores são escolhidas, os arbustos crescem rapidamente e brotam da própria raiz, como o capim, não precisando ser semeadas novamente. E, quando são predominantemente leguminosas, nitrificam o solo, reduzindo a necessidade de fertilizantes.

O cânhamo-brasileiro e as plantações de capim lenhoso estão entre as mais recentes descobertas de uma saga que começou com os primórdios da agricultura. A inovação crucial consumada há 5 mil ou 10 mil anos foi o cultivo de certas espécies de alimentos que já eram colhidos em estado silvestre, seguido de uma seleção das melhores variedades dentre essas espécies. Há milênios que os caçadores-colhedores devem saber que as plantas produzem sementes e que as sementes, por sua vez, crescem e se transformam em plantas. Foi apenas um pequeno passo para começarem a plantar as sementes em lugares convencionados. Quando, além disso, aprenderam a cultivar plantas em solo preparado, selecionando as melhores para darem continuidade à geração seguinte, eles se tornaram fazendeiros, e a agricultura nasceu. Iniciou-se uma cadeia de acontecimentos que, para usarmos a imagem de Erich Hoyt, acabou levando as plantas e seus descendentes a uma estranha e maravilhosa jornada até a história moderna.

Hoje os locais onde ocorreu a agricultura neolítica sustentam em terras agrícolas não apenas as variedades cultivadas mas também as espécies silvestres originais que ainda sobrevivem nos hábitats naturais atrofiados das proximidades. A combinação de linhagens cultivadas e nativas torna esses locais sedes da diversidade genética. São os chamados centros Vavilov, em reconhecimento ao trabalho pioneiro do botânico russo Nikolai Vavilov, que nas décadas de 1920 e 1930 viajou pelo Afeganistão, Etiópia, México, América Central e os confins da União Soviética coletando plantas para uso agrícola. Nosso conhecimento geográfico dos centros de diversidade foi ampliado por outros botânicos nas últimas décadas. Não há nada misterioso sobre os centros Vavilov. Em sua maioria, são simplesmente lugares onde a agricultura começou e, portanto, ficam dentro da distribuição geográfica das espécies de plantas escolhidas pelos primeiros agricultores. No Sudoeste da Ásia, por exemplo, viviam as relvas que se tornaram a cevada e o trigo. No México crescia milho silvestre, abóbora e feijão, e no Peru as antepassadas das batatas.

Com o cultivo vem a evolução por seleção artificial das folhas suculentas, tubérculos grandes e frutos tenros que os seres humanos apreciam. Especialização desse tipo significa redução da capacidade de persistir por conta própria nos hábitats originais. Nenhuma linhagem cultivada que conheço conseguiu reingressar no hábitat natural de seus ancestrais e lá competir com êxito. As linhagens cultivadas são também mais vulneráveis a doenças e a insetos comedores de plantas e outras pragas. A seleção artificial sempre implicou equilibrar a criação genética de traços desejados pelos seres humanos e a fraqueza gênica não intencional mas inevitável diante dos inimigos naturais.

Com a Revolução Verde da agrotecnologia, esse equilíbrio tornou-se ainda mais difícil. Linhagens altamente produtivas foram obtidas e cultivadas em massa nos últimos quarenta anos, e essas espécies tornaram-se mais especializadas e homogêneas que nunca. Na Índia, os agricultores chegaram a cultivar até 30 mil variedades de arroz. Essa diversidade vem sendo reduzida tão depressa que até o ano 2005 três quartos dos arrozais poderão conter não mais do que dez variedades.

Num mundo criado pela seleção natural, homogeneidade significa vulnerabilidade. A pureza de raça diminui a resistência a doenças, enquanto monoculturas ocupando vastas áreas são um convite a inimigos tornados poderosos recentemente. Os arrozais consolidados da Ásia, ainda mais vulneráveis pelo cultivo ininterrupto o ano todo, estão propensos a pragas que podem ameaçar o meio de vida de milhões de pessoas. Durante a década de 1970, o vírus da murcha devastou plantações da Índia à Indonésia. Felizmente, ainda existia um número suficiente de variedades e espécies silvestres de arroz para que se pudesse superar o problema. O Instituto Internacional do Arroz avaliou

6273 tipos de arroz quanto à resistência ao vírus da murcha. Desses, somente *um*, a espécie indiana relativamente frágil *Oryza nivara* (que só se tornou conhecida da ciência em 1966), possuía genes com as características desejadas. Ela foi cruzada com os tipos de arroz mais cultivados para criar um híbrido resistente, que é hoje plantado em 110 mil quilômetros quadrados de arrozais por toda a Ásia.

A maioria dos cafezais do Brasil descende de uma única árvore originária do Leste da África. As primeiras plantações de café foram as das Índias Ocidentais, das quais uma parte da progênie foi então transferida para a América do Sul. Em 1970, a ferrugem do café, uma doença que já destruíra boa parte das plantações de Sri Lanka, surgiu no Brasil e se espalhou pela América Central, ameaçando as economias de diversos países. Felizmente, algumas variedades silvestres de café ainda crescem na região Kaffa ao sudoeste da Etiópia, supostamente a terra natal do café. Genes resistentes à ferrugem foram encontrados lá e cruzados com as plantas do Brasil e da América Central oportunamente para salvar o setor.

As espécies de produtos agrícolas devem aproximadamente 50% do aumento da produtividade ao cruzamento e hibridação seletivos, ou seja, a programas agrícolas que deliberadamente recombinam genes entre espécies e variedades. O tomate moderno (*Lycopersicon esculentum*) foi beneficiado com os genes de muitas espécies e raças aparentadas. Pelo menos nove raças, todas nativas das Américas Central e do Sul, contribuíram com traços valiosos ou possuem genes capazes de prestar tal contribuição:

- *Lycopersicon cheesmanii*: endêmico das ilhas Galápagos; pode ser irrigado com água do mar
- *Lycopersicon chilense*: resistente à seca
- *Lycopersicon chmielewskii*: coloração intensa, maior quantidade de açúcar
- *Lycopersicon esculentum cerasiforme*: tolerância a temperaturas e umidades elevadas

- *Lycopersicon hirsutum*: variedade de grandes altitudes, resistente a muitas doenças e pragas
- *Lycopersicon parviflorum*: coloração intensa, maior quantidade de sólidos solúveis
- *Lycopersicon pennellii*: resistente à seca, maior quantidade de vitamina C e de açúcar
- *Lycopersicon peruvianum*: resistente a pragas, rica fonte de vitamina C
- *Lycopersicon pimpinellifolium*: excelente resistência a doenças, menor acidez, alto conteúdo vitamínico

A criação do tomate cultivado moderno foi uma hábil realização de cruzamento de plantas, algo que requer muitas gerações para se conseguir. Uma espécie ou raça silvestre, ao ser cruzada com raças cultivadas, também traz consigo a bagagem de genes indesejáveis que reduzem a produção e a qualidade. O cruzamento precisa eliminar esses traços através de repetidos recruzamentos, acasalando-se os híbridos novamente com as linhagens cultivadas, de uma maneira que preserve apenas os genes desejados das formas cultivada e silvestre. Por fim, a hibridação convencional só pode ser realizada entre espécies e linhagens suficientemente semelhantes para serem cruzadas, como no caso dos múltiplos genitores do *Lycopersicon esculentum*.

Agora, porém, o processo tradicional de cruzamento seletivo pode ser encurtado. Novos métodos de engenharia genética tornaram possível transferir genes diretamente, excisando-os dos cromossomos de uma espécie e inserindo-os nos de outra sem a hibridação de genomas inteiros. Em outras palavras, o sexo tornou-se desnecessário. Além disso, a troca de genes pode ser feita entre espécies de plantas e animais tão diferentes que a hibridação normal seria impossível. Thomas Eisner descreveu as possibilidades com imagens marcantes:

> Hoje em dia, uma espécie biológica precisa ser considerada mais do que um conglomerado singular de genes. Em

> consequência dos avanços recentes da engenharia genética, deve também ser vista como um repositório de genes potencialmente transferíveis. Uma espécie não é apenas um volume de capa dura na biblioteca da natureza. É também um livro de folhas soltas cujas páginas, os genes, podem estar disponíveis para uma transferência seletiva e a modificação de outras espécies.

Uma espécie do gênero dos tomates, tratada como um caderno de folhas soltas, poderia partilhar genes com espécies de outro gênero (por exemplo, plantas da família maior dos caraxixus), ou mais ainda, com plantas floríferas radicalmente diferentes — doando ou adquirindo resistência a doenças, frutos de massa maior, adaptabilidade ao frio, perenidade, e assim por diante na gama das qualidades biológicas desejáveis. A possibilidade existe, e aumenta a importância potencial para a humanidade de todas as espécies e raças silvestres.

Não pretendo sugerir que todo ecossistema passe agora a ser visto como uma fábrica de produtos úteis. A natureza em estado selvagem possui uma virtude própria e não precisa de justificações extrínsecas. Entretanto, todo ecossistema, incluindo os das reservas selvagens, pode constituir fonte de espécies a serem cultivadas em outro lugar para fins práticos ou de genes a serem transferidos para espécies domesticadas ou cultivadas.

O teste supremo do princípio utilitário serão as florestas pluviais. Na maioria dos países onde essas florestas se encontram, é altamente lucrativo simplesmente derrubar todas as árvores de um trecho e passar adiante para o seguinte. A terra é barata o bastante para se obter lucro com a destruição de florestas virgens — permitindo a compra de mais terra e o prosseguimento do ciclo até a derrubada da última árvore. A alternativa seria usar as florestas pluviais como reservas extrativas, para a colheita de produtos "secundários" como frutos comestíveis, óleos, látex, fibras e medicamentos.

Do ponto de vista da economia, a pergunta-chave é se a renda desses produtos secundários será suficiente para justificar a preservação das florestas pluviais como reservas extrativas. E a resposta é sim, pelo menos em alguns lugares, mesmo com os conhecimentos limitados de que dispomos. Em 1989, Charles Peters, Alwyn Gentry e Robert Mendelsohn demonstraram que os produtos secundários da Amazônia peruana não só são mais lucrativos a longo prazo, mas são consideravelmente mais lucrativos do que a derrubada pura e simples das árvores. Dos 275 tipos de árvores que identificaram num lote de um hectare perto da cidade de Mishana, 72 (26%) produziam frutos, legumes, cacau silvestre e látex que podiam ser vendidos nos mercados peruanos. A renda líquida anual, deduzidos os custos de coleta e transporte, foi estimada em 422 dólares. O lote de Mishana contém madeira suficiente para gerar uma receita líquida de mil dólares se cortada uma só vez (como é a prática usual) e entregue a uma serraria. Em pouco tempo, portanto, a colheita sustentada de frutas e látex pode tornar-se mais lucrativa do que a derrubada de árvores. E a floresta permanece intacta. Mesmo que árvores de alta rentabilidade sejam retiradas em intervalos que permitam o aproveitamento máximo da sua madeira, a renda a longo prazo ainda seria menos de um décimo da obtida com a coleta de frutos e látex. Essas são as riquezas inexploradas de um hectare da floresta tropical de Mishana:

Produto	*Número de plantas*	*Produção anual por planta*	*Valor (em US$)*
Frutos de palmeiras			
aguaje	8	89 kg	177,60
aguajillo	25	30 kg	75,00
sinamillo	1	3000 frutos	22,50
ungurahui	36	36 kg	115,92

Produto	*Número de plantas*	*Produção anual por planta*	*Valor (em US$)*
Outros frutos comestíveis			
charichuelo	2	100 frutos	1,50
lachehuaya	2	1060 frutos	70,67
naranjo podrido	3	150 frutos	112,50
magaranduba	1	800 frutos	3,75
tamamuri	3	500 frutos	11,25
Outros produtos comestíveis			
cacau silvestre	3	50 frutos	22,50
shimbillo (legume)	9	200 frutos	27,00
Produtos de borracha			
shiringa (látex)	24	2 kg	57,60
Total	117		697,79
Custo da coleta e transporte			276,00
Renda líquida			421,79

A produção calculada de produtos extrativistas é, na realidade, a mais conservadora possível para o lote de Mishana, pois foi baseada exclusivamente na relação de materiais testados comercialmente e num mercado pouco desenvolvido. Não houve esforço no sentido de se fazerem avaliações bioeconômicas de ecossistemas inteiros, identificando as espécies que possam produzir alimentos e medicamentos ou servir como agentes de controle de pragas ou de restauração e enriquecimento do solo. Quase todas as espécies de maior potencial são destruídas quando a floresta é derrubada para extração de madeira ou obtenção de torras para agricultura. As maneiras antigas de usar o solo, vinculadas a mercados internos que ainda remontam às tradições dos conquistadores e aos caprichos dos mercados externos, extraem somente uma pequena parcela da riqueza, enquanto desprezam o restante. O mesmo é verdade, num grau apenas ligeiramente menor, na avaliação e no pleno uso das florestas das zonas temperadas. Os economistas têm se esforçado para incluir a natureza selvagem e as espécies vivas em suas equações, e acabaram criando um novo campo, a economia ecológica, dedicada à preservação do meio ambiente e de sua produtividade a longo prazo. Acredito que eles conseguirão chegar a estimativas precisas da parte da biodiversidade suscetível a uma inventariação e a análises de custo/benefício, como se conseguiu para os produtos vegetais consumíveis do lote de Mishana. Também conseguirão incluir as receitas provenientes do "ecoturismo". Mais e mais pessoas dos países desenvolvidos estão dispostas a pagar para conhecer e vivenciar, ainda que de maneira efêmera, a Terra pré-humana. Em 1990, por exemplo, o turismo tornou-se a segunda maior fonte de renda externa da Costa Rica, superando as bananas e aproximando-se rapidamente do café. As florestas pluviais usadas para essa finalidade tornaram-se muitas vezes mais lucrativas por hectare do que a terra limpa para pastos e plantações. O ecoturismo é a terceira maior fonte de renda de Ruanda, logo atrás do café e do chá, principalmente porque esse minúsculo e superpovoado país do Leste da África é a morada do gorila-das-montanhas. Como Ruanda protege o gorila, o gorila ajudará a salvar Ruanda.

Mas para além do valor utilitário de mercado os economistas se perdem. Em dimensões que não a dos produtos naturais ou dos dólares de turistas, seus parâmetros são elásticos e mal calibrados. Os economistas não têm nenhuma maneira segura de avaliar os serviços dos ecossistemas prestados pelas espécies individual ou coletivamente — o solo que cultivamos, o ar que respiramos, a água que bebemos. Ecossistemas naturais regulam os gases atmosféricos, que por sua vez alteram a temperatura, os ventos e as chuvas. As gigantescas florestas pluviais amazônicas criam metade da sua própria precipitação. À medida que as florestas vão sendo cortadas, o suprimento de água diminui correspondentemente. Modelos matemáticos do ciclo de precipitação e evaporação sugerem a existência de um limiar crítico de cobertura verde abaixo do qual as florestas não conseguirão mais se manter, e grande parte da grande bacia fluvial se converterá irreversivelmente em pradarias e caatingas mirradas. A mortalha poderá então descer para o Sul e dessecar partes do rico interior agrícola brasileiro.

Quando as florestas são postas abaixo, os elementos que compunham a madeira e os tecidos são parcialmente convertidos em gases estufa. Depois, quando elas voltam a crescer, uma quantidade equivalente dos elementos volta a ser transformada em matéria sólida. A diminuição da cobertura de florestas pluviais em todo o mundo entre 1850 e 1980 lançou entre 90 e 120 bilhões de toneladas de dióxido de carbono na atmosfera da Terra, não muito menos do que as 165 bilhões de toneladas emitidas pela queima de carvão, petróleo e gás. Os dois processos juntos aumentaram a concentração de dióxido de carbono na atmosfera do planeta em mais de 25%, preparando o terreno para o aquecimento global e a elevação do nível dos mares. A proporção do segundo gás estufa mais importante, o metano, dobrou no mesmo período, e acredita-se que entre 10% e 15% do aumento seja devido ao desflorestamento tropical. Se 4 milhões de quilômetros quadrados das regiões tropicais fossem replantados como florestas (uma área correspondente a metade do tamanho do Brasil), todo o acúmulo de dióxido de carbono na atmosfera decorrente de agentes humanos seria cancelado. E o aumento de metano e outros gases estufa seria desacelerado.

Os próprios solos do mundo são criados por organismos. As raízes das plantas estilhaçam as rochas para formar boa parte dos saibros e seixos do substrato básico. Mas os solos são muito mais do que rocha fragmentada. São ecossistemas complexos com uma enorme variedade de plantas, minúsculos animais, fungos e micro-organismos reunidos em delicado equilíbrio, fazendo nutrientes circularem sob a forma de soluções e partículas. Um solo saudável literalmente respira e se move. Seu equilíbrio microscópico sustenta os ecossistemas naturais e as plantações.

A simples expressão "serviços do ecossistema" tem uma conotação mundana, mais ou menos como remoção de lixo ou controle de qualidade da água. Mas, se apenas uma pequena parte dos organismos especializados que desempenham esses papéis viesse a desaparecer, a vida humana seria reduzida e se tornaria bem menos agradável. É um grave defeito da nossa espécie ignorarmos e até desprezarmos as criaturas cujas vidas sustentam a nossa.

Mas então qual é o valor da biodiversidade? A tradicional abordagem econométrica, computando preço de mercado e dólares de turistas, irá sempre subestimar o verdadeiro valor das espécies selvagens. Nenhuma foi ainda completamente avaliada no que tange à totalidade de lucros comerciais, conhecimento científico e prazer estético que pode proporcionar. Além disso, nenhuma espécie existe em estado selvagem por si só. Cada espécie é parte de um ecossistema, uma especialista perita, colocada implacavelmente à prova ao espalhar sua influência pela teia alimentar. Eliminá-la é provocar mudanças em outras espécies, aumentando as populações de algumas, reduzindo ou até extinguindo outras, correndo o risco de colocar todo o conjunto maior numa espiral descendente.

Descendente até onde? A relação entre biodiversidade e estabilidade é uma área obscura da ciência. Graças a alguns estudos fundamentais sobre as florestas sabemos que a diversidade aumenta a capacidade dos ecossistemas de reter e conservar nutrientes. Com múltiplas espécies de plantas, a área das folhas é distribuída de maneira mais uniforme e confiável. Assim, quanto maior o número de espécies de plantas, maior a gama de folhas e raízes especializadas, e mais nutrientes a vegetação como um todo consegue extrair a cada momento de cada fresta ou greta ao longo das estações. O alcance máximo da biodiversidade talvez seja o das orquídeas e outras epífitas das florestas tropicais, as quais colhem partículas de solo diretamente das névoas e partículas aéreas que de outra forma seriam simplesmente sopradas para longe. Em resumo, um ecossistema que se mantém produtivo graças a uma grande variedade de espécies é um ecossistema com menos chances de sucumbir.

Se as espécies que constituem um determinado ecossistema começam a ser extintas, em que ponto a máquina toda começará a falhar e desestabilizar-se? Não podemos ter certeza, pois a história natural necessária da maioria dos organismos não existe, e há uma tremenda carência de experimentos com a debilitação de ecossistemas. Mas podemos pensar como um tal experimento *haveria* de se desenrolar. Se fôssemos desmontando um ecossistema pouco a pouco, retirando uma espécie de cada vez, seria impossível prever as consequências exatas de cada passo. Mas um resultado geral parece certo: em algum ponto, o ecossistema entraria em colapso. A maioria das comunidades de organismos mantém-se junta por causa de redundâncias no sistema. Em muitos casos, duas ou mais espécies ecologicamente semelhantes vivem na mesma área, e qualquer uma pode preencher mais ou menos os nichos das que forem extintas. Mas inevitavelmente essa resistência maleável será solapada, a eficiência das teias alimentares começará a diminuir, o fluxo de nutrientes irá se estancando e um dos elementos removidos se revelará uma espécie-chave. Sua extinção causará o fim de outras espécies, possivelmente de maneira tão intensa que alteraria a estrutura física do próprio hábitat. Como a ecologia ainda é uma ciência primitiva, ninguém sabe ao certo a identidade da maioria das espécies-chaves. Estamos acostumados a pensar que os organismos dessa categoria vital são sempre de grande porte — lontras marinhas, elefantes, abetos de Douglas, cabeças de coral —, mas ela pode muito bem incluir qualquer um dos minúsculos invertebrados, algas e micro-organismos que pululam no substrato (e que contêm a maior parte do seu protoplasma e movem a massa dos nutrientes).

Os economistas falam do "valor de opção" de uma espécie cuja importância não foi ainda avaliada, e nenhuma medida econômica é mais intrigante ou mais elusiva. Sua maior dificuldade é que ela se aplica igualmente aos bens, aos prazeres e à moral, os três âmbitos tradicionais da valoração. Como observou Bryan Norton:

Com o passar do tempo, vamos adquirindo novos conhecimentos em todas essas áreas e os novos conhecimentos poderão levar a novas maneiras de usar uma espécie ou a um novo nível de apreciação estética, ou nossos valores morais poderão se alterar e algumas espécies revelarão no futuro possuir um valor moral que não podemos reconhecer hoje. Se atribuir um valor monetário a um valor de opção pode parecer um risco temerário, a situação é na realidade muito pior do que parece à primeira vista. Cálculos do valor de opção só podem ser feitos depois de identificarmos a espécie, conjecturarmos quais usos ela pode vir a ter, atribuirmos um valor monetário a esses usos e estimarmos a probabilidade de descobertas que ocorrerão num futuro indeterminado.

Os esforços para se estimar o valor monetário das espécies levaram a duas linhas mestras conservacionistas concorrentes. A primeira é a análise de custo/benefício, que isola cada espécie ameaçada, pondera os benefícios futuros reais e virtuais diante dos custos de mantê-la viva e decide se vale a pena investir terra e tempo para preservá-la. A segunda linha mestra é o chamado padrão mínimo de segurança, que trata cada espécie como um recurso insubstituível para a humanidade que deve ser preservado para a posteridade a menos que os custos sejam insuportavelmente elevados.

Por certo a prudência e um interesse decente pela posteridade exigem o critério do padrão mínimo de segurança. Os estudos de custo/benefício repetidamente subestimam os benefícios líquidos provenientes de uma espécie, uma vez que é muito mais fácil medir os custos da conservação do que os ganhos futuros, mesmo em unidades puramente monetárias. As riquezas estão aí, abandonadas em estado selvagem, esperando ser empregadas por nossas mãos, nossa inteligência, nosso espírito. Seria rematada insensatez permitir a morte de uma espécie por se haver confiado exclusivamente no critério do retorno econômico e este a ter condenado à coluna do débito.

14. RESOLUÇÃO

TODA NAÇÃO POSSUI TRÊS FORMAS DE RIQUEZA: material, cultural e biológica. As duas primeiras são bem compreendidas, pois constituem a substância de nossa vida cotidiana. Em essência, o problema da biodiversidade consiste no fato de a riqueza biológica ser levada muito menos a sério. Trata-se de um grande erro estratégico que será cada vez mais lamentado com o passar do tempo. A diversidade é uma fonte potencial de imensas riquezas materiais ainda não exploradas, seja sob a forma de alimentos, medicamentos ou bem-estar. A fauna e a flora também são parte do patrimônio de uma nação, produto de milhões de anos de evolução concentrada naquele local e momento, e, portanto, tão merecedoras da atenção nacional quanto as particularidades da língua e da cultura.

A riqueza biológica do mundo encontra-se hoje diante de um grande obstáculo que deverá perdurar ainda por cerca de cinquenta anos ou mais. A população humana já ultrapassou 5,4 bilhões, projeta-se que atinja 8,5 bilhões no ano 2025 e talvez se estabilize entre 10 bilhões e 15 bilhões em meados do século XXI. Com um aumento tão fenomenal da biomassa humana, e com as necessidades materiais e energéticas dos países em desenvolvimento aumentando ainda mais depressa, haverá em breve muito menos espaço para a maioria das espécies de plantas e animais.

O cataclismo humano cria um problema de dimensões épicas: como superar esse obstáculo e chegar à metade do século XXI com a menor perda possível de biodiversidade e o menor custo possível para a humanidade? Em teoria, ao menos, a minimização das taxas de extinção e a minimização dos custos econômicos são compatíveis: quanto mais as outras formas de vida forem usadas e preservadas, mais produtiva será e mais garantida estará a nossa própria espécie. As gerações futuras colherão os benefícios de decisões sábias tomadas em prol da diversidade biológica por nossa geração.

Fazem-se urgentemente necessários conhecimentos e uma ética prática fundamentados numa escala de tempo maior do que a que estamos acostumados a utilizar. Uma ética ideal é um conjunto de regras inventadas para enfrentar problemas tão complexos ou tão longínquos no futuro que a sua solução passa à margem do discurso comum. Os problemas ambientais são intrinsecamente éticos. Exigem uma visão que se estenda simultaneamente para os futuros próximo e distante. O que é bom para indivíduos e sociedades neste momento pode facilmente transformar-se em desencanto daqui a dez anos, e o que parece ideal para as décadas seguintes poderá arruinar gerações futuras. Escolher o que é melhor a curto e a longo prazo não é uma tarefa fácil, parecendo às vezes contraditória e exigindo conhecimentos e códigos éticos que ainda estão em sua maior parte por escrever.

Uma vez admitido que a biodiversidade corre graves riscos, o que se há de fazer? Mesmo agora, quando os problemas só começam a se delinear, não resta muita dúvida sobre o que precisa ser feito. A solução irá exigir cooperação entre profissionais há muito tempo separados por tradições acadêmicas e profissionais. Biologia, antropologia, economia, agricultura, governo e direito terão de encontrar uma voz comum. A sua conjunção já originou uma nova disciplina, os estudos de biodiversidade, definida como o estudo sistemático de toda a gama de diversidade orgânica e da origem dessa diversidade, juntamente com os métodos pelos quais ela possa ser preservada e usada em benefício da humanidade. Os estudos de biodiversidade são um empreendimento ao mesmo tempo científico (sendo um ramo da biologia pura) e aplicado (sendo também um ramo da biotecnologia e das ciências sociais). Dependem da biologia, seja no nível do organismo, seja no nível das populações, como estudos biomédicos dependem da biologia no nível da célula e no nível da molécula. Se os estudos biomédicos estão preocupados com a saúde do indivíduo, os estudos de biodiversidade ocupam-se da saúde da parte viva do planeta e da adequação desta à espécie humana. O que se segue, então, é um plano básico, a respeito do qual aqueles que já ponderaram sobre a questão da biodiversidade provavelmente hão de concordar. Todas as iniciativas que menciono estão voltadas para a mesma meta: salvar e usar em perpetuidade o máximo possível da Terra.

1. *Recensear a fauna e a flora do mundo.* Quando se trata de biodiversidade, os biólogos parecem estar tateando às cegas. Eles só têm uma ideia vaga de quantas espécies existem na Terra e de onde a maioria delas ocorre. A biologia de mais de 99% dessas espécies permanece desconhecida. Embora cientes da urgência do problema, os taxionomistas estão longe de concordar sobre qual seria a melhor maneira de resolvê-lo. Alguns recomendam o início de um recenseamento global visando descobrir e classificar todas as espécies. Outros, apontando sensatamente para a escassez de pessoal, dinheiro e tempo, acreditam que a única esperança realista está no reconhecimento rápido dos hábitats ameaçados que contenham o maior número de espécies endêmicas ameaçadas (os pontos críticos).

A fim de conferir à taxionomia um papel à altura da atual crise de extinção, seus praticantes precisam concordar acerca de uma missão explícita, com um cronograma e estimativas de custo. A estratégia com melhores chances de dar certo é mista: visa a um recenseamento completo das espécies do mundo, mas ao longo de cinquenta anos e em diversos níveis, ou escalas de tempo e espaço, desde a identificação dos pontos críticos até o recenseamento global, examinado e corrigido a cada dez anos. Ao final de cada década, o progresso obtido seria avaliado e novas direções, identificadas. Desde o início, a ênfase seriam os pontos mais críticos conhecidos ou supostos.

Três níveis podem ser prefigurados. O primeiro é a chamada abordagem RAP, o prototípico Rapid Assessment Program

[Programa de Avaliação Rápida] criado pela Conservation International, um grupo sediado em Washington dedicado à preservação da biodiversidade global. Seu propósito é estudar rapidamente, em alguns anos, ecossistemas quase desconhecidos que possam talvez ser pontos críticos e preparar recomendações emergenciais de novos estudos e medidas a serem tomadas. As áreas estudadas são limitadas, restringindo-se a um único vale ou montanha isolada. Como se conhece tão pouco da classificação da vasta maioria de organismos e como há tão poucos especialistas disponíveis para realizar mais estudos, é quase impossível catalogar toda a fauna e a flora mesmo de um pequeno hábitat ameaçado. Considerando isso, forma-se uma equipe do RAP constituída de especialistas nos chamados "grupos de elite" — os organismos (plantas floríferas, répteis, mamíferos, aves, peixes, borboletas) que já são suficientemente conhecidos para serem arrolados imediatamente e que, portanto, podem servir de representantes de toda a biota ao seu redor.

O segundo nível do recenseamento global seria a abordagem BIOTROP, o Neotropical Biological Diversity Program patrocinado pela Universidade do Kansas e por um consórcio de outras universidades norte-americanas desde o final dos anos 80. Ao invés de apontar focos de extinção em locais selecionados à maneira do RAP, o BIOTROP explora sistematicamente áreas mais amplas que se acredita sejam pontos críticos ou que contenham inúmeros pontos críticos. Exemplos de tais regiões seriam as encostas orientais dos Andes e as florestas dispersas da Guatemala e Sul do México. Além de identificar os locais críticos, a meta maior do programa é estabelecer na região postos de pesquisa em diversas latitudes e elevações. O trabalho começa com alguns organismos locais. Vai se expandindo para grupos menos conhecidos, como formigas, besouros e fungos, quando um número suficiente de espécimens é coletado. Especialistas nos diversos grupos de organismos são então recrutados para estudá-los. Posteriormente, um estudo minucioso das chuvas, temperaturas e demais propriedades do ambiente é acrescentado ao inventário das espécies. Os postos mais importantes e mais bem equipados tendem a se transformar em centros de pesquisas biológicas mais longas, sendo dirigidos por cientistas do país onde estão localizados. Podem também ser usados para treinar cientistas de diferentes partes do mundo.

Chegamos ao terceiro e último estágio do recenseamento da biodiversidade. Do inventário feito pelo RAP e BIOTROP em diferentes regiões do mundo, e de estudos monográficos sobre os vários grupos de organismos, vai se coalescendo pouco a pouco uma descrição do mundo vivo que possibilita a criação de uma imagem relativamente nítida da biodiversidade global. O aumento do conhecimento irá inevitavelmente se acelerar, mesmo que o nível de esforço permaneça constante, graças à geração de uma economia de escala. O custo por espécie inventariada vai caindo à medida que novos métodos de coleta e distribuição de espécimens vão sendo concebidos e os procedimentos para se ter acesso às informações vão sendo aperfeiçoados. Quando outros grupos que não os de elite são acrescentados, não há um aumento proporcional dos custos, e sim uma redução do custo por espécie. Os botânicos, por exemplo, podem coletar insetos que vivem nas plantas que estudam, identificando esses hospedeiros para os entomólogos, enquanto os entomólogos podem fazer o inverso, reunindo espécimens de plantas junto com os insetos que coletam. Grupos inteiros de répteis, besouros e aranhas de um hábitat podem ser coletados e depois distribuídos para os especialistas em cada um deles.

À medida que os recenseamentos de biodiversidade avançam em diversos níveis, o conhecimento adquirido vai se tornando um ímã cada vez mais forte para outras ciências. Manuais de campo e tratados ilustrados abrem as portas da imaginação, e redes de informações técnicas atraem geólogos, geneticistas, bioquímicos e outros cientistas para a iniciativa. Será apenas uma questão de lógica concentrar boa parte da atividade nos centros de biodiversidade, onde os dados são reunidos e novas investigações, planejadas. O protótipo é o Instituto Nacional de Biodiversidad da Costa Rica, INBio, estabelecido nos arredores da capital, San José, em 1989. O objetivo do

INBio é nada menos que arrolar todas as plantas e animais desse pequeno país centro-americano, um total de mais de meio milhão de espécies, e usar essas informações para melhorar o meio ambiente e a economia da Costa Rica. Pode parecer estranho que uma nação em desenvolvimento deva liderar uma iniciativa científica tão bem orquestrada, mas outras haverão de seguir. Mapas detalhados da distribuição de plantas e vários tipos de animais foram feitos na Grã-Bretanha, Suécia, Alemanha e outros países europeus sob auspícios governamentais e privados. No momento em que escrevo, planos para um centro nacional de biodiversidade nos Estados Unidos foram apresentados pela Smithsonian Institution e estão sendo amplamente discutidos. A legislação necessária foi apresentada ao Congresso, mas ainda não foi aprovada.

O centro nacional dos Estados Unidos não terá que partir do zero. Muitos tipos de organismos já foram meticulosamente estudados e mapeados. Vários estados, entre eles Massachusetts e Minnesota, criaram programas para localizar espécies ameaçadas de plantas e animais vertebrados dentro de suas fronteiras. Há quinze anos a Nature Conservancy, uma das principais fundações privadas americanas, tem se dedicado a um esforço similar em todos os estados. Essa operação, que criou os Natural Heritage Data Centers [Centros de Dados do Patrimônio Natural], foi recentemente estendida para catorze países da América Latina e do Caribe.

Outro elemento-chave dos estudos de biodiversidade em todos os níveis será a microgeografia, ou seja, o mapeamento da estrutura do ecossistema em detalhes suficientes para se estimarem as populações de cada espécie e as condições sob as quais elas crescem e se reproduzem. Uma tecnologia operacional já existe na forma dos Geographic Information Systems, uma coletânea de dados sobre topografia, vegetação, solos, hidrologia e distribuição de espécies registrados eletronicamente num sistema coordenado comum. Quando aplicada à biodiversidade e às espécies ameaçadas, tal cartografia se chama *gap analysis* [análise de hiatos]. Ainda que incompleta, a *gap analysis* pode revelar a eficácia dos parques e reservas existentes. Pode ser usada para ajudar a responder as perguntas mais amplas sobre as práticas conservacionistas. Será que as áreas protegidas de fato abrangem o maior número possível de espécies endêmicas? Os fragmentos restantes de um hábitat são suficientemente grandes para sustentar as populações por tempo indefinido? Qual a maneira mais econômica de adquirir novas terras?

As mesmas informações podem ser usadas no zoneamento de grandes regiões. Alguns lotes de terra terão de ser deixados de lado como reservas invioláveis. Outros serão identificados como os melhores locais para reservas extrativas e para zonas-tampões onde a agricultura periódica e a caça controlada serão autorizadas. E outros constituirão terras que poderão ser totalmente convertidas para uso humano. No empreendimento ampliado, a coordenação da paisagem terá um papel decisivo. Mesmo em ambientes já bastante humanizados, a diversidade biológica ainda pode ser mantida em níveis elevados pela disposição inteligente das matas, sebes, divisores de água, represas e lagos artificiais. Planos mestres deverão combinar não apenas a eficiência econômica e a beleza, mas também a preservação de espécies e raças.

Os dados estratificados também podem ajudar na definição das "biorregiões", áreas como divisores de água e extensões de mata que unem um ecossistema mas geralmente se estendem além dos limites municipais, estaduais e até nacionais. Um rio pode fazer sentido econômico ou militar ao dividir duas unidades políticas, mas não faz o menor sentido na organização da paisagem biológica. O biorregionalismo tem uma história longa mas inconcludente nos Estados Unidos, que vem pelo menos desde a campanha bem-sucedida de John Muir em defesa dos parques nacionais e do estabelecimento do sistema nacional de florestas em 1891. A partir da década de 1930 foi sendo ratificado de diversas formas pelo governo: a criação da Tennessee Valley Authority para administrar terras e gerar energia hidroelétrica numa grande região do Sudeste americano; a instituição do Appalachian National Scenic Trail [Trilha Panorâmica Nacional dos Apalaches] para gerenciar em nível federal e estadual o sistema hídrico do Sul da Flórida e dos Everglades; ou as múltiplas atividades regulamentadoras e promocionais empreendidas durante o período em que funcionou a New England River Basins Commission [Comissão das Bacias Fluviais da Nova Inglaterra], entre 1967 e 1981.

Há uma abundância de outros exemplos de biorregionalismo nos Estados Unidos, mas não é possível dizer que o movimento se coalesceu em torno de uma filosofia única de gerenciamento ambiental. Além disso, a preservação da biodiversidade nunca foi mais do que uma meta secundária. Na realidade, as grandes represas construídas pela Tennessee Valley Authority, embora fornecessem eletricidade barata para uma região pobre do país, inadvertidamente eliminaram uma parcela substancial da fauna fluvial nativa. A baixa prioridade dada à diversidade não foi intencional, mas uma consequência de um conhecimento incompleto sobre as faunas e floras das regiões afetadas.

A taxionomia, pré-requisito do biorregionalismo e de um zoneamento eficaz a longo prazo, é um empreendimento que exige muito pessoal. Os cientistas que estudam a classificação de organismos específicos, como os centípedes e os fetos, acabam sendo à revelia as únicas autoridades sobre a biologia geral de tais organismos. Cerca de 4 mil desses especialistas nos Estados Unidos e Canadá tentam coordenar a classificação das muitas milhares de espécies de animais, plantas e micro-organismos que habitam o continente. Em maior ou menor grau, eles também são responsáveis pelos milhões de espécies que ocorrem nas demais partes do mundo, uma vez que há um número ainda menor de taxionomistas atuando em outros países. Provavelmente há no máximo 1500 taxionomistas profissionais treinados com competência para lidar com organismos tropicais, isto é, com mais da metade da biodiversidade do mundo. Um caso típico é a escassez de especialistas em cupins, os principais agentes da decomposição de madeira, rivais das minhocas em volume de terra revolvida, responsáveis por 10% da biomassa animal nos trópicos e talvez dos insetos mais destrutivos que

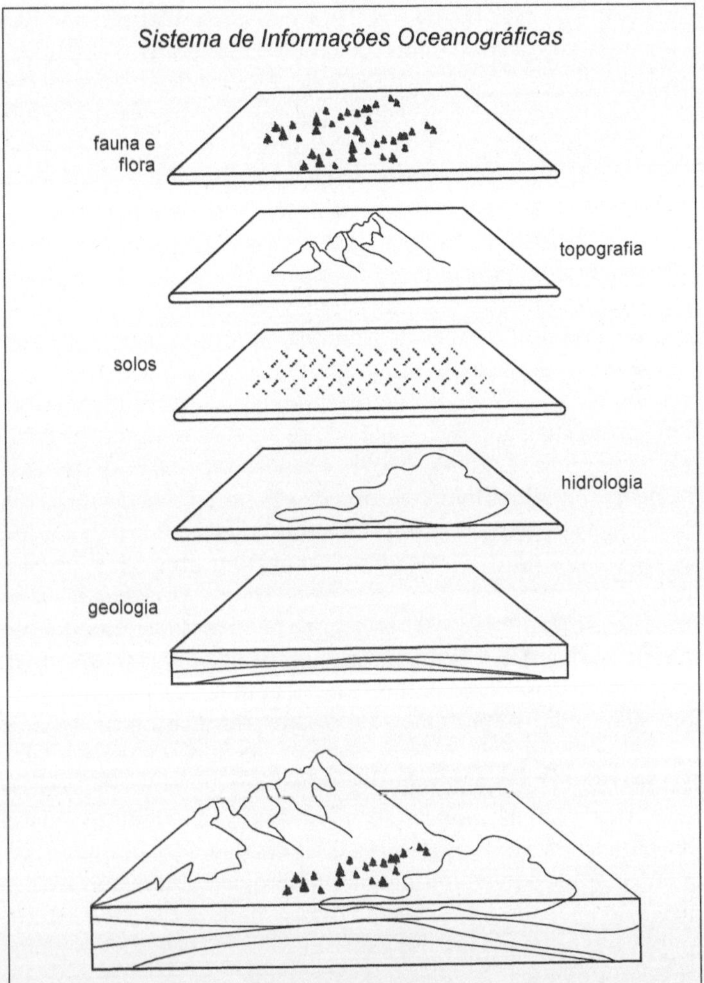

O Sistema de Informações Oceanográficas congrega informações sobre meios ambientes físicos e biológicos conjugando conjuntos estratificados de dados. Estes podem ser usados no gerenciamento ambiental de uma maneira que proteja as espécies e ecossistemas ameaçados, incluindo a designação de reservas naturais.

existem. Há exatamente três pessoas qualificadas para lidar com a classificação de cupins em todo o mundo. Um outro caso esclarecedor: os ácaros oribatídeos, minúsculas criaturas que parecem um cruzamento entre uma aranha e um cágado, estão entre os animais mais abundantes do solo. São grandes consumidores de húmus e esporos fúngicos, e, portanto, elementos-chaves dos ecossistemas terrestres de quase todos os lugares. Mas na América do Norte há apenas um especialista que cuida da sua classificação em tempo integral.

Com tão poucas pessoas para levá-lo a cabo, um recenseamento completo das vastas reservas de diversidade biológica da Terra pode parecer um empreendimento inatingível. Porém, comparado com o que se ousou e conseguiu na física de alta energia, na genética molecular e em outros ramos da ciência, a magnitude do desafio não é tão grande assim. O processamento de 10 milhões de espécies é possível em cinquenta anos, mesmo com os métodos mais antigos e menos eficientes. Se um taxionomista procedesse no passo cauteloso de dez espécies por ano, incluindo viagens de campo para coleta, análises de espécimens em laboratório e publicações, descontando tempo para férias e família, seria necessário cerca de 1 milhão de pessoas-ano de trabalho. Considerando-se quarenta anos de vida produtiva por cientista, o esforço consumiria a vida de 25 mil profissionais. Mesmo assim, o número de taxionomistas representaria menos de 10% da atual população de cientistas ativos somente nos Estados Unidos, ficando muito aquém do número de soldados rasos das forças armadas permanentes da Mongólia, aquém mesmo do número de comerciantes varejistas do condado de Hinds, no Mississippi. O trabalho inteiro publicado, uma página por espécie, só tomaria 12% das estantes da biblioteca do Museu de Zoologia Comparada de Harvard, uma das maiores instituições dedicadas à taxionomia.

Baseei essas estimativas nos procedimentos menos eficientes imagináveis a fim de estabelecer que uma inventariação completa da biodiversidade global é plausível. O trabalho taxionômico pode ser acelerado muitas vezes por novas técnicas que começam a ser usadas cotidianamente. O Sistema de Análises Estatísticas, um conjunto de programas de computador já em operação em milhares de instituições em todo o mundo, registra as identificações taxionômicas e posições de cada espécimen e integra automaticamente esses dados aos catálogos e mapas. Outras técnicas computadorizadas comparam automaticamente as espécies de acordo com um grande número de traços, aplicando parâmetros imparciais de similaridade, um procedimento chamado *fenética*; outras ajudam a deduzir as árvores genealógicas mais prováveis das espécies, um método denominado *cladística*. Microscópios eletrônicos aceleraram as ilustrações de insetos e outras criaturas pequenas. Com o tempo, a informática permitirá o escaneamento de imagens para identificação instantânea de espécies, avisando ainda quais espécimens pertencem a novas espécies. Os biólogos também estão próximos das publicações eletrônicas, que permitirão consulta a descrições e análises de grupos determinados de organismos em computadores pessoais.

Todas as demais formas de informação biológica sobre as espécies — ecologia, fisiologia, usos econômicos, posição como vetores, parasitas, pragas agrícolas — podem ser estratificadas em bases de dados. As sequências de DNA e RNA e o mapeamento gênico podem ser acrescentados. O GenBank, um banco de dados de sequenciamento gênico, foi contratado para fornecer uma base de dados computadorizada com todas as sequências conhecidas de DNA e RNA e informações biológicas correlatas. Em 1990, estavam acumuladas 35 milhões de sequências abrangendo 1200 espécies de plantas, animais e micro-organismos. A velocidade de acesso aos dados vem aumentando rapidamente com o advento de métodos mais aperfeiçoados de sequenciamento.

2. *Criar riqueza biológica.* À medida que os inventários de espécies aumentam, vão abrindo caminho para análises bioeconômicas, isto é, para uma ampla avaliação do potencial econômico de ecossistemas inteiros. Toda comunidade de organismos contém espécies com valor potencial de mercado — madeira e

produtos silvestres que podem ser colhidos de maneira sistemática; sementes e mudas que podem ser transplantadas para o cultivo de produtos agrícolas e plantas ornamentais em outros lugares; fungos e micro-organismos que podem ser cultivados como fontes de medicamentos; organismos de todos os tipos que proporcionam novos conhecimentos científicos e apontam para ainda outras aplicações práticas. E os hábitats selvagens possuem um valor recreativo que não cessará de aumentar à medida que mais e mais pessoas comecem a viajar e aprendam a apreciar a história natural.

A decisão de tornar a análise bioeconômica uma parte rotineira das políticas de gerenciamento ambiental irá proteger os ecossistemas atribuindo a eles um valor futuro. Talvez isso nos faça ganhar tempo e impeça a remoção de comunidades inteiras de organismos que a nossa ignorância supõe não ter valor. Quando as faunas e floras locais forem mais bem conhecidas, será possível decidir como usá-las do melhor modo possível — se protegendo-as, extraindo delas produtos de maneira sistemática, ou destruindo seus hábitats para serem inteiramente ocupados por seres humanos. A destruição é anátema para os ambientalistas, mas o fato é que a maioria das pessoas, carecendo do conhecimento necessário, consideram-na perfeitamente aceitável. De algum modo é preciso fazer com que conhecimento e razão adquiram pertinência. Estou disposto a apostar que uma intimidade maior com os ecossistemas haverá de salvá-los, pois os valores bioeconômicos e estéticos aumentam à medida que cada espécie constituinte é examinada — o mesmo acontecendo com os sentimentos favoráveis à preservação. O procedimento apropriado seria a lei adiar, a ciência avaliar e a intimidade conservar. Há um princípio implícito de comportamento humano que é importante para a conservação: *quanto melhor se conhece um ecossistema, menos provável é a sua destruição.* Como disse o ambientalista senegalês Baba Dioum: "No final, só preservaremos o que amarmos, e só amaremos o que compreendermos, e só compreenderemos o que nos for ensinado".

Um passo fundamental da análise bioeconômica é o que Thomas Eisner chamou *prospecção química*, a busca entre as espécies silvestres de novos medicamentos e outros produtos químicos úteis. A lógica da prospecção química é confirmada por tudo o que já aprendemos sobre evolução orgânica. Cada espécie foi se desenvolvendo até tornar-se uma fábrica singular de produtos químicos, gerando substâncias que lhe permitem sobreviver num mundo impiedoso. Uma espécie recém-descoberta de nematoide talvez possa produzir um antibiótico extraordinariamente potente. Uma mariposa ainda sem nome poderá bloquear vírus de uma maneira jamais pensada pelos biólogos moleculares. Um fungo simbiótico cultivado a partir das radículas de uma árvore quase extinta poderá oferecer uma classe inédita de promotores de crescimento para plantas. Uma erva obscura poderá vir a ser a fonte de um repelente seguro de borrachudos — finalmente. Milhões de anos de testes pela seleção natural transformaram os organismos em químicos de habilidade sobre-humana, paladinos na resolução da maioria dos tipos de problemas biológicos que afligem a saúde humana.

Por ser a prospecção química tão dependente da classificação, será melhor levá-la a cabo em conjunto com os recenseamentos de biodiversidade. Para terem êxito, os investigadores também precisarão trabalhar em laboratórios equipados com instalações avançadas, que geralmente só estão disponíveis em países industrializados. Em 1991, a Merck & Company, a maior companhia farmacêutica do mundo, concordou em pagar 1 milhão de dólares ao Instituto Nacional de Biodiversidad da Costa Rica para ajudar nessa iniciativa de seleção. O instituto irá coletar e identificar os organismos, enviando amostras químicas das espécies mais promissoras para os laboratórios da Merck, onde serão avaliados quanto ao valor medicinal. Se as substâncias naturais forem comercializadas, a companhia se compromete a pagar ao governo da Costa Rica uma parte dos *royalties*, que será destinada então a programas de conservação ambiental. A Merck já comercializou quatro drogas provenientes de organismos do solo originários de outros países. Uma delas, derivada de um fungo, é o Mevacor, um agente eficaz na redução dos níveis de colesterol. Em 1990, a Merck vendeu 735 milhões de dólares apenas dessa substância. Segue-se que um único sucesso na Costa Rica — digamos, um produto comercial tirado de uma das 12 mil espécies de plantas ou 300 mil espécies de insetos que se calcula vivam no país — proporcionaria um retorno folgado do seu investimento original.

Há motivos históricos para a Merck e outras organizações comerciais e de pesquisa recorrerem cada vez mais à prospecção química. A busca de drogas e outros produtos químicos que ocorram na natureza tem sido cíclica através dos anos. Nas décadas de 60 e 70, as companhias farmacêuticas foram eliminando os exames de plantas argumentando que eram complicados e caros demais. Com apenas uma em 10 mil espécies gerando alguma substância promissora (pelos procedimentos em uso na época) e os milhões de dólares necessários para colocar o produto no mercado, o retorno parecia marginal. As companhias voltaram-se então para novas tecnologias em microbiologia e química sintética, esperando chegar às "balas mágicas" da nova era da medicina apenas com elementos químicos de laboratório. Confiar na criatividade humana e não na química natural desenvolvida em selvas distantes parecia muito mais "científico" e direto, e talvez mais barato. No entanto, os produtos naturais permaneceram como um atalho possível, uma esperança como a viagem de Colombo ao Ocidente, para aquelas companhias dispostas a adquirir a experiência necessária. Hoje o pêndulo mudou de direção, graças novamente a avanços na tecnologia, pois as avaliações biológicas robotizadas de grande volume permitem que empresas de maior porte examinem até 50 mil amostras por ano usando apenas fragmentos de tecido vivo ou de extratos enviados de qualquer parte do mundo.

O percurso de organismo silvestre a produção comercial às vezes pode ser encurtado ainda mais estudando-se o folclore e a medicina tradicional dos povos indígenas. É um fato notável que, dos 119 compostos farmacêuticos puros conhecidos sendo usados em alguma parte do mundo, 88 tenham sido descobertos através de dicas da medicina tradicional. A sabedoria de todas as culturas indígenas do mundo, se reunida e catalogada, constituiria uma biblioteca de proporções alexandrinas. Os chineses, por exemplo, utilizam para fins medicinais cerca de 6 mil das 30 mil espécies de plantas de seu país. Dentre elas está a artemisinina, um terpeno derivado do absinto anual (*Artemisia annua*), que parece bastante promissora como uma alternativa ao quinino no tratamento da malária. Como as estruturas moleculares das duas substâncias são inteiramente diferentes, a artemisinina só teria sido descoberta muito depois não fosse a sua reputação folclórica.

Como a vida das pessoas e a reputação dos xamãs dependeram da farmacopeia tradicional por muitas gerações, boa parte dela é confiável. Os procedimentos de extração e as dosagens foram testadas por ensaio e erro um número incontável de vezes. Mas todo esse conhecimento de transmissão oral, como tantas das espécies de plantas e animais a que se refere, está desaparecendo rapidamente à medida que as tribos vão deixando suas terras de origem e passam a morar em fazendas, vilas e cidades. Quando adquirem novos ofícios e profissões, a língua que falam cai em desuso e os costumes antigos, no esquecimento. Durante a década de 80, somente quinhentos dos 10 mil penans de Bornéo não abandonaram a sua secular vida seminômade nas florestas para se instalar em cidades e vilas. Hoje suas lembranças vão esvaecendo rapidamente. Como observou Eugene Linden,

> os moradores das aldeias sabem que os anciãos costumavam aguardar o aparecimento de uma determinada borboleta que sempre parecia anunciar a chegada de um bando de javalis e a promessa de boas caçadas. Hoje em dia, a maioria dos penans não se lembra qual borboleta deveriam procurar.

Do outro lado do mundo, noventa das 270 tribos indígenas do Brasil desapareceram desde 1900, e dois terços das remanescentes têm população inferior a mil habitantes. Muitas perderam suas terras e estão esquecendo suas culturas.

As pequenas fazendas de todo o mundo estão cedendo lugar às monoculturas da agrotecnologia. Os jardins suspensos dos incas praticamente desapareceram. Os hortos densos e variados da Mesoamérica e Oeste da África estão ameaçados. A revitalização da agricultura local é outra meta dos estudos de biodiversidade. O objetivo é tornar a agricultura mais prática e econômica, ao mesmo tempo em que se conservam as reservas gênicas que irão contribuir para os produtos agrícolas do futuro. Espécies e variedades de elevada eficiência econômica, do milho perene aos amarantos e iguanas, podem ser distribuídas através dos centros de pesquisa às regiões mais adequadas para usá-las. Um protótipo bem-sucedido dessa iniciativa é o Centro Tropical de Pesquisa e Treinamento Agrícolas em Turrialba, Costa Rica. Criado pela Organização dos Estados Americanos em 1942, o centro mantém um grande sortimento de espécies de plantas, incluindo variedades resistentes a pragas de cacau e outras plantas tropicais. Seus funcionários fazem experimentos com métodos de propagação de produtos agrícolas e árvores para corte, concebem programas de preservação de terras selvagens, pesquisam novas espécies e variedades de produtos agrícolas, e transmitem aos alunos os novos métodos de agricultura e conservação. As instituições do futuro poderão incluir de maneira proveitosa não apenas essas atividades, mas também a prospecção química e as técnicas moleculares de transferência de genes de espécies selvagens para cultivadas.

3. *Promover o desenvolvimento sustentável.* Os pobres rurais do Terceiro Mundo estão presos numa espiral descendente de pobreza e destruição da diversidade. Para se libertarem, precisariam de trabalho que fornecesse a alimentação básica, habitação e saúde que a grande maioria dos habitantes dos países industrializados considera um direito inquestionável seu. Sem nada disso, sem acesso aos mercados e sofrendo uma tremenda

explosão populacional, os pobres rurais do Terceiro Mundo têm cada vez mais que se voltar para os últimos recursos biológicos selvagens. Caçam os animais a que têm acesso a pé, derrubam florestas que não podem ser replantadas, colocam seus animais em qualquer tipo de terra de onde não poderão ser expulsos à força. Têm cultivado produtos agrícolas inadequados para o seu meio ambiente há muitos anos, pois não conhecem outra alternativa. Seus governos, sem uma base tributária adequada e sobrecarregados com enormes dívidas externas, colaboram na devastação do meio ambiente. Recorrendo a artimanhas contábeis, eles registram a venda das florestas e outros recursos naturais insubstituíveis como receitas nacionais, mas não computam os prejuízos ambientais permanentes como despesas.

Aos pobres é negada uma educação de qualidade. Eles não podem se mudar todos para as cidades; na maioria dos países, e especialmente nos países tropicais, a industrialização será lenta demais para absorver mais do que uma pequena fração da força de trabalho. Bilhões de pessoas, ao menos ao longo do século XXI, terão de ser acomodadas no campo. De modo que a questão toda se resume nisto: como as populações dos países em desenvolvimento podem obter um meio de vida decente da terra sem destruí-la?

O campo de prova do desenvolvimento sustentável serão as florestas pluviais tropicais. Se as florestas puderem ser salvas de uma maneira que melhore as economias locais, a crise de biodiversidade será tremendamente amainada. Neste "se" estão embutidas as mais exasperantes dificuldades técnicas e sociais. Mas muitas saídas têm sido sugeridas e algumas delas já foram testadas com êxito.

Um dos progressos mais encorajadores até o momento é a demonstração, citada no capítulo anterior, de que a extração de produtos não madeireiros das florestas pluviais peruanas pode gerar uma renda semelhante à obtida pela derrubada das árvores para lenha e agricultura, mesmo com os canais limitados de comercialização dos mercados locais. Essa mesma prática foi regularizada pelos seringueiros do Brasil sem qualquer teoria subjacente ou análise de custo/benefício. Os seringueiros são descendentes de imigrantes nordestinos que colonizaram partes da Amazônia durante o final do século XIX e alcançaram um meio de vida estável na extração do látex. São cerca de meio milhão de pessoas cuja renda principal vem hoje não apenas da borracha, mas também de castanhas-do-pará, palmitos, cumarus e outros produtos silvestres. Cada família possui uma casa no meio dos caminhos de coleta na forma de folhas de trevo. Além de coletar os produtos naturais, os seringueiros também caçam, pescam e praticam uma agricultura em pequena escala nas clareiras da mata. Como dependem da diversidade biológica, eles se dedicam à preservação das florestas como ecossistemas estáveis e produtivos. Na realidade, eles próprios são membros efetivos dos ecossistemas. Em 1987, o governo brasileiro autorizou a criação de reservas extrativistas para seringueiros em terras federais, arrendadas por trinta anos (renováveis) e com a proibição de se derrubar a mata para extração da madeira.

As reservas extrativistas representam um grande avanço conceitual, mas não bastam para salvar mais do que uma pequena parcela das florestas pluviais. Em 1980, as habitações de seringueiros ocupavam 2,7% da área da região norte da Amazônia brasileira, que inclui os estados do Amazonas e do Acre, enquanto fazendas e ranchos ocupavam 24%. Somente uma pequena fração da torrente de novos imigrantes que estão chegando à região pode se tornar extrativista. O restante terá de ganhar a vida como puder, basicamente estendendo as fronteiras agrícolas. A chave para decidir o futuro da Amazônia e de outras regiões florestais pluviais é a criação de empregos — empregos que preservem ou destruam o meio ambiente. Escreveu John Browder:

> O verdadeiro desafio não é onde criar reservas extrativistas, e sim como integrar a extração sustentável e outras práticas naturais de gerenciamento florestal nas estratégias de produção das propriedades rurais existentes, sejam elas grandes ou

pequenas, responsáveis pela maior parte da devastação que assola as florestas pluviais amazônicas. Fundamentalmente, o problema não é onde e como pôr de parte as florestas, e sim como preparar as pessoas para melhor gerenciá-las.

No entanto, é perfeitamente possível extrair madeira da selva amazônica e das demais grandes florestas pluviais remanescentes, em grande escala e de maneira lucrativa, com poucos danos para a biodiversidade. O método escolhido, sugerido pela primeira vez em 1979 por Gary Hartshorn e ampliado por outros silvicultores, é o *strip logging*, isto é, a derrubada das árvores em faixas alternadas. Embora as bacias florestais de planície não sejam muito acidentadas, a maioria delas possui aclives e declives bem definidos, e densos sistemas de ribeiras de drenagem. O corte em faixas alternadas imita a queda natural das árvores, que cria aberturas lineares ao longo da floresta, sendo que essas brechas artificiais são alinhadas com o perfil do terreno. A técnica é descrita por Carl Jordan:

> Nesse esquema, cortam-se primeiro as árvores de uma faixa acompanhando o perfil de uma encosta, paralelamente às ribeiras. Ao longo do limite superior dessa faixa há uma estrada usada para retirar as toras. Depois da limpa, deixa-se a área descansar por alguns anos, até que árvores novas comecem a crescer lá. Os lenhadores então cortam as árvores de uma outra faixa, dessa vez acima da estrada. As vantagens de tal sistema são, primeiro, que os nutrientes da segunda faixa vão escorrendo pela encosta, ajudando a regenerar a primeira faixa, onde são rapidamente aproveitados pelas árvores em crescimento, e, segundo, que as sementes da floresta madura acima da segunda área de corte irão rolar para baixo até a faixa recém-cortada. Em contraste, quando se derruba completamente uma área, não há árvores novas com raízes bem desenvolvidas capazes de reter os nutrientes, nem há uma fonte de sementes para a regeneração da floresta.

Até aqui tudo bem. Mas como convencer os governos e as populações locais a adotarem inovações como as reservas extrativistas e a derrubada da mata por faixas? A adoção do desenvolvimento sustentável dependerá tanto da educação e das mudanças sociais quanto da ciência. Em todo o mundo, projetos modestos estão sendo apresentados e todos eles têm um resultado em comum: se os procedimentos adequados a cada caso forem adotados, desenvolvimento econômico e conservação do meio ambiente são simultaneamente possíveis. As pessoas podem ser persuadidas disso; elas compreendem seus próprios interesses a longo prazo e são capazes de se adaptar. Aqui estão três programas bem-sucedidos da América Latina.

• Pela lei do Panamá, os índios kunas têm direitos de soberania sobre as ilhas San Blas e sobre 300 mil hectares da floresta continental adjacente. Os kunas mantêm "santuários de espíritos", áreas de floresta primária onde somente alguns tipos de árvores podem ser cortadas e a agricultura é proibida. As comunidades locais dependem do mar para a maior parte da proteína que consomem; da floresta para obtenção de madeira, caça e medicamentos; e de lotes limitados de terra limpa para cultivo agrícola. Quando um trecho da rodovia Pan-Americana chegou perto de suas terras, os kunas criaram uma reserva florestal e eles próprios passaram a protegê-la. Perfeitamente cientes do mundo externo e dispostas a acolher bem os visitantes, as tribos não obstante optaram por desencorajar a imigração e por preservar a sua própria cultura dentro do ambiente natural abundante que as sustenta há séculos.

• Ao contrário das terras dos kunas, o solo da maior parte da América Central sofre erosão e perda de nutrientes devido ao cultivo excessivo de milho e outros produtos, levando ao corte de florestas em encostas cada vez mais íngremes — tudo isso movido pelo excesso populacional. À medida que diminui a produção, os agricultores invadem as áreas naturais remanescentes em busca de terras mais férteis. O processo é particularmente grave na região de Güinope, Honduras. Em 1981, duas fundações privadas, uma internacional e outra hondurenha, iniciaram sob os auspícios do governo um programa piloto em algumas vilas de Güinope para aumentar a produtividade e recuperar a terra. Introduziram as valas de drenagem, os regos periféricos, as barreiras de ervas e a alternância de cultivo com legumes restauradores do nitrogênio do solo. A mão de obra e os custos de implementação foram responsabilidade exclusiva dos agricultores. Em alguns anos, a produção triplicou, a emigração praticamente cessou e os novos métodos agrícolas começaram a se espalhar para as regiões vizinhas.

• Quando uma estrada, a Carretera Marginal de la Selva, foi aberta no vale Palcazú, no Peru, 85% das terras ainda estavam cobertas por florestas pluviais. Como a maioria das vertentes orientais dos Andes nos trópicos, o vale era biologicamente rico, contendo, por exemplo, mais de mil espécies de árvores. A região também abrigava 3 mil índios amueshas e um número equivalente de colonos que haviam estabelecido pequenas propriedades ao longo dos últimos cinquenta anos. Depois que é aberto ao comércio, o destino típico de um vale no Oeste da Amazônia é ser totalmente desmatado pelos novos imigrantes e pelas madeireiras, e depois aproveitado por fazendas de gado e pequenas plantações. O solo fino e ácido logo perde a maior parte de seus fosfatos livres e demais nutrientes, dando início à fase seguinte: erosão, pobreza, abandono parcial. Para esse vale, no entanto, um plano alternativo foi proposto pela U. S. Agency for International Development (USAID) e aprovado pelo governo peruano. Por esse plano, as árvores serão cortadas em faixas alternadas, permitindo a regeneração perpétua da floresta em ciclos de trinta a quarenta anos. O plano permite a conversão permanente das terras mais férteis para a agricultura e a pecuária. Mas também exige a criação de uma reserva de divisores de água na serra San Matias, próxima da região, e a transformação da serra Yanachaga no Parque Nacional Yanachaga-Chemillén. Com sorte, o vale Palcazú sustentará uma população humana saudável e uma parte da biodiversidade peruana no século XXI.

As terras selvagens e a diversidade biológica são juridicamente propriedades das nações. Mas eticamente são parte da comunidade global. O desaparecimento de espécies em um lugar diminui a riqueza de todos os lugares. Hoje os países mais pobres estão rapidamente descapitalizando seus recursos naturais e inadvertidamente eliminando boa parte de sua biodiversidade numa corrida desesperada para saldar dívidas e elevar o padrão de vida. Essas necessidades fazem com que adotem políticas ambientalmente destrutivas, ainda que produzam o maior lucro imediato. As ricas nações credoras agravam tal prática incentivando o livre mercado nos países pobres ao mesmo tempo em que oferecem subsídios aos seus próprios fazendeiros.

Consideremos a infame "Conexão Hambúrguer" entre os Estados Unidos e a América Central. Em 1983, diante de um excelente mercado americano para a carne que produziam, os pecuaristas costa-riquenhos aceleraram a criação de novas pastagens até que restasse somente 17% da cobertura florestal original do país. Durante um certo tempo, o país foi o maior exportador de carne para os Estados Unidos. Quando as preferências nórdicas mudaram um pouco e o mercado caiu, Costa Rica se viu com uma paisagem desnudada e um grave problema de erosão do solo, além de ter perdido parte da sua diversidade biológica.

Os países em desenvolvimento que competem no mercado livre internacional têm fortes incentivos para transferir capital para monoculturas como bananas, cana-de-açúcar e algodão. Para isso os governos frequentemente subsidiam a derrubada de florestas e o uso abusivo de pesticidas e fertilizantes. A corrida para maximizar as receitas de exportação também acaba concentrando cada vez mais terras nas mãos de alguns poucos latifundiários politicamente privilegiados. Os pequenos fazendeiros são então forçados a procurar novas terras de produtividade marginal, incluindo hábitats naturais. Diante da perspectiva de se arruinarem, a alternativa que encontram é avançar cada vez mais para dentro das florestas tropicais pobres em nutrientes, em íngremes divisores de água nas vertentes das montanhas, em alagadiços costeiros e outros refúgios finais da diversidade terrestre.

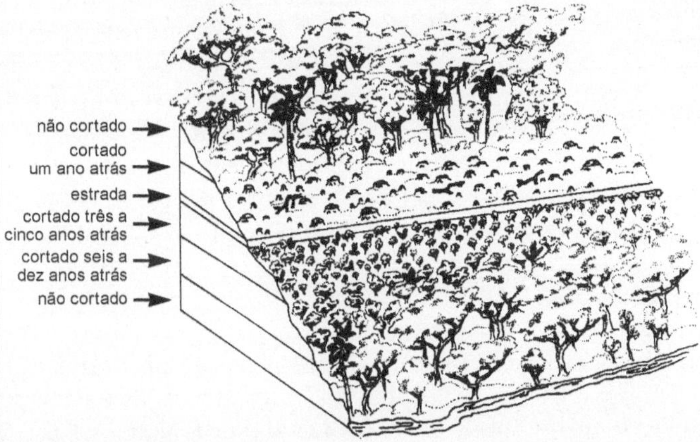

O *strip logging*, isto é, a derrubada das árvores em faixas alternadas, é uma maneira sustentável de obter madeira das florestas, mesmo de florestas pluviais relativamente frágeis. Abre-se um corredor acompanhando o contorno do terreno, suficientemente estreito para permitir a regeneração natural em alguns anos. Outro corredor é então aberto acima do primeiro, e assim por diante, ao longo de um ciclo que se estende por várias décadas.

Essa jornada rumo ao precipício é acelerada pelos sistemas de apoio à agricultura das nações mais ricas. Hoje os subsídios aos fazendeiros do mundo desenvolvido atingem 300 bilhões de dólares por ano, seis vezes o valor da ajuda exterior oficial para países do Terceiro Mundo. Quando os países da Comunidade Europeia subscreveram recentemente um grande programa de pecuária confinada, criaram um gigantesco mercado artificial para a mandioca. Os latifundiários da Tailândia reagiram derrubando ainda mais florestas tropicais para plantar mandioca, expulsando no processo um grande número de agricultores de subsistência para os confins das matas e para as encostas erodidas dos morros. Quando os Estados Unidos reduziram as cotas de importação de cana-de-açúcar a fim de proteger os seus fazendeiros, as importações americanas de cana-de-açúcar do Caribe caíram 73% em dez anos, acabando com o emprego de muitos trabalhadores rurais pobres nas plantações e forçando-os a procurar uma agricultura de subsistência em hábitats marginais. Os extravagantes subsídios japoneses aos seus rizicultores, que pretendem ser a continuação de uma antiga tradição agrícola (o ideograma japonês para arroz significa "raiz da vida"), têm um efeito depressivo sobre os povos rizicultores da Ásia tropical. Mais uma vez aumenta o impacto sobre os ambientes naturais.

Os países mais ricos determinam as regras do comércio internacional. Eles fornecem o grosso dos empréstimos e da ajuda direta, além de controlarem a transferência de tecnologia para as nações pobres. É sua responsabilidade usar esse poder sabiamente, de uma maneira que ao mesmo tempo fortaleça seus parceiros comerciais e proteja o meio ambiente global. Eles próprios irão sofrer se as terras selvagens e a diversidade biológica não forem computadas nos cálculos dos acordos comerciais e de ajuda internacional.

O monstro enfurecido que avança sobre a terra é o crescimento populacional. Diante dele, o desenvolvimento sustentável não passa de uma frágil elaboração teórica. Afirmar, como muitos o fazem, que as dificuldades das nações não se devem às pessoas, e sim a uma ideologia perniciosa ou ao mau gerenciamento do solo é um sofisma. Se Bangladesh tivesse 10 milhões de habitantes em vez de 115 milhões, sua população miserável poderia viver em fazendas prósperas, em terras altas e estáveis longe das perigosas planícies inundáveis. Também é sofisma apontar a Holanda e o Japão — e muitos inacreditavelmente ainda o fazem — como modelos de sociedades densamente povoadas mas prósperas. Ambas são nações industriais altamente especializadas que dependem maciçamente da importação de recursos naturais do resto do mundo. Se todos os países tivessem o mesmo número de pessoas por quilômetro quadrado, a qualidade de vida convergiria para a de Bangladesh, não para a da Holanda ou a do Japão, e seus recursos naturais insubstituíveis logo se juntariam às sete maravilhas do mundo como resquícios dispersos de uma história antiga.

Toda nação tem uma política econômica e uma política exterior. Chegou a hora de se falar mais abertamente de uma política populacional. Com isso quero dizer não apenas a paralisação do crescimento quando a população atinge níveis desesperadores, como na China e na Índia, mas uma política baseada numa solução racional ao seguinte problema: qual, no parecer de seus cidadãos bem informados, é a população *ideal* considerando-se cada país em relação à demografia do mundo como um todo? A resposta decorrerá de uma avaliação da imagem que a sociedade tem de si mesma, de seus recursos naturais, de sua geografia e do papel específico que poderá melhor desempenhar a longo prazo na comunidade internacional. Uma tal política poderia ser implementada através de incentivos ou desestímulos ao controle da natalidade e da regulamentação da imigração visando a densidade e distribuição etária pretendidas para a população do país. Atingir uma população ideal requer que se encare de frente, pela primeira vez, toda a gama de processos que unem economia e meio ambiente, interesses nacionais e globais, bem-estar presente e bem-estar das gerações futuras. A questão deve ser discutida não apenas em gabinetes fechados, mas ampla e publicamente. Se a humanidade decidir então procriar a si mesma e deixar que o restante da vida procrie para uma vida miserável, pelo menos o terá feito de olhos abertos.

4. *Salvar o que resta.* A biodiversidade pode ser salva por meio de uma combinação de programas, mas nem todos os programas propostos haverão de funcionar. Consideremos um que costuma ser mencionado nas discussões entre futuristas. Vamos supor que nós perdemos a corrida para salvar o meio ambiente, que todos os ecossistemas naturais acabaram perecendo. Será que novas espécies poderiam ser criadas no labora-

tório depois que os engenheiros genéticos aprendessem a criar vida a partir de compostos orgânicos? Dificilmente. Nada garante que organismos possam ser gerados artificialmente, pelo menos nada tão complexo quanto uma flor ou uma borboleta — ou mesmo uma ameba. Além disso, mesmo que tivéssemos esse poder divino, só estaria resolvida a metade do problema, e a metade mais fácil. Os técnicos ignorariam a história da vida extinta que pretenderiam simular. Ninguém conhece as infindáveis mutações e episódios de seleção natural que inseriram bilhões de nucleotídeos nos genomas agora inexistentes, e eles só poderiam ser deduzidos em minúsculos fragmentos. As novas espécies seriam criações da mente humana — plásticas, sem história nem adaptação, e incapazes de existir sem o ser humano. Os ecossistemas formados a partir delas, como zoológicos e jardins botânicos, precisariam de cuidados intensivos. Esta certamente não é hora para sonhos de ficção científica.

Passemos então para a segunda solução técnica mencionada em conferências científicas ou em discussões de corredor. As espécies extintas poderiam ser ressuscitadas a partir do DNA ainda preservado em espécimens e fósseis de museu? Novamente a resposta é não. Frações de códigos genéticos de uma múmia egípcia de 2400 anos de idade e de folhas de magnólia preservadas como fósseis rochosos de 18 milhões de anos foram sequenciadas, mas elas constituem apenas uma parcela ínfima do código genético total. E mesmo essa parcela minúscula está irremediavelmente embaralhada. Como disse recentemente o biólogo Russell Higuchi, criar um clone desses organismos, ou de um mamute, ou de um dodô, ou de qualquer outro organismo extinto, seria o mesmo que pegar uma grande enciclopédia escrita em língua desconhecida que houvesse sido totalmente rasgada em pedacinhos e tentar remontá-la sem usar as mãos.

Consideremos ainda outra possibilidade mencionada com frequência: por que simplesmente não esquecer o problema e deixar que a evolução natural substitua as espécies que estão desaparecendo? Isso é possível, se nossos descendentes estiverem dispostos a esperar vários milhões de anos. Após os cinco grandes episódios de extinção, a recuperação plena da biodiversidade demorou entre 10 e 100 milhões de anos. Mesmo que o *Homo sapiens* perdure até lá, a recuperação exigiria que uma grande parte das terras retornasse ao seu estado natural. Ao perturbar e apropriar para si 90% da superfície terrestre, a humanidade já fechou quase todos os palcos possíveis de evolução natural. E mesmo que fizéssemos tudo isso e esperássemos todo esse tempo, a nova biota seria muito diferente daquela que destruímos.

Por que então não retirar amostras dos tecidos de todas as espécies vivas e congelá-las em nitrogênio líquido? Eles poderiam ser clonados posteriormente para produzir organismos inteiros. O método funciona para alguns micro-organismos, incluindo vírus, bactérias e levedos, e também esporos fúngicos. A American Type Culture Collection, localizada em Rockville, Maryland, contém mais de 50 mil espécies suspensas no sono profundo da absoluta inatividade bioquímica, prontas para serem aquecidas e reativadas conforme necessário. Essas culturas são usadas em pesquisas, principalmente em biologia molecular e medicina. É provável que muitos organismos maiores possam ser igualmente preservados num sono de nitrogênio, ao menos como óvulos fertilizados, para serem depois transformados em indivíduos maduros. Mesmo fragmentos de tecido não diferenciado poderiam ser estimulados a um crescimento e desenvolvimento normais. Isso já foi feito com organismos tão complexos quanto as cenouras e as rãs.

Suponhamos então, para fins de argumentação, que todos os tipos de plantas e animais possam ser salvos por esse meio e que os biólogos irão aperfeiçoar as técnicas de inatividade total e recuperação total. O "criotério" em que repousariam, a nova arca de Noé, precisaria abrigar dezenas de milhões de espécies. A preservação do conteúdo de apenas um único hábitat ameaçado (digamos uma floresta de um espinhaço no Equador) seria uma operação imensa envolvendo milhares de espécies, a maioria das quais ainda desconhecida da ciência. E, em termos práticos, mesmo que isso fosse completado no nível das espécies, apenas uma pequena fração da variabilidade gênica de cada espécie poderia ser incluída. A não ser que o número de amostras chegasse à casa dos milhões, uma enorme quantidade de variações gênicas que ocorrem naturalmente se perderia. E, quando chegasse a hora de devolver as espécies ao seu estado selvagem, a base física do ecossistema, incluindo o seu solo, a sua mistura singular de nutrientes e os seus padrões climático-pluviométricos, teria sido tão alterada que a restauração seria no mínimo duvidosa. A criopreservação é, na melhor das hipóteses, um último recurso que poderá salvar algumas espécies e variedades selecionadas que certamente morreriam de outra forma. Está muito longe de ser a melhor maneira de salvar ecossistemas inteiros e pode facilmente não dar certo. A necessidade de colocar uma comunidade inteira de organismos em nitrogênio líquido seria trágica. A sua consumação seria, num sentido particularmente incisivo da palavra, obscena.

Referi-me até aqui à preservação de espécies e linhagens genéticas longe de seus hábitats naturais. Mas nem todos os métodos para isso são fantásticos ou repugnantes. Um que funciona para muitas plantas é a manutenção de bancos de sementes: as sementes são secadas e guardadas em repositórios por longos períodos. Os bancos são mantidos numa temperatura fria (via de regra cerca de –20°C) mas não na animação suspensa do nitrogênio líquido. Os botânicos provaram que a técnica é eficaz para preservar a maioria das variedades de espécies de produtos agrícolas. Cerca de cem países mantêm bancos de sementes, ampliando-os constantemente mediante trocas de sementes e expedições de coleta. O esforço todo tem a ajuda do "Conselho do Verde", o International Board for Plant Genetic Resource (IBPGR), uma organização científica autônoma sediada em Roma que constitui parte da rede de Centros Internacionais de Pesquisas Agrícolas. Em 1990, mais de 2 milhões de conjuntos de sementes foram armazenados, representando mais de 90% das variedades geográficas locais — raças da terra [*landraces*], são chamadas — de muitos produtos agrícolas básicos. Particularmente bem representados estão o trigo, milho, aveia, batata, arroz e painço. Começou-se também a incluir os parentes silvestres das espécies existentes de produtos cultivados, como o altamente promissor milho perene do México. O método pode ser estendido para floras silvestres não agrícolas de todo o mundo.

Todavia, os bancos de sementes apresentam alguns problemas graves. Talvez até 20% das espécies de plantas, cerca de 50 mil no total, possuam sementes "recalcitrantes" que não podem ser armazenadas pelos meios convencionais. E mesmo que a armazenagem das sementes fosse aperfeiçoada de modo a incluir todos os tipos de plantas, uma perspectiva altamente improvável no futuro imediato, a tarefa de coletar e manter muitas milhares de espécies e raças ameaçadas seria prodigiosa. Todo o trabalho dos bancos de sementes existentes até hoje mal foi suficiente para abranger cem espécies, e mesmo estas em muitos casos estão mal registradas ou têm capacidade incerta de sobrevivência. Outra dificuldade: se formos depender inteiramente dos bancos de sementes, e se as espécies desaparecessem do estado selvagem, as sobreviventes nos bancos perderiam seus insetos polinizadores, seus fungos de raiz e seus demais parceiros simbióticos, que não podem ser guardados num armazém refrigerado. A maioria dos simbiontes seria extinta, impedindo que as espécies de plantas salvas fossem replantadas em estado natural.

Outros métodos *ex situ* confiam mais realisticamente em populações cativas capazes de crescer e se reproduzir. Há cerca de 1300 jardins botânicos e arboretos no mundo, muitos abrigando espécies ameaçadas ou extintas na natureza. Em junho de 1991, por exemplo, vinte dessas instituições nos Estados Unidos (que contribuem para compor os registros da National Collection of Endangered Plants [Coleção Nacional de Plantas Ameaçadas]) abrigavam sementes, plantas e mudas de 372 espécies americanas nativas. Alguns dos hortos da América do Norte e da Europa têm um alcance mais global. O Arboreto Arnold de Harvard é um deles, sendo famoso por sua coleção de árvores e arbustos asiáticos. O magnífico Kew Gardens da

Inglaterra está empenhado numa ousada tentativa de preservar e cultivar os últimos resquícios da flora arbórea quase desaparecida de Santa Helena.

É imensamente mais difícil manter *ex situ* os animais do que as plantas e micro-organismos. Os zoológicos e outros parques de animais têm procurado heroicamente levar a cabo essa tarefa. No final dos anos 80, os parques zoológicos conhecidos de todo o mundo abrigavam uma população de 540 mil indivíduos pertencentes a mais de 3 mil espécies de mamíferos, aves, répteis e anfíbios. As coleções incluem cerca de 13% das espécies terrestres conhecidas de animais vertebrados. Os zoológicos mais ricos, incluindo os de Londres, Frankfurt, Chicago, Nova York, San Diego e Washington, D. C, realizam pesquisas básicas e veterinárias cujos resultados são aplicados em populações cativas e selvagens. Os animais de 223 zoológicos da Europa e da América do Norte constam do International Species Inventory System (ISIS), que usa os dados para coordenar os esforços de preservação e entrecruzamento. Os zoológicos e institutos de pesquisa filiados ao ISIS almejam não apenas salvar animais ameaçados mas também reintroduzir as espécies em seus hábitats nativos quando há terra disponível. Tiveram êxito com três espécies, o guelengue da Arábia [*Oryx leucoryx*], o furão de patas pretas [*Mustela nigripes*] e o mico-leão-dourado. Pelo menos outras quatro espécies estão planejadas ou encaminhadas, o condor da Califórnia [*Gymnogyps californianus*], o estorninho de Bali, a saracura de Guam e o cavalo Przewalski, ancestral de todos os cavalos domésticos. As instituições filiadas ao ISIS estão tentando se preparar para o panda-gigante, o rinoceronte da Sumatra e o tigre siberiano, todos hoje à beira da extinção.

Entretanto, os melhores esforços dos zoológicos, parques, aquários e institutos de pesquisa diminuem a maré de extinção quase imperceptivelmente. Nem mesmo os grupos de animais favoritos do público podem ser servidos de maneira adequada. Os biólogos conservacionistas estimam que cerca de 2 mil espécies de mamíferos, aves e répteis só poderão ser salvas se cruzadas em cativeiro, uma tarefa além de qualquer possibilidade atual. William Conway, diretor do imenso zoológico mantido pela New York Zoological Society, acredita que as instalações existentes em todo o mundo podem sustentar populações viáveis de no máximo novecentas espécies. Na melhor das hipóteses, esses sobreviventes só conteriam uma pequena fração dos genes originais de suas espécies. E muito pior: nada se fez em relação às muitas milhares de espécies de insetos e outros invertebrados igualmente ameaçadas.

Os sonhos dos cientistas se resumem a isto: a conservação *ex situ* não é, nem jamais será, suficiente. Alguns dos métodos são valiosos como redes de segurança para a fração de espécies ameaçadas que a biologia melhor compreende e que o público em geral está disposto a preservar. Mas, mesmo que todos os países decidissem financiar a construção de grandes câmaras criobiológicas, bancos de sementes, jardins botânicos e zoológicos, não seria possível montar tudo isso a tempo de salvar a maioria das espécies à beira da extinção somente por causa da destruição de seus hábitats. Os biólogos são prejudicados pela falta de conhecimento sobre mais de 90% das espécies de fungos, insetos e pequenos organismos da Terra. Eles não têm como garantir uma amostragem razoável das variações genéticas nem mesmo nas espécies postas a salvo. Possuem só a mais vaga ideia de como recriar ecossistemas para essas espécies, se é que algo assim é possível. E, além de tudo, o processo seria extraordinariamente caro.

Todas essas considerações convergem para a mesma conclusão: os métodos *ex situ* podem salvar algumas espécies que de outra forma não teriam a menor esperança de sobrevivência, mas a luz e o caminho para a biodiversidade do nosso planeta é a preservação dos ecossistemas naturais. Isso aceito, nos deparamos com duas realidades. A primeira é que os hábitats estão desaparecendo cada vez mais depressa. E com eles um quarto da biodiversidade do mundo. A segunda é que os hábitats não poderão ser salvos se o esforço de salvá-los não trouxer vantagens econômicas imediatas para os pobres que vivem dentro e em torno deles. Com o tempo, idealismo e elevados propósitos talvez possam prevalecer em todo o mundo. Com o tempo, populações economicamente seguras aprenderão a reconhecer o valor em si de sua biodiversidade nativa. Mas no momento elas não têm essa segurança; e nem elas nem nós temos mais tempo.

Só será possível salvar a diversidade biológica através de uma hábil mistura de ciência, investimento de capital e políticas governamentais: ciência para abrir caminho com pesquisa e desenvolvimento; investimento de capital para criar mercados sustentáveis; políticas governamentais para promover a união de crescimento econômico e conservação.

A principal tática de conservação deve consistir em localizar os pontos críticos do mundo e proteger todo o meio ambiente que estes contêm. Ecossistemas inteiros devem ser o alvo, pois mesmo as espécies mais carismáticas são apenas representantes de milhares de outras menos conhecidas que convivem com elas e que também estão ameaçadas. A legislação federal mais abrangente dos Estados Unidos é o Endangered Species Act [Lei das Espécies Ameaçadas] de 1973, que lançou um escudo protetor em torno de espécies de "peixes, animais selvagens e plantas" que "estão ameaçadas ou correm perigo" por causa de atividades humanas (com as emendas de 1978, a lei também passou a incluir subespécies). Essa legislação, apesar de constituir um avanço ousado e criativo, está fadada a ser o palco de crescentes disputas. Quando a área de qualquer ambiente natural é reduzida, o número de espécies capazes de viver lá indefinidamente também se reduz. Em outras palavras, algumas espécies estão fadadas à extinção mesmo que todo o hábitat restante fosse preservado a partir de agora. Um dos princípios da ecologia, como ressaltei, é que o número de espécies acaba por se reduzir aproximadamente da raiz sexta à raiz terceira da área já perdida. Como a grande maioria de espécies de micro-organismos, fungos e insetos não são bem conhecidas, segue-se que elas estão passando despercebidas pelas brechas do Endangered Species Act. Conflitos entre construtores e ambientalistas em torno de aves, mamíferos e peixes já se tornaram lugar-comum. À medida que os ecossistemas vão sendo mais bem explorados, espécies ameaçadas menos evidentes serão descobertas e os atritos certamente aumentarão.

Há uma saída para esse dilema, sem que os Estados Unidos abandonem completamente a proteção legal da sua fauna e da sua flora. Com o aperfeiçoamento dos recenseamentos de biodiversidade, os pontos críticos vão se tornando mais nítidos. Entre os exemplos bem documentados já se incluem os disputados recifes de coral das Florida Keys e as florestas pluviais do Havaí e Porto Rico. À medida que outros hábitats locais forem sendo apontados, poderão ir merecendo a máxima prioridade de conservação. Isso significa, na maioria dos casos, que serão postos de lado como reservas invioláveis. Pontos cinzentos, áreas menos ameaçadas ou contendo menos espécies endêmicas, podem ser zoneados de maneira a permitir um desenvolvimento parcial, com núcleos de preservação concentrando-se nas espécies e raças endêmicas, e faixas de proteção em torno das reservas mantidas em estado parcialmente selvagem. Os terrenos agrícolas e os trechos ceifados das florestas poderão ser mais bem programados, de modo que possam abrigar espécies e raças raras.

Todas essas medidas juntas, se administradas com sabedoria, podem ser eficazes. Mas o Endangered Species Act ou algo equivalente também é necessário como uma rede de segurança para formas de vida ameaçadas em todos os ambientes, estejam elas abrigadas em reservas ou não. Por fim, naqueles raros casos em que o eleitorado julgar os custos absolutamente intoleráveis, poderá se chegar a acordos através de algum tipo de gestão popular. Isso significaria transplantar a espécie para hábitats apropriados nas proximidades, ou restaurar o meio ambiente onde ela foi extinta fora da zona de conflito, ou — se tudo o mais falhar — exilá-la para jardins botânicos, zoológicos ou outras zonas *ex situ* de preservação.

A relação área-espécies que rege a biodiversidade mostra que a simples manutenção dos atuais parques e reservas não será suficiente para salvar todas as espécies que neles vivem. Somente 4,3% da superfície terrestre do nosso planeta está atualmente sob proteção legal, dividida entre parques nacionais, estações científicas e outras classes de reservas. Esses fragmentos representam hábitats insulares reduzidos cujas faunas e floras continuarão definhando até que um novo equilíbrio, provavelmente mais baixo, seja atingido. Mais de 90% da superfície terrestre restante já foi alterada, incluindo a maioria dos habitats de alta diversidade que ainda restam. Se a perturbação continuar até a maioria das reservas naturais externas serem eliminadas, quase todas as espécies terrestres do mundo serão extintas ou correrão gravíssimos riscos de extinção. E mais: nem mesmo as reservas existentes estão a salvo. Elas estão sendo invadidas por caçadores e garimpeiros fora da lei, ladrões de madeira atuam em suas margens, construtores sempre encontram um leito de urbanizá-las parcialmente. Durante as últimas guerras civis na Etiópia, Sudão, Angola, Uganda e outros países africanos, muitos dos parques nacionais foram abandonados à própria sorte.

Assim, deveríamos expandir as reservas de 4,3% para 10% da superfície terrestre para incluir o maior número possível de hábitats virgens, dando prioridade aos pontos críticos do mundo. Uma das maneiras mais promissoras de atingir essa meta são as permutas dívida-por-natureza. Hoje organizações conservacionistas americanas como a Conservation International, a Nature Conservancy e o World Wildlife Fund levantam fundos para adquirir com desconto uma parte da dívida comercial de um país, ou então convencem os bancos credores a doarem parte dela. Esse primeiro passo é mais fácil do que parece, uma vez que tantos países em desenvolvimento já estão próximos do calote. Os títulos da dívida são em seguida convertidos em moeda local ou em títulos com taxas favoráveis. O patrimônio assim ampliado é usado para promover conservação, especialmente através da aquisição de terras, educação ambiental e do aperfeiçoamento do gerenciamento da terra. No início de 1992, vinte desses acordos, totalizando 110 milhões de dólares, haviam sido firmados com nove países — Bolívia, Costa Rica, República Dominicana, Equador, México, Madagáscar, Zâmbia, Filipinas e Polônia.

Em fevereiro de 1991, para tomarmos um exemplo, a Conservation International foi autorizada a comprar dos credores do México 4 milhões de dólares da dívida desse país. Depois de descontada nos mercados secundários, espera-se que o seu custo efetivo chegue a apenas 1,8 milhões de dólares. A Conservation International dispôs-se a perdoar o valor total da dívida se o governo mexicano investir 2,6 milhões de dólares numa ampla gama de projetos conservacionistas. A iniciativa mais importante será a preservação da região Lacandan no Extremo Sul do México, a maior floresta pluvial da América do Norte.

Até o momento, somente 1/10 000 da dívida dos países do Terceiro Mundo foi reduzida através dessas permutas dívida-por-natureza. Além disso, as permutas não são totalmente isentas de riscos para o país, em particular um conflito de prioridades com as despesas internas e uma aceleração da inflação. Mas esses efeitos temporários são compensados pelos enormes ganhos, dólar a dólar, obtidos com a estabilização do meio ambiente.

Ainda mais poderosas são as contribuições sem ônus das nações mais ricas, enviadas e cuidadosamente monitoradas através de organizações internacionais de assistência. As iniciativas mais importantes desse tipo são a Global Environment Facility (GEF), instituída em 1990 pelo Banco Mundial, o Programa Ambiental das Nações Unidas e o Programa de Desenvolvimento das Nações Unidas. No momento em que escrevo, 450 milhões de dólares foram comprometidos para criar parques nacionais, promover o aproveitamento sustentável de florestas e criar fundos mútuos conservacionistas nos países em desenvolvimento. Propostas do Butão, Indonésia, Papua-Nova Guiné, Filipinas, Vietnã e República Centro-Africana estão sob consideração ou já foram aprovadas. Duas dificuldades principais surgiram no programa da GEF. A primeira é o limitado poder de absorção dos países recipiendários. Com pouco pessoal treinado e escasso conhecimento especializado, os líderes dessas nações consideram problemático selecionar e dar um bom início aos melhores projetos. O mais grave é que o financiamento a curto prazo torna problemático o gerenciamento adequado dos projetos e da proteção das reservas quando o dinheiro acabar. Temendo perder o emprego, os profissionais mais brilhantes acabarão buscando outras atividades para garantir o seu futuro. A solução de ambos os problemas pode estar na criação de fundos mútuos nacionais, gerando rendas que possam ser gradualmente destinadas a programas de conservação ao longo de um período de vários anos. Um fundo nesses moldes foi criado no Butão com ajuda do World Wildlife Fund.

Chegamos enfim à concepção das reservas em si. Quando se separa um pedaço de terra, a meta principal é criar reservas do maior tamanho possível nas regiões da maior diversidade. Outra meta é determinar seu formato e espaçamento de maneira a preservar a eficiência. Em relação a essa meta secundária, tem se discutido nos círculos conservacionistas o que acabou sendo chamado de dilema SLOSS: investir em uma única grande reserva ou em várias reservas pequenas [Single Large reserve Or Several Small reserves]? Nos termos mais simples possíveis, uma única grande reserva terá populações maiores de cada espécie, mas estarão todas juntas num mesmo cesto, por assim dizer. Um único incêndio catastrófico, uma única inundação, pode extinguir uma grande parte da diversidade da região. Dividir a reserva em várias partes menores atenua esse problema, mas também diminui o tamanho das populações constituintes e, portanto, ameaça cada uma delas com extinção. Todas poderiam facilmente declinar diante de alguma situação generalizada de tensão, como uma seca prolongada ou um frio exagerado.

Alguns biólogos sugerem uma solução intermediária para o dilema SLOSS, a saber, a criação de pequenas reservas ligadas umas às outras por corredores de hábitats naturais. Por exemplo, diversos trechos de floresta (com, digamos, dez quilômetros quadrados cada um) poderiam ser ligados por faixas de cem metros de largura. Dessa maneira, se uma espécie desaparecer de um dos trechos, ela poderá ser substituída por colonizadores que imigrariam de outro trecho através dos corredores. A desvantagem que os críticos dessa solução intermediária logo apontam é que doenças, predadores e competidores exóticos também podem usar os corredores para se mover pela rede. Como as populações de cada um dos trechos são pequenas e vulneráveis, poderiam todas sucumbir como uma fileira de dominós. Não creio que exista um princípio geral de dinâmica populacional que possa resolver a controvérsia SLOSS, pelo menos não da maneira cristalina que a sua imagem geométrica elementar sugere. Cada ecossistema precisa ser estudado para se decidir qual é a melhor concepção em cada caso, que dependerá das espécies que o sistema contiver e das oscilações ano a ano de seu meio ambiente físico. Por ora, os biólogos conservacionistas concordam apenas quanto à regra cardinal: para se salvar um máximo de biodiversidade, as reservas devem ter o maior tamanho possível.

5. *Recuperar as terras selvagens.* A marca lúgubre da nossa época é a redução dos hábitats naturais, provocando o desaparecimento de uma parcela substancial (certamente mais de 10%) das espécies de plantas e animais ou condenando-as à extinção. O número de raças genéticas vitimadas nunca foi calculado, mas é quase com certeza muito maior que o de espécies. Ainda há tempo, contudo, para salvar várias dessas "mortas-vivas" — aquelas que estão tão próximas do fim que logo acabarão desaparecendo, mesmo se forem deixadas em paz. O salvamento só será possível se os hábitats naturais forem não apenas preservados mas também ampliados, reintroduzindo-se o número de espécies aptas a sobreviver na curva logarítmica que associa nível de biodiversidade com tamanho da área. Esse é o meio de encerrarmos o grande espasmo de extinção atual. O século XXI será, creio, a era da restauração na ecologia.

De maneira meio aleatória, graças principalmente ao abandono de pequenas fazendas, a área ocupada por florestas de coníferas e dicotiledôneas no Leste dos Estados Unidos aumentou ao longo dos últimos cem anos. Há também esforços específicos de ampliar as áreas selvagens. Em 1935, um esforço pioneiro resultou na plantação de 24 hectares de pradarias de capim-açu no arboreto da Universidade de Wisconsin. O arboreto também serviu de sede para o Center for Restoration Ecology, dedicado à pesquisa e coleta de informações de projetos em outras partes do país. No resto dos Estados Unidos, centenas de pequenos projetos de restauração têm sido iniciados, todos dedicados a aumentar a área dos hábitats naturais e a restaurar ecossistemas degradados. Abrangem os mais variados tipos de ecossistemas: bosques de pau-ferro da ilha Santa Catalina, a pradaria Tobosa do Arizona, o estrato de carvalhos da mata das montanhas de Santa Mônica na Califórnia, as magníficas matas abertas de montanha do Colorado e os últimos restos de savana em Illinois. Incluem ainda fragmentos de alagadiços de água doce e salgada da Califórnia à Flórida e Massachusetts.

Na Costa Rica, um projeto audacioso do ecologista americano Daniel Janzen e líderes ambientalistas locais levou ao estabelecimento do Parque Nacional Guanacaste, uma reserva de 50 mil hectares no Noroeste do país. O parque será criado — literalmente criado — replantando-se a floresta tropical árida em antigas fazendas de gado. O sonho de Guanacaste surgiu do reconhecimento de que a floresta árida da América Central está ainda mais ameaçada do que a floresta pluvial tropical, reduzida a apenas 2% da sua cobertura original. O plano é usar trechos da floresta original para semear uma área crescente de antigas fazendas. A conversão será facilitada pela baixa densidade da população humana da área. A regeneração da mata proporcionará divisores de água bem protegidos, uma renda proveniente do turismo que se calcula atinja mais de 1 milhão de dólares por ano, e um aumento real no nível de emprego entre os moradores da região. E o que é mais importante a longo prazo, irá salvar uma porção significativa do patrimônio natural da Costa Rica.

Falei aqui do salvamento e da regeneração de ecossistemas existentes. Mas chegará um tempo em que será possível fazer ainda mais com a ajuda do conhecimento científico. O retorno ao Éden da biologia poderia também incluir a criação de faunas e floras sintéticas, agrupamentos de espécies cuidadosamente selecionadas de diferentes partes do mundo e introduzidas em hábitats depauperados. A ideia me tocou a fundo uma tarde quando eu estava sentado na borda do lago artificial perto do centro do campus da Universidade de Miami, rodeado pela comunidade densamente urbanizada de Coral Gables. Pelo menos seis espécies de peixes nadavam na cristalina água salobra a dois metros da margem, alguns como forrageadores solitários, outros em cardumes. A maioria das espécies eram exóticas. Sua diversidade e beleza incomuns me lembraram um recife de coral recém-criado. Quando o sol começou a se pôr e as águas foram escurecendo, um grande peixe predador, provavelmente um peixe-agulha, rompeu a superfície no meio do lago. Um pequeno aligátor deslizou pelos juncos do caminho e foi para o meio do lago. Muito além da outra margem do lago, um bando de papagaios fazia grande alarido ao retornar para seu poleiro noturno numa palmeira. Pertenciam a uma das mais de vinte espécies exóticas que procriam ou acorrem na região de Miami, todas originárias de indivíduos que escaparam ou foram deliberadamente soltos do cativeiro. A família dos papagaios, Psittacidae, voltou assim com força total para a Flórida, apenas décadas depois do extermínio do periquito da Carolina, a última espécie endêmica da América do Norte. Com asas reluzentes eles saúdam aquele que foi extinto.

Mas é perigoso, devo logo acrescentar, pensar muito liberalmente em introduzir espécies exóticas em toda parte. Elas podem ou não aceitar o novo ambiente — entre 10% e 50% das espécies de aves conseguem se adaptar, dependendo da parte do mundo e do número de tentativas de introduzi-las. As espécies exóticas podem se tornar pragas econômicas ou expulsar as espécies nativas. Algumas, como os coelhos, cabras, porcos e a notória perca do Nilo, são capazes não só de extinguir espécies mas de degradar hábitats inteiros. A ecologia ainda é uma ciência primitiva demais para que possamos prever o resultado da síntese de biotas preconcebidas. Nenhuma pessoa responsável arriscará despejar destruidores em meio a comunidades já depauperadas. Nem devemos nos iludir pensando que as biotas sintéticas aumentarão a diversidade global. Elas só aumentam a diversidade local por expandirem a distribuição geográfica e as populações de espécies selecionadas.

Mas a busca de normas seguras para a síntese biótica é uma iniciativa de grande ousadia intelectual. Se o esforço for bem-sucedido, regiões já destituídas de suas biotas nativas poderão ser restauradas como lugares de diversidade e estabilidade ambiental. Ambientes selvagens poderão nascer de ambientes estéreis. Espécies já extintas em estado selvagem, e só existentes em zoológicos e jardins botânicos, merecem prioridade. Transplantadas para biotas depauperadas ou sintéticas, poderão sobreviver como espécies órfãs em ecossistemas adotivos. Embora barradas em seu lar de origem, poderão recuperar a sua segurança e independência. E haverão de nos retribuir alcançando ao menos um aspecto da condição selvagem: que possamos deixar de lado o fardo de cuidar delas e visitá-las como parceiros iguais quando quisermos. Algumas espécies serão protéticas. Serão elementos-chaves — como uma árvore que cresça depressa e abrigue muitas outras espécies de plantas e animais — e exercerão um papel desproporcionalmente grande na coesão das novas comunidades.

Finalmente, a questão de interesse fundamental é saber quanto da biodiversidade global poderemos salvar conosco nos próximos cinquenta ou cem anos. Arriscarei um palpite. Se a crise de biodiversidade se mantiver basicamente ignorada e os hábitats naturais continuarem declinando, perderemos pelo menos um quarto das espécies da Terra. Se reagirmos com os conhecimentos e a tecnologia que já possuímos, talvez mantenhamos a perda na casa dos 10%. À primeira vista a diferença pode parecer suportável. Mas não é; significa vários milhões de espécies.

Não hesito em insistir na necessidade da mão forte de uma legislação protetora e de protocolos internacionais na preservação da riqueza biológica, ao invés de incentivos fiscais e cotas comercializáveis de poluição.* Nas sociedades democráticas as pessoas talvez acreditem que seus governos estejam comprometidos com uma versão ecológica do juramento hipocrático segundo a qual não devem tomar nenhuma medida que sabidamente coloque em risco a biodiversidade.** Mas isso não basta. O compromisso deve ir muito mais fundo: não permitir intencionalmente que nenhuma espécie morra, tomar todas as medidas razoáveis para proteger todas as espécies e raças eternamente. A responsabilidade moral do governo na conservação da biodiversidade é semelhante à sua responsabilidade na saúde pública e na defesa militar. A preservação das espécies ao longo de várias gerações está além da capacidade dos indivíduos ou mesmo de poderosas instituições privadas. Se a biodiversidade deve ser tida como um recurso público insubstituível, a sua proteção precisa estar incorporada ao cânone jurídico.

* Os Estados Unidos estão experimentando esse sistema que consiste em atribuir cotas determinadas aos agentes poluidores. Uma empresa autorizada a emitir uma poluição x poderá, se precisar, emitir $x + y$ adquirindo cotas de uma outra empresa que esteja emitindo menos do que foi autorizada. (N. T.)

** *Primum non nocere*: "não causar o mal intencionalmente", é o que afirma a versão médica do juramento hipocrático. (N. T.)

15. A ÉTICA AMBIENTAL

O SEXTO GRANDE ESPASMO DE EXTINÇÃO do tempo geológico está sobre nós, obra da humanidade. A Terra adquiriu por fim uma força capaz de romper o crisol da biodiversidade. Pressenti isso de maneira pungente naquela noite tempestuosa na Fazenda Dimona, quando os relâmpagos abriram-me a floresta tropical como um olho de gato para ser estudada em laboratório. Uma floresta virgem raramente revela sua anatomia interna com tamanha clareza. Suas bordas são protegidas por uma espessa vegetação secundária ou, acompanhando as ribanceiras, a sua abóbada vai se derramando até o nível do chão. Aquela visão noturna foi um artefato moribundo, um último vislumbre de beleza selvagem.

Alguns dias depois preparei-me para deixar a Fazenda Dimona: juntei todas as minhas roupas enlameadas numa trouxa, dei minha faca de imitação do exército suíço para o cozinheiro como presente de despedida, observei uma última vez uma revoada de papagaios verdes, rotulei e empacotei meus frascos de espécimens em caixas reforçadas, e guardei meu caderno de anotações de campo junto com uma cópia surrada do romance policial *Ice*, de Ed McBain, que, por eu ter esquecido de trazer qualquer outro material de leitura, agora ardia em minha memória.

O ruído de embreagem raspando anunciou a chegada do caminhão que fora enviado para levar a mim e a dois trabalhadores da floresta de volta a Manaus. Sob a luz forte do sol, ficamos observando-o enquanto avançava pelo pasto, um terreno cheio de tocos e toras escurecidas pelo fogo, resquícios de uma batalha que a minha floresta havia finalmente perdido. No caminho de volta, tentei não olhar para aquela paisagem desolada.

Depois, abandonando meu português de turista, voltei-me para dentro de mim mesmo e comecei a devanear. Quatro versos esplêndidos de Virgílio me vieram à mente, os únicos que decorei, quando Sibila adverte Eneias do mundo avernal:

Fácil é caminhar para baixo do Averno.
A porta do negro Dis permanece aberta noite e dia.*
Mas remontar os passos até o ar celeste,
Aí há dificuldade, e árdua labuta.

Pois a verdejante Terra pré-humana é o mistério que fomos escolhidos para resolver, um guia para as origens do nosso espírito. Mas ela vai se esquivando de nós. O caminho de volta parece mais difícil a cada ano. Se há perigos na trajetória humana, não estão tanto na sobrevivência da nossa própria espécie quanto no cumprimento da derradeira ironia da evolução orgânica: que, no momento de atingir a compreensão de si mesma através da mente humana, a vida esteja condenando suas mais belas criações. E assim a humanidade fecha a porta ao seu passado.

A criação dessa diversidade foi lenta e árdua: 3 bilhões de anos de evolução para iniciar a profusão de animais que povoam os mares, outros 350 milhões para formar as florestas pluviais em que mais da metade das espécies da Terra vivem hoje. Houve uma sucessão de dinastias. Algumas espécies se desmembraram em duas ou várias outras espécies, e essas filhas por sua vez se desmembraram novamente para criar bandos de descendentes que se distribuíram em herbívoros, carnívoros, nadadores, planadores, corredores e cavadores em incontáveis combinações diversificadas. Esses conjuntos todos cederam lugar, mediante extinções parciais ou totais, a novas dinastias, até se formar uma suave protuberância ascendente que levou a biodiversidade ao seu apogeu — pouco antes do advento do ser

* Plutão ou Hades na mitologia romana. (N. T.)

humano. A vida se fixara em patamares ao longo do caminho e, em cinco ocasiões, sofreu espasmos de extinção que levou 10 milhões de anos para reparar. Mas o impulso foi sempre ascendente. Hoje a diversidade da vida é maior do que era há 100 milhões de anos — e muito maior do que 500 milhões de anos antes disso.

A maioria das dinastias continha algumas espécies que se expandiram desproporcionalmente para criar satrapias de grau inferior. Cada espécie e seus descendentes, um fragmento do todo, perduraram uma média de centenas de milhares a milhões de anos. A longevidade variou de acordo com o grupo taxionômico. As linhagens de equinodermos, por exemplo, persistiram mais que as de plantas floríferas, e ambas perduraram por mais tempo que as de mamíferos.

Noventa e nove por cento de todas as espécies que já viveram estão hoje extintas. A fauna e a flora atuais são compostas de sobreviventes que de algum modo conseguiram se esquivar de todas as irradiações e extinções da história geológica. Muitos grupos dominantes hoje em dia, como os ratos, os ranídeos, os ninfalídeos e as plantas da família dos ásteres, as Compositae, alcançaram sua posição não muito antes da Idade do Homem. Mais jovens ou mais antigas, todas as espécies vivas são descendentes diretas de organismos que viveram há 3,8 bilhões de anos. São verdadeiras bibliotecas genéticas ambulantes, compostas de sequências de nucleotídeos, o equivalente das palavras e sentenças, que registram os eventos evolutivos ao longo de intervalos imensos de tempo. Organismos mais complexos do que as bactérias — protistas, fungos, plantas, animais — contêm entre 1 bilhão e 10 bilhões de bases nitrogenadas, mais do que o suficiente em informação pura para formar o equivalente de uma enciclopédia *Britannica*. Cada espécie é o produto de mutações e recombinações complexas demais para serem compreendidas pela mera intuição. Foi moldada e brunida por um número astronômico de eventos na seleção natural que mataram a vasta maioria de seus organismos antes que completassem o seu ciclo normal de vida ou de alguma maneira impediram a sua reprodução. Vistas da perspectiva do tempo evolutivo, todas as espécies são nossas parentes distantes, pois partilhamos uma genealogia remota. Ainda usamos um vocabulário comum, o código dos ácidos nucleicos, embora ele tenha se desmembrado em línguas hereditárias radicalmente diferentes.

Essa é a derradeira e misteriosa verdade de todos os tipos de organismos, grandes e pequenos, de cada besourinho e ramo de erva. A flor que nasce nas rachaduras de um muro — ela *é* um milagre. Se não à maneira que Tennyson, o poeta romântico vitoriano que se referiu ao portento do conhecimento pleno (através do qual "Eu possa saber o que são Deus e o homem"), certamente como uma consequência de tudo o que compreendemos a partir da biologia moderna. Cada tipo de organismo chegou a este momento no tempo avançando um passo após o outro, concebendo artifícios brilhantes para sobreviver e reproduzindo-se a despeito da quase absoluta probabilidade contrária.

Os organismos são ainda mais notáveis juntos. Se arrancarmos a flor da sua greta na parede, chacoalharmos as suas raízes e examinarmos de perto a terra que delas caiu, veremos que está viva com uma multidão de algas, fungos, nematoides, ácaros, poduras, vermes enquitraédios, milhares de espécies de bactérias. Um punhado de terra pode ser apenas um minúsculo fragmento de um ecossistema, mas, graças aos códigos genéticos de seus residentes, possui mais ordem do que se pode encontrar nas superfícies de todos os planetas. É um exemplo da força viva que governa a Terra — e que permanecerá governando-a estejamos nós aqui ou não.

Podemos pensar que o mundo já foi completamente explorado. E, de fato, quase todas as montanhas e rios já foram nomeados, recenseamentos costeiros e levantamentos geodéticos completados, o fundo do oceano mapeado até os sulcos mais profundos, a atmosfera cortada transversalmente e analisada quimicamente. O planeta é hoje monitorado ininterruptamente do espaço por satélites. E até a Antártica, o último continente virgem, tornou-se um posto de pesquisas e um ponto turístico luxuoso. A biosfera, no entanto, permanece obscura. Embora 1,4 milhão de espécies de organismos tenham sido descobertas (no sentido mínimo de algum espécimen ter sido coletado e um nome científico formal, atribuído), o número total de espécies vivas na Terra fica entre 10 milhões e 100 milhões. Ninguém pode dizer ao certo qual dessas cifras está mais próxima da realidade. Quanto às espécies que receberam nome científico, menos de 10% delas foram estudadas em um nível mais profundo que o das características anatômicas mais evidentes. A revolução na biologia molecular e na medicina molecular foi consumada com um número ainda menor: moscas-das-frutas, ratos-brancos, milho, bactérias do cólon, macacos resos e seres humanos — não mais de cem espécies no total.

Encantados com o incessante surgimento de novas tecnologias e sustentados por verbas generosas para pesquisas médicas, os biólogos investigaram a fundo e avançaram num estreito setor desse front. Mas agora é chegado o momento de se expandir para os lados, de dar continuidade ao grande empreendimento de Lineu e concluir o mapeamento da biosfera. O motivo mais urgente para ampliarmos as metas é que, ao contrário do resto da ciência, o estudo da biodiversidade tem um prazo máximo. As espécies estão desaparecendo numa velocidade cada vez maior por causa da interferência humana — a destruição de hábitats, principalmente, mas também a poluição e a introdução de espécies exóticas em ambientes residuais da natureza. Afirmei que um quinto ou mais das espécies de plantas e animais podem desaparecer ou estar fadadas a uma extinção precoce até o ano 2020 se não empreendermos maiores esforços para salvá-las. Essa estimativa vem da relação quantitativa conhecida entre a área do hábitat e a diversidade que esse hábitat pode sustentar. Essas equações de área-biodiversidade são confirmadas pelo princípio geral, ainda que não universal, segundo o qual quando determinados grupos de organismos são estudados mais de perto (por exemplo, caracóis, ou peixes, ou plantas floríferas) verifica-se que a extinção está disseminada. E o seu corolário: entre os restos de plantas e animais em depósitos arqueológicos, geralmente encontramos espécies e raças extintas. Quando as últimas matas forem derrubadas em cidadelas florestais como as Filipinas ou o Equador, o desaparecimento de espécies irá se acelerar ainda mais. No mundo como um todo, as taxas de extinção já são centenas ou milhares de vezes maiores do que antes do advento do homem. Isso não pode ser compensado ou contrabalançado por uma nova evolução num espaço de tempo que possa ter algum significado para a raça humana.

Por que deveríamos nos importar com isso? Que diferença faz se algumas espécies são extintas, se até mesmo metade das espécies da Terra desaparecerem? Enumeremos os motivos. Novas fontes de informação científica se perderão. Uma enorme riqueza biológica potencial será destruída. Medicamentos, produtos agrícolas, produtos farmacêuticos, madeiras, fibras, polpas, vegetação restauradora do solo, substitutos do petróleo e outros recursos e confortos jamais virão à tona. Em alguns setores tornou-se moda desprezar o que é pequeno e anônimo, os besouros e as ervas, esquecendo-se que uma obscura mariposa latino-americana salvou as pastagens australianas impedindo o crescimento excessivo de cactos, que a pervinca rósea forneceu uma cura para o mal de Hodgkin e a leucemia linfática em crianças, que a casca do teixo do Pacífico oferece uma esperança para as vítimas de câncer do ovário e de mama, que um produto químico da saliva das sanguessugas dissolve coágulos sanguíneos durante a cirurgia, e assim por diante numa lista que já é enorme e ilustre apesar da escassa pesquisa dedicada a ela.

Num deslumbramento amnésico também é fácil desdenhar os serviços que os ecossistemas prestam à humanidade. Eles enriquecem o solo e criam o próprio ar que respiramos. Sem esses confortos, o restante da nossa estadia na Terra seria breve e desagradável. A matriz que sustenta a vida é formada de plantas verdes com legiões de micro-organismos e animais geralmente pequenos e obscuros — em outras palavras, ervas e besouros. A eficiência com que esses organismos sustentam o mundo se deve à sua extrema diversidade, que lhes permite dividir o trabalho e preencher cada metro quadrado da superfície terrestre. Eles carregam o mundo nas costas exatamente da maneira como nós gostaríamos que fosse carregado, pois a humanidade evoluiu dentro da comunidade dos seres vivos e nossas funções corporais estão perfeitamente ajustadas a este meio ambiente idiossincrático já criado. A Mãe Terra, que ultimamente vem sendo chamada de Gaia, é simplesmente a comunhão de organismos e o meio ambiente físico que eles sustentam a cada momento, um ambiente que se desestabilizará e se tornará letal caso os organismos sejam por demais perturbados. Uma quase infinidade de outros planetas-mães podem ser concebidos, cada um com sua própria fauna e flora, todos produzindo ambientes físicos inapropriados para a vida humana. Desconsiderar a diversidade da vida é correr o risco de nos lançarmos em um ambiente estranho e hostil. Teremos então nos tornado como as baleias-piloto que inexplicavelmente se lançam às praias da Nova Inglaterra.

A humanidade coevoluiu com todo o resto da vida *neste* planeta; outros mundos não estão em nossos genes. Como os cientistas ainda não deram nomes à maioria dos organismos, e por eles só terem a mais vaga ideia de como os ecossistemas funcionam, é temerário supor que a biodiversidade possa ser reduzida indefinidamente sem ameaçar a própria humanidade. Estudos de campo mostram que, quando a biodiversidade é reduzida, também diminui a qualidade dos serviços prestados pelos ecossistemas. Estudos de ecossistemas sob estresse também demonstram que a degeneração pode ser imprevisivelmente abrupta. À medida que a extinção se espalha, algumas das formas desaparecidas revelam ter sido espécies-chaves, cujo desaparecimento provoca o fim de outras espécies e tem um efeito multiplicador sobre a demografia das sobreviventes. A perda de uma espécie-chave é como uma perfuratriz que destrói uma linha de força. As luzes se apagam em toda a região.

Esses serviços são importantes para o bem-estar humano. Mas em si não podem constituir o único fundamento para uma ética ambiental durável. Se é possível colocar um preço em algo, este algo pode ser desvalorizado, vendido e descartado. Fica também possível para algumas pessoas acreditar que podemos continuar vivendo em conforto num mundo biologicamente depauperado. Elas supõem que um ambiente protético está dentro do âmbito da tecnologia, que a vida humana poderá ainda florescer num mundo completamente humanizado — onde todos os medicamentos seriam sintetizados a partir de elementos químicos em laboratórios, os alimentos obtidos a partir de algumas dezenas de espécies de produtos agrícolas cultivados, a atmosfera e o clima regulados por energia obtida da fusão nuclear e controlada por computadores, a Terra toda refeita até tornar-se uma espaçonave literal e não metafórica, cujos tripulantes ficariam lendo mensagens em visores e apertando botões. Assim culmina a filosofia da desobrigação e da omissão: não lamentem o passado, pois a humanidade é uma nova ordem de vida; que morram as espécies, se elas impedem o progresso, pois o gênio científico e tecnológico encontrará outra saída. Olhem para cima e vejam as estrelas esperando por nós.

Mas raciocinemos um pouco: o progresso humano não é determinado apenas pela razão, mas pelas emoções características da nossa espécie auxiliadas e moderadas pela razão. O que nos torna seres humanos e não computadores é a emoção. Temos pouco entendimento da nossa verdadeira natureza, do que significa ser humano. Não sabemos, portanto, para onde nossos descendentes talvez um dia desejem que tivéssemos dirigido a Espaçonave Terra. Nossos problemas, como disse Vercors em *You shall know them*, surgem do fato de não sabermos o que somos e não chegarmos a um acordo quanto ao que queremos ser. A principal causa desse fracasso do intelecto é a ignorância de nossas origens. Nós não desembarcamos neste planeta como alienígenas. A humanidade é parte da natureza, uma espécie que evoluiu ao lado de outras espécies. Quanto mais nos identificarmos com o restante da vida, mais rapidamente seremos capazes de descobrir as origens da sensibilidade humana e de adquirir o conhecimento sobre o qual fundamentar uma ética durável, um verdadeiro senso de direção.

A herança humana não remonta apenas aos cerca de 8 mil anos de história documentada que se reconhecem convencionalmente, mas no mínimo a 2 milhões de anos, desde o surgimento dos primeiros seres humanos "verdadeiros", as primeiras espécies do gênero *Homo*. Ao longo de milhares de gerações, o surgimento da cultura deve ter sido profundamente influenciado por eventos simultâneos na evolução genética, especialmente aqueles ocorridos na anatomia e fisiologia do cérebro. Inversamente, a evolução genética deve ter sido forçosamente dirigida pelos tipos de seleção que surgem no seio de uma cultura.

Somente nestes últimos momentos da história humana é que surgiu a ilusão de que as pessoas podem florescer separadas do resto do mundo vivente. Sociedades pré-letradas mantinham íntimo contato com uma gama espantosa de formas de vida. Suas mentes só podiam se adaptar em parte a tamanho desafio, mas esforçavam-se para compreender os aspectos mais relevantes, cientes de que as respostas corretas produziam vida e plenitude, e as erradas, doença, fome e morte. As marcas desse esforço não poderiam ter sido apagadas em algumas poucas gerações de existência urbana e sugiro que elas podem ser encontradas entre as particularidades da natureza humana, dentre as quais estas:

- As pessoas adquirem fobias, aversões abruptas e intratáveis, a objetos e circunstâncias que ameaçam a humanidade em ambientes naturais: alturas, espaços fechados, espaços abertos, água corrente, lobos, aranhas, cobras. Raras vezes alguém adquire uma fobia a dispositivos muito mais perigosos inventados recentemente, tais como revólveres, facas, automóveis e soquetes elétricos.
- As pessoas sentem ao mesmo tempo aversão e fascínio por cobras, mesmo quando nunca viram uma ao natural. Na maioria das culturas, a serpente é o principal animal selvagem do simbolismo mítico e religioso. Os habitantes de Manhattan e os zulus sonham com cobras com a mesma frequência. Essa reação parece ser de origem darwiniana. Cobras venenosas fo-

ram uma importante causa de mortalidade em toda parte, da Finlândia à Tasmânia, do Canadá à Patagônia. Um estado intuitivo de alerta em presença delas contribui para salvar vidas. Notamos uma reação semelhante em muitos primatas, incluindo macacos e chimpanzés do Velho Mundo: os animais recuam, alertam os demais, observam atentamente e seguem cada cobra potencialmente perigosa até que ela se afaste. Para os seres humanos, num sentido metafórico mais amplo, a serpente mítica transformada acabou por possuir poderes construtivos e destrutivos: Astarte entre os cananeus, os demônios Fu-Hsi e Nu-kua entre os chineses da dinastia Han, Mudamma e Manasa da Índia hindu, a gigantesca Nehebkau de três cabeças dos antigos egípcios, a serpente de Gênesis conferindo conhecimento e morte, e, entre os astecas, Cihuacoatl, deusa do parto e mãe da raça humana, o deus da chuva Tlaloc, e Quetzalcoatl, o ofídio emplumado com cabeça humana que reinava como senhor das estrelas matutina e vespertina. O poder ofídico chegou também à vida moderna: duas serpentes entrelaçam-se no caduceu — inicialmente o bastão alado de Mercúrio como mensageiro dos deuses, mais tarde o salvo-conduto de embaixadores e emissários, e hoje o emblema universal dos médicos.

• O lugar preferido pela maioria dos povos para viver é alguma elevação próxima da água de onde um parque ou bosque possa ser avistado. Nesses locais mais altos encontramos as moradas dos ricos e poderosos, as tumbas dos grandes, os templos, parlamentos e monumentos que comemoram a glória tribal. Tal localização é hoje uma escolha estética e, devido à liberdade implícita em se fixar ali, um símbolo de status. Em épocas mais antigas e mais práticas, a topografia oferecia um lugar para o qual se retirar e uma perspectiva abrangente de onde avistar a chegada distante de tempestades e forças inimigas. Cada espécie animal seleciona um hábitat em que seus membros obtêm uma combinação favorável de segurança e alimento. Durante a maior parte da história profunda, os seres humanos viveram nas savanas tropicais e subtropicais do Leste da África, um espaço aberto salpicado de riachos e lagos, árvores e bosques. Se puderem optar, os povos modernos escolhem uma topografia similar para construir suas residências e plantar seus parques e jardins. Não simulam selvas densas, para as quais os gibões são atraídos, nem pradarias áridas, preferidas pelos babuínos *Papio hamadryas*. Em seus jardins plantam árvores que lembram as acácias, esterculiáceas e outras nativas das savanas africanas: a coroa ideal que se busca é sempre mais larga do que alta, com os galhos mais baixos abrindo-se suficientemente perto do chão para se tocar e subir, cobertos com folhas compostas ou aciculares.

• Tendo meios e tempo de lazer suficiente, uma grande parte da população gosta de acampar, caçar, pescar, observar pássaros e praticar jardinagem. Nos Estados Unidos e no Canadá, as pessoas mais visitam zoológicos e aquários do que assistem a todos os acontecimentos esportivos juntos. Enchem os parques nacionais para ver paisagens naturais, olhando do alto de elevações para o terreno rude lá embaixo a fim de vislumbrarem por um instante água caindo e animais vivendo livres. Viajam grandes distâncias para dar uma caminhada à beira-mar, por motivos que não podem ser expressos em palavras.

Esses são exemplos do que chamei *biofilia*, as ligações que os seres humanos buscam subconscientemente com o restante da vida. À biofilia podem ser acrescentadas a ideia de natureza selvagem, toda a terra e comunidades de plantas e animais não maculadas pela ocupação humana. É para essa natureza selvagem que as pessoas viajam em busca de nova vida e de maravilhas, e é dessa natureza selvagem que elas retornam para as partes da Terra que foram domadas pelo ser humano e tornadas fisicamente seguras. A natureza em estado selvagem provoca paz na alma porque não precisa de ajuda; está além dos expedientes humanos. A natureza selvagem é uma metáfora de oportunidades ilimitadas que surge da memória tribal de uma época em que a humanidade se espalhava pelo mundo, vale a vale, ilha a ilha, maravilhada, firme na crença de que terras virgens se estendiam indefinidamente após o horizonte.

Cito essas preferências comuns da mente não como prova de uma natureza humana inata, mas para sugerir que pensemos com mais cuidado e recorramos à filosofia para as perguntas fundamentais das origens humanas num meio ambiente selvagem. Nós ainda não nos compreendemos, e nos afastaremos cada vez mais do ar celeste se esquecermos o quanto o mundo natural significa para nós. Há uma infinidade de indícios de que a perda da diversidade da vida põe em risco não apenas o corpo mas também o espírito. Se isso for verdade, as mudanças que estão ocorrendo hoje causarão danos em todas as gerações por vir.

O imperativo ético deve ser, portanto, prudência acima de tudo. Devemos considerar cada partícula de biodiversidade inestimável, insubstituível, enquanto aprendemos a usá-la e a compreender o que significa para a humanidade. Não devemos intencionalmente permitir que nenhuma espécie ou raça se extingua. Devemos ir além do mero salvamento e começar a restaurar os ambientes naturais, a fim de ampliar as populações selvagens e estancar a hemorragia da riqueza biológica. Não pode haver propósito mais inspirador do que iniciar uma era de restauração, recuperando a diversidade sublime da vida que ainda nos cerca.

As evidências de uma acelerada alteração ambiental exigem uma ética desvinculada de outros sistemas de crença. Aqueles que por religião acreditam que a vida veio à Terra por intervenção divina reconhecerão que estamos destruindo a Criação, e aqueles que entendem a biodiversidade como produto da evolução cega só poderão concordar. Quanto ao outro grande cisma filosófico, não importa se as espécies têm direitos independentes ou, inversamente, que o raciocínio moral seja uma consideração exclusivamente humana. Defensores de ambas as premissas parecem destinados a gravitar para a mesma posição no que tange à conservação.

A intendência do meio ambiente está num domínio próximo da metafísica, e toda pessoa capaz de refletir poderá certamente encontrar um solo comum. Pois, em última análise, o que é a moral senão o comando da consciência moderado pelo exame racional das consequências? E o que é um preceito fundamental senão aquele que serve a todas as gerações? Uma ética ambiental duradoura almejará preservar não apenas a saúde, o bem-estar e a liberdade da nossa espécie, mas também o acesso ao mundo em que o espírito humano nasceu.

NOTAS

1. TEMPESTADE SOBRE A AMAZÔNIA [pp. 10-24]

Partes deste capítulo foram modificadas de meus artigos anteriores "Storm over the Amazon", em Daniel Halpern (ed.), *On nature: nature, landscape, and natural history* (San Francisco, North Point Press, 1987), pp. 157-9; e "Rain forest canopy: the high frontier", *National Geographic*, 180:78-107 (dez. 1991). Abordei o tema sobre o qual refleti naquela noite em uma monografia técnica, *Success and dominance in ecosystems: the case of the social insects* (Oldendorf-Luhe, Alemanha, Ecological Institute, 1990).

As reflexões de JÖNS JACOB BERZELIUS foram tiradas do seu *Manual of chemistry* (vol. 3, 1818), citado por Carl Gustaf Bernhard, "Berzelius, creator of the chemical language", reimpressão de *Saab-Scania Griffin 1989/90* da Real Academia Sueca de Ciências.

As técnicas anticongelantes dos PEIXES NOTOTENOIDES foram descritas em Joseph T. Eastman e Arthur L. DeVries, "Antarctic fishes", *Scientific American*, 255:106-14 (nov. 1986).

As ARQUEOBACTÉRIAS, algumas das quais existem nos ambientes mais hostis da Terra, foram exaustivamente documentadas por Carl R. Woese e seus copesquisadores. Veja Robert Pool, "Pushing the envelope of life", *Science*, 247:158-247 (1990). Alguns biólogos, incluindo Woese, consideram que esses organismos constituem um reino à parte das verdadeiras bactérias e outros organismos procariontes do reino Monera.

2. KRAKATAU [pp. 25-35]

O relato definitivo das ERUPÇÕES DE KRAKATAU em 1883, incluindo relatos pessoais e relatórios de pesquisa, foi feito por Tom Simkin e Richard S. Fiske, *Krakatau 1883: the volcanic eruption and its effects* (Washington, D. C., Smithsonian Institution Press, 1983). Detalhes adicionais sobre os maremotos foram fornecidos por Susanna van Rose e Ian F. Mercer, *Volcanoes* (Cambridge, Harvard University Press, 1991). Análises da recolonização de Rakata estão resumidas em Robert H. MacArthur e Edward O. Wilson, *The theory of island biogeography* (Princeton, Princeton University Press, 1967); Ian W. B. Thornton et al., "Colonization of the Krakatau islands by vertebrates: equilibrium, succession, and possible delayed extinction", *Proceedings of the National Academy of Sciences*, 85:515-8 (1988); I. W. B. Thornton e T. R. New, "Krakatau invertebrates: the 1980 fauna in the context of a century of recolonization", *Philosophical Transactions of the Royal Society of London*, ser. B, 322:493-522 (1988); e P. A. Rawlinson, A. H. T. Widjoya, M. N. Hutchinson e G. W. Brown, "The terrestrial vertebrate fauna of the Krakatau islands, Sunda strait, 1883-1986", *Philosophical Transactions of the Royal Society of London*, ser. B, 328:3--28 (1990). As estimativas da temperatura da pedra-pomes após a explosão foram feitas por Noboru Oba da Universidade Kagoshima, comunicação pessoal em Thornton e New, "Krakatau invertebrates".

3. AS GRANDES EXTINÇÕES [pp. 36-46]

Obtive os detalhes do EPISÓDIO DE EXTINÇÃO DO CRETÁCEO e do debate meteorito-vulcanismo de inúmeras fontes, mas especialmente Matthew H. Nitecki (ed.), *Extinctions* (Chicago, University of Chicago Press, 1984); Steven M. Stanley, *Extinction* (Nova York, Scientific American Books, 1987) e "Periodic mass extinctions of the Earth's species", *Bulletin of the American Academy of Arts and Sciences*, 40(8):29-48 (1987); David M. Raup, *Extinction: bad genes or bad luck?* (Nova York, Norton, 1991); Paul Whalley, "Insects and Cretaceous mass extinction", *Nature*, 327:562 (1987); Carl O. Moses, "A geochemical perspective on the causes and periodicity of mass extinctions", *Ecology*, 70(4):812-23 (1989); e William Glen, "What killed the dinosaurs?", *American Scientist*, 78(4):354-70 (1990). Stanley, por exemplo, argumenta persuasivamente em favor do resfriamento a longo prazo do clima da Terra como um dos principais fatores das extinções em massa, incluindo a do Cretáceo. Whalley detalha a sobrevivência dos insetos. O destino das plantas floríferas é descrito por Andrew H. Knoll, em Nitecki, *Extinctions*, pp. 21-68, e R. A. Spicer, "Plants at the Cretaceous--Tertiary boundary", *Philosophical Transactions of the Royal Society of London*, ser. B, 325:291-305 (1989). As mais recentes evidências fósseis de muitos grupos de organismos na fronteira Cretáceo-Terciário são resumidas em *Evolution and extinction*, um volume especial das *Philosophical Transactions of the Royal Society of London*, ser. B, 325:239-488 (1989), ed. W. G. Chaloner e A. Hallam. Outros detalhes adicionais não publicados foram relatados por Richard A. Kerr em "Dinosaurs and friends snuffed out?", *Science*, 251:160-2 (1991).

O PRINCÍPIO DA CERTEZA de opinião foi apresentado por Robert H. Thouless, "The tendency to certainty in religious belief", *British Journal of Psychology*, 26(1): 16-31 (1935). Na opinião religiosa ou secular, escreveu Thouless, "existe uma verdadeira tendência entre as pessoas para um grau de crença que se aproxima da certeza. Dúvida e ceticismo são para a maioria estados de mente algo incomuns e, acredito, geralmente instáveis".

Evidências do IMPACTO DE UM METEORITO GIGANTE na região do Caribe no final do Cretáceo são apresentadas por J.-M. Florentin, R. Maurrasse e Gautam Sen, "Impacts, tsunamis, and the Haitian Cretaceous-Tertiary boundary layer", *Science*, 252:1690-3 (1991). Eles concluem que o impacto de um imenso meteorito perto da formação Beloc do Haiti "produziu microtectitas que se assentaram para formar uma camada praticamente pura na base. Materiais vaporizados com um conteúdo anormalmente elevado de componentes extraterrestres se assentaram por último, juntamente com os sedimentos carbonatados. O leito todo tornou-se parcamente consolidado. Subsequentemente, um outro grande evento diruptivo, talvez uma tsunami gigantesca, modificou parcialmente o depósito inicial [...] Este processo também pode ter provocado uma mistura adicional dos microfósseis do Cretáceo e do Terciário, conforme se observa em Beloc e outros lugares".

As TAXAS DE EXTINÇÃO de famílias e espécies durante a crise do Permiano, baseadas em análises de rarefação, são fornecidas por David M. Raup, "Size of the Permo-Triassic bottleneck and its evolutionary implications", *Science*, 206:217-8 (1979). Sua afirmação acerca da quase extinção de todas as formas superiores de vida é apresentada num artigo posterior, "Diversity crises in the geological past", em E. O. Wilson e Frances M. Peter (eds.), *Biodiversity* (Washington, D. C, National Academy Press, 1988), pp. 51-7. Um exame separado das evidências, que considera não apenas o resfriamento climático mas também uma regressão (encolhimento) dos mares rasos, é fornecido por Douglas H. Erwin em "The End-Permian mass extinction: what really happened and did it matter?", *Trends in Ecology and Evolution*, 4(8):225-9 (1989).

Evidências de grandes erupções vulcânicas na época do ESPASMO DE EXTINÇÃO PERMIANA foram apresentadas por Paul R. Renne e Asish R. Basu, "Rapid eruption of the Siberian traps flood basalts at the Permo-Triassic boundary", *Science*, 253:176-9 (1991).

Em 1984, David Raup e J. John Sepkoski Jr. propuseram que AS EXTINÇÕES EM GRANDE ESCALA FORAM PERIÓDICAS, ocorrendo a intervalos de cerca de 26 milhões de anos. Sua análise baseou-se em dados de famílias de animais marinhos. A hipótese Raup-Sepkoski provocou uma onda de especulações sobre possíveis causas extraterrestres, como quedas de meteoritos ou cometas induzidas pela aproximação ou realinhamento cíclico de corpos celestiais não descobertos. Mais intrigante foi a postulação do papel de uma estrela irmã do Sol, alternadamente chamada "Nêmesis" ou "Estrela da Morte". Mas a ideia toda foi convincentemente contestada por uma combinação de críticas à datação geológica, análises estatísticas e interpretações taxionômicas. O júri ainda está debatendo a questão, mas um veredicto negativo parece provável. O assunto é examinado em D. M. Raup, *The Nemesis affair* (Nova York, Norton, 1986); *Extinction: bad genes or bad luck?* (Nova York, Norton, 1991); S. M. Stanley, *Extinction* (Nova York, Scientific American Books, 1987); e em uma série de artigos por paleobiólogos publicados em *Ecology*, 70(4):801-34 (1989), ed. Edward F. Connor. Em 1991, Raup estimou que metade dos paleontólogos mais bem informados sobre a questão acreditava na periodicidade; a outra metade não acreditava.

4. A UNIDADE FUNDAMENTAL [pp. 48-66]

Uma descrição e análise completas dos conceitos de espécies estão em Douglas J. Futuyma, *Evolutionary biology*, 2ª ed. (Sunderland, Massachusetts, Sinauer, 1986); Alan R. Templeton, "The meaning of species and speciation: a genetic perspective", em Daniel Otte e John A. Endler (eds.), *Speciation and its consequences* (Sunderland, Sinauer, 1989), pp. 3-27; e Ernst Mayr e Peter D. Ashlock, *Principles of systematic zoology*, 2ª ed., (Nova York, McGraw-Hill, 1991). A condição atual das populações de tigres selvagens está documentada em Lynn A. Maguire e Robert C. Lacy, "Allocating scarce resources for conservation of endangered subspecies: partitioning zoo space for tigers", *Conservation Biology*, 4(2): 157-66 (1990).

A história do elo entre a malária e as ESPÉCIES IRMÃS do *Anopheles maculipennis* é revista por Ernst Mayr, *Systematics and the origin of species* (Nova York, Columbia University Press, 1942).

Uma história DO CONCEITO DE ESPÉCIE BIOLÓGICA é oferecida por Ernst Mayr, um de seus principais arquitetos recentes, em *Evolution and the diversity of life: selected essays* (Cambridge, Harvard University Press, 1976).

A ideia de uma ESPÉCIE COMO UM INDIVÍDUO em si foi defendida convincentemente por Michael T. Ghiselin, "Categories, life, and thinking", *Behavioral and Brain Sciences*, 4(2):269-313 (1981).

O REFRÃO DOS ÍONS do grupo de Cavendish, cantado com a melodia de "My darling Clementine", foi relatado pelo aluno de Rutherford, Samuel Devons em "Rutherford and the science of his day", *Notes and Records of the Royal Society of London*, 45(2):221-42 (1991).

A hibridação nos carvalhos e a natureza das SEMIESPÉCIES são discutidas por Alan T. Whittemore e Barbara A. Schaal, "Interspecific gene flow in sympatric oaks", *Proceedings of the National Academy of Sciences*, 88:2540-4 (1991).

A maior frequência do isolamento reprodutivo completo entre ESPÉCIES DE PLANTAS TROPICAIS foi comentada por Alwyn H. Gentry, "Speciation in tropical forests", em L. B. Holm-Nielsen, I. C. Nielsen e H. Balslev (eds.), *Tropical forests: botanical dynamics, speciation, and diversity* (Nova York, Academic Press, 1989), pp. 113-34.

5. NOVAS ESPÉCIES [pp. 67-95]

Aspectos gerais da FORMAÇÃO DE ESPÉCIES são bem analisados por Douglas J. Futuyma, *Evolutionary biology*, 2ª ed. (Sunderland, Sinauer, 1986). Tópicos específicos são abordados num nível mais avançado em Daniel Otte e John A. Endler (eds.), *Speciation and its consequences* (Sunderland, Sinauer, 1989).

A evolução gradual da ESPÉCIE HUMANA intermediária *Homo erectus* é descrita por Wu Rukang e Lin Shenglong, "Peking Man", *Scientific American*, 248:86-94 (jun. 1983).

Os dados sobre as horas de acasalamento das MARIPOSAS GIGANTES DE BICHOS-DA-SEDA são apresentados por Phil e Nellie Rau, "The sex attraction and rhythmic periodicity in the giant saturniid moths", *Transactions of the Academy of Science of St. Louis*, 26:83-221 (1929).

Detalhes do aspecto visual das ARANHAS SALTADORAS durante a corte são dados por Jocelyn Crane, "Comparative biology of salticid spiders at Rancho Grande, Venezuela. Part 4: An analysis of display", *Zoologica* (Nova York), 34(4): 159-214 (1949).

Uma definição formal de SUBESPÉCIE para a política governamental foi proposta por Stephen J. O'Brien e Ernst Mayr, "Bureaucratic mischief: recognizing endangered species and subspecies", *Science*, 251:1187-8 (1991). Os autores também analisaram a condição da pantera da Flórida.

Os mecanismos extremamente simples de isolamento das MARIPOSAS FILÓFAGAS são descritos por Wendell L. Roelofs e Richard L. Brown, "Pheromones and evolutionary relationships of Tortricidae", *Annual Review of Ecology and Systematics*, 13:395-422 (1982).

Os principais artigos sobre os vários modos de ESPECIAÇÃO SIMPÁTRICA são Guy L. Bush, "Modes of animal speciation", *Annual Review of Ecology and Systematics*, 6:339-64 (1975); Scott R. Diehl e G. L. Bush, "The role of habitat preference in adaptation and speciation", em Daniel Otte e John A. Endler (eds.), *Speciation and its consequences* (Sunderland, Sinauer, 1989), pp. 345-65; e Catherine A. e Maurice J. Tauber, "Sympatric speciation in insects: perception and perspective", em Otte e Endler, *Speciation*, pp. 307-44. A teoria de especiação simpátrica por raças hospedeiras foi desenvolvida principalmente por Guy Bush. Uma análise cética é apresentada por Douglas J. Futuyma e Gregory C. Mayer, "Non-allopatric speciation in animals", *Systematic Zoology*, 29(3):254-71 (1980). Futuyma e Mayer concluem que "é tão difícil acontecerem as condições sob as quais a especiação simpátrica dos hospedeiros poderia ocorrer que pouquíssimas espécies poderiam satisfazê-las".

6. AS FORÇAS DA EVOLUÇÃO [pp. 96-117]

Os dados sobre o NÚMERO DE GENES responsáveis pela variação de traços simples são apresentados por Russell Lande, "The minimum number of genes contributing to quantitative variation between and within populations", *Genetics*, 99(3,4):541-53 (1981).

As TAXAS DE EVOLUÇÃO decorrentes de mudanças nas frequências de um único gene são apresentadas por Daniel L. Haiti e Andrew G. Clark, *Principles of population genetics*, 2ª ed. (Sunderland, Sinauer, 1989).

A VARIAÇÃO ALOMÉTRICA nas mandíbulas e chifres dos besouros-machos é estudada por J. T. Clark, "Aspects of variation in the stag beetle *Lucanus cervus* (L.) (Coleoptera: Lucanidae)", *Systematic Entomology*, 2(1):9-16 (1977). A alometria como base das diferenças de casta nas formigas é apresentada em detalhes por Bert Hölldobler e Edward O. Wilson, *The ants* (Cambridge, Harvard University Press, 1990).

Para exemplos da íntima ligação entre MICROEVOLUÇÃO E MACROEVOLUÇÃO veja: sobre a irradiação adaptativa dos *honeycreepers* [óscines melífagos] havaianos, Walter J. Bock, "Microevolutionary sequences as a fundamental concept in macroevolutionary models", *Evolution*, 24(4):704-22 (1970), examinado aqui no capítulo 7; sobre a origem de um novo tipo de mandíbula vertebrada nas cobras bolierinas da ilha Round, Thomas H. Frazzetta, *Complex adaptations in evolving populations* (Sunderland, Sinauer, 1975); e sobre a origem de novas raças cromossômicas e tipos adaptativos nos ratos-toupeiras do Oriente Médio, Eviatar Nevo, "Speciation in action and adaptation in subterranean mole rats: patterns and theory", *Bolletino Zoologia*, 52(1-2):65-95 (1985).

A teoria do EQUILÍBRIO PONTUADO foi apresentada pela primeira vez por Niles Eldredge e Stephen J. Gould, "Punctuated equilibria: an alternative to phyletic gradualism", em T. J. M. Schopf (ed.), *Models in paleobiology* (San Francisco, Freeman, Cooper, 1972), pp. 82-115, e desenvolvida por Gould, "Is a new and general theory of evolution emerging?", *Paleobiology*, 6(1):119-30 (1980), e por Eldredge, *Time frames: the rethinking of darwinian evolution and the theory of punctuated equilibria* (Nova York, Simon and Schuster, 1985). Entre os críticos mais definitivos estão Richard Dawkins, *The blind watchmaker* (Nova York, Norton, 1986); Max K. Hecht e Antoni Hoffman, "Why not Neo-Darwinism? A critique of paleobiological challenges", *Oxford Surveys in Evolutionary Biology*, 3:1-47 (1986); e Jeffrey Levinton, *Genetics, paleontology and macroevolution* (Nova York, Cambridge University Press, 1988). Verificou-se que as evidências apresentadas originalmente por Eldredge e Gould não se coadunam com o modelo de equilíbrio pontuado, veja William L. Brown Jr., "Punctuated equilibrium excused: the original examples fail to support it", *Biological Journal of the Linnean Society*, 31:383-404 (1987).

A ideia de SELEÇÃO DE ESPÉCIES no registro fóssil foi desenvolvida pela primeira vez a partir de evidências fósseis por Steven M. Stanley, "A theory of evolution above the species level", *Proceedings of the National Academy of Sciences*, 72:646-50 (1975). O argumento básico foi ampliado por Elisabeth S. Vrba e Stephen J. Gould, "The hierarchical expansion of sorting and selection", *Paleobiology*, 12(2):217-28 (1986). Todavia, a teoria genética básica já havia sido elaborada no nível de múltiplas populações concorrentes da mesma espécie, seguindo essencialmente o mesmo modelo da seleção de espécies. As monografias mais importantes são Richard Levins, "Extinction", em M. Gerstenhaber (ed.), *Some mathematical questions in biology* (Providence, American Mathematical Society,

1970), pp. 77-107; e Scott A. Boorman e Paul R. Levitt, "Group selection on the boundary of a stable population", *Proceedings of the National Academy of Sciences*, 69(9):2711-3 (1972). O aumento da proliferação de espécies entre os insetos comedores de plantas foi documentado por Charles Mitter, Brian Farrell e Brian Wiegmann, "The phylogenetic study of adaptive zones: has phytophagy promoted insect diversification?", *American Naturalist*, 132(1): 107-28. A conexão entre a distribuição das espécies e as taxas de extinção entre os moluscos provém de David Jablonski, "Heritability at the species level: analysis of geographic ranges of Cretaceous mollusks", *Science*, 288:360-3 (1987), e "Estimates of species duration: response", *Science*, 240:969 (1988). O ciclo de táxon foi introduzido por Edward O. Wilson, "The nature of the taxon cycle in the Melanesian ant fauna", *American Naturalist*, 95:169-93 (1961); e examinado recentemente por James K. Liebherr e Ann E. Hajek, "A cladistic test of the taxon cycle and taxon pulse hypotheses", *Cladistics*, 6:39-59 (1990). Elisabeth Vrba documentou as taxas de rotatividade dos antílopes africanos e outros mamíferos bovídeos em "African Bovidae: evolutionary events since the Miocene", *South African Journal of Science*, 81:263-6 (1985), e "Mammals as a key to evolutionary theory", *Journal of Mammalogy*, 73(1): 1-28 (1992). Finalmente, o exemplo de seleção conflitante de organismos e espécies entre plantas do deserto foi sugerido por dados em Delbert C. Wiens et al., "Developmental failure and loss of reproductive capacity in the rare paleoendemic shrub *Dedeckera eurekensis*", *Nature*, 338:65-7 (1989); hipóteses alternativas para explicar os dados foram examinadas por Deborah Charlesworth, "Evolution of low female fertility in plants: pollen limitation, resource allocation and genetic load", *Trends in Ecology and Evolution*, 4(10):289-92 (1989).

7. IRRADIAÇÃO ADAPTATIVA [pp. 118-65]

A estimativa do número de ESPÉCIES ENDÊMICAS DE INSETOS NO HAVAÍ foi apresentada por F. G. Howarth, S. H. Sohmer e W. D. Duckworth, "Hawaiian natural history and conservation efforts", *BioScience*, 38(4):232-8 (1988).

Os ÓSCINES MELÍFAGOS DO HAVAÍ são examinados por Walter J. Bock, "Microevolutionary sequences as a fundamental concept in macroevolutionary models", *Evolution*, 24(4):704-22 (1970), e J. Michael Scott et al., "Conservation of Hawaii's vanishing avifauna", *BioScience*, 38(4):238-53 (1988). Incluí informações adicionais de Storrs L. Olson (comunicação pessoal) que, junto com Helen F. James, iniciou estudos pioneiros das espécies subfósseis extintas pelos primeiros colonizadores polinésios do Havaí.

Os detalhes da força do IMPACTO DA BICADA DO PICA-PAU foram obtidos de Philip R. A. May et al., "Woodpeckers and head injury", *Lancet*, 28/2/1976, pp. 454-5; e "Woodpecker drilling behavior: an endorsement of the rotational theory of impact brain injury", *Archives of Neurology*, 36:370-3 (1979).

A obra definitiva sobre os TENTILHÕES DE DARWIN (subfamília Geospizinae) é a de Peter R. Grant, *Ecology and evolution of Darwin's finches* (Princeton, Princeton University Press, 1986). Outro relato valioso, mais popular, é Sherwin Carlquist, *Island life: a natural history of the islands of the world* (Garden City, Natural History Press, 1965).

O melhor relato sobre ERVAS COMPOSTAS EM ILHAS é fornecido por Sherwin Carlquist em *Island life* e em *Island biology* (Nova York, Columbia University Press, 1974). Informações mais recentes sobre a flora de Santa Helena são dadas por Mark Williamson, "St. Helena ebony tree saved", *Nature*, 309:581 (1984). Os dados sobre os besouros basicamente extintos de Santa Helena foram obtidos do estudo clássico de T. Vernon Wollaston, *Coleoptera sanctae-helenae* (Londres, John van Voorst, 1877), atualizado por P. Basilewski e J. Decelle em sua introdução a "La faune terrestre de l'île de Sainte-Hélène", *Annales, Musée Royale de l'Afrique Centrale, Tervuren, Belgium, Sciences Zoologiques*, 192:1-9(1972).

Os hábitos alimentares gargântuos do TENTILHÃO DA ILHA DOS COCOS foram descobertos por Tracey K. Werner e Thomas W. Sherry e relatados em "Behavioral feeding specialization in *Pinaroloxias inornata*, the 'Darwin's finch' of Cocos Island, Costa Rica", *Proceedings of the Natural Academy of Sciences*, 84:5506-10 (1987).

Artigos definitivos sobre a EVOLUÇÃO DOS PEIXES CICLÍDEOS são apresentados em *Evolution of fish species flocks*, ed. Anthony A. Echelle e Irv Kornfield (Orono, University of Maine Press, 1984). Veja os artigos de Wallace J. Dominey, P. Humphry Greenwood, Leslie S. Kaufman, Karel F. Liem, Kenneth R. McKaye, Richard E. Strauss e Frans Witte. A comprovação molecular da origem dos ciclídeos do lago Vitória é dada por Axel Meyer et al., "Monophyletic origin of lake Victoria cichlid fishes suggested by mitochondrial DNA sequences", *Nature*, 347:550-3 (1990). Uma análise recente das espécies do lago Vitória foi empreendida por F. Witte e M. J. P. van Oijen, "Taxonomy, ecology and fishery of lake Victoria haplochromine trophic groups", *Zoologische Verhandelingen*, 262:1-47 (1991). Estimativas das taxas de extinção devido à perca do Nilo foram feitas por C. D. N. Barel et al., "The haplochromine cichlids in lake Victoria: an assessment of biological and fisheries interests", em M. H. A. Keenleyside (ed.), *Cichlid fishes: behaviour, ecology, and evolution* (Londres, Chapman and Hall, 1991), pp. 258-79.

O papel da PLASTICIDADE DE ANATOMIA E COMPORTAMENTO na macroevolução é enfatizado por Mary Jane West-Eberhard, "Phenotypic plasticity and the origins of diversity", *Annual Review of Ecology and Systematics*, 20:249--78 (1989). Ela oferece muitos exemplos interessantes para mostrar como a formação de espécies pode avançar rapidamente durante breves períodos de isolamento geográfico. Um efeito similar é postulado por Wallace J. Dominey, "Effects of sexual selection and life history on speciation: species flocks in African cichlids and Hawaiian *Drosophila*", em Echelle e Kornfield, *Evolution of fish species flocks*.

O caso das múltiplas formas da TRUTA ÁRTICA é descrito por Skúli Skúlason, David L. G. Noakes e Sigurdur S. Snorrason, "Ontogeny of trophic morphology in four sympatic morphs of Arctic char *Salvelinus alpinus* in Thingvallavatn, Iceland", *Biological Journal of the Linnean Society*, 38:281-301 (1989).

Partes da descrição da IRRADIAÇÃO ADAPTATIVA NOS TUBARÕES são adaptadas de meu artigo "In praise of sharks", *Discover*, 6(7):40-2, 48, 50-3 (1985).

A descrição do GRANDE TUBARÃO-BRANCO de Hugh Edwards está em *Sharks*, ed. J. D. Stevens (Nova York, Facts on File, 1987), p. 212. Artigos esclarecedores sobre a história natural dos tubarões são apresentados por outros autores no mesmo volume e por Victor G. Springer e Joy P. Gold, *Sharks in question* (Washington, D. C., Smithsonian Institution Press, 1989).

Um relato dos ataques de CAÇÕES-BAGRES a submarinos nucleares é oferecido por C. Scott Johnson, "Sea creatures and the problem of equipment damage", *U. S. Naval Institute Proceedings*, ago. 1978, pp. 106-7.

A história do TUBARÃO MEGABOCA é resumida em Springer e Gold, *Sharks in question*. Um relato da migração vertical é apresentado no volume de março de 1991 da *National Geographic*. Fui beneficiado com outras informações obtidas em conversas com Robert J. Lavenberg, do Museu de História Natural do condado de Los Angeles, que estudou o segundo espécimen californiano ao vivo em seu hábitat natural.

A QUARTA IRRADIAÇÃO ADAPTATIVA DE MAMÍFEROS ocorreu na grande ilha de Madagáscar, produzindo uma vasta gama de lêmures, que são primatas primitivos semelhantes aos macacos, e de *tenrecs* [gênero *Centetes*], insetívoros que parecem uma mistura de musaranho, toupeira e ouriço. Mas a disseminação dos principais tipos adaptativos na fauna como um todo ainda fica aquém da ocorrida na Austrália, América do Sul e Continente Mundial.

O estudo clássico dos MAMÍFEROS AUSTRALIANOS é o de Ellis Troughton, *Furred animals of Australia* (Londres, Angus and Robertson, 1941). Uma monografia mais recente sobre os mamíferos australianos, com atenção especial à conservação, é o volume magnificamente ilustrado de Tim Flannery, *Australia's vanishing mammals* (Surry Hills, Nova Gales do Sul, RD Press, 1990).

Uma excelente descrição do GRANDE INTERCÂMBIO AMERICANO é dada por George Gaylord Simpson, *Splendid isolation: the curious history of South American mammals* (New Haven, Yale University Press, 1980). O resumo mais recente das evidências fósseis e biogeográficas, no qual o meu relato está baseado, é Larry G. Marshall et al., "Mammalian evolution and the Great American Interchange", *Science*, 215:1351-7 (1982); e L. G. Marshall, "Land mammals and the Great American Interchange", *American Scientist*, 76:380-8 (1988). Uma descrição detalhada das espécies que foram extintas é oferecida por Elaine Anderson, "Who's who in the Pleistocene: a mammalian bestiary", em Paul S. Martin e Richard G. Klein (eds.), *Quaternary extinctions* (Tucson, University of Arizona Press, 1984), pp. 40-89.

Tratei mais formalmente da relação entre diversidade e LONGEVIDADE E DOMINAÇÃO em *Success and dominance in ecosystemas: the case of the social insects* (Oldendorf-Luhe, Ecological Institute, 1990). Longevidade é definida como a duração no tempo geológico de uma espécie e todas as suas descendentes. Mas quero acrescentar aqui uma nota para afirmar, mais precisamente, que a longevidade que interessa é o conjunto de traços pelos quais a espécie e suas descendentes são diagnosticadas — por exemplo, uma determinada glândula, ou estrutura óssea, ou formato de chifre. O fim do grupo de espécies pode então ocorrer por meio da extinção absoluta (a morte de todas as populações) ou por extinção "cronotaxionômica", pela qual as populações do grupo da espécie desenvolvem traços suficientemente diferentes para que as populações sejam classificadas como um gênero (ou mesmo um nível taxionômico mais elevado) diferente.

8. A BIOSFERA INEXPLORADA [pp. 166-202]

Uma análise incisiva dos FILOS DE ORGANISMOS é a de Lynn Margulis e Karlene V. Schwartz, *Five kingdoms: an illustrated guide to the phyla of life on Earth* (San Francisco, Freeman, 1982). Esse livro foi lançado pouco antes da descrição dos loriciferianos por R. M. Kristensen, "Loricifera, a new phylum with aschelminthes characters from the meiobenthos", *Zeitschrift für Zoologische Systematik und Evolutionsforschung*, 21(3): 163-8 (1983). Um relato atualizado dos loriciferianos é dado por Richard C. e Gary J. Brusca, *Invertebrates* (Sunderland, Sinauer, 1990).

As estimativas sobre o NÚMERO DE ESPÉCIES DESCRITAS de acordo com seus grupos vieram do meu artigo "The current state of biological diversity", em E. O. Wilson e F. M. Peter (eds.), *Biodiversity* (Washington, D. C., National Academy Press, 1988), pp. 3-18. Relatos detalhados sobre diversidade e o grau de confiabilidade das estimativas de números de espécies são apresentados individualmente para diversos grupos em Sybil P. Parker (ed.), *Synopsis and classification of living organisms*, vols. 1 e 2 (Nova York, McGraw-Hill, 1982). Essa obra forneceu a maioria das estimativas apresentadas aqui para que eu chegasse a um total mundial de 1,4 milhão. Em 1978, T. R. E. Southwood calculou o total em 1,4 milhão, excluindo fungos, algas, e bactérias e outras moneras, em Laurence A. Mound e Nadia Waloff (eds.), *Diversity of insect faunas* (Londres, Blackwell, 1978), pp. 19-40. Quando esses grupos ausentes são incluídos, o total mundial estimado por Southwood chega a 1,5 milhão. Nigel E. Stork, "Insect diversity: facts, fiction and speculation", *Biological Journal of the Linnean Society*, 35:321-37 (1988), cita uma estimativa não publicada de N. M. Collins, segundo a qual haveria 1,8 milhão de espécies somente de plantas e animais; se os fungos e moneras forem acrescentados, sua cifra aumenta para 1,9 milhão. Tendo a achar que este último número é alto demais, embora a minha estimativa possa ser baixa demais.

O relato especulativo do destino de UM MUNDO SEM INSETOS é uma versão modificada de minha palestra "The little things that run the world", apresentada no National Zoological Park de Washington, D. C., em 7/5/1987, e subsequentemente publicada em *Conservation Biology*, 1(4):344-6 (1987).

A estimativa apresentada por Terry Erwin sobre a DIVERSIDADE DE ARTRÓPODES DAS FLORESTAS PLUVIAIS foi apresentada pela primeira vez em "Tropical forests: their richness in coleoptera and other arthropod species", *Coleopterists' Bulletin*, 36(1):74-5 (1982), e "Beetles and other insects of tropical forest canopies at Manaus, Brazil, sampled by insecticidal fogging", em S. L. Sutton, T. C. Whitmore e A. C. Chadwick (eds.), *Tropical rain forest: ecology and management* (Londres, Blackwell, 1983), pp. 59-75. Uma avaliação dessa estimativa, com novas análises, é apresentada por Robert M. May, "How many species are there on Earth?", *Science*, 241:1441-9 (1988), e "How many species?", *Philosophical Transactions of the Royal Society of London*, ser. B, 330:293-304 (1990); Nigel Stork, "Insect diversity" e comunicação pessoal; e Kevin J. Gaston "The magnitude of global insect species richness", *Conservation Biology*, 5(3):283-96 (1991). O relato apresentado aqui é uma modificação de meu artigo "Rain forest canopy: the high frontier", *National Geographic*, 180:78-107 (dez. 1991).

C. WILLIAM BEEBE escreveu sobre a abóbada inexplorada das florestas pluviais tropicais em *Tropical wild life in British Guiana*, de Beebe, G. Inness Hartley e Paul G. Howes (Nova York, New York Zoological Society, 1917).

Nosso conhecimento da diversidade biológica no FUNDO DO MAR é resumido por J. Frederick Grassle, "Deepsea benthic biodiversity", *BioScience*, 41(7):464-9 (1991).

A estimativa da diversidade de BACTÉRIAS DO SOLO através da comparação de filamentos de DNA é descrita em dois artigos de Jostein Goksøyr, Vigdis Torsvik e seus colegas em *Applied and Environmental Microbiology*, 56(3):776-81, 782-7 (1990). Pude ainda fazer uso de outros manuscritos inéditos gentilmente cedidos por Jostein Goksøyr.

O CRITÉRIO DE 70% DE NUCLEOTÍDEOS IDÊNTICOS foi proposto pelo Ad Hoc Committee on Reconciliation of Approaches to Bacterial Systematics em *International Journal of Systematic Bacteriology*, 37:463-4 (1987).

As NOVAS FLORAS BACTERIANAS descobertas em perfurações profundas são caracterizadas por Carl B. Fliermans e David L. Balkwill, "Microbial life in deep terrestrial subsurfaces", *BioScience*, 39(6):370-7 (1989).

A DIVERSIDADE DE FUNGOS é um outro grande desconhecido; sua magnitude talvez se aproxime da das bactérias. Numa estimativa recente, David L. Hawksworth afirma que o número de espécies conhecidas é 69 mil mas que o número efetivo na Terra provavelmente chega a 1,5 milhão. "The fungal dimension of biodiversity: magnitude, significance, and conservation", *Mycological Research*, 95(6):641-55 (1991).

A SIMBIOSE de cochonilhas, levedos e bactérias é descrita por Paul Buchner, *Endosymbiosis of animals with plant microorganisms* (Nova York, Interscience Publishers, Wiley, 1965), pp. 271-2.

A informação sobre a descoberta de novas espécies de BALEIAS E TONINHAS foi tirada de W. F. J. Mörzer Bruyns, *Field guide of whales and dolphins* (Amsterdam, C. A. Mees, 1971), e Katherine Ralls e Robert L. Brownell Jr., "A whale of a new species", *Nature*, 350:560 (1991).

Um relato técnico mas claro da equitatividade e outros PARÂMETROS DE DIVERSIDADE de faunas e floras locais é apresentado por Anne E. Magurran, *Ecological diversity and its measurement* (Princeton, Princeton University Press, 1988).

A contagem de REINOS E FILOS de organismos vivos é baseada em Lynn Margulis e Karlene V. Schwartz, *Five kingdoms: an illustrated guide to the phyla of life on Earth* (San Francisco, Freeman, 1982). A tese de que as arqueobactérias constituiriam um sexto reino é defensável, mas os taxiólogos ainda não chegaram a um consenso.

A história natural dos FALCÕES DA FLORESTA NEGRA foi tirada de Roger Tory Peterson, Guy Montfort e P. A. D. Hollom, *A field guide to the birds of Britain and Europe*, 2ª ed. (Boston, Houghton Mifflin, 1967). De acordo com Hans Löhrl (comunicação pessoal através de Ernst Mayr), o açor, uma espécie ameaçada em partes da América do Norte, não apenas continua sobrevivendo na Floresta Negra, como o número deles tem aumentado, a ponto de ameaçar o *capercaillie* [*Tetrao urogallus*, o tetraz-das-serras], a enorme ave de caça da região.

Sobre a MEDIDA DE DIVERSIDADE GÊNICA: as estimativas de alozimas são de Robert K. Selander, "Genie variation in natural populations", em F. J. Ayala (ed.), *Molecular evolution* (Sunderland, Sinauer, 1976), pp. 21-45, e "Genetic variation in natural populations: patterns and theory", *Theoretical Population Biology*, 13(1): 121-77 (1978). Outros aspectos da pesquisa de alozimas e novas medidas de diversidade dos nucleotídeos são apresentados por Wen-Hsiung Li e Dan Graur, *Fundamentals of molecular evolution* (Sunderland, Sinauer, 1991), e R. K. Selander, Andrew G. Clark e Thomas S. Whittam, *Evolution at the molecular level* (Sunderland, Sinauer, 1991). Fico agradecido a Russell Lande pelos valiosos conselhos na estimativa da diversidade genética total baseada em suas pesquisas.

9. A CRIAÇÃO DE ECOSSISTEMAS [pp. 203-26]

O papel da LONTRA MARINHA ENQUANTO ESPÉCIE-CHAVE é detalhado em David O. Duggins, "Kelp beds and sea otters: an experimental approach", *Ecology*, 61(3):447-53 (1980).

A tese de que OS JAGUARES E PUMAS SÃO ESPÉCIES-CHAVES é defendida por John Terborgh, "The big things that run the world — a sequel to E. O. Wilson", *Conservation Biology*, 2(4):402-3 (1988). A estimativa de que a população de quatis e outros roedores aumentou dez vezes na ausência dos jaguares e pumas na ilha Barro Colorado é baseada numa comparação com a fauna de Cocha Cashu, Peru, onde os grandes felinos ainda vivem.

O PAPEL-CHAVE DOS GRANDES MAMÍFEROS AFRICANOS é documentado por Norman Owen-Smith, "Megafaunal extinctions: the conservation message from 11,000 years B. P.", em *Conservation Biology*, 3(4):405-12 (1989).

O relato das FORMIGAS-CORREIÇÃO AFRICANAS é adaptado de meu *Success and dominance in ecosystems: the case of the social insects* (Oldendorf-Luhe, Ecological Institute, 1990).

As REGRAS DE FORMAÇÃO de comunidades foram inferidas para as aves da Nova Guiné por Jared M. Diamond, "Assembly of species communities", em M. L. Cody e J. M. Diamond (eds.), *Ecology and evolution of communities* (Cambridge, Harvard University Press, 1975), pp. 342-444. Uma crítica da abordagem de Diamond baseada em análises estatísticas é apresentada por Daniel Simberloff, "Using island biogeographic distributions to determine if colonization is stochastic", *American Naturalist*, 112:713-26 (1978); "Competition theory, hypothesis testing, and other community-ecology buzzwords", *American Naturalist*, 122:626-35 (1983). Uma revisão geral abrangendo muitos grupos de micro-organismos e animais foi apresentada recentemente por James A. Drake, "Communities as assembled structures: do rules govern pattern?", *Trends in Ecology and Evolution*, 5(5):159-64 (1990). Drake, que conclui que as regras de formação baseadas na competição de fato existem, também utiliza a analogia do quebra-cabeça para descrever as sequências de colonização. Outras abordagens, geralmente favoráveis, do papel da competição são apresentadas pelos autores de *Community ecology*, ed. Jared Diamond e Ted J. Case (Nova York, Harper and Row, 1986).

A COMPETIÇÃO DAS FORMIGAS-LAVA-PÉS é narrada em Hölldobler e Wilson, *The ants*.

COMPRESSÃO E LIBERAÇÃO na competição entre os tentilhões de Darwin são descritas por Peter R. Grant, *Ecology and evolution of Darwin's finches* (Princeton, Princeton University Press, 1986).

O DESLOCAMENTO DE CARACTERES nos tentilhões de Darwin foi sugerido pela primeira vez por David Lack em seu clássico *Darwin's finches* (Cambridge, Cambridge University Press, 1947). Foi depois documentado com um detalhamento convincente por Peter Grant em seu próprio clássico de 1986, *Ecology and evolution of Darwin's finches*. A analogia entre a estrutura dos bicos e os alicates foi introduzida por Robert I. Bowman como parte de uma análise detalhada em "Morphological differentiation and adaptation in the Galápagos finches", *University of California Publications in Zoology*, 58:1-302 (1961).

A relação entre PREDAÇÃO E NÚMERO DE ESPÉCIES de moluscos em zona de maré é relatada por Robert T. Paine, "Food web complexity and species diversity", *American Naturalist*, 100:65-75 (1966).

Agradeço a Michael Huben por me mostrar como extrair e examinar ÁCAROS DA TESTA.

Veja alguns estudos sérios das TEIAS ALIMENTARES em Joel E. Cohen, *Food webs and niche space* (Princeton, Princeton University Press, 1978); Joel E. Cohen, Frédéric Briand e Charles M. Newman (eds.), *Community food webs* (Nova York, Springer, 1990); e Stuart L. Pimm, John H. Lawfon e Joel E. Cohen, "Food web patterns and their consequences", *Nature*, 350:669-74 (1991).

A estranha predação recíproca entre LARVAS DE MOSQUITOS E PROTOZOÁRIOS do gênero *Lambornella* foi descrita por Jan O. Washburn et al., "Predator-induced trophic shift of a free-living ciliate: parasitism of mosquito larvae by their prey", *Science*, 240:1193-5 (1988).

10. A BIODIVERSIDADE ATINGE O ÁPICE [pp. 227-64]

Detalhes dos AGREGADOS MACROBIAIS E ESTROMATOLITOS são fornecidos por David J. des Marais, "Microbial mats and the early evolution of life", *Trends in Ecology and Evolution*, 5(5): 140-4 (1990), e em textos de palestras proferidas por J. William Schopf em Steve Olson, *Shaping the future: biology and human values* (Washington, D. C., National Academy Press, 1989).

Os detalhes da HISTÓRIA DE DIVERSIDADE foram tirados de inúmeras fontes, em particular Andrew H. Knoll e John Bauld, "The evolution of ecological tolerance in prokaryotes", *Transactions of the Royal Society of Edinburgh, Earth Sciences*, 80:209-23 (1989); textos de palestras de J. William Schopf em Olson, *Shaping the future*; Philip W. Signor, "The geologic history of diversity", *Annual Review of Ecology and Systematics*, 21:509-39 (1990); e Mark A. S. McMenamin, "The emergence of animals", *Scientific American*, 256:94-102 (abr. 1987). Os relatos sobre os esporos das primeiras plantas terrestres e tocas de animais invertebrados partiram de Gregory J. Retallack e Carolyn R. Feakes, "Trace fossil evidence for late Ordovician animals on land", *Science*, 235:61-3 (1987). Também fiz uso do manuscrito inédito de A. H. Knoll e Heinrich D. Holland, "Oxigen and Proterozoic evolution: an update".

O conceito de PROGRESSO EVOLUTIVO mencionado aqui foi apresentado pela primeira vez em meu *Success and dominance in ecosystems: the case of the social insects* (Oldendorf-Luhe, Ecological Institute, 1990).

A ideia de uma média móvel no sentido de ANIMAIS MAIORES E MAIS COMPLEXOS AO LONGO DO TEMPO GEOLÓGICO é documentada por Geerat J. Vermeij, *Evolution and escalation: an ecological history of life* (Princeton, Princeton University Press, 1987), e por John Tyler Bonner, *The evolution of complexity by means of natural selection* (Princeton, Princeton University Press, 1988).

A época do PERÍODO CAMBRIANO e, portanto, todo o éon fanerozoico, 550 milhões de anos, é o consenso entre geólogos, de acordo com Simon Conway Morris (comunicação pessoal). A ligação entre o aumento do oxigênio atmosférico e a origem de animais macroscópicos no final do Pré-Cambriano e início do Cambriano foi proposta pela primeira vez como um modelo teórico por Preston Cloud.

As estimativas de TAXAS DE EXTINÇÃO entre organismos marinhos são baseadas em muitos estudos do registro fóssil do Permiano e do Triássico, analisados em D. H. Erwin, "The End-Permian mass extinction", *Annual Review of Ecology and Systematics*, 21:69-91 (1990).

O ARGUMENTO DO CAMPO DE ARTILHARIA foi apresentado em David M. Raup, *Extinction: bad genes or bad luck?* (Nova York, Norton, 1991), e decorre de suas técnicas para estimar taxas de extinção conforme o grau taxionômico apresentadas em "Taxonomic diversity estimation using rarefaction", *Paleobiology* 1(4):333-42 (1975). Acrescentei ao argumento um toque militar.

Uma análise abalizada da EXPLOSÃO CAMBRIANA na evolução dos animais marinhos é oferecida por S. Conway Morris, "Burgess Shale faunas and the Cambrian explosion", *Science*, 246:339-46 (1989). As afinidades entre diversos fósseis problemáticos, incluindo *Hallucigenia*, e o filo vivo Onychophora foram sugeridas por L. Ramsköld e Hou Xianguang, "New Early Cambrian animal and onychophoran affinities of enigmatic metazoans", *Nature*, 351:225-8 (1991). O diagnóstico da bizarra *Wiwaxia corrugata* foi feito por Nicholas J. Butterfield, "A reassessment of the enigmatic Burgess Shale fossil *Wiwaxia corrugata* (Matthew) and its relationships to the polychaete *Canadia spinosa* (Walcott)", *Paleobiology*, 16(3):287-303 (1990).

O sumário feito por Signor da correlação entre GEOGRAFIA CONTINENTAL E BIODIVERSIDADE GLOBAL está em seu "Geologic history of diversity".

A tendência no sentido de um ENRIQUECIMENTO DAS FAUNAS E FLORAS LOCAIS é documentada por J. John Sepkoski Jr. et al., "Phanerozoic marine diversity and the fossil record", *Nature*, 293:435-7 (1981); e Andrew H. Knoll, "Patterns of change in plant communities through geological time", em Jared M. Diamond e Ted J. Case (eds.), *Community ecology* (Nova York, Harper and Row, 1986), pp. 126-41.

GRADIENTES DE DIVERSIDADE LATITUDINAL. O número de espécies de aves que procriam no hemisfério norte foi obtido de Adrian Forsyth, *Portraits of the rainforest* (Ontário, Camden House, Camden East, 1990). Raymond A. Paynter forneceu-me o número de espécies colombianas. Uma lista de publicações documentando o gradiente de diversidade latitudinal numa ampla variedade de plantas e animais é oferecida em George C. Stevens, "The latitudinal gradient in geographical range: how so many species coexist in the tropics", *American Naturalist*, 133(2):240-56 (1989).

As estimativas da DIVERSIDADE DE PLANTAS nos trópicos e nas zonas temperadas estão em Peter H. Raven, "The scope of the plant conservation problem world-wide", em David Bramwell, Ole Hamann, V. H. Heywood e Hugh Synge (eds.), *Botanic gardens and the world conservation strategy* (Nova York, Academic Press, 1987), pp. 19-29. A contagem de espécies de árvores no Peru, um recorde mundial, feita por Alwyn H. Gentry está em "Tree species richness of upper Amazonian forests", *Proceedings of the National Academy of Sciences*, 85:156-9 (1988). As estimativas não publicadas de Peter

S. Ashton sobre a diversidade de árvores em Bornéo foram-me transmitidas por comunicação pessoal.

Os DADOS SOBRE A DIVERSIDADE DE BORBOLETAS do Peru e do Brasil são citados por Gerardo Lamas, Robert K. Robbins e Donald J. Harvey, "A preliminary survey of the butterfly fauna of Pakitza, Parque Nacional del Manu, Peru, with an estimate of its species richness", *Publicaciones del Museo de Historia Natural, Universidad Nacional Mayor de San Marcos, serie A Zoologia*, 40:1-19 (1991); e Thomas C. Emmel e George T. Austin, "The tropical rain forest butterfly fauna of Rondonia, Brazil: species diversity and conservation", *Tropical Lepidoptera*, 1(1):1-12 (1990).

As FORMIGAS DE UMA ÚNICA ÁRVORE na floresta pluvial peruana foram analisadas por mim em "The arboreal ant fauna of Peruvian Amazon forests: a first assessment", *Biotropica*, 19(3):245-51 (1987). A estimativa feita por Terry L. Erwin sobre o NÚMERO DE ESPÉCIES DE BESOUROS em uma floresta pluvial panamenha está em "Tropical forests: their richness in coleoptera and other arthropod species", *Coleopterist's Bulletin*, 36(1):74-5 (1982). Estimativas da diversidade de besouros na América do Norte e no mundo estão em Ross H. Arnett Jr., *American insects: a handbook of the insects of America North of Mexico* (Nova York, Van Nostrand Reinhold, 1985).

A correlação de David J. Currie entre RIQUEZA DE ESPÉCIES DE VERTEBRADOS E DE ÁRVORES na América do Norte e variáveis ambientais está apresentada em "Energy and large-scale patterns of animal- and plant-species richness", *American Naturalist*, 137(1):27-49 (1991).

A REGRA DE RAPOPORT, assim chamada por George Stevens, foi proposta pelo ecologista argentino Eduardo H. Rapoport em *Aerography: geographical strategies of species*, trad. inglesa do original espanhol (Nova York, Pergamon, 1982). Entretanto, o próprio Stevens compilou os dados publicados a partir de inúmeras fontes que fecharam a questão. Ele também estabeleceu o elo entre a regra de Rapoport — segundo a qual as espécies de regiões temperadas têm uma distribuição latitudinal mais ampla — e a necessidade que as espécies das regiões temperadas têm de ocupar ambientes locais mais variados. O estreitamento das distribuições latitudinais nas encostas de montanhas tropicais pelo mesmo efeito, uma ideia essencialmente idêntica à regra de Rapoport, foi introduzida em 1967 por Daniel H. Janzen, "Why mountain passes are higher in the tropics", *American Naturalist*, 101:233-49.

Os CARUNCHOS DA NOVA GUINÉ, com jardins de algas, liquens e musgos nas costas, foram descobertos por J. Linsley Gressitt, "Epizoic symbiosis", *Entomological News*, 80(1): 1-5 (1969).

Dynamine hoppi e muitas outras ESPÉCIES DE BORBOLETAS lindas e raras são descritas em Philip J. DeVries, *The butterflies of Costa Rica and their natural history: Papilionidae, Pieridae, Nymphalidae* (Princeton, Princeton University Press, 1987).

O MODELO DE ORIGEM E ESCOAMENTO é apreciado por H. Ronald Pulliam,

"Sources, sinks, and population regulation", *American Naturalist*, 132(5):652-61 (1988). Foi particularmente bem documentado no estudo exaustivo sobre a diversidade de árvores no Panamá por Stephen Hubbell e Robin Foster, "Commonness and rarity in a neotropical forest: implications for tropical tree conservation", em Michael E. Soulé (ed.), *Conservation biology: the science of scarcity and diversity* (Sunderland, Sinauer, 1986), pp. 205-31.

O relato sobre EPÍFITAS foi modificado a partir do meu "Rain forest canopy: the high frontier", *National Geographic*, 180:78-107 (dez. 1991).

A importância dos ANIMAIS DO FUNDO MARINHO para a estabilidade do meio ambiente foi ressaltada pela primeira vez por Howard L. Sanders, "Marine benthic diversity: a comparative study", *American Naturalist*, 102:243-82 (1968).

Análises do EFEITO DO TAMANHO DOS ORGANISMOS sobre a diversidade biológica estão em D. R. Morse et al., "Fractal dimension of vegetation and the distribution of arthropod body lengths", *Nature*, 314:731-3 (1985); e Robert M. May, "How many species are there on Earth?", *Science*, 241:1441-9 (1988).

G. Evelyn Hutchinson e Robert H. MacArthur propuseram a REGRA DO AUMENTO LOGARÍTMICO DA BIODIVERSIDADE com a diminuição do tamanho do organismo em "A theoretical ecological model of size distributions among species of animals", *American Naturalist*, 93:117-25 (1959).

A ANÁLISE FRACTAL DO TAMANHO DO NICHO como determinante da biodiversidade foi introduzida por Morse et al., "Fractal dimension". Esses ecologistas mediram as superfícies efetivas da vegetação para chegar às diferenças percebidas pelos organismos de diferentes tamanhos.

O MUNDO DOS ÁCAROS DE PENAS na plumagem dos papagaios é descrito por Tila M. Pérez e Warren T. Atyeo, "Site selection of the feather and quill mites of Mexican parrots", em D. A. Griffiths e C. E. Bowman (eds.), *Acarology VI* (Chichester, Inglaterra, Ellis Horwood, 1984), pp. 563-70. Detalhes adicionais me foram gentilmente fornecidos por Tila Pérez em comunicação pessoal.

Os últimos dias do PERIQUITO DA CAROLINA são descritos por Doreen Buscami, "The last American parakeet", *Natural History*, 87(4): 10-2 (1978).

Estudos estatísticos bastante completos dos FATORES QUE AFETAM O NÚMERO DE ESPÉCIES ANIMAIS foram realizados recentemente por Kenneth P. Dial e John M. Marzluff. Veja "Are the smallest organisms the most diverse?", *Ecology*, 69(5): 1620-4 (1988); "Nonrandom diversification within taxonomic assemblages", *Systematic Zoology*, 38(1): 26-27 (1989); e "Life history correlates of taxonomic diversity", *Ecology*, 72(2):428-39 (1990).

O relato da DIVERSIDADE E PREDOMÍNIO DOS INSETOS apresentado aqui é baseado em meu "First word", *Omni*, 12:6 (set. 1990).

Os motivos para a grande variedade e IMPORTÂNCIA ECOLÓGICA DOS INSETOS são estudados por T. R. E. Southwood, "The components of diversity", em Laurence A. Mound e Nadia Waloff (eds.), *Diversity of insect faunas* (Londres, Blackwell, 1978), pp. 19-40.

A descrição da IRRADIAÇÃO ADAPTATIVA DE MAMÍFEROS AFRICANOS foi modificada do original de Charles J. Lumsden e Edward O. Wilson, *Promethean fire* (Cambridge, Harvard University Press, 1983).

11. A VIDA E A MORTE DAS ESPÉCIES [pp. 266-301]

O relato da extinção do VISCO DA NOVA ZELÂNDIA é baseado em David A. Norton, "*Trilepidea adamsii*: an obituary for a species", *Conservation Biology*, 5(1):52-7 (1991).

Os dados sobre as TAXAS DE EXTINÇÃO DOS ORGANISMOS MARINHOS estão em David M. Raup, "Extinction: bad genes or bad luck?", *Acta geológica hispánica*, 16(1-2):25-33 (1981); e "Evolutionary radiations and extinction", em H. D. Holland e A. F. Trandall (eds.), *Patterns of change in evolution* (Berlim, Dahlem Konferenzen, Abakon Verlagsgesellschaft, 1984), pp. 5-14.

A CONSTÂNCIA APROXIMADA DA EXTINÇÃO DE ESPÉCIES em um clade — e de clades dentro de clades maiores — foi documentada por Leigh van Valen, "A new evolutionary law", *Evolutionary Theory*, 1:1-30 (1973). Uma avaliação atualizada de longevidade, confirmando a constância mas com inúmeras exceções, é oferecida por Jeffrey Levinton, *Genetics, paleontology and macroevolution* (Nova York, Cambridge Univesity Press, 1988).

A HISTÓRIA RECENTE DOS BÚFALOS E ANTÍLOPES AFRICANOS, incluindo um episódio de extinção em massa há 2,5 milhões de anos, é detalhada por Elisabeth S. Vrba, "African bovidae: evolutionary events since the Miocene", *South African Journal of Science*, 81:263-6 (1985).

A RÁPIDA FORMAÇÃO DE ESPÉCIES nas plantas andinas, especialmente orquídeas, é defendida por Alwyn H. Gentry e Calaway H. Dodson, "Diversity and biogeography of neotropical vascular epiphytes", *Annals of the Missouri Botanical Garden*, 74:205-33 (1987).

O NASCIMENTO DA ILHA SURTSEY em 14/11/1963 foi seguido pela colonização de plantas e animais de uma maneira semelhante à ocorrida em Krakatau (capítulo 2), embora com um número bem menor de espécies. A história da ilha é detalhada por Sturla Fridriksson, *Surtsey: evolution of life on a volcanic island* (Nova York, Halsted Press, Wiley, 1975). Os islandeses já testemunharam episódios similares diversas vezes. O poema "Völuspá", do século X, transforma as erupções em estrépitos do gigante do fogo, Surtur, o Negro: "Estrelas quentes são lançadas/ do Céu em turbilhão./ Ardentes ascendem o vapor/ e chamas que dão vida./ Até que de um salto o fogo sobe/ e envolve o próprio Céu". O nome Surtsey significa "ilha de Surtur".

A TEORIA DE BIOGEOGRAFIA INSULAR foi apresentada em 1963 por Robert H. MacArthur e Edward O. Wilson, "An equilibrium theory of insular zoogeography", *Evolution*, 17(4):373-87, e elaborada em nosso *The theory of island biogeography* (Princeton, Princeton University Press, 1967). Houve muitas discussões e aperfeiçoamentos da ideia, em particular por parte de Mark Williamson em *Island populations* (Oxford, Oxford University Press, 1981) e "Natural extinction on islands", *Philosophical Transactions of the Royal Society of London*, ser. B, 325:457-68 (1989). A regra segundo a qual multiplicar por dez a área de uma ilha duplica o número de espécies foi sugerida pela primeira vez por Philip J. Darlington, *Zoogeography: the geographical distribution of animals* (Nova York, Wiley, 1957).

O experimento biogeográfico nas FLORIDA KEYS está relatado em Daniel S. Simberloff e Edward O. Wilson, "Experimental zoogeography of islands: defaunation and monitoring techniques", *Ecology*, 50(2):267-78 (1969), e "Experimental zoogeography of islands: a two-year record of colonization", *Ecology*, 51(5):934-7 (1970). A teoria da biogeografia insular, e em especial a sua proposição central de um equilíbrio dinâmico no número de espécies, foi posta à prova em inúmeros outros experimentos usando sistemas em miniatura, incluindo diatomáceas suspensas em riachos de água doce e micro-organismos em garrafas de água. Estudos sobre a rotatividade em trechos de ilhas de áreas variáveis também contribuíram, bem como análises das histórias de Krakatau e Surtsey após a catástrofe.

Os primeiros resultados do PROJETO DA DINÂMICA BIOLÓGICA DE FRAGMENTOS FLORESTAIS no Brasil foram relatados por Thomas E. Lovejoy et al., "Ecosystem decay of Amazon forest remnants", em Matthew H. Nitecki (ed.), *Extinction* (Chicago, University of Chicago Press, 1984), pp. 295-325; e Lovejoy et al., "Edge and other effects of isolation on Amazon forest fragments", em Michael E. Soulé (ed.), *Conservation biology: the science of scarcity and diversity* (Sunderland, Sinauer, 1986), pp. 257-85. A redução da diversidade de besouros foi demonstrada por Bert C. Klein, "Effects of forest fragmentation on dung and carrion beetle communities in Central Amazonia", *Ecology*, 70(6): 1715-25 (1989).

A teoria de PROBABILIDADE DE EXTINÇÃO, juntamente com dados sobre pequenas ilhas britânicas que testaram a teoria, é apresentada por Stuart L. Pimm, H. Lee Jones e Jared Diamond, "On the risk of extinction", *American Naturalist*, 132(6):757-85 (1988). Em *The theory of island biogeography* (1967), MacArthur e Wilson apresentam equações que mostram o quanto a longevidade das populações depende do tamanho da população e das taxas de natalidade e mortalidade dos organismos-membros.

Detalhes sobre as ESPÉCIES AMEAÇADAS DE AVES NA AMÉRICA DO NORTE foram tirados de John W. Terborgh, "Preservation of natural diversity: the problem of extinction prone species", *BioScience*, 24(12):715-22 (1974); *Where have all the birds gone? Essays on the biology and conservation of birds that migrate to the American tropics* (Princeton, Princeton University Press, 1989); David S. Wilcove e J. W. Terborgh, "Patterns of population decline in birds", *American*

Birds, 38(1): 10-3 (1984); e Russell Lande, "Genetics and demography in biological conservation", *Science*, 241:1455-60 (1988). As várias propriedades da raridade nos organismos são classificadas por Deborah Rabinowitz, Sara Cairns e Theresa Dillon, "Seven forms of rarity and their frequency in the flora of the British isles", em Michael E. Soulé (ed.), *Conservation biology: the science of scarcity and diversity* (Sunderland, Sinauer, 1986), pp. 182-204.

O relato de CARACÓIS PALEOZOICOS que vivem nos ânus de lírios-do-mar está em Steven M. Stanley, "Periodic mass extinctions of the Earth's species", *Bulletin of the American Academy of Arts and Sciences*, 40(8):29-48 (1987).

Meu estudo da extinção de FORMIGAS NAS ÍNDIAS OCIDENTAIS foi apresentado em "Invasion and extinction in the West Indian ant fauna: evidence from the Dominican amber", *Science*, 229:265-7 (1985).

Steven Stanley examina a maior LONGEVIDADE DE MOLUSCOS abundantes no registro fóssil em "Periodic mass extinctions", pp. 34-6.

A REGRA 50-500 do tamanho mínimo de uma população foi introduzida por Ian Robert Franklin, "Evolutionary changes in small populations", em Michael E. Soulé e Bruce A. Wilcox (ed.), *Conservation biology: an evolutionary-ecological perspective* (Sunderland, Sinauer, 1980), pp. 135-49. Os equivalentes letais na constituição genética de animais de zoológico são analisados por John W. Senner, "Inbreeding depression and the survival of zoo populations", em Soulé e Wilcox, *Conservation biology*, pp. 209-24; e por Katherine Ralls, Jonathan D. Ballou e Alan Templeton, "Estimates of lethal equivalents and the cost of inbreeding in mammals", em *Conservation Biology*, 2(2): 185-93 (1988). A regra 50-500 foi reexaminada por Otto Frankel e Michael E. Soulé, *Conservation and evolution* (Cambridge, Cambridge University Press, 1981); e mais criticamente por Russell Lande, "Genetics and demography in biological conservation", *Science*, 241:1455-60 (1988).

As POPULAÇÕES MINÚSCULAS do besouro não voador da ilha Frigate e do bicho-de-conta Socorro estão descritas em *The IUCN invertebrate Red data book* (Old Woking, Unwin Brothers, 1983) e a da árvore *hau kuahiwi* de Kauai em *Plant Conservation* (Center for Plant Conservation), 3(4): 1-8 (1988).

O CONCEITO DE METAPOPULAÇÃO, originado por Richard Levins em 1970, foi explorado recentemente por Isabelle Olivieri et al., "The genetics of transient populations: research at the metapopulation level", *Trends in Ecology and Evolution*, 5(7):207-10 (1990); e em grande detalhe pelos autores em Michael Gilpin e Ilkka Hanski (eds.), *Metapopulation dynamics: empirical and theoretical investigations* (Nova York, Academic Press, 1991), uma reimpressão do *Biological Journal of the Linnean Society*, 42(1-2) (1991).

Informações sobre a BORBOLETA-AZUL DE KARNER foram tiradas de "Minimum area requirements for longterm conservation of the Albany pine bush and Karner blue butterfly: an assessment", um relatório não publicado para o estado de Nova York preparado por Thomas J. Givnish, Eric S. Menges e Dale F. Schweitzer, em 9/8/1988 (citado com permissão dos autores). A borboleta-azul de Karner é uma das poucas metapopulações espalhadas que é classificada como a raça do Leste da *Lycaeides melissa*, a melissa azul. Foi formalmente descrita por Vladimir Nabokov, o romancista e eminente lepidopterólogo.

Os últimos dias da ARARINHA-AZUL em estado selvagem foram descritos por Jorgen B. Thomsen e Charles A. Munn, "*Cyanopsitta spixii*: a non-recovery report", *Parrotletter*, 1(1):6-7 (1987), e em uma notícia jornalística, "Lone macaw makes a vain bid for survival", *New Scientist*, 18/8/1990. Agradeço a Jorgen Thomsen pelos detalhes adicionais sobre a condição do último macho sobrevivente.

12. A BIODIVERSIDADE AMEAÇADA [pp. 302-51]

Fico grato a Alwyn H. Gentry por me fornecer a HISTÓRIA DE CENTINELA. Algumas das características da flora estão no seu artigo "Endemism in tropical versus temperate plant communities", em Michael E. Soulé (ed.), *Conservation biology: the science of scarcity and diversity* (Sunderland, Sinauer, 1986), pp. 153-81. Uma história do desflorestamento no Equador é traçada em Calaway Dodson e Gentry, "Biological extinction in Western Ecuador", *Annals of the Missouri Botanical Gardens*, 78(2):273-95 (1991).

EXTINÇÃO EM MASSA DE AVES DA POLINÉSIA. A extinção das aves terrestres do Havaí pelos colonizadores polinésios é descrita em Storrs L. Olson e Helen F. James, "Descriptions of thirty-two new species of birds from the Hawaiian islands. Part 1: Non-passeriformes", *Ornithological Monographs*, 45:1-88 (1991); e "Descriptions of thirty-two new species of birds from the Hawaiian islands. Part 2: Passeriformes", *Ornithological Monographs*, 46:1-88 (1991). A destruição das faunas em outras partes da Polinésia está documentada em David W. Steadman, "Extinction of birds in Eastern Polynesia: a review of the record and comparisons with other Pacific island groups", *Journal of Archaeological Science*, 16:177-205 (1989); e Tom Dye e D. W. Steadman, "Polynesian ancestors and their animal world", *American Scientist*, 78:207-15 (1990). A história de Henderson é contada por Steadman e Olson, "Bird remains from an archaelogical site on Henderson island, South Pacific: man-caused extinctions on an 'uninhabited' island", *Proceedings of the National Academy of Sciences*, 82:6191-5 (1985).

EXTINÇÕES DA IDADE DO GELO. A obra definitiva sobre as extinções do final da última Idade do Gelo, cerca de 11 mil anos atrás, é a de Paul S. Martin e Richard G. Klein (eds.), *Quaternary extinctions: a prehistoric revolution* (Tucson, University of Arizona Press, 1984). Dentre os autores consultados, estão (na ordem em que aparecem): David W. Steadman e Paul S. Martin (extinções do Plistoceno na América do Norte e de aves do final do Plistoceno), Leslie F. Marcus e Rainer Berger (megafauna do final do Plistoceno, conforme revelado no Rancho La Brea), Larry D. Agenbroad (mamutes), Arthur M. Phillips III (preguiças), C. Vance Haynes (cultura dos clóvis e extinção da megafauna), Jared M. Diamond (fauna de aves da Islândia), James E. King e Jeffrey J. Saunders (mastodontes), S. David Webb (extinções de mamíferos na América do Norte nos últimos 10 milhões de anos) e Donald K. Grayson (história das explicações do século XIX para as extinções do Plistoceno).

A EXTINÇÃO DOS MOAS e outras aves endêmicas da Nova Zelândia é uma história contada por Michael M. Trotter, Beverley McCulloch, Atholl Anderson e Richard Cassels em Martin e Klein, *Quaternary extinctions*; e, mais recentemente, outra vez por Anderson em *Prodigious birds: moas and moa-hunting in prehistoric New Zealand* (Nova York, Cambridge University Press, 1990).

O destino das FAUNAS DE MADAGÁSCAR E AUSTRÁLIA é descrito por Robert E. Dewar, Peter Murray, Duncan Merrilees e D. R. Horton em Martin e Klein, *Quaternary extinctions.*

A tese de Jared Diamond, identificando o HOMEM PRÉ-HISTÓRICO COMO DESTRUIDOR DA MEGAFAUNA do mundo, é um aperfeiçoamento daquela desenvolvida por Paul Martin e outros, com importantes acréscimos da pesquisa sobre aves da região do Pacífico empreendida pelo próprio Diamond. Está apresentada em "Quaternary megafaunal extinctions: variations on a theme by Paganini", *Journal of Archaeological Science*, 16:167-75 (1989).

O fim do PICA-PAU IMPERIAL no México foi relatado por George Plimpton, "Un gran pedazo de carne", *Audubon Magazine*, 79(6): 10-25 (1977).

A origem e o impacto das ESPÉCIES EXÓTICAS são tratados em Harold A. Mooney e James A. Drake (eds.), *Ecology of biological invasions of North America and Hawaii* (Nova York, Springer, 1986).

A condição das ESPÉCIES EXTINTAS E VULNERÁVEIS DE PEIXES na América do Norte é analisada por Jack E. Williams et al., "Fishes of North America. Endangered, threatened or of special concern: 1989", *Fisheries* (American Fisheries Society), 14(6):2-20 (1989); R. R. Miller et al., "Extinctions of North American fishes during the past century", *Fisheries*, 14(6):22-38 (1989); e Jack E. Williams e Robert R. Miller, "Conservation status of the North American fish fauna in fresh water", *Journal of Fish Biology*, 37(A):79-85 (1990). Agradeço a Karsten E. Hartel por partilhar comigo seus dados de análise não publicados a respeito do declínio das espécies.

As curiosidades acerca da EXTINÇÃO DE AVES são baseadas em Jared M. Diamond, "The present, past and future of human-caused extinction", *Philosophical Transactions of the Royal Society of London*, ser. B., 325:469-77 (1989); e John Terborgh, *Where have all the birds gone? Essays on the biology and conservation of birds that migrate to the American tropics* (Princeton, Princeton University Press, 1989).

Sobre a alta taxa de EXTINÇÃO DE PEIXES DE ÁGUA DOCE, veja Diamond, e Walter R. Courtenay Jr. e Peter B. Moyle, "Introduced fishes, aquaculture, and the biodiversity crisis", *Abstracts, 71st Annual Meeting, American Society of Ichthyologists and Herpetologists*, s. p.; e Irv Kornfield e Kent E. Carpenter, "Cyprinids of lake Lanao, Philippines: taxionomic validity, evolutionary rates and speciation scenarios", em Anthony A. Echelle e Irv Kornfield (eds.), *Evo-*

lution of fish species flocks (Orono, University of Maine Press, 1984). O total de dezoito espécies aceito nos relatos clássicos do conjunto de espécies de ciprinídeos no lago Lanao pode ser exagerado, embora o povo maranao da região reconheça todas elas. Algumas dessas espécies podem, ao invés, ser formas das espécies mais plásticas, como descrevi no caso do ciclídeo mexicano e da truta ártica no capítulo 7. Mas não importa como a questão seja julgada em termos taxionômicos: a irradiação adaptativa dos ciprinídeos de Lanao é extrema para um único lago, e foi quase completamente exterminada nos últimos cinquenta anos. O destino dos peixes do lago Vitória é descrito por Christopher G. Barlow e Allan Lisle, "Biology of Nile perch *Lates niloticus* (Pisces: Centropomidae) with reference to its proposed role as a sport fish in Australia", *Biological Conservation*, 39(4):269-89 (1987); Daniel J. Miller, "Introductions and extinction of fish in the African Great Lakes", *Trends in Ecology and Evolution*, 4(2):56-9 (1989); e C. D. N. Barel et al., "The haplochromine cichlids in lake Victoria: an assessment of biological and fisheries interests", em M. H. A. Keenleyside (ed.), *Cichlid fishes: behaviour, ecology and evolution* (Londres, Chapman and Hall, 1991), pp. 258-79.

O declínio dos MOLUSCOS DE ÁGUA DOCE é documentado em *The IUCN invertebrate Red data book* (Gland, Suíça, International Union for Conservation of Nature and Natural Resources, 1983).

Os CARACÓIS ARBÓREOS DE MOOREA foram objeto dos estudos clássicos de microevolução de Henry E. Crampton e Bryan C. Clarke. A total destruição dos caracóis em estado selvagem é descrita por James Murray, Elizabeth Murray, Michael S. Johnson e Bryan Clarke, "The extinction of *Partula* on Moorea", *Pacific Science*, 42(3,4): 150-3 (1988). Agradeço a Bryan Clarke por me fornecer detalhes adicionais não publicados sobre o episódio. O desaparecimento dos caracóis arbóreos do Havaí está documentado em *The IUCN invertebrate Red data book* (1983).

As ESPÉCIES AMEAÇADAS DE PLANTAS DOS ESTADOS UNIDOS são relatadas por Linda R. McMahan, "CPC survey reveals 680 native U. S. plants may become extinct within 10 years", *Plant Conservation* (Center for Plant Conservation), 3(4): 1-2 (1988). As espécies já extintas foram tabuladas por Michael O'Neal e outros membros do CPC em 1992 (comunicação pessoal). O relato da *Banara vanderbiltii* endêmica de Porto Rico é baseado em John Popenoe, "One of the world's rarest species", *Plant Conservation*, 3(4):6 (1988).

O número de ESPÉCIES AMEAÇADAS DE INVERTEBRADOS NA EUROPA foi relatado por Eladio Fernandez-Galiano em *IUCN Special Report Bulletin* (International Union for Conservation of Nature and Natural Resources), 18(7--9):7 (1987). Em 1989, 501 espécies de insetos foram consideradas ameaçadas sob as cláusulas do Endangered Species Act dos Estados Unidos. Isso representa somente cerca de 1% da fauna total conhecida, mas é também uma grosseira subestimação devido ao lastimável estado do nosso conhecimento taxionômico acerca da grande maioria dos grupos.

O DECLÍNIO DOS FUNGOS EUROPEUS é estudado por John Jaenike, "Mass extinction of European fungi", *Trends in Ecology and Evolution*, 6(6): 174-5 (1991). Estudos similares ainda não foram empreendidos na América do Norte.

O caso da CORUJA PINTALGADA DO NORTE é discutido por Russell Lande, "Demographic models of the Northern spotted owl (*Strix occidentalis caurina*)", *Oecologia*, 75(4):601-7 (1988), e "Genetics and demography in biological conservation", *Science*, 241:1455-60(1988).

RÃS E SALAMANDRAS RARAS das florestas do Noroeste do Pacífico são descritas por Hartwell H. Welsh Jr., "Relictual amphibians and old-growth forests", *Conservation Biology*, 4(3):308-19 (1990).

Uma lista de HÁBITATS AMEAÇADOS é oferecida em *The IUCN invertebrate Red data book* (1983).

Os dezoito PONTOS CRÍTICOS de Norman Myers foram identificados em dois artigos: "Threatened biotas: 'hot spots', in tropical forests", *Environmentalist*, 8(3): 187-208 (1988), e "The biodiversity challenge: expanded hot-spots analysis", *Environmentalist*, 10(4):243-56 (1990).

A condição atual da MATA ATLÂNTICA BRASILEIRA é detalhada em Mark Collins (ed.), *The last rain forests: a world conservation atlas* (Nova York, Oxford University Press, 1990). Esse livro magnificamente ilustrado, contendo mapas das coberturas antiga e presente de todas as principais florestas tropicais, é a melhor obra de referência sobre o assunto.

Nas preocupações dos ecologistas, as FLORESTAS DECÍDUAS TROPICAIS têm ficado em segundo plano, embora elas estejam correndo perigo ainda maior. Como ocupam terras potencialmente excelentes para a agricultura e a pecuária, e são facilmente derrubadas, incluem-se entre os ambientes terrestres mais explorados do mundo. Na América Central, elas foram reduzidas a menos de 10% da cobertura original. As florestas decíduas tropicais são intermediárias entre as florestas pluviais e as florestas decíduas temperadas em termos de diversidade. Uma análise é apresentada por Manuel Lerdau, Julie Whitbeck e N. Michele Holbrook, "Tropical deciduous forest: death of a biome", *Trends in Ecology and Evolution*, 6(7):201-33 (1991).

A REDUÇÃO DOS RECIFES DE CORAL por pressão natural e humana é relatada em "Coral reefs off 20 countries face assaults from man and nature", *New York Times*, 27/3/1990; Peter W. Glynn, "Coral reef bleaching in the 1980s and possible connections with global warming", *Trends in Ecology and Evolution*, 6(6): 175-9 (1991); e Leslie Roberts, "Greenhouse role in reef stress unproven", *Science*, 253:258-9 (1991).

Os efeitos do AQUECIMENTO CLIMÁTICO sobre a biodiversidade são previstos por Robert L. Peters e Joan D. S. Darling, "The greenhouse effect and nature reserves", *BioScience*, 35(11):707-17 (1985); Andy Dobson, Alison Jolly e Dan Rubenstein, "The greenhouse effect and biological diversity", *Trends in Ecology and Evolution*, 4(3):64-8 (1989); e Robert L. Peters e Thomas E. Lovejoy (eds.), *Global warming and biological diversity* (New Haven, Yale University Press, 1992). O relato apresentado aqui é tirado dessas fontes e de meu artigo "Threats to biodiversity", *Scientific American*, 260(9): 108-16 (1989).

O impacto previsto da ELEVAÇÃO DO NÍVEL DO MAR sobre a biodiversidade é examinado por Walter V. Reid e Mark C. Trexler, *Drowning the national heritage: climate change and U. S. coastal biodiversity* (Washington, D. C., World Resources Institution, 1991).

A estimativa da quantidade de ENERGIA APROPRIADA pelas pessoas na terra foi feita por Peter M. Vitousek, Paul R. Ehrlich, Anne H. Ehrlich e Pamela A. Matson, "Human appropriation of the products of photosynthesis", *BioScience*, 36(6):368-73 (1986). O parâmetro usado por esses autores foi a produção primária líquida, a quantidade de energia que resta depois de subtraída a respiração dos produtores primários (principalmente plantas) da quantidade total de energia (principalmente solar) que é biologicamente fixada. A apropriação inclui consumo de alimentos, fibras e madeira; a produtividade de todas as terras dedicadas exclusivamente às necessidades humanas, como as áreas cultivadas (além dos produtos agrícolas efetivamente comidos); terras queimadas para desmatamento; e terras dedicadas à habitação ou reduzidas a desertos improdutivos pelo uso excessivo. A apropriação humana da produção marinha permanece relativamente pequena. A relação entre tamanho do corpo e densidade populacional e consumo de energia entre as espécies animais é analisada por James H. Brown e Brian A. Maurer, "Macroecology: the division of food and space among species on continents", *Science*, 243:1145-50 (1989).

As TENDÊNCIAS POPULACIONAIS GLOBAIS foram tiradas de *The economist book of vital world statistics* (Nova York, Times Books, 1990).

O relato da FRAGILIDADE DAS FLORESTAS PLUVIAIS TROPICAIS é tirado de meu "The current state of biological diversity", em E. O. Wilson e F. M. Peter (eds.), *Biodiversity* (Washington, D. C., National Academy Press, 1988), pp. 3-18; de Christopher Uhl, "Restoration of degraded lands in the Amazon basin", ibid., pp. 326-32; e de T. C. Whitmore, "Tropical forest nutrients: where do we stand? A *tour de horizon*", em J. Proctor (ed.), *Mineral nutrients in tropical forest and savanna ecosystemas* (Boston, Blackwell Scientific Publications, 1990), pp. 1-13.

Relatos da DESTRUIÇÃO RECORDE DA FLORESTA AMAZÔNICA em 1987 são apresentados por Mac Margolis, "Thousands of Amazon acres burning", *Washington Post*, 8/9/1988; Marlise Simons, "Vast Amazon fires, man-made, linked to global warming", *New York Times*, 12/8/1988; e "Amazon holocaust: forest destruction in Brazil, 1987-88", *Briefing Paper*, Friends of the Earth (Londres, 1988).

As estimativas das TAXAS ANUAIS DE DESFLORESTAMENTO TROPICAL em 1989 foram tiradas do relatório de Norman Myers, *Deforestation rates in tropical forests and their climatic implications* (Londres, Friends of the Earth, 1989).

Estão baseadas em dados obtidos país a país. Myers apresenta um resumo de seu estudo em "Tropical deforestation: the latest situation", *BioScience*, 41(5):282 (1991). Ele define as florestas úmidas tropicais, basicamente idênticas às florestas pluviais tropicais, como "florestas perenes, ou parcialmente perenes, em áreas recebendo não menos de cem milímetros de precipitação todos os meses em dois anos a cada três, com temperatura média anual superior a 24°C, e essencialmente sem geadas; nessas florestas algumas árvores podem ser decíduas; as florestas geralmente ocorrem em altitudes inferiores a 1,3 mil metros (embora frequentemente na Amazônia até 1,8 mil metros e geralmente no Sudeste da Ásia até somente 750 metros); e, em exemplos maduros dessas florestas, há vários estratos mais ou menos distintivos". No final de 1991, a Organização de Alimentação e Agricultura das Nações Unidas [FAO] publicou um relatório preliminar ("Second interim report on the state of tropical forests") que confirma independentemente a avaliação de Myers. Os autores estimam que, em 1981-90, as florestas tropicais estavam sendo destruídas a uma velocidade de 170 mil quilômetros quadrados por ano. Essa cifra é 20% superior à de Myers, mas as medidas da FAO incluem a remoção de florestas menos densas do que as consideradas por Myers, bem como bambuzais. Mais precisamente, as florestas eram definidas como coleções de árvores ou bambus com um mínimo de 10% de cobertura de coroa associada com floras e faunas selvagens e condições relativamente não perturbadas de solo. A extensão da cobertura florestal pré-histórica é analisada em Peter H. Raven, "The scope of the plant conservation problem world-wide", em David Bramwell, Ole Hamann, V. H. Heywood e Hugh Synge (eds.), *Botanic gardens and the world conservation strategy* (Nova York, Academic Press, 1987), pp. 20-9. A história da estimativa das taxas de desflorestamento tropical, desde a década de 1970 até o relatório de Myers em 1989, é examinada por J. A. Sayer e T. C. Whitmore, "Tropical moist forests: destruction and species extinction", *Biological Conservation*, 55(2): 199-213 (1991). Eles concluem que o desflorestamento piorou durante a década de 1980, mas duvidam que as extinções tenham aumentado muito em decorrência disso. Todavia, não fazem menção a muitos dos dados e modelos da literatura sobre o assunto.

Um estudo abrangente do grande número de VALORES DE *Z* obtidos de faunas e floras de todo o mundo está em Mark Williamson, *Island populations* (Nova York, Oxford University Press, 1981).

Projeções da EXTINÇÃO DE ESPÉCIES DECORRENTE DA DERRUBADA DE FLORESTAS FLUVIAIS semelhantes às que fiz em termos globais foram obtidas independentemente por Daniel S. Simberloff para plantas e aves dos trópicos americanos, "Are we on the verge of a mass extinction in tropical rain forests?", em David K. Elliott (ed.), *Dynamics of extinction* (Nova York, Wiley, 1986), pp. 165-80. Simberloff projeta que, com a redução à metade das florestas fluviais tropicais originais, algo previsto para o final do século (algo paralelo mas não equivalente a cortar metade do que resta hoje), 15% das espécies de plantas —

cerca de 13 600 no total — serão extintas. Se as florestas forem salvas apenas nos parques e reservas existentes, o índice de extinção atingirá 66%. Para as aves da bacia amazônica, os números são 12% e 70% respectivamente.

A EXTINÇÃO DAS AVES DE CEBU é citada por Jared Diamond, "Playing dice with megadeath", *Discover*, abr. 1990, pp. 55-9.

O uso de ILHAS-PONTES para estimar as taxas de extinção de espécies foi introduzido por Jared Diamond, "Biogeographic kinetics: estimation of relaxation times for avifaunas of Southwest Pacific islands", *Proceedings of the National Academy of Sciences*, 69:3199-3203 (1972), e "'Normal' extinctions of isolated populations", em Matthew H. Nitecki (ed.), *Extinction* (Chicago, University of Chicago Press, 1984), pp. 191-246; e por John Terborgh, "Preservation of natural diversity: the problem of extinction-prone species", *BioScience*, 24(12):715-22 (1974). A função de decaimento exponencial no declínio das espécies é um pressuposto ainda não comprovado, uma vez que é difícil determinar as taxas de extinção em ilhas isoladas. Veja Stanley H. Faeth e Edward F. Connor, "Supersaturated and relaxing island faunas: a critique of the species-age relationship", *Journal of Biogeography*, 6(4):311-6 (1979).

A EXTINÇÃO DE AVES em trechos isolados da floresta subtropical brasileira foi relatada por Edwin O. Willis, "The composition of avian communities in remanescent wood-lots in Southern Brazil", *Papéis avulsos de zoologia*, 33(1):1-25 (1979). O estudo paralelo realizado no Jardim Botânico de Bogor foi descrito por Jared M. Diamond, K. David Bishop e S. van Balen, "Bird survival in an isolated Javan woodland: island or mirror?", *Conservation Biology*, 1(2):132-42 (1987). O declínio da fauna de aves no cinturão do trigo do Sudoeste da Austrália foi relatado por D. A. Saunders, "Changes in the avifauna of a region, district and remnant as a result of fragmentation of native vegetation: the wheatbelt of Western Australia", *Biological Conservation*, 50(1-4):99-135 (1989).

13. RIQUEZAS INEXPLORADAS [pp. 352-88]

A descoberta de uma nova espécie de MILHO PERENE é relatada por Hugh H. Iltis, John F. Doebley, Rafael Guzmán e Batia Pazy, "*Zea diploperennis* (Gramineae): a new teosinte from Mexico", *Science*, 203:186-8 (1979). O local da população selvagem do milho perene, juntamente com as terras vizinhas, totalizando 139 mil hectares, foi separado como a Reserva de Biosfera Sierra de Manantlán pelo governo mexicano, especificamente para proteger o milho e outros parentes silvestres. Também irá salvar muitas outras espécies de plantas nativas, além de animais, incluindo ocelotes e jaguares.

A condição das PERVINCAS *Catharanthus* de Madagáscar é descrita em Mark Plotkin et al., *Ethnobotany in Madagascar: overview, action plan, database* (Gland, International Union for Conservation of Nature and Natural Resources e World Wide Fund for Nature, 1985). Outros detalhes, incluindo uma discussão da promessa geral de alcaloides medicinais, podem ser encontrados em Thomas Eisner, "Prospecting for nature's chemical riches", *Issues in Science and Technology*, 6(2):31-4 (1990). Os produtos alcaloides da pervinca rósea têm o seguinte histórico clínico: a vimblastina aumenta a taxa de sobrevivência por dez anos do mal de Hodgkin de 2% para 58%, e a vincristina aumenta a taxa de sobrevivência de 20% para 80%. As duas drogas também são eficazes contra alguns outros cânceres, incluindo o tumor de Wilms, tumores primários do cérebro e cânceres dos testículos, seios e cérvice. Veja Margery L. Oldfield, *The value of conserving genetic resources* (Sunderland, Sinauer, 1989).

Informações sobre as origens naturais dos REMÉDIOS USADOS NOS ESTADOS UNIDOS estão em Chris Hails, *The importance of biological diversity* (Gland, World Wide Fund for Nature, 1989).

Um relato abalizado de PRODUTOS FARMACÊUTICOS OBTIDOS DE PLANTAS, incluindo uma lista completa das 119 substâncias usadas em forma pura, está em Norman R. Farnsworth, "Screening plants for new medicines", em E. O. Wilson e F. M. Peter (eds.), *Biodiversity* (Washington, D. C., National Academy Press, 1988), pp. 83-97. Outras perspectivas são apresentadas por D. D. Soejarto e N. R. Farnsworth, "Tropical rain forests: potential source of new drugs?", *Perspectives in Biology and Medicine*, 32(2):244-56 (1989).

As propriedades da MARGOSA são descritas em Noel D. Vietmeyer (ed.), *Neem: a tree for solving global problems* (Washington, D. C., National Academy Press, 1992).

Um relato sobre as sanguessugas e sobre o anticoagulante que produzem é apresentado por Paul S. Wachtel, "Return of the bloodsucker", *International Wildlife*, set. 1987, pp. 44-6. Uma notícia sobre os novos anticoagulantes obtidos dos morcegos-vampiros e das víboras foi publicada em *Science*, 253:621 (1991).

A lista de PRODUTOS FARMACÊUTICOS OBTIDOS DE PLANTAS E FUNGOS foi tirada de Hails, *The importance of biological diversity*, D. D. Soejarto e N. R. Farsworth, "Tropical rain forests: potential source of new drugs?", *Perspectives in Biology and Medicine*, 32(2):244-56 (1989); e Margery L. Oldfield, *The value of conserving genetic resources* (Sunderland, Sinauer, 1989). Um número impressionante de produtos naturais ameríndios, poucos dos quais foram até hoje estudados, são descritos por Richard E. Schultes e Robert F. Raffauf, *The healing forest: medicinal and toxic plants of the Northwest Amazonia* (Portland, Dioscorides Press, 1990).

Os exemplos de ESPÉCIES DE PLANTAS PARA ALIMENTO E FORRAGEM nos primeiros estágios de desenvolvimento econômico foram tirados em parte do muito estimado "livro verde" *Underexploited tropical plants with promising economic value*, publicado pela National Academy Press em 1975. Essa obra é parte de uma série patrocinada pela Academia Nacional de Ciências dos Estados Unidos sob a direção do Conselho de Ciência e Tecnologia para Desenvolvimento Internacional. Outros estudos da série são *Tropical legumes: resources for the future* (1979), *The winged bean: a high-protein crop for the tropics*,

2ª ed. (1981), *Amaranth: modern prospects for an ancient crop* (1983) e *Lost crops of the incas* (1989). Estudos semitécnicos igualmente úteis podem ser encontrados em Margery L. Oldfield, *The value of conserving genetic resources* (Sunderland, Sinauer, 1989), e Noel D. Vietmeyer, "Lesserknown plants of potential use in agriculture and forestry", *Science*, 232:1379-84 (1986). As melhores introduções populares, ambas influentes no desenvolvimento de um assunto de grande importância, são Norman Myers, *A wealth of wild species: storehouse for human welfare* (Boulder, Westview Press, 1983), e um livrete compilado por Myers, *The wild supermarket* (Gland, World Wide Fund for Nature, 1990).

O POTENCIAL DE ESPÉCIES SELVAGENS DE PLANTAS E ANIMAIS é detalhado nos estudos já citados de Margery Oldfield, Norman Myers e dos autores de *Biodiversity*, e também em Hails, *The importance of biological diversity*. A agricultura inca é descrita em Hugh Popenoe, Noel D. Vietmeyer e uma equipe de coautores, *Lost crops of the incas* (Washington, D. C., National Academy Press, 1989).

A história do AMARANTO como um produto agrícola ameríndio é contada por Jean L. Marx, "Amaranth: a comeback for the food of the Americas?", *Science*, 198:40 (1977).

As qualidades excepcionais do BABAÇU são detalhadas por Anthony B. Anderson, Peter H. May e Michael J. Balick, *The subsidy from nature: palm forests, peasantry, and development on an Amazon frontier* (Nova York, Columbia University Press, 1991).

As promessas de PLANTAS QUE TOLERAM O SAL são exploradas em duas publicações da National Academy Press, preparadas sob a direção do Conselho de Ciência e Tecnologia para Desenvolvimento Internacional: *Underexploited tropical plants with promising economic value* (1975) e *Saline agriculture: salt-tolerant plants for developing countries* (1990). Uma análise desta última está em Susan Turner-Lewis, *National Research Council News Report*, maio 1990, pp. 2-4.

A condição e o potencial econômico das TARTARUGAS FLUVIAIS *Podocnemis* são descritos por Russell A. Mittermeier, "South American river turtles: saving their future", *Oryx*, 14(3):222-30 (1978).

As descrições de ESPÉCIES DE ANIMAIS SELVAGENS COMO POSSÍVEIS FONTES DE ALIMENTO são baseadas em Noel D. Vietmeyer (ed.), *Little-known Asian animals with a promising economic future* (Washington, D. C., National Academy Press, 1983); Oldfield, *The value of conserving genetic resources*; John G. Robinson e Kent H. Redford (eds.), *Neotropical wildlife use and conservation* (Chicago, University of Chicago Press, 1991); e Noel D. Vietmeyer (ed.), *Microlivestock* (Washington, D. C., National Academy Press, 1991).

Chris Wille e Diane Jukofsky escreveram sobre a IGUANA VERDE em "Savory 'chicken of the trees' could play a role in saving forests", *Canopy* (Rainforest Alliance), verão de 1991, p. 7. Dagmar Werner, que se refere bem-humoradamente a si mesma como Iguana Mama, apresentou um relato técnico sobre a criação e comercialização da espécie, "The rational use of green iguanas", em J. G. Robinson e K. H. Redford (eds.), *Neotropical wildlife use and conservation* (Chicago, University of Chicago Press, 1991), pp. 181-201.

O relato sobre aquiculturas é baseado em Myers, *A wealth of wild species*.

NOVAS FONTES DE POLPA estão em Myers, *A wealth of wild species*.

O CAPIM LENHOSO é descrito por Sinyan Shen em "Biological engineering for sustainable biomass production", em Wilson e Peter, *Biodiversity*, pp. 377-89.

A história dos PARENTES SILVESTRES E DIVERSIDADE GENÉTICA de produtos agrícolas é baseada principalmente em Erich Hoyt, *Conserving the wild relatives of crops* (Roma e Gland, International Board for Plant Genetic Resources, International Union for Conservation of Nature and Natural Resources, e World Wide Fund for Nature, 1988); Hails, *The importance of biological diversity*; Cary Fowler e Pat Mooney, *Shattering: food, politics, and the loss of genetic diversity* (Tucson, University of Arizona Press, 1990); e "Bad seed", uma resenha do livro de Fowler e Mooney por Ann Misch em *World-Watch*, 4(4):39-40 (1991).

A METÁFORA DE UMA ESPÉCIE COMO UM LIVRO DE FOLHAS SOLTAS foi usada por Thomas Eisner, "Chemical ecology and genetic engineering: the prospects for plant protection and the need for plant habitat conservation", *Symposium on Tropical Biology and Agriculture* (St. Louis, Monsanto Company, 15/7/1985).

O PRODUTO ECONÔMICO POTENCIAL DAS FLORESTAS PLUVIAIS AMAZÔNICAS é fornecido por Charles M. Peters, Alwyn H. Gentry e Robert O. Mendelsohn, "Valuation of an Amazonian rainforest", *Nature*, 339:655-6 (1989). Os cálculos financeiros detalhados são de Charles M. Peters, conforme citado no *New York Times*, 4/7/1989.

As principais contribuições ao novo campo interdisciplinar da ECONOMIA ECOLÓGICA incluem Herman E. Daly, *Steady-state economics* (San Francisco, Freeman, 1977) e, mais recentemente, Robert Constanza (ed.), *Ecological economics: the science and management of sustainability* (Nova York, Columbia University Press, 1991). Uma apreciação deste campo de uma perspectiva ambientalista é oferecida por David W. Orr, "The economics of conservation", *Conservation Biology*, 5(4):439-41 (1991). Um novo periódico dedicado ao assunto, *Ecological Economics*, foi lançado pela Elsevier (Nova York) em 1989. Um outro periódico, *Ecological Engineering*, sobre temas correlatos, foi lançado pela mesma editora em 1992.

O ECOTURISMO é analisado por Elizabeth Boo, *Ecotourism: the potentials and pitfalls* (Washington, D. C., World Wildlife Fund, 1990). Agradeço a Gary Hartshorn e James Hirsch pelas informações sobre as receitas com ecoturismo da Costa Rica, e a Elizabeth Boo pelo relatório mais recente de Ruanda. De acordo com Hirsch, o ecoturismo no interior do país representou 7%, ou 20 milhões de dólares, dos 275 milhões de dólares gastos por visitantes à Costa Rica em 1990.

As possíveis consequências do desflorestamento da FLORESTA AMAZÔNI-

CA sobre o clima da região foram examinadas por J. Shukla, C. Nobre e P. Sellers, "Amazon deforestation and climate change", *Science*, 247:1322-5 (1990).

O papel do desflorestamento tropical no ACÚMULO DE DIÓXIDO DE CARBONO NA ATMOSFERA foi analisado por muitos autores: as fontes utilizadas aqui são Richard A. Houghton e George M. Woodwell, "Global climatic change", *Scientific American*, 260(4):36-44 (abr. 1989), e R. A. Houghton, "Emission of greenhouse gases", em Myers, *Deforestation rates in tropical forests*, pp. 53-62.

A GÊNESE DOS SOLOS por organismos vivos é descrita em Paul R. e Anne H. Ehrlich, *Healing the planet: strategies for resolving the environmental crisis* (Reading, Addison-Wesley, 1991).

As evidências sobre o papel da biodiversidade na CONSERVAÇÃO E CIRCULAÇÃO DE NUTRIENTES nas florestas são analisadas por Ariel E. Lugo, "Diversity of tropical species: questions that elude answers", *Biology International* (International Union of Biological Sciences, Paris), ed. esp. nº 19, 37 pp. (1988).

A avaliação do VALOR DE OPÇÃO DAS ESPÉCIES feita por Bryan G. Norton encontra-se em "Commodity, amenity, and morality: the limits of quantification in valuing biodiversity", em Wilson e Peter (eds.), *Biodiversity*, pp. 200-5. Aspectos genéricos de análise econômica são explicados por outros autores no mesmo volume, incluindo Nyle C. Brady, J. William Burley, Robert J. A. Goodland e John Spears. São abordados também por Harold J. Morowitz, "Balancing species preservation and economic considerations", *Science*, 253:752-4 (1991).

Ao refletir sobre os FUNDAMENTOS ECONÔMICOS E MORAIS DA CONSERVAÇÃO AMBIENTAL, aproveitei os escritos de vários filósofos éticos, incluindo David Ehrenfeld, *The arrogance of humanism* (Nova York, Oxford University Press, 1978); Bryan Norton, "Commodity" e *Why preserve natural variety?* (Princeton, Princeton University Press, 1987); Peter Singer, *The expanding circle: ethics and sociobiology* (Nova York, Farrar, Straus, and Giroux, 1981); Holmes Rolston in, *Philosophy gone wild: essays in environmental ethics* (Buffalo, Prometheus Books, 1986), e *Environmental ethics: duties to and values in the natural world* (Filadélfia, Temple University Press, 1988); Alan Randall, "The value of biodiversity", *Ambio*, 20(2):64-8 (1991); e os autores de, Bryan G. Norton (ed.), *The preservation of species: the value of biological diversity* (Princeton, Princeton University Press, 1986).

14. RESOLUÇÃO [pp. 389-429]

A discussão sobre a ÉTICA DA CONSERVAÇÃO é baseada em parte de meu livro *Biophilia* (Cambridge, Harvard University Press, 1984). A definição geral de ética vem de Aldo Leopold, *A sand county almanac and sketches from here and there* (Nova York, Oxford University Press, 1949).

A DEFINIÇÃO DE ESTUDOS DE BIODIVERSIDADE apresentada aqui e uma discussão de suas ramificações estão em Paul R. Ehrlich e Edward O. Wilson, "Biodiversity studies: science and policy", *Science*, 253:758-62 (1991).

A ABORDAGEM EM TRÊS NÍVEIS DO RECENSEAMENTO DA BIODIVERSIDADE GLOBAL foi desenvolvida em colaboração com Peter H. Raven.

O RAP de pontos críticos é descrito por Sarah Pollock, "Biological swat team ranks for diversity, endemism", *Pacific Discovery*, 44(3):6-7 (1991).

O relato sobre o INBio, o INSTITUTO NACIONAL DE BIODIVERSIDAD DA COSTA RICA, foi fornecido por Laura Tangley, "Cataloging Costa Rica's diversity", *BioScience*, 40(9): 633-6 (1990); e por Daniel H. Janzen, um dos arquitetos do INBio, em "How to save tropical biodiversity", *American Entomologist*, 37(3):159-71 (1991). Um instituto equivalente para os Estados Unidos está incluído na Lei de Conservação da Diversidade Biológica Nacional e de Pesquisas Ambientais, que, no momento em que escrevo, fevereiro de 1992, ainda está por ser aprovada pelo Congresso.

O uso do SISTEMA DE INFORMAÇÃO GEOGRÁFICA para mapear ecossistemas é descrito por J. Michael Scott et al., "Species richness: a geographic approach to protecting future biological diversity", *BioScience*, 37(ll):782-8 (1987). Numa escala muito mais ampla, essencialmente o mesmo método foi aplicado por Eric Dinerstein e Eric D. Wikramanayake para avaliar reservas e parques na Ásia e no Oeste do Pacífico. Veja "Beyond 'hot-spots' : how to prioritize investments in biodiversity in the Indo-Pacific region", *Conservation Biology*, em preparação. Técnicas para mapear espécies ameaçadas são apresentadas por diversos autores em Larry E. Morse e Mary Sue Henifin (eds.), *Rare plant conservation: geographical data organization* (Nova York, New York Botanical Garden, 1981).

A COORDENAÇÃO DA PAISAGEM para promover a biodiversidade tem sido amplamente discutida. Resumos dos principais tópicos podem ser encontrados nos capítulos de Bryn H. Green, Larry D. Harris (com John F. Eisenberg) e David Western, em Western e Mary C. Pearl (eds.), *Conservation for the twenty-first century* (Nova York, Oxford University Press, 1989).

O conceito de BIORREGIÃO, que data desde o início do século XIX e foi desenvolvido em sua forma moderna por Raymond F. Dasmann, Peter Berg, Charles H. W. Foster e outros, é examinado por C. H. W. Foster, *Experiments in bioregionalism: the New England river basins story* (Hanover, University Press of New England, 1984), e "Bioregionalism", *Renewable Resources Journal*, 4(3):12-4 (1986).

A ESCASSEZ DE TAXIONOMISTAS é citada em meus artigos "The biological diversity crisis: a challenge to science", *Issues in Science and Technology*, 2(1):20--9 (1985), e "Time to revive systematics", *Science*, 230:1227 (1985).

O progresso do GENBANK em registrar sequências de DNA e RNA é descrito por Christian Burks et al., em Russell F. Doolittle (ed.), *Molecular evolution: computer analysis of protein and nucleic acid sequences* (Nova York, Academic Press, 1990), pp. 3-22.

A frase de BABA DIOUM sobre conhecimento e conservação é citada por

John Hopkins, "Preserving native biodiversity", publicação especial do Sierra Club (San Francisco 1991).

O conceito de PROSPECÇÃO QUÍMICA foi desenvolvido por Thomas Eisner no final da década de 1980 e apresentado em "Prospecting for nature's chemical riches", *Issues in Science and Technology*, 6(2):31-4 (1990); e "Chemical prospecting: a proposal for action", em F. Herbert Bormann e Stephen R. Kellert (eds.), *Ecology, economics, ethics: the broken circle* (New Haven, Yale University Press, 1991), pp. 196-202.

O acordo de 1991 entre a MERCK E O INSTITUTO NACIONAL DE BIODIVERSIDAD DA COSTA RICA foi noticiado por William Booth, "U. S. drug firm signs up to farm tropical forests", *Washington Post*, 21/9/1991. A natureza cíclica do investimento em produtos naturais é descrita por Deborah Hay, "Pharmaceutical industry's renewed interest in plants could sow seeds of rainforest protection", *The Canopy* (Rainforest Alliance), primavera 1991, pp. 1, 7. O uso de espécies silvestres como fontes de medicamentos é examinado por Norman R. Famsworth, "Screening plants for new medicines", em E. O. Wilson e F. M. Peter (eds.), *Biodiversity* (Washington, D. C., National Academy Press, 1988) pp. 83-97.

Os dados sobre produtos farmacêuticos descobertos a partir da MEDICINA POPULAR encontram-se em Farnsworth, "Screening plants". Excelentes súmulas dos conhecimentos tradicionais e da condição precária dos povos indígenas que os possuem estão em Mark J. Plotkin, "The outlook for new agricultural and industrial products from the tropics", em Wilson e Peter, *Biodiversity*, pp. 106-16; e em Eugene Linden, "Lost tribes, lost knowledge", *Time*, 23/9/1991, pp. 46-56. A citação sobre a medicina tradicional chinesa foi fornecida por Peter H. Raven (comunicação pessoal), e sobre a artemisinina por Daniel L. Klayman, "*Qinghaosu* (artemisinin): an antimalarial drug from China", *Science*, 228:1049-55 (1985), e por Xuang-De Luo e Chia-Chiang Shen, "The chemistry, pharmacology, and clinical applications of qinghaosu (artemisinin) and its derivatives", *Medicinal Research Reviews*, 7(1):29-52 (1987).

As operações do CENTRO TROPICAL DE PESQUISA E TREINAMENTO AGRÍCOLAS na Costa Rica são descritas por Laura Tangley em "Fighting Central America's other war", *BioScience*, 37(11):772-7 (1987).

O fato de os governos, o Banco Mundial e o Departamento de Estatística das Nações Unidas não incluírem o desflorestamento e uso de outros recursos naturais no CÁLCULO DOS RESÍDUOS NACIONAIS é mencionado por Malcolm Gillis, "Economics, ecology, and ethics: mending the broken circle for tropical forests", em Bormann e Kellert, *Ecology, economics, ethics*, pp. 155-79.

As RESERVAS EXTRATIVISTAS DA REGIÃO AMAZÔNICA são descritas por Walter V. Reid, James N. Barnes e Brent Blackwelder, *Bankrolling successes: a portfolio of sustainable development projects* (Washington, D. C., Environmental Policy Institute e National Wildlife Federation, 1989), e por Philip M. Fearnside, "Extractive reserves in Brazilian Amazonia", *BioScience*, 39(6):387-93 (1989). Uma crítica das reservas extrativistas é apresentada por John O. Browder, "Extractive reserves will not save tropics", *BioScience*, 40(9):626 (1990).

O movimento dos SERINGUEIROS BRASILEIROS na década de 1980 foi ferozmente combatido por alguns dos ricos latifundiários do Oeste da Amazônia. Em 22 de dezembro de 1988, seu líder Chico Mendes foi morto por pistoleiros. O assassinato e as circunstâncias envolvendo a luta pelo controle da Amazônia são relatados por Andrew Revkin, *The burning season* (Boston, Houghton Mifflin, 1990).

O STRIP LOGGING como uma indústria sustentável é descrito por Carl F. Jordan em "Amazon rain forests", *American Scientist*, 70:394-401 (1982), e por Gary S. Hartshorn, "Natural forest management by the Yanesha Forestry Cooperative in Peruvian Amazonia", em A. B. Anderson (ed.), *Alternatives to deforestation: steps toward sustainable use of the Amazon rainforest* (Nova York, Columbia University Press, 1990), pp. 128-37.

Os exemplos bem-sucedidos de DESENVOLVIMENTO SUSTENTÁVEL EM NÍVEL LOCAL na América Latina são tomados de Reid, Barnes e Blackwelder, *Bankrolling successes*. Um relato de planejamento local para extração sustentável numa floresta tropical é detalhado em Leonard Berry et al., *Technologies to sustain tropical forest resources* (Washington, D. C., Office of Technology Assessment, Congresso americano, 1984).

O impacto das POLÍTICAS COMERCIAIS E DE SUBSÍDIOS das nações ricas é descrito por Roger D. Stone e Eve Hamilton, *Global economics and the environment: toward sustainable rural development in the Third World* (Nova York, Council on Foreign Relations, 1991).

A situação atual das pesquisas sobre DNA EM RESTOS FÓSSEIS E ARQUEOLÓGICOS é examinada por Jeremy Cherfas, "Ancient DNA: still busy after death", *Science*, 253:1354-6 (1991).

A condição da PRESERVAÇÃO MICROBIANA é descrita em "American type culture collection seeks to expand research effort", *Scientist*, 4(16): 1-7 (1990).

Os BANCOS DE SEMENTES são avaliados por Erich Hoyt, *Conserving the wild relatives of crops* (Roma e Gland, International Board for Plant Genetic Resources etc., 1988); Jeffrey A. McNeely et al., *Conserving the world's biological diversity* (Gland e Washington, D. C., International Union for Conservation of Nature and Natural Resources, World Resources Institute etc., 1990); Joel I. Cohen et al., "Ex situ conservation of plant genetic resources: global development and environmental concerns", *Science*, 253:866-72 (1991).

A COLEÇÃO NACIONAL DE PLANTAS AMEAÇADAS é tema de um artigo em *Plant Conservation*, 6(1):6-7 (1991).

O papel dos ZOOLÓGICOS e outras instalações de animais cativos na manutenção da diversidade é descrito por William Conway, "Can technology aid species preservation?", em Wilson e Peter, *Biodiversity*, pp. 263-8; e por Colin Tudge, *Last animals at the zoo* (Londres, Hutchinson Radius, 1991).

O número de espécies de MAMÍFEROS QUE ENFRENTAM PERIGO DE EXTINÇÃO e precisam de medidas de salvamento foi obtido de Michael E. Soulé et al., "The millennium ark: how long a voyage, how many staterooms, how many passengers?", *Zoo Biology*, 5:101-14 (1986). William Conway é citado por Edward C. Wolf, *On the brink of extinction: conserving the diversity of life* (Washington, D. C., Worldwatch Institute, 1987).

Um conjunto pioneiro de RECOMENDAÇÕES PARA SALVAR ECOSSISTEMAS TROPICAIS foi proposto em 1980 por Peter H. Raven et al., *Research priorities in tropical biology* (Washington, D. C., National Academy Press, 1980). Uma análise do esforço atual é apresentada pelos autores em Wilson e Peter, *Biodiversity*; por McNeely et al., *Conserving*; por Janet N. Abramovitz, *Investing in biological diversity: U. S. research and conservation efforts in developing countries* (Washington, D. C., World Resources Institute, 1991); e por Kathleen Courrier (ed.), *Global biodiversity strategy* (Washington, D. C., World Resources Institute; Gland, World Conservation Union; Nova York, Programa Ambiental das Nações Unidas, 1992).

As cláusulas do ENDANGERED SPECIES ACT dos Estados Unidos, e também as dos protocolos regulamentadores internacionais, são analisadas por Robert Boardman, *International organization and the conservation of nature* (Bloomington, Indiana University Press, 1981); por Michael J. Bean, *The evolution of national wildlife law* (Nova York, Praeger, 1983); e por Simon Lyster, *International wildlife law* (Cambridge, Inglaterra, Grotius, 1985).

A SITUAÇÃO DOS PARQUES NACIONAIS e outras reservas é documentada por Walter V. Reid e Kenton R. Miller, *Keeping options alive: the scientific basis for conserving biodiversity* (Washington, D. C., World Resources Institute, 1989); e por Michael E. Soulé, "Conservation: tactics for a constant crisis", *Science*, 253:744-50 (1991). A porcentagem da superfície terrestre sob proteção legal está em *1990 United Nations list of national parks and protected areas*.

As permutas DÍVIDA-POR-NATUREZA foram bem explicadas por José Márcio Ayres, "Debt-for-equity swaps and the conservation of tropical rain forests", *Trends in Ecology and Evolution*, 4(11):331-2 (1989); e por Roger D. Stone e Eve Hamilton, *Global economics and the environment* (Nova York, Council on Foreign Relations, 1991). Também usei a tese de mestrado de Victoria C. Drake (do University College, Londres), "Debt-for-nature swaps: an economic appraisal". A iniciativa mexicana foi noticiada por Mark A. Uhlig, "Mexican debt deal may save jungle", *New York Times*, 26/2/1991. A ideia de dívida-por-natureza foi proposta pela primeira vez por Thomas Lovejoy da Smithsonian Institution".

A CONTROVÉRSIA SLOSS é examinada, com diferentes conclusões, por James F. Quinn e Alan Hastings, "Extinction in subdivided habitats", *Conservation Biology*, 1(3): 198-208 (1987); e por Michael E. Gilpin, "A comment on Quinn and Hastings: extinction in subdivided habitats", *Conservation Biology*, 2(3):290-2 (1988). As vantagens e desvantagens de corredores entre pequenas reservas são analisadas por William Stolzenburg, "The fragment connection", *Nature Conservancy*, jul.-ago. 1991, pp. 18-25.

O progresso da RESTAURAÇÃO DE ECOSSISTEMAS nos Estados Unidos pode ser acompanhado nos vários números de *Restoration and Management Notes*, publicado pela University of Wisconsin Press desde 1982. Um relato recente da renovação de pradarias e um exame das esperanças e apreensões gerais dos restauracionistas são apresentados por William K. Stevens, "Green--thumbed ecologists resurrect vanished habitats", *New York Times*, 19/3/1991. A criação de uma nova floresta tropical árida no Parque Nacional Guanacaste da Costa Rica é descrita por Reid et al., *Bankrolling successes*.

A história da INTRODUÇÃO DE ESPÉCIES ANIMAIS em novos ambientes é estudada por Paul R. Ehrlich, "Which animals will invade?", em Harold A. Mooney e James A. Drake (eds.), *Ecology of biological invasions of North America and Hawaii* (Nova York, Springer, 1986), pp. 79-95.

Ariel E. Lugo tem defendido as ESPÉCIES EXÓTICAS para expandir a biodiversidade em nível local. Embora reconheça o alto risco dessas introduções e a necessidade de remover elementos que coloquem em risco a fauna e a flora nativas, ele nota que a maioria dessas espécies é naturalizada sem criar problemas ecológicos. "As espécies exóticas parecem se sair melhor em ambientes perturbados pelo ser humano. Elas são capazes de fornecer alimento e fibra sem provocar danos ecológicos. Por exemplo, quando cuidadas devidamente, algumas árvores exóticas crescem bem em terras altamente degradadas, onde contribuem para a recuperação do solo e o restabelecimento das espécies nativas." Veja "Removal of exotic organisms", *Conservation Biology*, 4(4):345 (1990).

15. A ÉTICA AMBIENTAL [pp. 430-42]

A ADVERTÊNCIA DA SIBILA A ENEIAS é tirada da tradução de Robert Fitzgerald, *The Aeneid: Virgil* (Nova York, Random House, 1983), Livro 6, p. 164. [The way downward is easy from Avernus./ Black Dis's door stands open night and day./ But to retrace your steps to heaven's air,/ There is the trouble, there is the toil...]

O fato de haver um PÚBLICO MAIOR EM ZOOLÓGICOS E AQUÁRIOS do que em eventos esportivos profissionais (futebol americano, beisebol, basquete, hóquei no gelo) é citado em, Linda Boyd (ed.), *Directory of the American Association of Zoological Parks and Aquaria* (Wheeling, West Virginia, Ogle Bay Park, 1990-1).

A AFINIDADE INATA DOS SERES HUMANOS COM O MUNDO NATURAL é desenvolvida em meu *Biophilia* (Cambridge, Harvard University Press, 1984). As imagens de serpentes foram tiradas da obra magistral de Balaji Mundkur, *The cult of the serpent: an interdisciplinary survey of its manifestations and origins* (Albany, State University of New York Press, 1983). O conceito de um lugar idealizado para viver como uma adaptação biológica foi elaborado por Gordon H. Orians, "Habitat selection: general theory and applications to human behavior", em Joan S. Lockard (ed.), *The evolution of human social behavior* (Nova York, Elsevier North Holland, 1980), pp. 46-66; e "An ecological and evolutionary approach to landscape aesthetics", em Edmund C. Penning-Rowsell e David Lowenthal (eds.), *Landscape meanings and values* (Londres, Allen and Unwin, 1986), pp. 3-22.

Histórias excelentes da NATUREZA EM ESTADO SELVAGEM NA IMAGINAÇÃO HUMANA, especialmente na Europa e nos Estados Unidos, foram apresentadas por Roderick Nash, *Wilderness and the American mind* (New Haven, Yale University Press, 1967); e por Max Oelschlaeger, *The idea of wilderness: from prehistory to the age of ecology* (New Haven, Yale University Press, 1991).

GLOSSÁRIO

Nesta lista de termos, estão incluídas informações biográficas sobre cientistas e estudiosos da biodiversidade mencionados no texto.

ADAPTAÇÃO Uma parte específica da anatomia (por exemplo, cor), um processo fisiológico (por exemplo, velocidade de respiração) ou um padrão de comportamento (por exemplo, uma dança de acasalamento) que melhora as chances de um organismo sobreviver e reproduzir. Abrange também a evolução que cria esse traço.

AGENTE (OU FORÇA) EVOLUTIVO(A) Qualquer fator do meio ambiente externo ou no corpo dos próprios organismos que provoca mudanças nas frequências de genes em uma população, daí a evolução.

AGREGADO MICROBIAL Uma fina camada de bactérias e cianofíceas que se forma em superfícies expostas, às vezes secretando uma base carbonatada chamada estromatólito. Foi um dos primeiros ecossistemas, ainda persistindo em alguns ambientes modernos, como águas rasas de maré.

ALELO Uma forma específica de um gene, onde inúmeras dessas formas ocorrem. A anemia falciforme é causada por uma dessas variações em um gene; uma outra variação do mesmo gene contribui para a hemoglobina normal.

ALOMETRIA A condição em que uma parte do corpo cresce mais depressa comparativamente com as demais, de modo que, quanto maior o organismo, maior a desproporção: os grandes machos de muitos tipos de besouros e cervos, por exemplo, desenvolvem chifres que são enormes em relação ao resto do corpo.

ALOPÁTRICO Que tem distribuições geográficas diferentes.

ALTERNÂNCIA DE GERAÇÕES A alternância de organismos haploides (que possuem um cromossomo de cada tipo por célula) em uma geração com organismos diploides (com dois cromossomos de cada tipo por célula) na geração seguinte, retornando então a organismos haploides, e assim por diante. Na maioria das espécies, a geração haploide consiste apenas em óvulos e espermas, que se fundem para criar a geração diploide, que por sua vez produz mais óvulos e espermas, a próxima geração haploide.

ALVAREZ, LUÍS W. (1911-88) Físico de partículas da Universidade da Califórnia, Berkeley. Coordenou a equipe que descobriu um elevado nível de irídio na transição Cretáceo-Terciário e interpretou-o como resultado de uma queda maciça de meteoritos.

AMBIENTE Aquilo que cerca um organismo ou uma espécie: o ecossistema no qual vive, incluindo tanto o ambiente físico como os demais organismos com os quais entra em contato.

AMEAÇADO Próximo da extinção. Refere-se a uma espécie ou ecossistema tão reduzido ou frágil que está fadado à destruição ou no mínimo encontra-se fatalmente vulnerável.

ANÁLISE BIOECONÔMICA A avaliação do valor econômico potencial de todos os organismos de um ecossistema, desde seus produtos naturais até seu aproveitamento no ecoturismo.

ANALOGIA Em biologia, uma semelhança em aparência e função entre estruturas que ocorrem em dois tipos de organismos mas não por causa de uma linhagem comum. As asas de aves e insetos são análogas [adjetivo], elas são análogas [substantivo] entre si e a similaridade constitui uma analogia; não evoluíram a partir do mesmo órgão de um ancestral comum. Cf. *homologia*.

ANELÍDEO Um verme do filo Annelida, como a minhoca, a sanguessuga e o poliqueta.

ANFÍBIO Um membro da classe de vertebrados Amphibia, como a rã ou a salamandra.

ANGIOSPERMA Uma planta florífera, membro do filo que domina a vegetação terrestre, caracterizada por sementes vindas de frutos.

ARTRÓPODE Um membro do filo Arthropoda, como um inseto, aranha ou crustáceo, com um esqueleto externo articulado.

AUTÓCTONE Uma espécie originada em um determinado lugar, como a Nova Zelândia ou o lago Vitória, e encontrada apenas lá. Cf. *endêmico*.

BACTÉRIA Organismos microscópicos unicelulares que são procariontes, sem membranas nucleares em volta dos genes.

BANCO DE SEMENTES Uma instalação centralizada para armazenar sementes de uma diversidade de espécies e raças genéticas, especialmente de plantas cultivadas e suas parentes silvestres.

BENTO ABISSAL A comunidade de organismos que vive no chão de mares profundos ou próxima dele.

BIODIVERSIDADE A variedade de organismos considerada em todos os níveis, desde variações genéticas pertencentes à mesma espécie até as diversas séries de espécies, gêneros, famílias e outros níveis taxionômicos superiores. Inclui a variedade de ecossistemas, que abrange tanto as comunidades de organismos em um ou mais hábitats quanto as condições físicas sob as quais eles vivem.

BIOGEOGRAFIA O estudo científico da distribuição geográfica dos organismos.

BIOLOGIA CONSERVACIONISTA A disciplina relativamente nova que lida com o conteúdo da biodiversidade, os processos naturais que a produzem, e as técnicas usadas para preservá-la em face de perturbações ambientais provocadas pelos seres humanos.

BIOLOGIA EVOLUCIONISTA Um termo abrangente para uma vasta gama de disciplinas que têm em comum o seu enfoque no processo evolutivo e, portanto, na criação da biodiversidade. A biologia evolucionista inclui o estudo da evolução molecular, ecologia, biologia populacional, taxionomia, biogeografia e aspectos comparativos de anatomia, fisiologia e comportamento animal.

BIOMA Uma grande categoria de hábitat em uma determinada região do mundo, como a tundra do Norte do Canadá ou a floresta pluvial da bacia amazônica.

BIOMASSA O peso total (geralmente peso seco, isto é, sem umidade) de um determinado grupo de organismos de uma área específica, como todas as aves vivendo num trecho de mata ou todas as algas numa lagoa ou todos os organismos no mundo.

BIORREGIÃO Uma área natural contínua, como um sistema fluvial ou cadeia de montanhas, grande o suficiente para se estender além de fronteiras políticas.

BIOTA A flora, fauna e micro-organismos de uma determinada região. Os micro-organismos costumam ser incluídos na fauna ou na flora, dependendo do grupo a que pertencem, como a flora bacteriana.

BIÓTICO Biológico, especialmente quando se refere às características de faunas, floras e ecossistemas.

BUSH, GUY L. (1929-) Entomólogo e biólogo evolucionista da Michigan State University. O principal pesquisador de raças hospedeiras e seu papel na formação das espécies.

CADEIA ALIMENTAR Parte da teia alimentar de uma determinada comunidade de organismos, consistindo em predadores e suas presas, predadores que se alimentam de predadores, e assim por diante, desde as plantas fotossintetizantes até os predadores superiores (como as águias e os gatos) e os decompositores que consomem os restos de organismos mortos.

CAMBRIANO O mais antigo período da era paleozoica, de 550 a 500 milhões de anos atrás, quando os grandes animais marinhos aumentaram tanto em quantidade quanto em diversidade — a chamada explosão cambriana da evolução animal.

CARÁTER Um traço que varia de maneira a ser útil na classificação, como uma parte de uma flor que varie de planta para planta, ou uma fórmula dentária que varie de mamífero para mamífero. As diferenças de uma espécie para outra são chamadas estados de caracteres.

CÉLULA FALCIFORME Uma condição hereditária determinada por uma mudança em um único gene provocando uma deformação dos glóbulos vermelhos do sangue. Provoca anemia quando presente em dose dupla.

CENTRO VAVILOV Uma região contendo produtos agrícolas em estado silvestre e cultivado, daí um centro de diversidade genética incomum da espécie. O nome homenageia o botânico russo Nikolai Vavilov.

CIANOFÍCEAS Outrora chamadas algas verde-azuis, esses organismos não são verdadeiramente algas, mas procariontes unicelulares que se assemelham às bactérias. Foram os elementos dominantes no início da história da vida e ainda são ecologicamente proeminentes.

CICLO DE VIDA A duração completa da vida de um organismo, desde o momento em que é concebido (geralmente na fertilização) até o momento em que se reproduz.

CLADE Um grupo de espécies que descendem de um ancestral comum. Os gatos do gênero *Felis*, vivos e extintos, são um clade que descende de um único ancestral que viveu no passado geológico. O clade inclui o ancestral.

CLASSE Um grupo de espécies de linhagem comum classificado num nível abaixo do de filo e superior ao de ordem. Consequentemente, uma ou mais ordens.

COEVOLUÇÃO A evolução de duas ou mais espécies devido à mútua influência. Por exemplo, muitas espécies de plantas floríferas e seus insetos polinizadores coevoluíram de uma maneira que torna a relação mais eficaz.

COHEN, JOEL E. (1944-) Professor de biologia populacional da Universidade Rockefeller. Um dos principais colaboradores na interpretação das teias alimentares dos ecossistemas.

COMENSALISMO Uma forma de simbiose (coexistência íntima) na qual uma espécie se beneficia da associação sem prejudicar ou beneficiar a outra.

COMUNIDADE Todos os organismos — plantas, animais e micro-organismos — que vivem num determinado hábitat e afetam-se mutuamente como parte da teia alimentar ou através de suas variadas influências sobre o meio ambiente.

CONJUNTO GÊNICO [*gene pool*] Todos os genes de todos os organismos pertencentes a uma população.

CONTINENTE MUNDIAL, FAUNA DO A fauna dominante que se desenvolveu na África, Europa, Ásia e América do Norte (o Continente Mundial) durante a era cenozoica (os últimos 66 milhões de anos). As várias massas terrestres constitutivas estiveram já suficientemente ligadas para permitir o intercâmbio periódico de espécies, especialmente no caso dos mamíferos.

CONVERGÊNCIA Em biologia evolucionista, o mesmo que evolução convergente, a crescente similaridade durante a evolução entre duas ou mais espécies independentes. Exemplo: o lobo placentário do hemisfério norte e seu notável sósia, o "lobo" marsupial da Austrália.

CONWAY MORRIS, SIMON (1951-) Paleontólogo da Universidade de Cambridge. Principal estudioso da explosão cambriana de animais invertebrados e do início da evolução dos artrópodes.

CRIOPRESERVAÇÃO O armazenamento de organismos e amostras de tecidos em temperaturas extremamente baixas, geralmente em nitrogênio líquido.

CROMOSSOMO Uma estrutura, visível ao microscópio e geralmente em forma de bastão, que carrega genes. Os cromossomos são feitos de DNA, que compõe os genes, e de uma matriz de sustentação feita de proteínas.

CRONOESPÉCIE Uma população que evoluiu tanto que passa a ser considerada uma espécie diferente, mesmo que a população não tenha se dividido em múltiplas espécies coexistentes. A divisão em duas espécies ao longo do tempo baseia-se em critérios subjetivos do grau de mudança.

DARWIN, CHARLES ROBERT (1809-82) Originador, junto com Alfred Russel Wallace, da teoria da evolução por seleção natural. Autor de *A origem das espécies* e, portanto, fundador do modo de pensamento evolucionista que permeia a biologia moderna.

DARWINISMO A evolução por seleção natural, originalmente proposta por Charles Darwin. A interpretação moderna do processo é chamada neodarwinismo: incorpora tudo o que hoje sabemos sobre genética, ecologia e outras disciplinas.

DEME Uma população de organismos na qual os cruzamentos são completamente aleatórios — um importante conceito idealizado usado como padrão para calcular os graus de endogamia e deriva genética.

DEMOGRAFIA O estudo das taxas de natalidade, mortalidade, distribuição etária, proporção sexual e tamanho populacional — uma disciplina fundamental pertencente ao campo maior da ecologia. São também as propriedades em si, como na demografia (traços demográficos) de uma determinada população.

DEPENDÊNCIA DE DENSIDADE O grau cada vez maior em que os fatores do meio ambiente reduzem o crescimento de uma população à medida que os organismos se tornam mais numerosos e, portanto, mais densamente concentrados. Os fatores dependentes de densidade incluem a competição, a escassez de alimentos, as doenças, a predação e a emigração.

DERIVA CONTINENTAL O rompimento gradual e afastamento dos continentes que tem ocorrido constantemente ao longo dos últimos 200 milhões de anos.

DERIVA GENÉTICA Evolução na constituição gênica de uma população exclusivamente por processos aleatórios.

DESARMONIA Nos estudos de biodiversidade, a representação excessiva de um ou mais grupos de organismos e a sub-representação ou ausência de outros numa ilha ou continente devido a acidentes de dispersão. Exemplo: não há pica-paus ou formigas nativas no Havaí, mas uma grande variedade de óscines melífagos e vespas.

DESENVOLVIMENTO SUSTENTÁVEL O uso da terra e da água para sustentar a produção indefinidamente sem deterioração ambiental, e idealmente sem perda da biodiversidade nativa.

DESLOCAMENTO DE CARACTERES O processo pelo qual duas espécies evoluem de maneira a se distanciarem uma da outra, adquirindo diferenças cada vez maiores, como resultado de competição ou do risco de uma redução da sobrevivência e da fertilidade provocada pela hibridação.

DEVRIES, PHILIP J. (1952-) Biólogo tropical de campo e autor de um guia de campo muito admirado, *The butterflies of Costa Rica* (1987).

DIAMOND, JARED M. (1937-) Professor da Faculdade de Medicina da Universidade da Califórnia, Los Angeles; explorador da fauna avícola da Nova Guiné; inventor do conceito de regras de formação na organização das comunidades; influente estudioso do processo de extinção.

DIPLOIDE Que tem duas cópias do mesmo complemento de cromossomos em cada célula. A condição diploide geralmente surge da fertilização, durante a qual um conjunto de cromossomos do macho se junta a um outro conjunto da fêmea. Cf. *haploide.*

DIVERSIDADE Veja *biodiversidade.*

DIVERSIDADE BIOLÓGICA Veja *biodiversidade.*

DNA Ácido desoxirribonucleico. O material hereditário fundamental de todos os organismos vivos. O polímero que constitui os genes.

DOMINÂNCIA Em genética, a expressão de uma forma de um gene sobre outra forma do mesmo gene quando ambas ocorrem em cromossomos diferentes no mesmo organismo. O gene para a coagulação normal do sangue, por exemplo, é dominante sobre o da hemofilia (incapacidade de coagular). Em ecologia, a abundância e influência ecológica de uma espécie ou grupo de espécies sobre outros: os pinheiros são plantas dominantes, os besouros, animais dominantes. Em comportamento animal, o controle de um indivíduo sobre outro no convívio social.

ECOLOGIA O estudo científico da interação de organismos em seu meio ambiente, incluindo o ambiente físico e os outros organismos que nele vivem.

ECOLOGIA DE RESTAURAÇÃO O estudo da estrutura e regeneração de comunidades de plantas e animais, visando ampliar ou recuperar ecossistemas ameaçados.

ECONOMIA ECOLÓGICA Um novo campo interdisciplinar dedicado à proteção do meio ambiente e à obtenção da produção econômica sustentável.

ECOSSISTEMA Os organismos que vivem num determinado ambiente, como um lago ou uma floresta (ou, numa escala maior, num oceano ou no planeta como um todo), e a parte física do ambiente que os afeta. Os organismos analisados independentemente de seu ambiente físico são uma comunidade.

ECOTURISMO Turismo voltado para as características atraentes e interessantes do meio ambiente, incluindo a fauna e a flora.

EHRLICH, PAUL R. (1932-) Professor da Universidade Stanford. Um dos principais pesquisadores da dinâmica populacional e do processo de extinção. Seus muitos livros e artigos escritos com Anne H. Ehrlich apresentaram os problemas ambientais para o público em todo o mundo.

EISNER, THOMAS (1929-) Professor da Universidade Cornell. Um dos principais entomólogos do mundo. Fundador da ecologia química. Desenvolveu o conceito de prospecção química.

ELDREDGE, NILES (1943-) Curador do Departamento de Invertebrados Fósseis do American Museum of Natural History. Uma das principais autoridades em trilobites e criador, junto com Stephen Jay Gould, da tese do equilíbrio pontuado.

ELETROFORESE Um método pelo qual substâncias, especialmente proteínas, são separadas umas das outras com base na sua carga elétrica e peso molecular. Usado no estudo da diversidade entre espécies ou entre organismos pertencentes a uma mesma espécie.

ENDÊMICO Uma espécie ou raça nativa de um determinado lugar e só encontrada ali. Se ela se originou no mesmo lugar por meio da evolução, também é dita autóctone.

ÉON A principal divisão do tempo geológico. A mais recente dessas divisões, o éon fanerozoico, abrange os últimos 550 milhões de anos.

EPIFILO Uma planta que cresce nas folhas de outros tipos de plantas. Portanto, um tipo especializado de epífita.

EPÍFITA Uma planta especializada em crescer em outros tipos de plantas de maneira neutra ou benéfica, não como parasita. Exemplos: a maioria das espécies de orquídeas e bromeliáceas.

ÉPOCA A divisão do tempo geológico abaixo da de período. Nós vivemos na época Recente, que começou há 10 mil anos com o final da época Plistocênica, ou Idade do Gelo.

EQUAÇÃO ÁREA-ESPÉCIES A relação entre a área de uma ilha ou outra região geográfica separada e o número de espécies que lá vivem. É aproximada pela equação $S = CA^z$, onde A é a área, S é o número de espécies, e C e z são constantes que dependem do lugar e do grupo de organismos (como aves ou árvores). Também chamada equação espécies-área.

EQUILÍBRIO DE ESPÉCIES O número mais ou menos constante de espécies, ou biodiversidade, encontrado numa ilha ou trecho isolado de um hábitat devido a um equilíbrio entre a imigração de novas espécies e a extinção das espécies residentes antigas. Veja também *teoria de biogeografia insular.*

EQUINODERMO Um membro do filo Echinodermata, como a estrela-do-mar ou o ouriço-do-mar.

ERA Uma importante divisão do tempo geológico, logo abaixo do éon. O éon fanerozoico, por exemplo, subdivide-se em três eras: a paleozoica (mais antiga), a mesozoica e a cenozoica (mais recente).

ERWIN, TERRY L. (1940-) Curador de entomologia do United States National Museum. Um dos principais especialistas em besouros. Conhecido por sua estimativa da diversidade de insetos e outros artrópodes nas florestas pluviais.

ESPECIAÇÃO O processo de formação de espécies. A sequência completa de eventos que levam ao desmembramento de uma população de organismos em duas ou mais populações isoladas reprodutivamente umas das outras.

ESPECIAÇÃO ALOPÁTRICA O mesmo que especiação geográfica: o desmembramento de uma população em duas ou mais subpopulações por uma barreira geográfica, seguida da divergência evolutiva da população até que ela se torne uma espécie plena.

ESPECIAÇÃO GEOGRÁFICA Também chamada especiação alopátrica. A divergência no nível das espécies de populações que originalmente pertenciam à mesma espécie mas foram isoladas por uma barreira física, como um estreito marinho, um vale de rio ou uma cadeia de montanhas.

ESPECIAÇÃO SIMPÁTRICA O desmembramento de uma espécie ancestral em duas espécies filhas sem a intervenção de uma barreira geográfica para primeiro separar a população ancestral em populações isoladas.

ESPÉCIE A unidade básica de classificação, compreendendo uma população ou série de populações de organismos similares e intimamente aparentados. Nos organismos de reprodução sexuada, uma espécie é definida mais especificamente pelo conceito de espécie biológica: uma população ou série de populações de organismos que se entrecruzam livremente umas com as outras em condições naturais mas que não se cruzam com membros de outras espécies.

ESPÉCIE-CHAVE Uma espécie, como a lontra marinha, que afeta a sobrevivência e abundância de muitas outras espécies na comunidade em que vive. Sua exclusão ou inclusão resulta numa mudança relativamente significativa na composição da comunidade e, às vezes, até na estrutura física do ambiente.

ESPÉCIES ASSEXUADAS Populações de organismos que são diferentes o suficiente para serem convenientemente distinguidas como espécies, embora não se reproduzam sexualmente e o critério de isolamento reprodutivo não possa se aplicar a elas.

ESPÉCIES IRMÃS Espécies tão semelhantes entre si que se torna difícil distingui-las, ao menos para observadores humanos.

ESTUDOS DE BIODIVERSIDADE O exame sistemático de toda a gama de diferentes tipos de organismos, juntamente com uma consideração da tecnologia pela qual a diversidade possa ser mantida e usada em benefício da humanidade.

ETNOBOTÂNICA O estudo da biologia das plantas conforme entendida por outras culturas, especialmente dos povos pré-letrados, e os usos práticos das plantas feitos por essas culturas.

EUCARIONTE Um organismo cujo DNA está envolto em membranas nucleares. A vasta maioria dos organismos é eucarionte; somente as bactérias e algumas outras formas microscópicas carecem desse tegumento nuclear. Cf. *procarionte*.

EVOLUÇÃO Em biologia, qualquer mudança na constituição genética de uma população de organismos. A evolução pode variar em grau desde pequenas alterações na frequência de genes secundários até a origem de complexos de novas espécies. Mudanças de magnitude menor são denominadas microevolução; mudanças no extremo superior, ou próximas dele, são chamadas macroevolução.

EXCLUSÃO COMPETITIVA A extinção de uma espécie por outra em um hábitat através da competição.

EXTINÇÃO O fim de uma linhagem de organismos, seja uma subespécie ou uma espécie, ou uma categoria taxionômica superior como gênero ou filo. A extinção pode ser local, quando uma ou mais populações de uma espécie ou outra unidade desaparecem mas outras sobrevivem em outro lugar; ou pode ser total (global), quando todas as populações desaparecem. Quando os biólogos falam da extinção de uma determinada espécie sem maiores qualificações, eles se referem à extinção total.

EXTINÇÕES CENTINELANAS Uma expressão (proposta neste livro) para designar extinções de espécies desconhecidas até o seu desaparecimento e, portanto, sem qualquer registro.

FAMÍLIA Na classificação hierárquica dos organismos, um grupo de espécies de ascendência comum. Superior ao gênero e inferior à ordem, é, portanto, um grupo de gêneros. Exemplos: Felidae (felinos) e Fagaceae (faias e carvalhos).

FANEROZOICO (ÉON) A principal divisão do tempo geológico durante o qual a maior parte da biodiversidade se desenvolveu e existiu, de 550 milhões de anos atrás até o presente.

FAUNA Todos os animais encontrados num determinado lugar.

FENÓTIPO Os traços observados de um organismo, criados por uma interação entre o genótipo desse organismo (material hereditário) e o ambiente no qual ele se desenvolveu.

FILO O segundo nível mais elevado de classificação abaixo do reino. Exemplos: filo Mollusca (caracóis, amêijoas, polvos) e filo Pterophyta (fetos).

FILOGENIA A história evolutiva de um determinado grupo de organismos, como os antílopes ou as orquídeas, com referência especial à árvore genealógica das espécies que constituem o grupo.

FITOPLÂNCTON A parte vegetal do plâncton, em oposição ao zooplâncton, a parte animal.

FLORA Todas as plantas encontradas num determinado lugar.

FLORESTA PLUVIAL TROPICAL. TECNICAMENTE FLORESTA ÚMIDA TROPICAL FECHADA Uma floresta com duzentos centímetros de precipitação anual distribuídos equitativamente ao longo do ano para manter árvores perenes, tipicamente espalhadas em diversos estratos (ou camadas) irregulares suficientemente densos para capturar mais de 90% da luz solar antes de esta chegar ao chão.

FÓSSIL Quaisquer resquícios deixados por um organismo, seja uma pegada seja um osso mineralizado, que foram preservados através do tempo geológico — pelo que geralmente se quer dizer um espaço de tempo de 10 mil anos ou mais.

FREQUÊNCIA GÊNICA Para a população como um todo, a porcentagem de genes em um determinado local que são de uma forma (alelo) em oposição a outra — como o alelo para a hemoglobina falciforme que pode ser distinguido do alelo da hemoglobina normal.

GENE A unidade básica da hereditariedade.

GÊNERO Um grupo de espécies similares de ascendência comum. Exemplos: *Canis*, compreendendo o lobo, o cão doméstico e espécies similares; e *Quercus*, os carvalhos.

GENOMA Todos os genes de um determinado organismo ou espécie.

GENÓTIPO A constituição genética de um organismo, determinando ou um único traço (como a cor dos olhos) ou um conjunto de traços (cor dos olhos, tipo sanguíneo etc.).

GENTRY, ALWYN H. (1945-) Botânico tropical do Jardim Botânico de Missouri, um dos principais exploradores modernos das plantas sul-americanas.

GOKSØYR, JOSTEIN (1922-) Professor de microbiologia na Universidade de Bergen, Noruega. Um pioneiro nas técnicas de estimar a diversidade bacteriana.

GOULD, STEPHEN JAY (1941-) Professor de geologia e diretor do Departamento de Invertebrados Fósseis da Universidade de Harvard. O mais influente popularizador e comentador moderno de biologia evolucionista. Criador, junto com Niles Eldredge, da tese do equilíbrio pontuado.

GRADIENTE DE DIVERSIDADE LATITUDINAL A tendência, generalizada mas não universal entre plantas e animais, no sentido de uma maior diversidade quando se avança das regiões polares para o equador.

GRANDE INTERCÂMBIO AMERICANO A migração de mamíferos norte-americanos para o Sul e de mamíferos sul-americanos para o Norte quando a ponte terrestre panamenha passou a existir há cerca de 2,5 milhões de anos. O processo continua até os dias de hoje. As atenções se concentraram nos mamíferos por causa do seu excelente registro fóssil, mas as plantas e os outros animais também participaram.

GRANT, PETER R. (1936-) Professor de zoologia da Universidade de Princeton. Ecologista dos vertebrados e líder no estudo da ecologia e microevolução dos tentilhões de Darwin.

GUILDA Um grupo de espécies encontradas no mesmo lugar que partilham o mesmo alimento. Exemplos: os insetos de um campo de Rhode Island que se alimentam do pólen da vara-de-ouro; os falcões de uma floresta pluvial boliviana que se alimentam de aves canoras.

HÁBITAT Um meio ambiente de um determinado tipo, como as praias de um lago ou uma planície de capim-açu. Também um determinado ambiente em um lugar, como uma floresta de montanha do Taiti.

HÁBITAT INSULAR Um trecho de um hábitat separado de outros trechos do mesmo hábitat, como uma clareira separada da floresta, ou um lago separado por terra seca. Os hábitats insulares estão sujeitos aos mesmos processos ecológicos e evolutivos que as ilhas "verdadeiras".

HAPLOIDE Que possui um conjunto cromossômico constituído de apenas um cromossomo de cada tipo, geralmente encontrado nos óvulos e espermas, caracterizando a geração haploide na alternância de gerações.

HETEROZIGOTO Que possui duas formas de gene (alelos) na mesma posição cromossômica mas em cromossomos diferentes. Uma pessoa portadora de um alelo para a hemoglobina falciforme em um cromossomo e um alelo para a hemoglobina normal no outro é dita heterozigótica para esses traços. Cf. *homozigoto.*

HÍBRIDO A progênie de pais que são geneticamente dissimilares, especialmente de pais que pertencem a espécies diferentes.

HOMOLOGIA Em biologia, uma similaridade de estrutura, fisiologia ou comportamento em duas espécies devido à herança de um ancestral comum, seja ou não a função a mesma. Exemplo: os braços humanos e as asas dos morcegos. Dois cromossomos do mesmo tipo encontrados no mesmo indivíduo também são ditos homólogos. Cf. *analogia.*

HOMOZIGOTO Que possui a mesma forma de gene (alelo) em ambos os cromossomos. Uma pessoa portadora de alelos para a hemoglobina falciforme em ambos os cromossomos é dita homozigótica para essa condição. Cf. *heterozigoto.*

HUBBELL, STEPHEN P. (1942-) Professor de biologia da Universidade de Princeton. Um dos principais ecologistas tropicais e criador do estudo a longo prazo da diversidade das árvores da ilha Barro Colorado no Panamá.

INVERTEBRADO Qualquer animal que não possua uma coluna dorsal vertebral que encerra a medula espinhal, desde anêmonas-do-mar até minhocas, aranhas e borboletas.

IRRADIAÇÃO ADAPTATIVA A evolução de uma única espécie em muitas espécies que empregam diversas maneiras de viver numa mesma distribuição geográfica. Exemplo: a origem dos cangurus, coalas e outros marsupiais da Austrália moderna de um único ancestral distante.

JANZEN, DANIEL H. (1939-) Professor da Universidade da Pennsylvania. Um dos principais biólogos tropicais, amplamente conhecido por seu programa para regenerar a floresta decídua ameaçada da América Central.

KNOLL, ANDREW H. (1951-) Professor de paleobotânica na Universidade de Harvard. Um dos principais estudiosos da história da vida, desde os primeiros micro-organismos pré-cambrianos até as plantas floríferas modernas.

LÍQUEN Um organismo composto formado por um fungo que abriga ou cianofíceas ou algas unicelulares. A simbiose dos dois tipos de organismos é mutuamente benéfica.

LOVEJOY, THOMAS E. (1941-) Secretário-adjunto de Assuntos Externos da Smithsonian Institution. Especialista em aves sul-americanas, criador do gigantesco Projeto de Fragmentos Florestais na Amazônia brasileira.

MACARTHUR, ROBERT H. (1930-72) Professor das Universidades da Pennsylvania e de Princeton. Um brilhante teórico da ecologia e criador da teoria da biogeografia insular.

MACROEVOLUÇÃO Evolução em grande escala, provocando grandes alterações na anatomia ou outros traços biológicos, às vezes acompanhada de irradiação adaptativa. Cf. *microevolução.*

MAMÍFERO Um animal da classe Mammalia, caracterizado pela produção de leite na glândula mamária das fêmeas e um corpo coberto de pelos.

MARSUPIAL Um animal, como o gambá ou o canguru, caracterizado (na maioria das espécies) por uma bolsa, o marsúpio, que contém glândulas mamárias e serve para abrigar os filhotes.

MARTIN, PAUL S. (1928-) Paleontólogo e professor da Universidade do Arizona. Principal arquiteto da hipótese de extinção em massa da megafauna por seres humanos pré-históricos.

MAY, ROBERT M. (1936-) Professor de ecologia da Universidade de Oxford. Um dos principais biólogos populacionais teóricos e um importante estudioso dos processos naturais subjacentes à biodiversidade.

MAYR, ERNST (1904-) Professor emérito da Universidade de Harvard. Deão de biologia evolucionista. Arquiteto dos conceitos de neodarwinismo e espécie biológica.

MECANISMO INTRÍNSECO DE ISOLAMENTO Qualquer diferença hereditária entre espécies que as impeça de se cruzarem livremente em condições naturais. Exemplos: épocas diferentes de acasalamento, comportamento nupcial ou hábitats localizados.

MEGAFAUNA Os maiores animais, pesando mais de dez quilos, como os veados, grandes gatos, elefantes e avestruzes.

MEIOSE Divisão celular que leva à redução do número de cromossomos de dois conjuntos para um; na maioria dos tipos de organismos superiores leva diretamente à produção das células sexuais. Cf. *mitose.*

MESOZOICA Era geológica correspondente à Idade dos Répteis ou Idade dos Dinossauros, estendendo-se de 245 milhões a 66 milhões de anos atrás.

METAMORFOSE Uma mudança radical no formato do corpo, fisiologia e comportamento durante o crescimento e desenvolvimento de um organismo.

METAPOPULAÇÃO Um conjunto de populações parcialmente isoladas pertencentes à mesma espécie. As populações são capazes de trocar indivíduos entre si e recolonizar lugares nos quais a espécie tornou-se recentemente extinta.

MICORRIZO Uma associação simbiótica entre fungos e raízes de plantas.

MICROBIOLOGIA O estudo científico dos organismos microscópicos, especialmente bactérias.

MICROEVOLUÇÃO Mudanças evolutivas menores, como um aumento de tamanho ou de uma parte do corpo, geralmente controlada por um número relativamente pequeno de genes. Cf. *macroevolução.*

MITOSE Divisão celular na qual os cromossomos são duplicados exatamente, sem redução no seu número. Cf. *meiose.*

MODELO DE ORIGEM-ESCOAMENTO A hipótese segundo a qual a diversidade de espécies, especialmente nas florestas tropicais, aumenta quando locais restritos favoráveis a algumas delas permitem-lhes produzir um excedente de emigrantes, que serão a origem de novos indivíduos dispersando-se por locais menos favoráveis nas proximidades, as áreas de escoamento.

MOLUSCO Um animal pertencente ao filo Mollusca, como um caracol ou uma amêijoa.

MUTAÇÃO Definida vagamente como qualquer mudança genética em um organismo, seja pela alteração do DNA de genes individuais, seja pela alteração na estrutura ou número de cromossomos. As mutações formam novo material para evolução.

MUTUALISMO Simbiose em que as duas espécies se beneficiam.

MYERS, NORMAN (1934-) Botânico britânico e biólogo conservacionista. Identificador dos pontos críticos. Um dos principais eruditos dos estudos de biodiversidade.

NEODARWINISMO O estudo moderno do processo evolutivo que atribui um papel central à seleção natural, a ideia sugerida originalmente por Darwin e agora comprovada por inúmeros novos conhecimentos da genética, ecologia e outras disciplinas modernas da biologia.

NICHO Um termo vago mas útil em ecologia, significando o lugar ocupado por uma espécie em seu ecossistema — onde vive, o que come, sua rota de cata de alimentos, as estações de suas atividades, e assim por diante. Num sentido mais abstrato, um nicho é um lugar ou papel potencial dentro de um ecossistema para o qual uma espécie pode ou não ter evoluído.

NÍVEL TRÓFICO Um grupo de organismos que obtém sua energia da mesma parte da teia alimentar em uma comunidade biológica. Exemplos: os produtores primários, que são basicamente as plantas, e os herbívoros, os animais que consomem plantas.

NÚCLEO Em biologia, o denso corpo central da célula, rodeado por uma dupla membrana nuclear, contendo os cromossomos e genes.

OLSON, STORRS L. (1944-) Curador do Departamento de Paleontologia do United States National Museum. Autoridade em aves fósseis e pioneiro no estudo da extinção de faunas insulares de aves, especialmente as do Havaí (empreendido com Helen F. James)

PALEONTOLOGIA O estudo científico dos fósseis e de todos os aspectos da vida extinta.

PAR DE BASE Um par de bases orgânicas que constitui uma letra do código genético; geralmente adenina (A) emparelhada com tiamina (T), ou citosina (C) emparelhada com guanina (G). Cada base está situada em um filamento da dupla hélice do DNA e oposta à outra base na mesma posição no filamento seguinte. O código é então lido como uma sequência de quatro letras possíveis na dupla hélice: AT, TA, CG e GC. Versões do mesmo gene diferem pelas sequências dessas quatro letras.

PERÍODO Uma divisão do tempo geológico, logo abaixo da era. A era mesozoica (Idade dos Répteis), por exemplo, é dividida em três períodos: Triássico, Jurássico e Cretáceo.

PERMIANO O último período da era paleozoica, estendendo-se de 290 milhões a 245 milhões de anos atrás e encerrando-se com o maior espasmo de extinção de todos os tempos.

PERMUTA DÍVIDA-POR-NATUREZA A compra ou perdão de partes da dívida externa dos países mais pobres em troca de projetos locais de conservação ambiental, especialmente a aquisição de terras para reservas.

PIMM, STUART L. (1949-) Um biólogo populacional teórico e ecologista da Universidade do Tennessee. Importante estudioso do processo de extinção.

PLACENTÁRIO Relativo a um grupo de mamíferos caracterizados pelo uso de uma placenta para alimentar os filhotes não nascidos, constituindo a grande maioria das espécies vivas de mamíferos. Cf. *marsupial.*

PLÂNCTON Organismos que flutuam passivamente no mar e no ar, compreendendo principalmente micro-organismos e pequenas plantas e animais.

PLISTOCÊNICA (época) O espaço de tempo geológico anterior à época Recente, durante o qual as geleiras continentais avançaram e recuaram e a espécie humana se desenvolveu. A época Plistocênica começou cerca de 2,5 milhões de anos atrás e encerrou-se com o fim da Idade do Gelo há 10 mil anos.

POLIPLOIDIA A condição em uma célula ou organismo em que o número de conjuntos completos de cromossomos (por célula) é maior do que dois. A poliploidia é um meio comum de as espécies se reproduzirem, especialmente as plantas.

PONTO CRÍTICO Uma região do mundo, como a ilha de Madagáscar, que ao mesmo tempo seja rica em espécies endêmicas e esteja ambientalmente ameaçada.

POPULAÇÃO Em biologia, qualquer grupo de organismos pertencentes à mesma espécie no mesmo tempo e lugar.

PROCARIONTE Um organismo cujo DNA não está encerrado em membranas nucleares. Logo, as células de um organismo procariótico não contêm um núcleo bem definido. A maioria dos procariontes são bactérias. Cf. *eucarionte.*

PROSPECÇÃO QUÍMICA O exame de espécies selvagens de plantas, animais e micro-organismos em busca de substâncias naturais que possam ter uso prático, especificamente na medicina.

PROTISTA. Um membro do reino Protista (ou Protoctista), que compreende os protozoáríos, as algas e formas afins.

PROTOZOÁRIO Um membro de um grupo de organismos unicelulares, incluindo amebas e ciliados, geralmente inseridos no reino Protista.

QUATERNÁRIO (PERÍODO) Este segundo e último período da era cenozoica, após o período Terciário e incluindo as épocas Plistocênica e Recente, estende-se de cerca de 2,5 milhões de anos atrás até o presente.

RAÇA HOSPEDEIRA Uma população geneticamente distinta de organismos que se alimenta de um tipo de planta e vive em meio a outras populações da mesma espécie que se alimentam de outros tipos de plantas. Acredita-se que seja um estágio intermediário na formação de uma espécie plena.

RAUP, DAVID M. (1933-) Professor de paleontologia da Universidade de Chicago. Um dos principais colaboradores na análise da diversificação e extinção.

RAVEN, PETER H. (1936-) Diretor do Jardim Botânico do Missouri, em St. Louis. Autoridade em botânica tropical. Iniciador dos estudos sobre a diversidade de plantas em todo o mundo.

REGRAS DE FORMAÇÃO As combinações de espécies que podem viver juntas em uma comunidade de animais e plantas, e as sequências em que podem invadir a comunidade e persistir nela.

REINO A categoria mais elevada usada em classificação. Cinco reinos são normalmente reconhecidos: Plantae (plantas), Animalia (animais), Fungi (cogumelos e outros fungos), Protista (algas e "animais" unicelulares) e Monera (bactérias e parentes próximos).

RESERVA EXTRATIVISTA Um hábitat selvagem do qual madeira, látex e outros produtos naturais podem ser retirados de maneira sustentável com mínimos danos ambientais e, idealmente, sem a extinção de espécies nativas.

SELEÇÃO DE ESPÉCIES A multiplicação e extinção diferenciais de espécies como resultado de diferenças em certos traços dos organismos pertencentes a uma ou outra espécie. Provoca uma disseminação dos traços favorecidos pela fauna ou flora como um todo.

SELEÇÃO NATURAL A contribuição diferencial dos filhos para a geração seguinte através de vários tipos gênicos pertencentes à mesma população. É o mecanismo de evolução proposto por Darwin. Distingue-se da seleção artificial, que é o mesmo processo mas levado a cabo com intervenção humana.

SEPKOSKI, J. JOHN, JR. (1948-) Professor de paleontologia da Universidade de Chicago. Junto com seu colaborador David Raup, um dos principais estudiosos da diversificação e da extinção.

SERVIÇOS DO ECOSSISTEMA O papel desempenhado pelos organismos na criação de um ambiente saudável para os seres humanos, desde a produção de oxigênio até a gênese do solo e da desintoxicação da água.

SIMBERLOFF, DANIEL S. (1942-) Professor de ecologia da Florida State University. Um pioneiro em biogeografia insular.

SIMBIOSE Duas ou mais espécies que vivem juntas em um prolongado e íntimo relacionamento ecológico, como a incorporação de algas e cianofíceas nos fungos para criar liquens.

SIMPÁTRICO Que ocorre no mesmo lugar, como no caso de duas espécies que partilham porções de suas distribuições geográficas.

SOULÉ, MICHAEL E. (1936-) Professor de estudos ambientais da Universidade da Califórnia, Santa Cruz. Um dos fundadores da biologia conservacionista.

SOUTHWOOD, T. R. E. (1931-) Sir Richard Southwood, vice-chanceler da Universidade de Oxford. Um dos principais contribuidores para a teoria e mensuração da diversidade.

STANLEY, STEVEN M. (1941-) Professor de paleobiologia da Universidade Johns Hopkins. Autoridade em invertebrados fósseis e elaborador da teoria da seleção de espécies.

STEADMAN, DAVID W. (1951-) Cientista mais graduado do Departamento de Zoologia do New York State Museum. Junto com Storrs Olson, um dos principais pesquisadores da história fóssil e da história da extinção de aves insulares, especialmente as da Polinésia.

STRIP LOGGING Remoção de madeira em faixas estreitas acompanhando o contorno do terreno, permitindo um rápido recrescimento da vegetação, produção sustentável e proteção da fauna e flora nativas.

SUBESPÉCIE Subdivisão de uma espécie, geralmente definida como uma raça geográfica: uma população ou série de populações que ocupam uma área específica e que diferem geneticamente de outras raças geográficas da mesma espécie. Cf. *raça hospedeira*.

TAXIONOMIA A ciência (e arte) de classificar organismos. O estudo científico da diversidade da vida, incluindo os procedimentos de classificação pura e reconstrução da filogenia (relações entre espécies).

TEFRA Rochas fragmentadas e cinzas expelidas durante uma erupção vulcânica.

TEIA ALIMENTAR A gama completa de elos alimentares em um determinado hábitat, representada em diagramas pela direção em que a energia e os nutrientes fluem de consumido a consumidor.

TEORIA DE BIOGEOGRAFIA INSULAR Os conceitos e modelos matemáticos que explicam o número de espécies de organismos encontrados em ilhas e fragmentos de hábitats. Uma ideia central da teoria é o equilíbrio do número de espécies que se atinge quando novas espécies chegam e antigos residentes são extintos na mesma velocidade.

TERBORGH, JOHN (1936-) Professor de biologia da Universidade Duke. Botânico e zoólogo, melhor conhecido por seus estudos a longo prazo da ecologia das aves e mamíferos nas florestas tropicais.

TERCIÁRIO O primeiro período da era cenozoica, começando com o término da era mesozoica (Idade dos Répteis) há 66 milhões de anos e terminando com o início da época Pleistocênica há cerca de 2,5 milhões de anos. É sucedido pelo período Quaternário (Pleistoceno mais época Recente).

THORNTON, IAN W. B. (1926-) Professor de zoologia da Universidade La Trobe, Austrália. Líder das expedições modernas a Krakatau.

TRIPLOIDE Uma célula ou organismo que possui três conjuntos completos de cromossomos.

VERTEBRADO Qualquer animal que possua uma coluna dorsal vertebral que encerra a medula espinhal. Há cinco grupos principais de vertebrados vivos: peixes, anfíbios (rãs, salamandras e cobras-cegas), répteis, aves e mamíferos.

VRBA, ELISABETH S. Professora de geologia da Universidade de Yale. Autoridade na história fóssil dos mamíferos africanos e uma das principais contribuidoras para a teoria da seleção de espécies.

WEBB, S. DAVID (1936-) Curador do Departamento de Zoologia dos Vertebrados do Florida State Museum. Um dos principais teóricos da evolução dos mamíferos no Novo Mundo.

ZOOPLÂNCTON A parte animal do plâncton, em oposição ao fitoplâncton, a parte vegetal.

AGRADECIMENTOS

EM CERTO SENTIDO, a preparação deste livro começou quando eu era estudante da Universidade do Alabama no final dos anos 40, abrindo caminho em meio a ravinas de argila vermelha e regatos tóxicos em busca de resquícios do meio ambiente natural. Embora frequentemente desencorajado, sempre esperei que o mundo estivesse em melhores condições em outros lugares. Minha jornada intelectual adquiriu maior ímpeto em 1953, durante uma viagem de campo à sierra Trinidad em Cuba, enquanto eu avançava com dificuldade por estradas lamacentas em busca da floresta tropical, passando por caminhões carregados de toras de madeira a caminho de Cienfuegos com os últimos fragmentos das árvores. A mesma experiência se repetiu inúmeras vezes em outros países em anos subsequentes. O mundo, descobri, *não* estava em melhores condições em outros lugares. O livro adquiriu forma concreta em minha mente em setembro de 1986 durante o Fórum Nacional sobre Biodiversidade organizado em Washington sob os auspícios da National Academy of Sciences e da Smithsonian Institution. Lá juntei-me a outros sessenta biólogos, economistas, especialistas agrícolas e profissionais de áreas afins para considerar — finalmente de maneira extensiva e abrangente, e com a atenção até então pouco usual da mídia — a diversidade global em sua plenitude como uma questão central do meio ambiente.

O estudo da diversidade biológica, no que tange às preocupações humanas contemporâneas, é uma disciplina eclética que só agora começa a se concretizar. Ao tentar empreender essa síntese, pude contar com os conselhos e o encorajamento de colegas de uma vasta gama de áreas. É um prazer poder citá-los aqui, ao mesmo tempo que os exonero de quaisquer erros e omissões que possam permanecer ao longo da produção deste livro.

Larry D. Agenbroad (extinção da megafauna do Quaternário)
Peter S. Ashton (floras tropicais)
Richard O. Bierregaard Jr. (diversidade nas florestas pluviais)
Elizabeth Boo (ecoturismo)
Kenneth J. Boss (moluscos)
William H. Bossert (modelos de área-espécies)
Bryan C. Clarke (moluscos)
Rita R. Colwell (microbiologia)
Simon Conway Morris (diversidade no Cambriano)
Jared M. Diamond (extinção)
Eric Dinerstein (análises de reservas biológicas)
Victoria C. Drake (permutas dívida-por-natureza)
Donald A. Falk (plantas dos Estados Unidos)
Richard T. T. Forman (análise ambiental e de política governamental)
Charles H. W. Foster (biorregionalismo)
David G. Furth (diversidade de besouros)
Douglas G. Futuyma (teoria evolucionista)
Alwyn H. Gentry (floras tropicais)
Thomas J. Givnish (borboletas, metapopulações)
Jostein Goksøyr (diversidade de bactérias)
Jerry Harrison (reservas naturais do mundo)
Karsten E. Hartel (ictiologia)
Gary S. Hartshorn (administração florestal, política governamental)
Michael Huben (ácaros)
Helen F. James (aves havaianas, extinção)
David P. Janos (fungos micorrízicos)
Robert E. Jenkins (recenseamentos de biodiversidade)
Carl F. Jordan (florestas tropicais)
Laurent Keller (entomologia)
Andrew H. Knoll (história geológica da vida)

Russell Lande (diversidade genética)
Robert J. Lavenberg (tubarões)
Karen F. Liem (ictiologia)
Hans Löhrl (aves europeias)
Jane Lubchenco (ecossistemas marinhos)
Ariel E. Lugo (florestas tropicais, extinção)
Denis H. Lynn (diversidade de protozoários)
David R. Maddison (genética, taxionomia)
Michael A. Mares (extinção)
Ernst Mayr (formação de espécies)
Kenton R. Miller (conservação e política governamental)
Russell A. Mittermeier (biologia conservacionista)
Gary Morgan (mamíferos do Cenozoico)
Norman Myers (desflorestamento, extinção)
Storrs L. Olson (aves havaianas, extinção)
Michael O'Neal (extinção de plantas)
Raymond A. Paynter Jr. (ornitologia)
Tila M. Pérez (ácaros)
David Pilbeam (evolução humana)
Mark J. Plotkin (botânica econômica, etnobotânica)
James F. Quinn (extinção de mamíferos)
Katherine Rails (diversidade de cetáceos)
David M. Raup (paleontologia, extinção)
Peter H. Raven (diversidade de plantas, etnobotânica)
Jamie Resor (economia, ajuda externa)
Michael H. Robinson (parques zoológicos)
Gustavo A. Romero (orquídeas)
Jose P. O. Rosado (répteis)
Cristián Samper K. (florestas sul-americanas)
G. Allan Samuelson (besouros)
J. William Schopf (história geológica da vida)
Richard E. Schultes (etnobotânica)
Raymond Siever (Cenozoico)
Daniel S. Simberloff (extinção)
Tom Simkin (Krakatau)
Otto T. Solbrig (evolução de plantas)

Andrew Spielman (mosquitos)
Steven M. Stanley (história geológica da vida, teoria evolucionista)
David W. Steadman (aves do Pacífico, extinção)
Martin H. Steinberg (anemia falciforme)
Peter F. Stevens (diversidade de plantas)
Roger D. Stone (análise conservacionista e de política governamental)
Nigel E. Stork (diversidade de artrópodes)
Jorgen B. Thomsen (pagagaios)
Ian W. B. Thornton (Krakatau)
Barry D. Valentine (diversidade de besouros)
Noel D. Vietmeyer (botânica econômica)
Elisabeth S. Vrba (teoria evolucionista, evolução de mamíferos)
S. David Webb (evolução de mamíferos)
T. C. Whitmore (manejo de florestas tropicais, extinção)
Delbert Wiens (evolução de plantas)
Irene K. Wilson (processo editorial)

Como acontece em todos os meus livros e artigos desde 1966, agradeço o trabalho meticuloso e inestimável de Kathleen M. Horton na pesquisa bibliográfica e na preparação do manuscrito. Foi também um prazer trabalhar com Sarah Landry, George Ward e Amy Bartlett Wright que prepararam as ilustrações, e com Mark Moffett e Darlyne Murawski na seleção de fotografias de suas excelentes coleções de fotos de história natural.

Vários dos desenhos provêm de obras já publicadas de outros autores. *Capítulo 3*: A curva do tempo dos cinco grandes espasmos de extinção, conforme evidenciados nas famílias de animais marinhos, foi tirada de David M. Raup e J. John Sepkoski Jr., "Mass extinction in the marine fossil record", *Science*, 215:1501-3 (1982). *Capítulo 8*: A estrutura de detritos de folhas e húmus em uma floresta decídua, juntamente com dados sobre a distribuição de artrópodes que vivem nesses estratos, é vagamente baseada em figuras e dados que aparecem em Gerhard Eisenbeis e Wilfried Wichard, *Atlas zur Biologie der Bodenarthropoden* (Stuttgart, Gustav Fischer, 1985). A paisagem das espécies, que mostra o grau de diversidade de espécies em cada grupo através do tamanho do organismo representativo, foi introduzida por Quentin D. Wheeler, "Insect diversity and cladistic constraints", *Annals of the Entomological Society of America,* 83(6):1031-47 (1990). O desenho usado aqui é uma interpretação de Amy Bartlett Wright. *Capítulo 9*: A ideia de representar as regras de formação de um ecossistema como peças de um quebra-cabeça partiu de James A. Drake, "Communities as assembled structures: do rules govern pattern?", *Trends in Ecology and Evolution*, 5(5): 159-64 (1990). *Capítulo 9*: A ilustração do enxame de formigas-correição foi preparada por Katherine Brown-Wing e publicada em meu livro *Success and dominance in ecosystems: the case of the social insects* (Oldendorf-Luhe, Ecological Institute, 1990). *Capítulo 10*: O corte transversal de um agregado microbial foi tirado de David J. des Marais, "Microbial mats and the early evolution of life", *Trends in Ecology and Evolution*, 5(5): 140-4 (1990). O gráfico do aumento da diversidade local de plantas é baseado num diagrama de Andrew H. Knoll, "Patterns of change in plant communities through geological time", em Jared M. Diamond e Ted J. Case (eds.), *Community ecology* (Nova York, Harper and Row, 1986), pp. 126-41. *Capítulo 11*: O mapa da metapopulação de borboletas *checkerspot* da região da baía de San Francisco é uma modificação de um mapa apresentado por Susan Harrison, Dennis D. Murphy e Paul R. Ehrlich, "Distribution of the bay checkerspot butterfly, *Euphydryas editha bayensis*: evidence for a metapopulation model", *American Naturalist*, 132(3):360-82 (1988). *Capítulo 12*: O diagrama da extinção em massa das megafaunas de mamíferos durante os últimos 100 mil anos é uma modificação de um apresentado por Paul S. Martin, "Prehistoric overkill: the global model", em P. S. Martin e Richard G. Klein (eds.), *Quaternary extinctions: a prehistoric revolution* (Tucson, University of Arizona Press, 1984), pp. 354-403. Os mapas dos pontos críticos são baseados em publicações de Norman Myers, conforme citado nas notas. O mapa da história do desflorestamento do Equador foi feito a partir de uma ilustração apresentada por Calaway H. Dodson e Alwyn H. Gentry, "Biological extinction in Western Ecuador", *Annals of the Missouri Botanical Garden*, 78(2):273-95 (1991). *Capítulo 14*: O mapa usado na análise de sistemas geográficos é uma modificação de um apresentado por J. Michael Scott, conforme citado nas notas. O diagrama de *strip logging* é uma versão ligeiramente modificada de um apresentado por Carl F. Jordan, "Amazon rain forests", *American Scientist*, 70:394-401 (1982), usado com a permissão do autor e de sua editora, Sigma Xi.

CRÉDITOS

MARK W. MOFFETT Colaborador de Entomologia do Museu de Zoologia Comparada de Harvard, estuda e fotografa faunas tropicais de todo o mundo. Tem contribuído com artigos e fotografias para inúmeras publicações, em especial a *National Geographic*.

DARLYNE MURAWSKI Estudiosa de árvores e borboletas tropicais, tem trabalhado na América Central e em Sri Lanka. Suas pesquisas foram publicadas em inúmeros periódicos científicos, e atualmente ela está escrevendo e fotografando uma matéria para a *National Geographic*.

AMY BARTLETT WRIGHT Estudou ilustração científica na Smithsonian Institution e na Rhode Island School of Design. Colaborou em diversos livros sobre insetos e vida selvagem, entre eles *The social biology of wasps*. Seu trabalho atual inclui escrever e ilustrar *The Peterson first guide to caterpillars*.

Desenhos nas páginas 57, 78-9, 83, 98, 108, 126, 139, 148-9, 156-7, 176-7, 184-5, 229, 263, 268, 288, 290, 300, 357, 366, 368, 371.

GEORGE WARD preparou os mapas, gráficos e diagramas. A ilustração das formigas-correição na página 209 é de Katherine Brown-Wing. As pinturas no último capítulo, de Pablo César Amaringo e Roxana Elizabeth Marín, são reproduzidas por cortesia de Luis Eduardo Luna e da North Atlantic Press, editora de *Ayahuasca visions*.

ÍNDICE REMISSIVO

Edward O. Wilson nasceu em Birmingham, Alabama, em 1929. Passou a infância e a juventude explorando a natureza — especialmente colônias de insetos, que viriam a se tornar sua especialidade acadêmica — no Sul dos Estados Unidos e em Washington. Estudou biologia evolutiva na Universidade do Alabama e fez seu doutorado na Universidade Harvard. Tornou-se professor em Harvard, onde lecionou por quatro décadas e se aposentou como professor emérito. Um dos mais importantes biólogos do mundo, é considerado o fundador da sociobiologia e autor de mais de vinte livros, dos quais *Diversidade da vida* (1994) e *A criação* (2008) foram publicados pela Companhia das Letras. Escreveu também uma autobiografia, intitulada *Naturalista*. Foi agraciado com diversas honrarias, como a Medalha Nacional de Ciências dos Estados Unidos e o prêmio Crafoord, concedido pela Real Academia de Ciências da Suécia para áreas não abrangidas pelo prêmio Nobel. Recebeu também dois prêmios Pulitzer, o primeiro deles em 1979 por *Da natureza humana* e o segundo em 1991 por *The Ants*, em parceria com Bert Hölldobler, professor na Universidade Estadual do Arizona.

Esta obra foi composta pela Verba Editorial em Janson Text e impressa em processo sob demanda pela Um Livro sobre papel offwhite para a Editora Schwarcz a partir de 2025

FSC
www.fsc.org
MISTO
Apoiando o manejo florestal responsável
FSC® C128038

A marca FSC® é a garantia de que a madeira utilizada na fabricação do papel deste livro provém de florestas que foram gerenciadas de maneira ambientalmente correta, socialmente justa e economicamente viável, além de outras fontes de origem controlada.